COURS ÉLÉMENTAIRE

DE

MÉCANIQUE

(STATIQUE)

IMPRIMERIE L. TOINON ET Cᵉ, A SAINT-GERMAIN

COURS ÉLÉMENTAIRE

DE

MÉCANIQUE

(STATIQUE)

PAR

ÉDOUARD COLLIGNON

INGÉNIEUR DES PONTS ET CHAUSSÉES

OUVRAGE RÉPONDANT

aux programmes officiels de 1866

POUR L'ENSEIGNEMENT SECONDAIRE SPÉCIAL

(TROISIÈME ANNÉE — SECONDE PARTIE)

PARIS

LIBRAIRIE DE L. HACHETTE ET Cie

BOULEVARD SAINT-GERMAIN, N° 77

1869

COURS ÉLÉMENTAIRE

DE MÉCANIQUE

INTRODUCTION

A LA STATIQUE ET A LA DYNAMIQUE

1. La mécanique repose sur trois *principes* dont on peut logiquement déduire toutes les vérités composant la science : ce sont comme les axiomes de la mécanique ; ils diffèrent cependant des axiomes tels qu'on les entend en géométrie, en ce qu'ils n'ont pas le même degré d'évidence. On peut avec plus de justesse les comparer au *postulatum* sur lequel Euclide a fondé la théorie des parallèles. L'accord des résultats logiques qu'on en déduit avec les faits observés, et principalement avec les mouvements du système planétaire, permet d'en affirmer la vérité.

2. Le premier des trois principes est le *principe de l'inertie.* On l'exprime en disant qu'*un point matériel ne peut de lui-même sortir du repos s'il est en repos, ni modifier la direction ou la vitesse de son mouvement, s'il est animé d'un certain mouvement dans l'espace.* L'inertie de la matière à l'état de repos est une propriété générale qui paraît évidente ; les

anciens en avaient la notion exacte, et ils ont donné le nom d'*inerte* à toute matière inanimée, pour exprimer qu'elle ne renferme en elle-même aucun principe de mouvement spontané. L'inertie de la matière à l'état de mouvement n'est pas d'une évidence aussi intuitive; c'est une idée beaucoup moins ancienne ; elle date de la création de la dynamique moderne au XVIIe siècle, par Galilée, Huyghens et Newton. Le premier principe renferme donc en réalité deux propositions de dates différentes dans l'histoire de la mécanique : l'une, la plus ancienne, s'applique au repos ; l'autre, la plus récente, s'applique au mouvement rectiligne et uniforme, et peut être considérée comme une généralisation de la première ; le repos n'est en effet qu'un cas particulier du mouvement.

3. Le principe de l'inertie permet de définir l'expression de *force*. Une force appliquée à un point matériel est ce qui modifie, ou ce qui tend à modifier l'état de repos ou de mouvement de ce point. Considérons, pour éclaircir cette définition, un point matériel M qui parcourt une certaine trajectoire AB. Soit M la position du point à un certain moment, M' la position qu'il occupe au bout d'un intervalle de temps très-court, θ. Appelons v la vitesse du mobile à son passage au point M; la direction de cette vitesse est la tangente MT à la trajectoire. En vertu du principe de

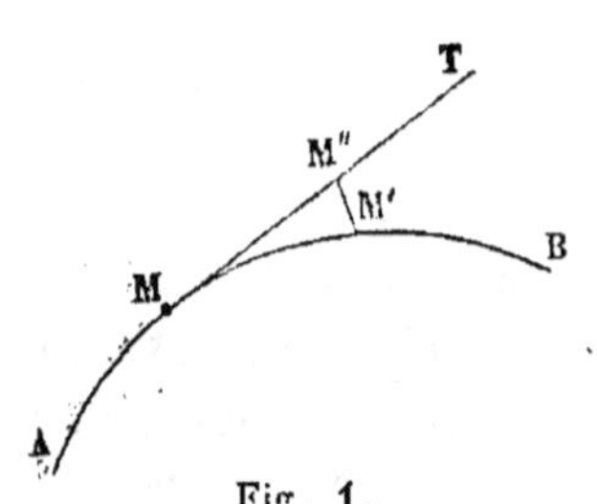

Fig. 1.

l'inertie, le point matériel, abandonné à lui-même, parcourrait dans le temps θ la longueur $MM'' = v\theta$ prise sur la tangente. Il parcourt en réalité l'arc de courbe MM' ; et par suite, on constate au bout du temps θ un écart M''M' entre la position réelle du point et la position que lui assignerait la loi de l'inertie. Cet écart nous révèle l'intervention d'une force qui, pendant tout l'intervalle de temps θ, agit sur le point dans une direction parallèle à M''M' pour le faire *tomber*, pour ainsi dire, du point M'' sur le point M', pendant que l'inertie le transporte d'un mouvement uniforme le long de la droite MM''. Nous avons, en cinématique, décomposé le mouvement réel du point mobile en deux mouvements : l'un, suivant MM'' est uniforme ; l'autre, suivant $M''M'$ est uniformément varié, et l'accélération j de ce mouvement est égale à la limite du rapport $\dfrac{2M''M'}{\theta^2}$. L'accélération est donc proportionnelle à $M''M'$, c'est-à-dire à la déviation produite par l'intervention de la force. On peut par conséquent considérer l'accélération comme proportionnelle à la force elle-même ; car la force n'est connue que par son effet, et il est par conséquent naturel de la regarder comme proportionnelle à cet effet.

4. L'expression, *point matériel*, dont nous venons de nous servir, a besoin d'être définie. Un point matériel est un corps réduit par la pensée à des dimensions tellement petites qu'on puisse l'assimiler à un véritable point géométrique ; un point matériel n'a pas de forme définie ; sa forme est indifférente. On obtient des points matériels en décomposant un corps en une infinité de parties toutes infiniment petites dans tous les sens ; les solides élémentaires que l'on obtient ainsi forment le corps par leur réunion. La force étant mesurée par l'accélération qu'elle imprime à un point matériel, nous pourrons définir le rapport de deux forces par le rapport des accélérations qu'elles imprimeraient successivement à un même point matériel sur lequel elles agiraient seules. Une force est égale au double, au triple, au quadruple, d'une autre force, si elle imprime au même point matériel une accélération double, triple, quadruple de l'accélération produite par celle-ci.

5. Le second principe de la mécanique est le *principe de l'indépendance des effets des forces les unes à l'égard des autres, et de toutes à l'égard du mouvement antérieurement acquis.*

En vertu de ce principe, pour trouver l'effet produit par une force particulière appliquée à un point matériel en mouvement et sollicité par d'autres forces, on peut chercher l'effet produit sur le point en repos et sollicité par cette force particulière à l'exclusion de toutes les autres ; puis *composer* successivement tous les effets de même ordre.

qu'on a déterminés séparément. Supposons, par exemple,
qu'un point matériel M, animé à un certain instant d'une
vitesse V, soit sollicité en même temps par des forces F, F', F'',
qui, prises individuellement, imprimeraient à ce point, dans
des directions définies, des accélérations j, j', j''... En vertu
du mouvement antérieurement acquis, c'est-à-dire en vertu

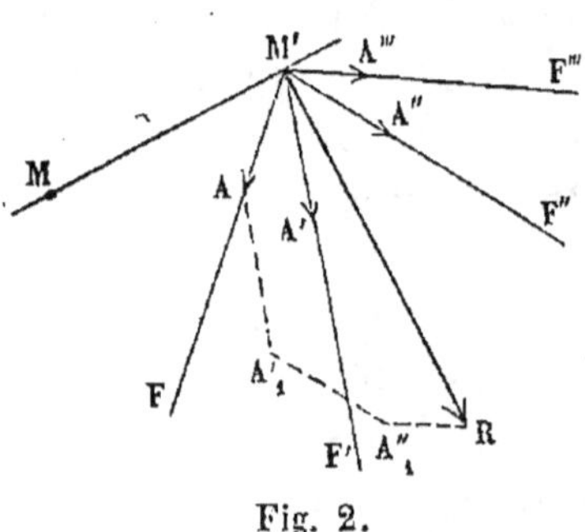

Fig. 2.

de l'inertie, le point M parcourra
pendant un certain temps θ, que
nous supposerons très-court, un
espace $MM' = V\theta$ dans la direction de la tangente à sa trajectoire. Pour avoir l'effet produit
par la force F, il faudra prendre
sur la direction M'F de cette force
une longueur $M'A = \frac{1}{2}j\theta^2$; cette
longueur M'A serait celle que la

force F, prise seule, ferait parcourir dans le temps θ au point
mobile partant du repos. On obtiendra de même les lon-
gueurs $M'A' = \frac{1}{2}j'\theta^2$, $M'A'' = \frac{1}{2}j''\theta^2$, $M'A''' = \frac{1}{2}j'''\theta^2$, correspondantes aux forces F', F'', F''', considérées individuel-
lement. Cela posé, pour trouver le déplacement effectif du
point, on composera ensemble, comme on l'a vu en cinématique, les déplacements partiels M'A, M'A', M'A'', M'A''', dus
aux forces, en construisant le polygone M'A A', A'', R, et la
droite M'R qui ferme ce polygone, sera le déplacement
cherché. Tout se passe donc, en vertu du second principe,
comme si aux forces données F, F', F'', F''' on substituait
une force unique R, agissant dans la direction M'R, et
produisant sur le point matériel une accélération J telle
que l'on ait l'égalité :

$$M'R = \frac{1}{2}J\theta^2.$$

Cette force R s'appelle la *résultante* des forces F, F', F'',
F''', ... ; celles-ci s'appellent les *composantes* de la force R.
La résultante et les composantes sont respectivement propor-
tionnelles aux accélérations J, j, j', j'', j''', ..., et ces accé-
lérations sont proportionnelles aux côtés M'R, M'A, M'A', M'A'',
M'A''', qui concourent à former le polygone M'AA', A'', R ;

on en déduit donc ce théorème : *Lorsque plusieurs forces, agissant simultanément sur un même point, sont représentées en grandeur et en direction par des droites, leur résultante, c'est-à-dire la force unique équivalente à l'ensemble des forces données, est aussi représentée en grandeur et en direction par le dernier côté du polygone construit en portant les droites données bout à bout, chacune parallèlement à sa direction propre.*

La règle du parallélogramme des forces, qui est d'un usage très-fréquent en mécanique, n'est qu'un cas particulier de ce théorème : *Lorsque deux forces agissent simultanément sur un point matériel, et qu'on les représente en grandeur et en direction par des droites, la résultante de ces deux forces est représentée en grandeur et en direction par la diagonale du parallélogramme construit sur les deux droites composantes.*

De la règle particulière du parallélogramme, il serait aisé de remonter à la proposition générale, relative au polygone des forces.

On doit remarquer cette manière de représenter les forces par des droites finies : une force F est déterminée quand on connaît son *point d'application*, sa *direction* et son *intensité*. Soit A le point d'application de la force, A C la direction dans laquelle elle agit ; prenons sur cette direction, à partir

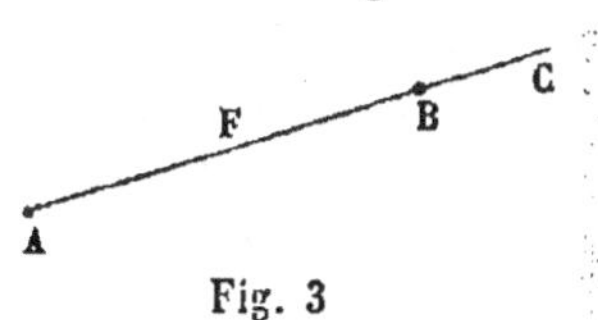

du point A, une longueur AB, égale à la force F, estimée à une échelle arbitraire ; la droite finie A B représentera tout ce qu'il est nécessaire de connaître pour définir entièrement la force F. Par *direction* de la force, on doit entendre non-seulement la droite indéfinie suivant laquelle elle sollicite le point, mais encore le *sens* particulier dans lequel s'exerce cette action ; autrement, on pourrait confondre la force F avec une force égale et opposée.

Pour distinguer l'une de l'autre deux forces égales et agissant en sens contraires, suivant la même direction ou suivant des directions parallèles, on convient d'attribuer à l'une le signe $+$ qu'on peut sous-entendre, et à l'autre le signe — ; la force F, considérée comme positive, représentera une force égale et contraire à la force — F ; le signe — indique seulement que les forces F et — F agissent l'une en sens contraire de l'autre.

6. Le troisième principe de la mécanique est le principe de l'*égalité de l'action et de la réaction*. Un exemple fera comprendre en quoi il consiste. Considérons un corps pesant posé sur une table ; ce corps presse la table de tout son poids : voilà l'*action* ; elle est due à la pesanteur, et s'exerce verticalement de haut en bas. La table à son tour exerce sur le corps, suivant la verticale, mais de bas en haut, une certaine pression égale et contraire à l'action qu'elle subit : c'est la *réaction*. L'*équilibre* du corps sur la table résulte de la coexistence de ces deux forces égales et contraires : le poids du corps, qui tend à le faire descendre et le presse contre la table, et la réaction de la table qui, en vertu du troisième principe, est égale et contraire à l'action et presse la table contre le corps.

Si, au lieu d'être en repos, le corps que nous venons de considérer était en mouvement, le troisième principe serait moins évident, mais il s'appliquerait encore ; le corps subirait à chaque instant de la part de la table une réaction égale et contraire à l'action qu'il exercerait sur elle ; mais on ne pourrait pas affirmer d'avance que cette action soit égale au poids du corps.

C'est en vertu du troisième principe qu'une personne ne produit aucun mouvement général du corps en essayant de se soulever par les cheveux. Il est vrai qu'en faisant cette expérience, elle applique à son corps une certaine force qui tend à l'élever. Mais à cette force correspond une réaction égale et contraire, et comme ces deux forces sont appliquées au même système matériel, à savoir, au corps de l'expérimentateur, l'une détruit le mouvement général que l'autre tendrait à lui communiquer.

7. Pour formuler avec netteté le principe de l'action et de la réaction, il est bon de commencer par exposer sommairement la théorie moléculaire sur laquelle on fait reposer aujourd'hui toute la physique.

On admet que tous les corps qui se trouvent dans l'univers, qu'ils soient solides, liquides ou gazeux, sont formés par l'agrégation d'un nombre extrêmement grand de particules très-petites, appelées *molécules*, séparées les unes des autres par des intervalles du même ordre de grandeur que les dimensions propres de ces particules. Les corps *solides* sont ceux où l'arrangement des molécules constitutives du corps est fixé de telle sorte qu'il faille un grand effort pour faire varier sensiblement leurs positions relatives. Les corps *liquides* ou *gazeux*, qu'on réunit sous la dénomination commune de corps *fluides*, ont, au contraire, des molécules libres pour ainsi dire de glisser ou de rouler les unes sur les autres, de telle sorte que ces sortes de corps n'ont pas par eux-mêmes de forme extérieure bien déterminée. Les molécules sont tellement petites, qu'au point de vue mécanique on peut les confondre sans aucune erreur avec les points matériels que nous avons définis plus haut. Il y a cependant une différence essentielle entre ces deux expressions : *point matériel* s'applique à un objet fictif, géométriquement défini, et n'existant que dans la pensée, tandis que *molécule* indique un objet physique auquel une théorie généralement admise attribue une existence réelle.

Les forces naturelles établissent un lien entre toutes les molécules que la théorie précédente sépare les unes des autres ; et c'est ici qu'intervient le principe de l'action et de la réaction.

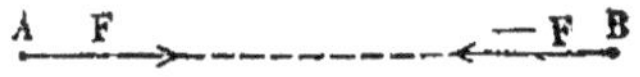

Considérons en particulier deux molécules A et B ; on admet que chacune d'elles exerce une action sur l'autre; que cette action est dirigée suivant la droite AB qui joint les deux molécules ; que l'action de A sur B est égale et contraire à l'action de B sur A ; qu'enfin cette action mutuelle varie avec la distance AB suivant une certaine loi. Si l'action de B sur A est une force F, dirigée de A vers B, l'action de A sur B sera une force $- F$, égale et contraire à F, et dirigée de B vers A. Les actions mutuelles sont alors *attractives*. Si au contraire l'action de A sur B est une force F', dirigée suivant le prolongement de la droite A B, l'action de B sur A sera une force — F′, égale et contraire à F′, et dirigée suivant le prolongement de B A. Les actions mutuelles sont alors *répulsives*.

Fig. 5.

Mais, répulsives ou attractives, les actions sont toujours *mutuelles*, c'est-à dire égales et contraires, en vertu du troisième principe.

Chaque molécule de l'univers agit sur toutes les autres molécules, et subit à la fois de la part de celles-ci des actions égales et contraires aux actions qu'elle exerce sur elles. Le principe de l'inertie refuse à la molécule la propriété de modifier d'elle-même son mouvement ou son repos ; la théorie moléculaire accorde à chaque molécule la propriété d'agir sur toutes les autres, qui à leur tour réagissent sur elle-même.

Il résulte du troisième principe que si, par un moyen quelconque, on rend invariable la distance A B des deux molécules A et B, les actions mutuelles qu'elles exercent ne contribueront en aucune façon à faire prendre un mouvement au système ainsi formé et supposé en repos. Car si l'une des forces F tend à entraîner le système dans le sens A B, la force égale et contraire — F tend à l'entraîner en sens opposé.

8. Les forces appliquées aux différents points d'un système matériel peuvent être partagées en deux classes : les forces *intérieures* et les forces *extérieures*. Les forces intérieures sont celles qui proviennent de l'action des points du système les uns sur les autres ; elles sont donc toujours *binaires*, *mutuelles* ou *conjuguées*, et à chacune correspond une force égale et opposée, appliquée au système comme la première. Les forces extérieures sont celles qui proviennent de l'action exercée sur le système par les points situés au dehors ; le troisième principe nous apprend qu'elles sont encore mutuelles, c'est-à-dire qu'à chacune correspond une force égale et opposée, mais cette réaction n'est pas appliquée à un point du système considéré, et on n'aura pas à en tenir compte ; les forces extérieures figureront donc isolées dans les rai-

sonnements, tandis que les forces intérieures formeront deux à deux des groupes de forces conjuguées.

Une force intérieure pour un système peut devenir force extérieure lorsque, par une décomposition convenable du système, on isole l'un de l'autre les deux points entre lesquels s'exerçaient cette force et la force égale et opposée. Par exemple, le poids d'un corps placé à la surface de la terre et la réaction de la terre sur ce corps forment un groupe de forces intérieures mutuelles, quand on considère le système résultant de l'ensemble du corps et de la terre. Le poids du corps est une force extérieure pour le système matériel formé par le corps pris séparément.

De même, l'attraction exercée par la terre sur le soleil est égale à l'attraction exercée par le soleil sur la terre, et ces deux forces égales et contraires constituent un groupe de forces conjuguées dans le système matériel formé du soleil et de la terre, pris ensemble. L'attraction du soleil sur la terre est une force extérieure pour la terre, considérée seule.

9. Le problème général de la mécanique peut être posé en ces termes :

Un corps ou un système de corps étant donné, quel mouvement prendra-t-il sous l'action de forces données, constantes ou variables ? Ou *quelles forces faut-il appliquer à ce corps ou à ce système pour qu'il prenne un mouvement donné ?*

Le problème de l'équilibre est un cas particulier de ce problème général : *Un corps ou un système de corps donnés est sollicité par des forces données ; à quelles conditions doivent satisfaire ces forces pour que le corps ou le système reste en équilibre ?* Nous commencerons l'étude de la mécanique par traiter le problème de l'équilibre, parce qu'il est plus simple et plus élémentaire que le problème général du mouvement. Le premier est l'objet de la *statique*, le second celui de la *dynamique*.

STATIQUE

CHAPITRE PREMIER

ÉQUILIBRE DU POINT MATÉRIEL

10. Un point matériel, entièrement libre dans l'espace, et supposé en repos, reste indéfiniment en repos s'il n'est sollicité par aucune force. Ce point prend un certain mouvement sous l'action d'une force unique, si petite qu'elle soit, qui vient à le solliciter, et ce mouvement commence dans la direction même de la force.

Si le point est sollicité à la fois par deux forces, le point prend encore en général un certain mouvement dans une direction particulière ; mais il peut se faire qu'il demeure en repos ; ce cas particulier a lieu quand les deux forces qui sollicitent le point sont égales et agissent en sens opposés. On dit alors qu'elles se *détruisent;* c'est le cas le plus simple de l'équilibre.

Lorsque le point est sollicité par trois forces ou plus de trois, il est possible qu'il demeure en repos ; mais il faut pour cela que les forces satisfassent à certaines conditions que nous allons chercher.

11. Avant tout nous poserons les axiomes et les définitions qui suivent.

Lorsque plusieurs forces F, F', F'', … sollicitent un point matériel, et qu'elles ne se font pas d'elles-mêmes équilibre, le point prend un certain mouvement qu'on peut toujours empêcher en appliquant au point, en sens contraire du mouvement qu'il va prendre, une nouvelle force R d'une intensité convenablement choisie. Alors les forces F, F', F'', … et R se font équilibre. Or si la force R sollicitait seule le point, on la tiendrait en équilibre par une force $-R$ égale et opposée. Au point de vue de l'équilibre du point, il est donc indifférent de considérer soit le système de forces

$$F, F', F'', \ldots \quad \text{et } R,$$

soit le système

$$- R \quad \text{et } R.$$

Donc enfin la force — R est équivalente à l'ensemble des forces F, F', F'', … ; on dit alors que — R est la *résultante* des forces données.

Dans un système de forces en équilibre, chaque force est égale et contraire à la résultante de toutes les autres.

12. Lorsque les forces F, F', F'', … agissent toutes suivant la même direction et dans le même sens, leur résultante est égale à leur *somme*, c'est-à-dire qu'aux forces F, F', F'', …. on peut substituer une force unique, agissant suivant la même direction et dans le même sens, et égale à la somme

$$F + F' + F'' + \ldots$$

L'ensemble de ces forces sera donc tenu en équilibre par une force unique R, égale à cette somme, et dirigée en sens contraire.

Quand deux forces F et F' agissent sur un point matériel suivant la même direction, mais en sens opposés, la résultante des deux forces F et F' est égale en valeur absolue à la différence F — F' de ces deux forces, et elle est dirigée dans le sens de la plus grande ; de sorte que l'ensemble de ces deux forces sera tenu

Fig. 6.

en équilibre par une force agissant suivant la direction des forces données, dans le sens de la plus petite, et égale à l'excès de la plus grande sur la plus petite.

Chacune des forces F et F' peut être considérée comme la résultante ou la somme de forces agissant dans le même sens qu'elle.

De là résulte la règle suivante :

Lorsque plusieurs forces agissent sur un point matériel suivant la même direction, les unes dans un sens, les autres en sens opposé, leur résultante est égale à la différence entre la somme de toutes les forces, agissant dans un sens, et la somme de toutes les forces agissant en sens contraire, et elle est dirigée dans le sens de la plus grande de ces deux sommes.

Si l'on attribue des signes aux forces données, le signe $+$ à celles qui agissent dans un sens, le signe $-$ à celles qui agissent en sens contraire, on pourra dire que la résultante de ces forces est égale *en grandeur et en signe* à la *somme algébrique* des forces données ; elle sera exprimée par l'équation :

$$R = F + F' + F'' + \dots ;$$

la force $- R$, jointe aux forces F, F', F'', ... complétera l'équilibre.

13. La même règle s'applique identiquement à des forces agissant suivant une même direction, sur différents points matériels distribués le long de cette direction à des distances invariables les uns des autres.

Soient A et B deux points matériels situés à une distance AB invariable dans un sens comme dans l'autre. Si l'on applique au système formé par ces deux points deux forces égales, F et $- F$, agissant en sens opposés suivant la direction de la droite AB qui les joint, on peut regarder comme évident que ces forces se font équilibre ; car leur effet ne peut être que d'altérer la distance AB, laquelle est par hypothèse invariable. La force F appliquée au point B peut donc être tenue en équilibre aussi bien par la force $- F$ appliquée au point A de sa direction, que par une force $- F$ appliquée au point B lui-même, pourvu que le point A soit supposé invariablement lié au point B. Il en résulte qu'une force donnée peut être supposée appliquée en un point quelconque de sa direction ; ce transport des forces est d'ailleurs entièrement fictif et sert seulement à opérer certaines transformations nécessaires à la solution des problèmes de statique.

Fig. 7.

COMPOSITION DES FORCES CONCOURANTES

14. Nous avons déjà vu (§ 5) que plusieurs forces appliquées en même temps à un même point se composent en une force unique en suivant la même règle que pour la composition

des vitesses ou des accélérations. Mais il n'est pas inutile de faire voir que la démonstration de cette proposition peut être affranchie de toute considération de cinématique, et qu'elle résulte des principes et des définitions de la statique pure.

15. Nous commencerons par observer que *la résultante de deux forces qui font entre elles un angle quelconque, est dirigée dans le plan des deux forces ; et que si les deux forces sont égales, leur résultante est dirigée suivant la bissectrice de leur angle.*

Un point au repos, sollicité par deux forces à la fois, prend un certain mouvement unique et parfaitement déterminé ; or tout est symétrique par rapport au plan des deux forces, et si le point sortait de ce plan, il faudrait qu'il choisît entre l'un ou l'autre de deux déplacements symétriques également possibles ; ce choix étant impossible et le fait du mouvement étant cependant nécessaire, il faut que les deux déplacements également possibles coïncident et n'en fassent qu'un, ce qui suppose qu'ils sont situés dans le plan des deux forces. La résultante des deux forces, qui est égale et contraire à la force capable de maintenir le point au repos, est donc dirigée dans le même plan.

On démontrerait par un raisonnement tout semblable, en s'appuyant sur la symétrie, que la résultante de deux forces égales appliquées à un même point est dirigée suivant la bissectrice de l'angle de ces deux forces.

16. On peut ajouter que la résultante de deux forces égales qui font un angle constant est proportionnelle à l'intensité commune de ces forces ; de sorte que si elles deviennent à la fois doubles, triples, …, la résultante devient en même temps double, triple, ….

En effet, si les deux forces égales F et F', agissant sur le point M, ont pour résultante la force R, dirigée suivant la bissectrice MR de l'angle FMF', deux nouvelles forces F et F', égales aux premières, et appliquées au point M suivant les mêmes directions, auront pour résultante une nouvelle force R, di-

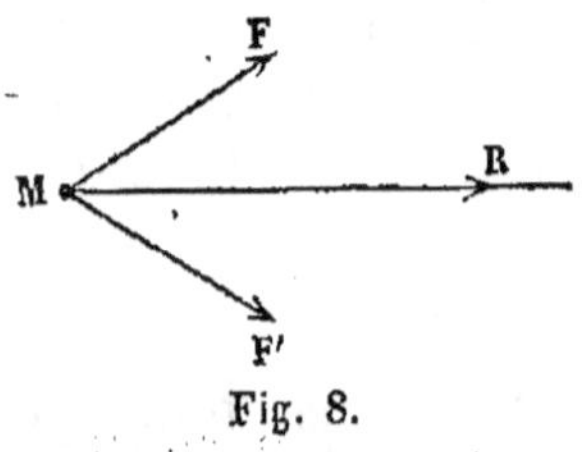

Fig. 8.

rigée encore suivant MR. Le point M peut donc être consi-

déré comme sollicité par deux forces, l'une égale à 2F,
agissant suivant MF, l'autre égale à 2F', agissant suivant
MF', et ces deux forces ont pour résultante une force 2R,
suivant la bissectrice de l'angle FMF'. En général, si toutes
les forces qui sollicitent un point sont augmentées ou dimi-
nuées dans un même rapport sans altération de leur direction, leur résultante est augmentée dans ce même rapport,
et sa direction reste la même. Si l'on représente par des
droites finies les forces et leur résultante, la même figure
peut les représenter après comme avant l'altération, par un
simple changement d'échelle.

17. Proposons-nous enfin d'établir la règle du parallélogramme des forces pour le cas quelconque où les deux
forces F et F' sont dans un rapport quelconque. Nous y par-
viendrons au moyen des lemmes suivants :

1° Si les sommets opposés A et C d'un losange ABCD sont
réunis l'un à l'autre d'une manière
invariable et qu'on applique aux
points A et C, suivant les côtés AB,
AD, CB, CD, quatre forces égales
F, F', F'' et F''', le système des
points A et C restera en équilibre.

En effet, la diagonale AC du losange est bissectrice des angles

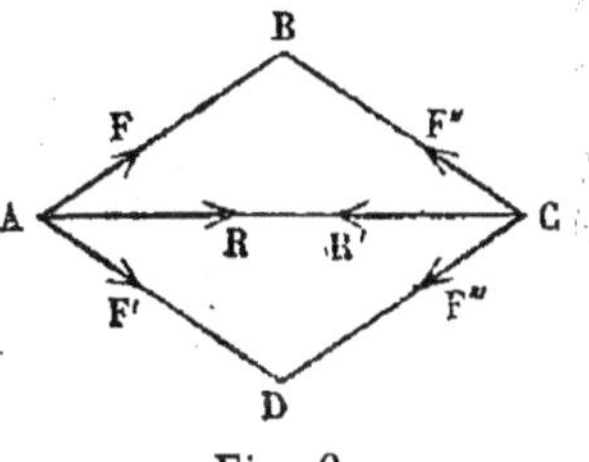
Fig. 9.

BAD, BCD que font entre elles les forces dans chaque
groupe. Les deux forces F et F' composées ensemble ont une
résultante R appliquée en A et dirigée suivant CA. De même
les forces F'' et F''' ont une résultante R' égale à R, appliquée
en C et dirigée suivant CA. Les deux forces égales R et R' appliquées aux extrémités de la tige rigide AC se font équilibre.

2° Si les sommets A et C d'un parallélogramme ABCD
sont réunis invariable-
ment l'un à l'autre, et
qu'on applique aux
points A et C, suivant
les côtés AB, AD, CB,
CD, des forces F_1, F_2,

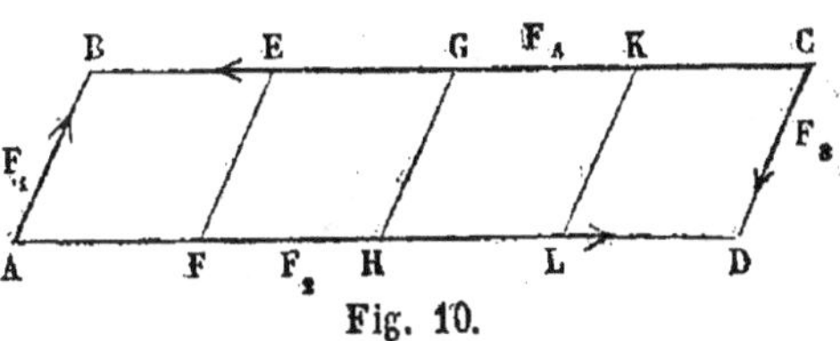
Fig. 10.

F_3, F_4, proportionnelles aux longueurs de ces côtés, et par suite égales deux à deux, le système des points A et C sera en équilibre.

Supposons d'abord que le côté BC contienne le côté AB un nombre entier de fois, 4 fois par exemple.

On pourra partager le parallélogramme ABCD en quatre losanges ABEF, FEGH, HGKL, LKCD ; imaginons qu'on réunisse les points E, G, K, F, H, L aux points A et C de manière à former un système invariable. Nous pouvons partager de même les forces égales F_2 et F_4 en quatre parties égales à F_1, et supposer ces parties appliquées l'une au point A, l'autre au point F, la troisième au point H et la quatrième au point L, pour la force F_2 ; la première au point C, la seconde au point K, la troisième au point G, la quatrième au point E, pour la force F_4. Nous pouvons encore, sans troubler l'équilibre, appliquer aux points E et F, suivant le côté FE, deux forces égales et contraires, égales toutes deux à F_1 ; faire de même aux points G et H, et aux points L et K. En définitive, nous aurons substitué au système primitif des quatre forces F_1, F_2, F_3, F_4, le système suivant, qui est équivalent au point de vue de l'équilibre :

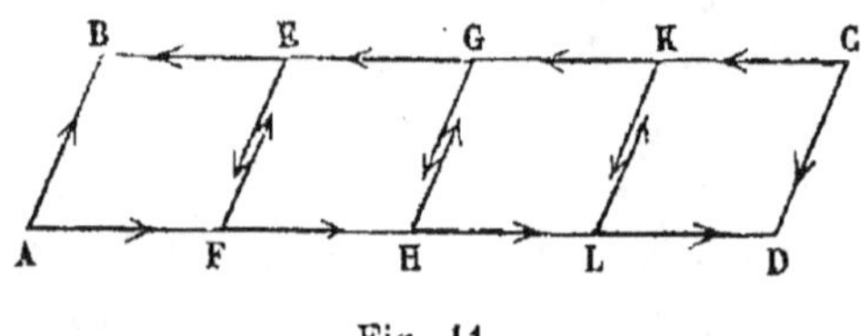

Fig. 11.

Or, chacun des losanges partiels est séparément en équilibre. L'ensemble est donc aussi en équilibre, et par suite, les forces F_1, F_2, F_3, F_4, se font équilibre.

18. Supposons ensuite que les deux côtés du parallélogramme soient entre eux comme deux nombres entiers, m et n. La proposition sera encore vraie.

Nous pouvons en effet partager le parallélogramme en n parallélogrammes égaux, dans chacun desquels le grand côté sera égal à m fois le petit. Supposons que le rapport des côtés soit $\frac{3}{5}$ par exemple. Nous pourrons diviser le côté

AB en trois parties égales aux points E et G, et menant
les parallèles EF, GH, nous
aurons divisé le parallélogramme en trois parallélogrammes égaux, dans chacun
desquels le grand côté sera
égal à 5 fois le plus petit.

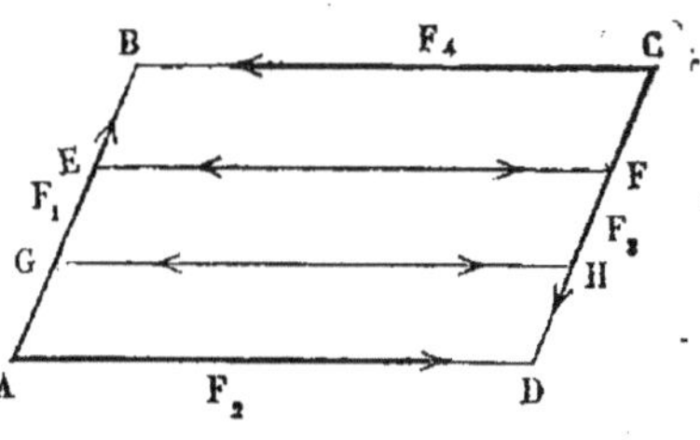

Fig. 12.

La force F_1 qui agit suivant
le côté AB peut être partagée
en trois forces égales, appli-
quées respectivement en A, G et E ; il en est de même de la
force F_3, qu'on appliquera par parties égales aux points
C, F et H. Les points E, G, H, F, étant supposés liés invariablement au système des points A et C, ajoutons en E et
en F deux forces égales à F_4, agissant l'une de E vers F,
l'autre de F vers E. Faisons de même en G et en H. Chacun
des parallélogrammes AGHD, GEFH, EBCF sera en équilibre, en vertu de la proposition que nous venons d'établir (§ 17) ; l'ensemble des trois parallélogrammes est donc
aussi en équilibre, et par suite les quatre forces F_1, F_2,
F_3, F_4 sont en équilibre et le lemme est démontré [1].

On en déduit cette conséquence :

*La résultante de deux forces F_1, F_2, appliquée à un même
point A, passe par le sommet C du parallélogramme ABCD
construit sur ces deux forces comme côtés.* Car cette résultante
fait équilibre à la résultante de deux forces F_3, F_4, laquelle
passe au point C.

19. De là il est facile de conclure que *la résultante R
de deux forces P et Q est représentée en grandeur et en direction par la diagonale du parallélogramme construit sur ces
deux forces.*

Sur les côtés AB, AD, respectivement proportionnels aux
forces P et Q, construisons le parallélogramme ABCD. La
résultante R des forces P et Q passera par le sommet C de

---

[1] Il resterait à étendre la démonstration au cas où les forces données
sont incommensurables. On peut employer pour cela soit la réduction à
l'absurde, soit la théorie des limites.

ce parallélogramme ; mais nous ignorons encore quelle est la

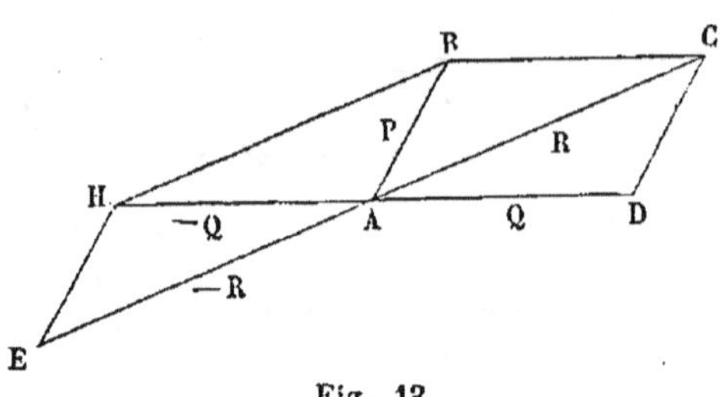

valeur de cette force, et si elle est proportionnelle à A C.

Prenons sur le prolongement de A C une longueur A E proportionnelle à la force R, et qui représentera en grandeur et en direction une force — R, égale et opposée. Les forces — R, P et Q se font équilibre. Donc la force — Q, égale et opposée à Q, est la résultante des forces P et — R ; et par suite, si on achève le parallélogramme A E H B, construit sur les forces P et — R, la diagonale A H de ce second parallélogramme sera située en prolongement du côté A D du premier. Les trois points H, A, D sont donc en ligne droite ; les deux triangles E H A, C D A, ont par suite deux côtés égaux, H E = A B = C D, et les deux angles adjacents sont aussi respectivement égaux : H E A = A C D, A H E = A D C. Donc E A = A C, et par suite la résula nte R est représentée en grandeur comme en direction par la diagonale A C du parallélogramme A B C D.

20. La règle du *parallélogramme des forces* s'étend sans difficulté à la composition de tant de forces qu'on voudra : s'il y a trois forces, elle devient la règle du *parallélépipède des forces* ; s'il y en a plus de trois, la règle du *polygone des forces*. La résultante des forces appliquées en un même point est représentée en grandeur et en direction par la *résultante géométrique* des droites qui représentent les forces données (*Cinématique*, § 7).

CONDITIONS D'ÉQUILIBRE D'UN POINT MATÉRIEL SOLLICITÉ

PAR DIVERSES FORCES.

21. Lorsqu'un point matériel, libre dans l'espace, est sollicité par diverses forces, il faut et il suffit pour que ce point soit en équilibre que *la résultante de toutes les forces données*

soit nulle, ou bien que le *polygone des forces données se ferme de lui-même.*

On peut transformer cette condition. Soit O le point matériel, OF une droite finie représentant en grandeur et en direction l'une des forces qui agissent sur ce point. Par le point O, menons arbitrairement trois axes coordonnés OX, OY, OZ; nous pourrons considérer la droite OF comme la diagonale d'un parallélépipède dont les faces aboutissant au sommet O soient situées dans les plans XOY, YOZ,

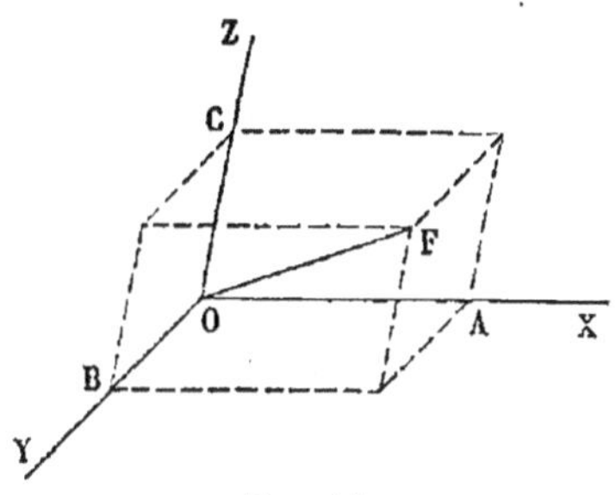

Fig. 14.

ZOX. Il suffit pour cela de mener par le point F, parallèlement aux plans coordonnés, trois plans qui couperont les axes en des points A, B, C. Nous pourrons regarder la force OF comme la résultante des trois forces OA, OB, OC, agissant sur le point O dans la direction des trois axes coordonnés.

A chaque force F correspondront donc sur les axes trois composantes, que nous désignerons d'une manière générale par X, Y, Z, et la composition des forces F se simplifiera en composant d'abord ensemble, par voie d'addition algébrique, toutes les forces qui agissent suivant un même axe; puis, en dernier lieu, en composant les trois résultantes partielles par la règle du parallélépipède.

Soient par exemple F_1, F_2, F_3, ... F_n, les n forces qui agissent sur le point O. Nous appellerons :

X_1, Y_1, Z_1, les trois composantes de la force F_1, prises avec les signes convenables ;

X_2. Y_2, Z_2, les trois composantes de la force F_2, ...

X_n, Y_n, Z_n, les trois composantes de la force F_n.

Les trois composantes de la résultante des n forces données seront respectivement égales aux sommes algébriques

$$X_1 + X_2 + ... + X_n,$$
$$Y_1 + Y_2 + ... + Y_n,$$
$$Z_1 + Z_2 + ... + Z_n.$$

Pour que le point soit en équilibre, il faut et il suffit que la résultante des forces soit nulle ; il faut donc que le parallélépipède qui a pour côtés les sommes précédentes, ait une diagonale nulle, ce qui exige que les côtés soient égaux à zéro. Les conditions d'équilibre sont donc au nombre de trois, savoir :

$$X_1 + X_2 + \dots + X_n = 0,$$
$$Y_1 + Y_2 + \dots + Y_n = 0,$$
$$Z_1 + Z_2 + \dots + Z_n = 0.$$

En général, on applique ces équations à des axes rectangulaires, sur lesquels les forces OF se projettent orthogonalement.

L'équilibre d'un point matériel libre dans l'espace exige, comme condition nécessaire et suffisante, que la somme algébrique des projections des forces qui le sollicitent sur trois axes coordonnés, soit égale à zéro. S'il en est ainsi pour les projections sur trois axes, on peut affirmer que *la somme des projections des forces faites parallèlement à un plan fixe sur un axe quelconque est aussi nulle.* Car cette somme n'est autre chose que la projection sur cet axe de la résultante des forces données, laquelle est nulle dès que ses composantes parallèles à trois axes non situés dans un même plan sont nulles toutes trois.

VÉRIFICATION EXPÉRIMENTALE DE LA COMPOSITION DES FORCES

22. On mesure en général les forces en les comparant à des poids. Mais le poids d'un corps est dirigé suivant la verticale, et il faut recourir à un certain artifice pour en changer la direction. On peut se servir à cet effet d'une poulie, sur laquelle on fait passer le fil auquel le poids est suspendu. Si le fil est suffisamment fin, et la poulie bien ronde et bien mobile autour de son centre, la *tension* du fil, au point où il s'attache au corps soumis à l'expérience, sera sensiblement égale au poids suspendu à son extrémité.

Pour vérifier expérimentalement la règle du parallélogramme des forces, on attachera à un corps M de forme quelconque, sphérique par exemple et de petite dimension, trois fils qu'on fera passer sur trois poulies a, b, c, suspendues en trois points fixes A, B, C. Aux extrémités des fils on suspendra des poids P, P′, P″, dont on pourra faire varier la valeur. Avec quelques tâtonnements, on parviendra à établir l'équilibre. Cet état une fois obtenu, le

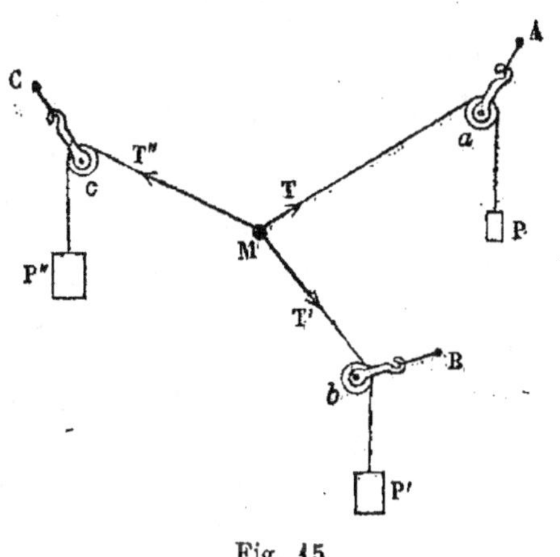

Fig. 15.

corps M sera sollicité par trois forces (on fait abstraction ici du poids propre du corps M et du poids des fils, qu'on suppose négligeable) ; ces trois forces sont les tensions T, T′, T″ des fils, égales respectivement aux poids P, P′, P″. On observera que les trois forces agissent dans un même plan ; on pourra en reporter la position sur une feuille de papier, et la construction du parallélogramme sur les forces T et T′ donnera pour résultante une force égale et contraire à T″.

APPLICATIONS DE LA THÉORIE DE LA COMPOSITION DES FORCES

23. Étant donné un triangle A B C, on prend les milieux a, b, c des côtés B C, C A, A B ; on joint les points ainsi obtenus aux sommets opposés, et l'on obtient trois droites Aa, Bb, Cc, qui se coupent en un même point M, qu'on appelle le *centre de gravité* du triangle A B C.

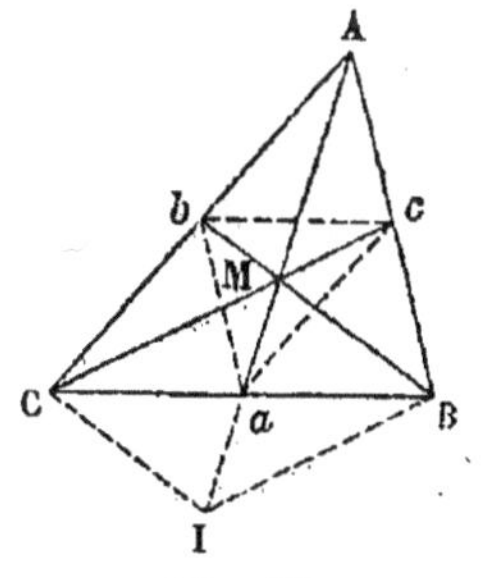

Fig. 16.

Cela posé, *si l'on place en M un point matériel et qu'on lui applique des forces représentées en grandeur et en direction par les droites M A, M B, M C, ce point sera en équilibre.*

Il suffit de démontrer que l'une quelconque M A de ces forces est égale et opposée à la résultante des deux autres forces M B, M C.

Achevons le parallélogramme M B I C. La droite M I représentera en grandeur et en direction la résultante des deux forces MB, MC.

Or, cette droite MI passe au point a, milieu de BC, car les deux diagonales BC, MI d'un parallélogramme se coupent mutuellement en parties égales. Donc la direction MI se confond avec la direction Ma, et la force MI agit dans une direction contraire à la force MA. On a de plus MI $=$ MA ; en effet, le point a, intersection des deux diagonales MI, BC, est le milieu de MI, et par suite MI $= 2$ Ma. Mais on sait que les trois médianes Aa, Bb, Cc se coupent au point M en deux segments dont l'un MA est double de l'autre Ma ; donc enfin les deux longueurs MI et MA sont égales. On pourrait le démontrer, au surplus, en observant que b étant par hypothèse le milieu de AC, et CI étant par construction parallèle à bM, le point M est le milieu de AI.

La réciproque est vraie : *Lorsque trois forces appliquées en un même point se font équilibre, le point d'application de ces trois forces est le centre de gravité du triangle obtenu en joignant deux à deux les extrémités des trois forces, c'est-à-dire le point de concours des trois médianes de ce triangle.*

On remarquera que si le point M était sollicité par les trois forces Ma, Mb, Mc, il serait encore en équilibre, car ces forces sont respectivement contraires aux forces MA, MB, MC, et égales à leurs moitiés. On rentre, d'ailleurs, dans le théorème démontré, en considérant le triangle abc, où le point M occupe le point commun aux trois médianes.

Fig. 17.

Il est donc très-facile de vérifier géométriquement si trois forces MA, MB, MC, appliquées à un même point, se font équilibre. Il suffit de joindre les points B et C, et de prendre le milieu a de la droite de jonction ; l'équilibre aura lieu si le point a est situé sur le prolongement de la force MA, et si l'on a MA $=$ M$a \times 2$.

Autrement, l'équilibre n'a pas lieu.

24. Des constructions analogues peuvent être étendues à autant de forces qu'on voudra.

Soient par exemple quatre forces MA, MB, MC, MD, qu'elles soient ou non dans un même plan. Joignons AB et CD, et soient E et G les milieux de ces droites. Joignons

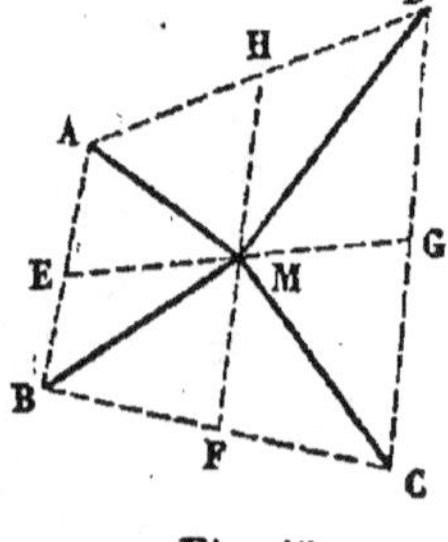

Fig. 18.

ME, MG. La droite ME représentera en grandeur et en direction

la *moitié* de la résultante des forces MA' et MB. De même MG représentera en grandeur et en direction la moitié de la résultante de MC et MD. Pour l'équilibre, il faut et il suffit que les deux directions ME, MG soient contraires, et que l'on ait ME = MG. Il faut et il suffit, en d'autres termes, que les trois points E, M, G soient en ligne droite, et que M soit le milieu de EG.

Si ces conditions sont satisfaites pour la droite EG, elles le seront aussi pour la droite HF, qui joint le milieu des côtés opposés BC, AD du quadrilatère ABCD.

25. Étant donné un triangle ABC, on prend dans son plan un point quelconque O et de ce point on abaisse sur les trois côtés des perpendiculaires Oa, Ob, Oc. Au point O on place un point matériel auquel on applique, suivant ces perpendiculaires, des forces représentées sur la figure par les longueurs O A′ = BC, O C′ = AB, O B′ = AC; *le point matériel* O, *sous l'action de ces forces, est en équilibre.*

Il suffit de prouver que l'une des forces O A′ est égale et contraire à la résultante des deux autres. Prolongeons indéfiniment la direction A′O, et par le point C′ menons C′A″ parallèle à OB′. Nous formons ainsi un triangle OC′A″ dont les côtés sont respectivement perpendiculaires aux côtés du triangle donné; ces deux triangles sont donc semblables et par suite ils sont égaux, car les côtés homologues OC′, AB sont égaux entre eux. Donc A″C′ = AC = OB′, et OA″ = BC = OA′. La force OA″ est donc la diagonale du parallélogramme construit sur OC′, OB′, et par suite l'équilibre est démontré.

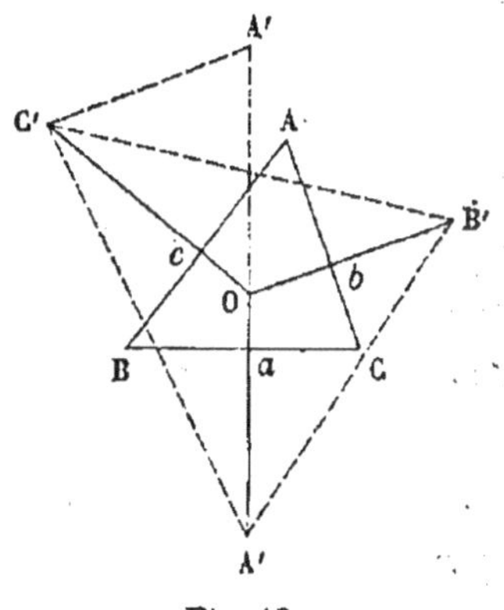

Fig. 19.

En vertu du théorème précédent (§ 23) si l'on joint A′B′, B′C′, C′A′, le point O sera le centre de gravité, et les droites O A′, O B′, O C′ les directions des médianes du triangle ainsi obtenu.

Les perpendiculaires élevées aux milieux des trois côtés d'un triangle concourent en un même point, centre du cercle circonscrit au triangle. On peut donc prendre pour le point O le point de rencontre de ces trois droites. De même on peut prendre le point de rencontre des trois hauteurs.

26. Plus généralement, *si d'un point* O *pris dans le plan d'un polygone donné, on abaisse des perpendiculaires sur ses côtés, et*

qu'on prenne sur chacune une longueur égale au côté correspondant, on obtiendra une série de droites qui, considérées comme des forces, se feront équilibre.

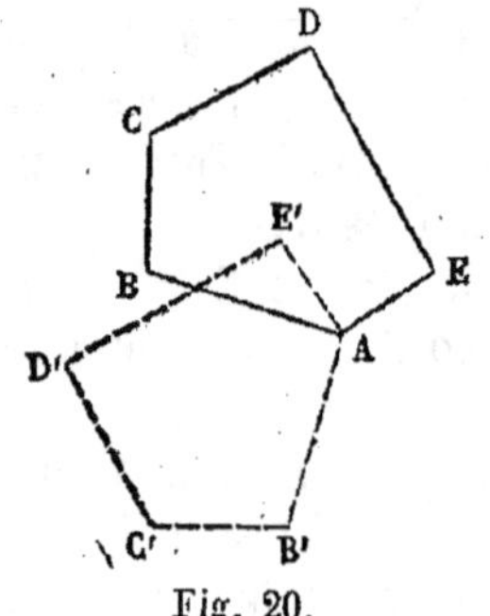

Fig. 20.

En effet, faisons tourner le polygone ABCDE d'un angle droit dans son plan autour d'un de ses sommets A ; il prendra la position AB′C′D′E′. Ce nouveau polygone se fermant de lui-même, les forces égales et parallèles à ses côtés appliquées au point A se font équilibre ; or ces forces sont celles que l'on doit appliquer d'après l'énoncé au point O lorsqu'il coïncide avec le sommet A. Le théorème démontré pour le point A s'étend évidemment à tout autre point du plan.

CHAPITRE II

COMPOSITION DES FORCES PARALLÈLES

27. Supposons que deux ou plusieurs forces soient appliquées en différents points d'un même système solide, et proposons-nous de trouver la résultante de ces forces, s'il y en a une, c'est-à-dire de trouver la position, la direction et la grandeur d'une force unique telle qu'une force égale et contraire appliquée au système tienne toutes les autres forces en équilibre. Nous nous occuperons dans ce chapitre des forces parallèles.

Soient F et F′ deux forces parallèles appliquées en des points A et B d'un corps solide ; supposons-les d'abord dirigées dans le même sens.

Nous ne troublerons pas l'équilibre du solide en appliquant en A et B, suivant la direction BA et en sens contraire, deux forces égales R et — R dont l'intensité reste arbitraire. Le système des quatre forces F, F′, R et — R, est donc équivalent au système des forces F, F′. Or, les deux forces concourantes R et F se composent en une force unique AS, par la règle du parallélogramme. De même les forces F′ et — R ont pour résultante une force BH ; la résultante des forces F et F′ est donc la résultante des forces AS et BH, qui sont concourantes, et dont les

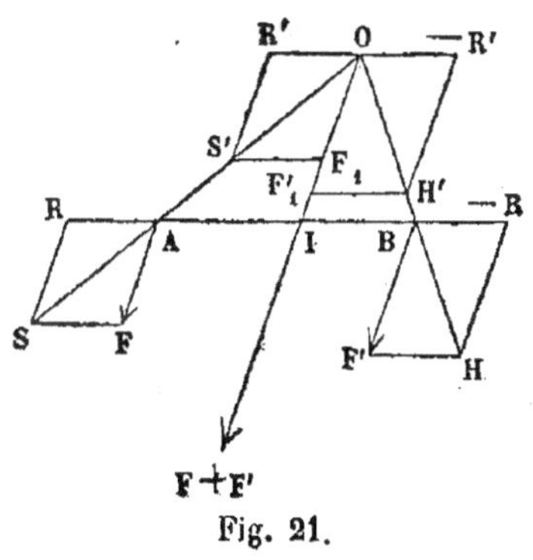

Fig. 21.

directions se rencontrent en un certain point O. Les forces AS et BH peuvent être supposées appliquées en ce point O, et là on peut les décomposer chacune suivant deux directions, l'une parallèle à AB, l'autre parallèle aux forces

F et F′. La force $OS′ = AS$ donnera par cette décomposition une force R′ égale et parallèle à R, et une force OF, égale et parallèle à la force F ; la force $OH′ = BH$ donnera de même une force — R′, égale et parallèle à — R, et une force OF′, égale et parallèle à F′. Les deux forces R′ et — R′, égales et appliquées en sens contraires au même point O, se détruisent ; il reste donc les deux forces F, et F′,, égales et parallèles à F et F′, et qui, appliquées en un même point et dans le même sens, s'ajoutent et donnent une résultante égale à leur somme $F + F′$.

La résultante peut d'ailleurs être supposée appliquée en un point I de la droite AB qui joint les points d'application des composantes. Pour déterminer ce point, observons que la similitude des triangles SFA, AIO donne la proportion

$$\frac{AI}{OI} = \frac{SF}{AF} = \frac{R}{F},$$

et que la similitude des triangles OIB, BF′H donne la proportion

$$\frac{IB}{OI} = \frac{F′H}{BF′} = \frac{R}{F′}.$$

Divisant membre à membre ces deux égalités, on élimine à la fois OI et R, et il vient

$$\frac{AI}{IB} = \frac{F′}{F} ;$$

le point I partage donc la distance AB des deux points d'application dans le rapport inverse des forces.

Nous conclurons de là ce théorème :

Deux forces parallèles, de même sens, se composent en une seule force, parallèle aux deux premières, de même sens, et égale à leur somme, et le point d'application de la résultante partage la droite de jonction des points d'application des composantes en deux segments qui sont entre eux dans le rapport inverse des forces adjacentes.

On remarquera que la position du point I, intersection de la résultante avec la droite AB, dépend seulement du rapport des forces F et F′, et ne dépend ni de leur grandeur absolue, ni de leur direction. On peut donc ajouter :

Le point d'application de la résultante de deux forces parallèles sur la droite qui joint les points d'application de ces forces, ne varie pas quand on altère les grandeurs ou les directions des deux forces, pourvu que l'on conserve leur parallélisme et le rapport de leurs grandeurs.

28. Supposons que plusieurs forces parallèles F, F′, F″, F‴, ..., soient appliquées respectivement aux points A, B, C, D, ... d'un corps solide, et que ces forces soient toutes dirigées dans le même sens. On pourra, en appliquant le théorème précédent, déterminer la résultante de toutes ces forces. En effet, joignons AB et partageons la distance AB au point I, de manière à satisfaire à la proportion

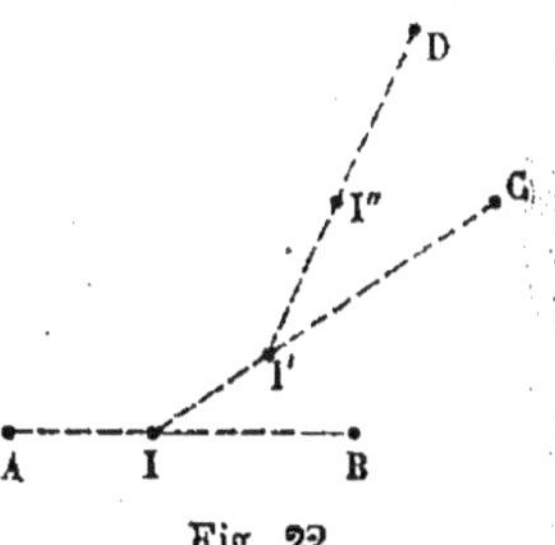

Fig. 22.

$$\frac{AI}{IB} = \frac{F′}{F}.$$

Nous pouvons remplacer les deux forces F et F′, appliquées respectivement en A et B, par la force F + F′, appliquée au point I. Joignons ensuite IC et prenons sur cette droite un point I′ tel que nous ayons

$$\frac{I′I}{I′C} = \frac{F″}{F + F′}.$$

Le point I′ sera le point d'application de la résultante des deux forces (F + F′) et F″, laquelle sera égale à la somme F + F′ + F″. Continuons, en joignant I′D et en prenant sur cette droite un point I″ satisfaisant à la proportion

$$\frac{I″I′}{I″D} = \frac{F‴}{F + F′ + F″}.$$

Le point I″ sera le point d'application de la résultante F + F′ + F″ + F‴ des quatre forces F, F′, F″, F‴. On procédera ainsi jusqu'à ce qu'on ait épuisé toutes les forces et tous les points donnés. La résultante générale sera égale à la somme de toutes les forces données et sera parallèle à leur direction commune. Les points I, I', I'', ... obtenus successivement sont indépendants des grandeurs absolues des forces et de leur direction. Le dernier point obtenu est indépendant de l'ordre dans lequel on a pris les points donnés pour opérer la composition des forces.

29. Proposons-nous de trouver les coordonnées du point

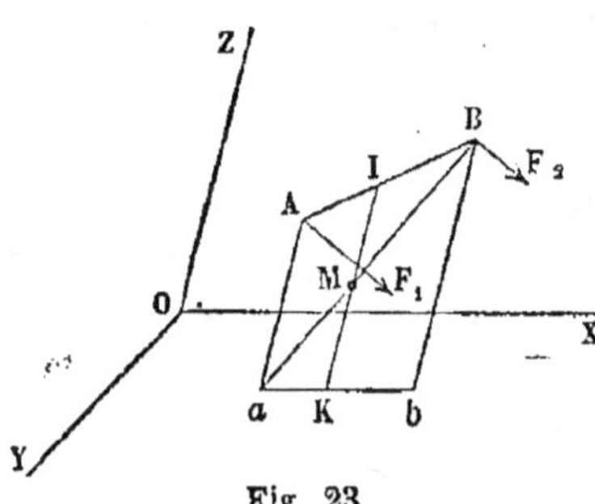

Fig. 23.

d'application de la résultante de n forces données, parallèles et de même sens, appliquées en des points A, B, C, ... L définis chacun par ses coordonnées x, y, z.

Considérons deux des points d'application donnés, A et B ; soit $Aa = z_1$ l'ordonnée du point A parallèle à l'axe OZ , et $Bb = z_2$ l'ordonnée du point b. Soit I le point d'application des forces F_1 et F_2 appliquées respectivement en A et en B. Nous aurons pour déterminer le point I la proportion

$$\frac{AI}{IB} = \frac{F_2}{F_1},$$

d'où l'on déduit

$$\frac{AI}{AB} = \frac{F_2}{F_1 + F_2}$$

et

$$\frac{IB}{AB} = \frac{F_1}{F_1 + F_2}.$$

Par le point I menons une parallèle IK à l'axe OZ ; elle percera le plan XOY en un point K qui sera la projection du point I sur ce plan et qui sera situé sur la droite ab, projection de AB. Appelons z l'ordonnée du point I, qui est représentée sur la figure par la longueur IK.

Cette droite IK est donc, dans le trapèze AabB, une parallèle aux bases Aa, Bb. Pour en évaluer la longueur, menons la diagonale aB qui rencontre IK en un point M. Nous aurons

$$z = IK = IM + MK.$$

Or, dans le triangle BAa, la droite IM, parallèle à la base, forme un triangle semblable, et par suite

$$\frac{IM}{Aa} = \frac{IB}{AB} = \frac{F_1}{F_1 + F_2}.$$

Donc

$$IM = z_1 \times \frac{F_1}{F_1 + F_2}.$$

De même

$$MK = z_2 \times \frac{F_2}{F_1 + F_2}.$$

Donc enfin

$$z = \frac{F_1 z_1 + F_2 z_2}{F_1 + F_2},$$

formule qui est générale, pourvu qu'on attribue aux ordonnées z, z_1, z_2 des signes convenables.

La résultante des forces F_1 et F_2 est d'ailleurs égale à leur somme $F_1 + F_2$.

Il faut la composer avec la force F_3 appliquée au point C, dont l'ordonnée est z_3 ; si l'on appelle z' l'ordonnée du point d'application de la résultante des deux forces $(F_1 + F_2)$ et F_3, on n'aura pour trouver z' qu'à appliquer la formule précédente en y changeant

$$F_1, \quad F_2, \quad z_1, \quad z_2$$

en

$$F_1 + F_2, \quad F_3, \quad z, \quad z_3,$$

ce qui donnera

$$z' = \frac{(F_1 + F_2)\, z + F_3 z_3}{(F_1 + F_2) + F_3},$$

ou bien, en observant que $(F_1 + F_2) z = F_1 z_1 + F_2 z_2,$

$$z' = \frac{F_1 z_1 + F_2 z_2 + F_3 z_3}{F_1 + F_2 + F_3}.$$

De même, pour passer à la quatrième force F_4, dont le point d'application a pour ordonnée z_4, il suffit d'ajouter au numérateur de la fraction le terme $F_4 z_4$, et au dénominateur le terme F_4 et ainsi de suite jusqu'à ce qu'on ait épuisé les n forces données. La formule finale qui détermine le point d'application de la résultante des n forces est donc

$$Z = \frac{F_1 z_1 + F_2 z_2 + \ldots + F_n z_n}{F_1 + F_2 + \ldots + F_n},$$

Ce que nous avons dit de la coordonnée Z, nous pourrions le répéter des coordonnées X et Y, de sorte que nous pouvons poser aussi les équations :

$$X = \frac{F_1 x_1 + F_2 x_2 + \ldots + F_n x_n}{F_1 + F_2 + \ldots + F_n},$$

$$Y = \frac{F_1 y_1 + F_2 y_2 + \ldots + F_n y_n}{F_2 + F_2 + \ldots + F_n}.$$

Ces trois équations définissent le point cherché par ses trois coordonnées X, Y, Z ; on reconnaît à l'inspection des formules que le point d'application de la résultante ne change pas quand on augmente ou qu'on diminue les forces F_1, F_2, ... F_n dans un même rapport ; qu'il est indépendant de l'ordre dans lequel on a pris les forces pour les composer ; enfin, qu'il est indépendant de la direction des forces données, pourvu qu'elles soient toutes parallèles et dirigées dans le même sens.

30. Le point d'application de la résultante de forces parallèles, de même sens, dont les rapports sont connus, mais dont la direction est d'ailleurs quelconque, prend en statique le nom de *centre des forces parallèles*.

L'existence du centre des forces parallèles étant reconnue, on peut en déduire la démonstration de certains théorèmes de géométrie.

Premier exemple. — Étant donné un triangle A B C, imaginons que les trois sommets A, B, C soient les points d'application de trois forces parallèles et de même sens, F_1, F_2, F_3.

Les deux forces F_1 et F_3 se composeront en une seule, appliquée en un point b du côté A C, et l'on aura pour déterminer ce point la relation

$$\frac{A b}{C b} = \frac{F_3}{F_1}.$$

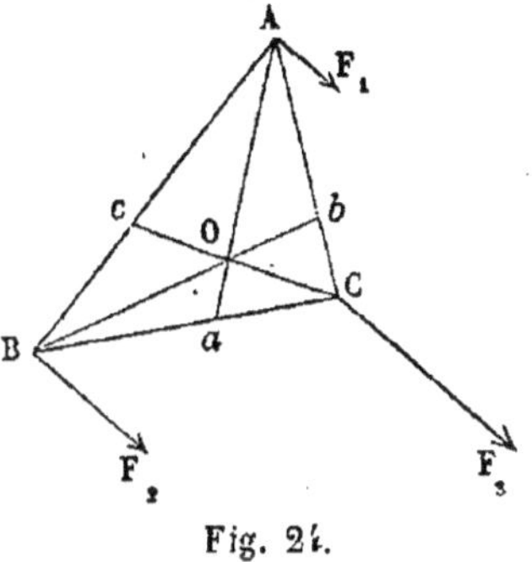

Fig. 24.

Pour avoir la résultante des trois forces, il suffit de composer la force $F_1 + F_3$ appliquée en b, avec la force F_2, appliquée en B. Le point d'application de la résultante appartient donc à la droite Bb.

Mais nous pouvions procéder différemment, et composer les forces F_2 et F_3 en une seule, égale à $F_2 + F_3$, et appliquée en un point a, défini par l'équation

$$\frac{C a}{B a} = \frac{F_2}{F_3}.$$

Le centre des forces parallèles se trouverait en composant la force F_1 avec la résultante $F_2 + F_3$ appliquée en a. Il est donc situé sur la droite Aa.

Le point cherché est donc à la fois sur les droites Bb et Aa; il est donc au point O, intersection de ces deux droites.

Enfin, nous pouvons composer les deux forces F_1 et F_2 qui auraient donné une résultante $F_1 + F_2$ appliquée au point c; le centre des forces parallèles se trouve donc aussi sur la droite Cc. Cette droite Cc, aboutissant en un point c tel que

$$\frac{B c}{A c} = \frac{F_1}{F_2},$$

passe donc par le point O, intersection des deux droites Aa, Bb.

On peut prendre arbitrairement les points a et b sur les côtés BC, CA; ces points font connaître le rapport des forces $\frac{F_1}{F_3}$, $\frac{F_3}{F_2}$; une fois ces points choisis, la droite Cc passera par le point O où se coupent les deux autres, si le rapport $\dfrac{Bc}{Ac}$ est égal

au rapport $\dfrac{F_1}{F_2}$, c'est-à-dire au produit $\dfrac{F_1}{F_3} \times \dfrac{F_3}{F_2}$ des deux rapports

déjà déterminés. Il faut et il suffit pour cela qu'on ait l'équation :

$$\frac{Bc}{Ac} = \frac{Cb}{Ab} \times \frac{Ba}{Ca},$$

ou bien

$$\frac{Ab \times Bc \times Ca}{Ba \times Cb \times Ac} = 1,$$

condition démontrée en géométrie. La statique fait connaître

de plus les rapports $\dfrac{Oa}{Aa}$, $\dfrac{Ob}{Bb}$, $\dfrac{Oc}{Cc}$ des portions Oa, Ob, Oc, com-

prises sur les droites Aa, Bb, Cc, entre le point O et les côtés du
triangle, aux longueurs entières de ces droites.

On a en effet :

$$\frac{Oa}{OA} = \frac{F_1}{F_2 + F_3},$$

$$\frac{Ob}{OB} = \frac{F_2}{F_1 + F_3},$$

$$\frac{Oc}{OC} = \frac{F_3}{F_1 + F_2}.$$

Donc

$$\frac{Oa}{Aa} = \frac{F_1}{F_1 + F_2 + F_3},$$

$$\frac{Ob}{Bb} = \frac{F_2}{F_1 + F_2 + F_3},$$

$$\frac{Oc}{Cc} = \frac{F_3}{F_1 + F_2 + F_3}.$$

On en déduit en ajoutant ces trois égalités

$$\frac{Oa}{Aa} + \frac{Ob}{Bb} + \frac{Oc}{Cc} = \frac{F_1 + F_2 + F_3}{F_1 + F_2 + F_3} = 1,$$

31. *Second exemple.* — On prend arbitrairement deux points
a, c, sur les côtés opposés AB,
CD d'un quadrilatère gauche, et l'on
joint la droite ac. On prend ensuite
sur les deux autres côtés BC, AD
deux points b et d, tels qu'on ait
entre les huit segments déterminés
sur les côtés la relation

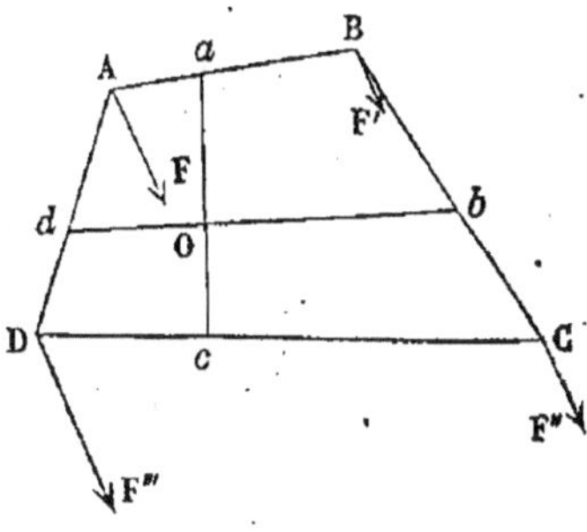

Fig. 25.

$$\frac{\left(\dfrac{Aa}{aB}\right)}{\left(\dfrac{Dc}{cC}\right)} = \frac{\left(\dfrac{Cb}{bB}\right)}{\left(\dfrac{Dd}{dA}\right)},$$

ou bien

$$\frac{Aa}{aB} \times \frac{Bb}{bC} \times \frac{Cc}{cD} \times \frac{Dd}{dA} = 1.$$

Enfin, on joint bd.

On propose de démontrer que les deux droites ac, bd sont dans
un même plan, ou qu'elles ont un point O commun.

On y parviendra en faisant voir que ce point O est le centre de
quatre forces parallèles appliquées respectivement aux sommets
A, B, C, D du quadrilatère.

Prenons arbitrairement la première F de ces quatre forces;
nous déterminerons la seconde F' de manière que la résultante
des deux forces F et F' passe au point a; il faut et il suffit pour
cela qu'on ait

$$\frac{Aa}{aB} = \frac{F'}{F}.$$

De même déterminons la troisième F'' de manière que la résultante de F'' et de F' passe au point b; nous aurons

$$\frac{Bb}{bC} = \frac{F''}{F'}.$$

La force F''' sera déterminée par la condition

$$\frac{Cc}{cD} = \frac{F'''}{F''},$$

et la résultante des forces F'' et F''' passera au point c.

Pour trouver la résultante des quatre forces F, F′, F″, F‴, on peut composer d'abord F et F′, ce qui donnera une résultante appliquée au point a; puis F″ et F‴, ce qui donnera une résultante appliquée au point c. La résultante de ces deux résultantes sera appliquée en un point de la droite ac.

On peut aussi composer F′ et F″, ce qui donnera une résultante appliquée en b; puis F‴ avec F, et la résultante de ces deux forces sera appliquée au point d, puisqu'en vertu de l'équation de condition posée tout à l'heure, on a

$$\frac{Dd}{dA} = \frac{\dfrac{Cb}{bB} \times \dfrac{Dc}{cC}}{\dfrac{A}{aB}} = \frac{\dfrac{F'}{F''} \times \dfrac{F''}{F'''}}{\left(\dfrac{F'}{F}\right)} = \frac{F}{F'''}.$$

Donc le point d'application de la résultante générale est situé en un point de la droite bd.

Ce point est donc à la fois sur les deux droites ac, bd; les deux droites ac, bd se rencontrent donc, et les quatre points a, b, c, d sont situés dans un même plan.

La surface engendrée par une droite mobile ac, qui se mouvrait en s'appuyant à la fois sur les deux côtés opposés AB, CD du quadrilatère gauche ABCD, et en partageant ces côtés en segments satisfaisant à la condition

$$\frac{\left(\dfrac{Aa}{aB}\right)}{\left(\dfrac{Dc}{cC}\right)} = K,$$

K étant un nombre constant, peut donc aussi être engendrée par une droite bd qui se mouvrait en s'appuyant sur les deux autres côtés du quadrilatère, en les partageant en segments remplissant la condition

$$\frac{\left(\dfrac{Cb}{bB}\right)}{\left(\dfrac{Dd}{dA}\right)} = K.$$

Cette surface est une surface réglée du second degré. Lorsque le rapport K est égal à l'unité, la droite mobile *ac* est constamment parallèle à un plan mené parallèlement aux côtés B C, D A ; de même *bd* est constamment parallèle à un plan mené parallèlement aux côtés A B, C D. La surface a alors deux plans directeurs, et elle prend le nom de *paraboloïde hyperbolique*.

32. *Troisième exemple.* — Sur les côtés successifs d'un contour *abcd*, composé de trois droites finies données, on prend au hasard des points, savoir :

> Le point (*ab*) sur le côté *ab*,
> le point (*bc*) sur le côté *bc*,
> le point (*cd*) sur le côté *cd*.

On joint ensuite le point *a* et le point (*bc*), le point (*ab*) et le point *c* ; ces deux droites se coupent en un point qu'on appelle (*abc*) ;

De même on joint (*bc*) et *d*, *b* et (*cd*), et ces deux droites se coupent en un point qu'on appelle (*bcd*).

Enfin on joint

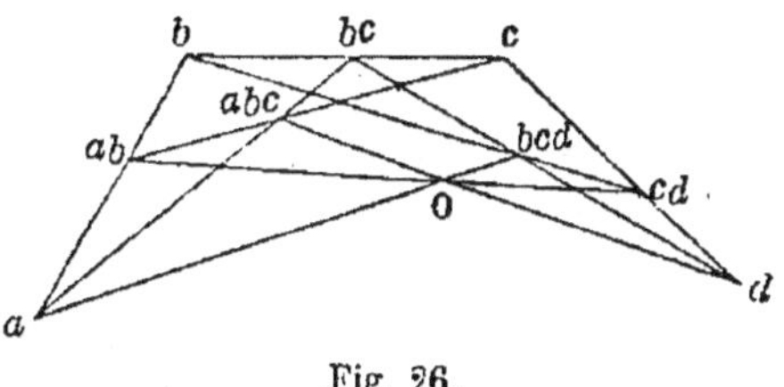

Fig. 26.

> le point *a* au point (*bcd*),
> le point (*ab*) au point (*cd*),
> le point (*abc*) au point *d*.

On demande de démontrer que ces trois droites se coupent en un même point O (qu'on pourrait appeler le point (*abcd*).

Appliquons aux sommets *a*, *b*, *c*, *d* du contour des forces parallèles F, F′, F″, F‴, telles que les deux forces F et F′ aient une résultante appliquée au point (*ab*), que F′ et F″ aient une résultante appliquée au point (*bc*), que F″ et F‴ aient enfin une résultante appliquée en (*cd*).

Le point (*abc*) appartenant à la fois aux droites *a* (*bc*) et (*ab*) *c* est le point d'application de la résultante des forces F, F′, F″.

On prouverait de même que (*bcd*) est le point d'application de la résultante des forces F′, F″, F‴.

Pour trouver la résultante générale, on peut composer la force F avec la résultante du système (F′, F″, F‴), ou bien la résultante de F et F′ avec la résultante de F″ et F‴, ou bien la résultante du système (F, F′, F″) avec la force F‴.

Dans le premier cas, on reconnaîtra que la résultante cherchée est appliquée en un point de la droite $a\,(bcd)$; dans le second, en un point de la droite $(ab)\,(cd)$; dans le troisième enfin, en un point de $(abc)\,d$.

Ces trois droites ont donc un point O commun, qui est le centre des forces parallèles F, F′, F″, F‴.

Ce théorème peut être étendu à un nombre quelconque de côtés successifs.

COMPOSITION DES FORCES PARALLÈLES NON DIRIGÉES DANS LE MÊME SENS

33. Soient deux forces F, F′ parallèles, mais dirigées en sens contraires, et appliquées en deux points A et B d'un même système solide. On demande de trouver la résultante de ces deux forces, s'il y en a une.

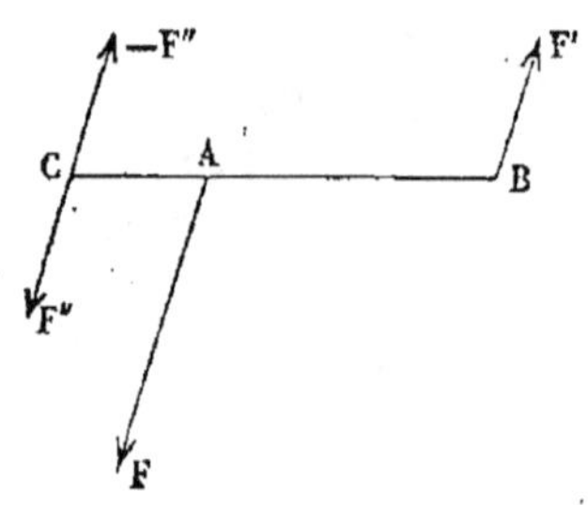

Fig. 27.

Nous déduirons la solution de ce problème, de la composition des forces parallèles et de même sens.

En un point C de la droite AB, prolongée du côté où est appliquée la plus grande des deux forces, appliquons deux forces F″ et — F″ égales, contraires et parallèles à la direction commune des forces F et F′. Cette addition de deux forces égales et contraires ne change rien à la résultante du système des forces données. Or, prenons la force F″ égale à la différence F — F′, et la distance AC, telle que l'on ait

$$\frac{F''}{F'} = \frac{AB}{AC}.$$

Il résulte de cette construction que les forces F′ et — F″ ont une résultante égale et contraire à la force F, ou que les forces F, F′ et — F″ se font équilibre. Donc la force — F″ est égale et contraire à la résultante des forces F et F′, et par suite la résultante des forces F et F′ est la force F″.

Deux forces parallèles F *et* F′, *de sens contraires, se compo-*

sent donc en une force F″ *parallèle à chacune et égale à leur différence* F — F′; *elle est appliquée en un point* C *de la droite qui joint leurs points d'application* A *et* B, *du côté de la plus grande des deux forces, et le rapport des deux segments* CA, CB *est égal au rapport inverse des forces adjacentes*; en effet de la proportion

$$\frac{F''}{F'} = \frac{AB}{AC},$$

ou

$$\frac{F - F'}{F'} = \frac{AB}{AC},$$

qui nous a servi à déterminer la position du point C, on déduit $\dfrac{F}{F'} = \dfrac{AB + AC}{AC} = \dfrac{CB}{CA}$;

Enfin *la résultante* F″ *est dirigée dans le sens de la plus grande des deux composantes.*

Si l'on rapproche cet énoncé de celui qui a pour objet la composition de deux forces parallèles et de même sens, on reconnaît qu'on peut fondre ces deux énoncés en un seul, en attribuant des signes convenables aux forces et aux segments de la droite qui joint leurs points d'application.

Des deux forces F et F′ l'une sera prise négativement, l'autre positivement parce qu'elles agissent en sens opposés ; leur somme algébrique sera donc égale à la différence de leurs valeurs absolues, prise avec le signe de celle des deux qui a la plus grande valeur absolue ; ce sera donc, en grandeur et en signe, la valeur de la résultante F″; leur rapport sera négatif, mais les segments CB, CA se retranchent au lieu de s'ajouter pour donner la distance AB des points d'application des deux composantes. On peut donc prendre négativement le plus petit CA, et positivement le plus grand CB. Leur somme algébrique sera donc égale à AB, et leur rapport sera négatif. Grâce à ces conventions, on pourra exprimer la règle de la composition des forces parallèles d'une manière générale, convenant au cas où elles sont de même sens, comme au cas où elles sont de sens contraires :

Deux forces parallèles se composent en une force parallèle à leur direction commune, égale en grandeur et en signe à leur somme algébrique, et appliquée en un point qui partage la distance des deux points d'application en deux segments dont le rapport soit égal au rapport inverse des forces adjacentes.

34. Si on a à composer des forces parallèles agissant les unes dans un sens, les autres dans le sens opposé, on pourra composer ensemble toutes les forces agissant dans un sens, puis composer ensemble toutes les forces agissant en sens contraire, enfin composer par la règle précédente la résultante du premier groupe et la résultante du second.

Il est facile de reconnaître que les formules que nous avons données § 28, pour la composition des forces de même sens, s'appliquent également aux forces parallèles dirigées en sens différents, moyennant qu'on attribue aux forces données les signes $+$ et $-$: le signe $+$ quand elles agissent dans un sens, et le signe $-$ quand elles agissent dans le sens opposé. Les formules deviennent générales quand on a recours à cette convention.

THÉORÈME DES TRANSVERSALES

35. On peut démontrer, en s'aidant de la composition des forces parallèles, la proposition fondamentale de la théorie des transversales, connue en géométrie sous le nom de *théorème de Carnot* ou de *théorème de Ptolémée.*

Cette proposition s'exprime ainsi qu'il suit :

Une transversale droite abc *rencontre les côtés d'un triangle* ABC *en trois points* a, b, c, *et détermine sur chaque côté deux segments,* savoir :

$$aB, aC \text{ sur le côté } BC,$$
$$bC, bA \text{ sur le côté } AC,$$
$$cA, cB \text{ sur le côté } AB.$$

Cela posé, le produit des trois segments qui n'ont aucune extré-

mité commune, aC $\times$ bA $\times$ cB, est égal au produit des trois autres, *aB $\times$ bC $\times$ cA, et réciproquement.*

Aux extrémités B et C du côté dont le prolongement rencontre la transversale, appliquons deux forces parallèles et de sens contraires F′ et F″, dont nous déterminerons tout à l'heure le rapport.

La résultante de ces deux forces sera appliquée quelque part sur la direction BC prolongée.

Au point A appliquons deux forces égales et contraires F et − F; l'introduction de ces deux forces qui se détruisent ne changera rien à la résultante du système des forces F′ et F″, et pour trouver cette résultante, on peut d'abord composer les forces F′ et F, ensuite composer les forces F″ et − F, enfin composer les résultantes partielles obtenues dans ces opérations.

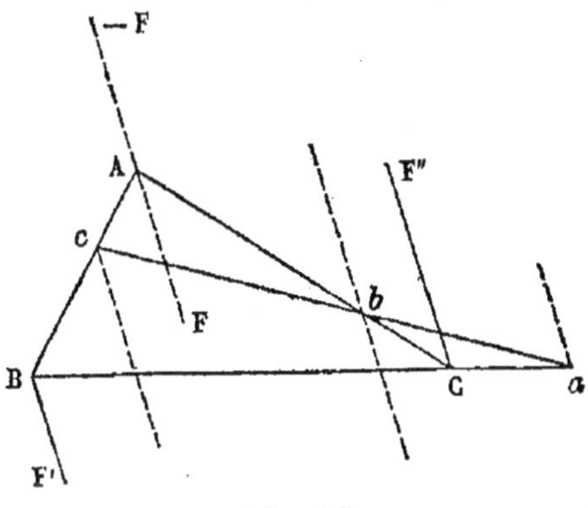

Fig. 28.

La force F est arbitraire; nous pouvons donc faire en sorte qu'on ait

$$\frac{F}{F'} = \frac{cB}{cA},$$

c'est-à-dire que la résultante de F et de F′ passe au point c.

Prenons ensuite la force F″ de manière que la résultante des forces F″ et − F passe au point b; il faudra pour cela qu'on ait l'équation

$$\frac{F''}{F} = \frac{bA}{bC}.$$

La résultante des forces F et F′ passe au point c, et la résultante des forces − F et F″ passe au point b. La résultante de ces deux résultantes, c'est-à-dire la résultante des forces F′ et F″ est donc appliquée en un certain point de la direction cb. Or elle est aussi appliquée en un certain point de la direction BC; donc enfin elle est appliquée au point a, intersection de ces deux directions.

Il en résulte l'égalité

$$\frac{F'}{F''} = \frac{aC}{aB}.$$

Multiplions membre à membre ces trois égalités, il viendra

$$\frac{F}{F'} \times \frac{F''}{F} \times \frac{F'}{F''} = 1 = \frac{c\,B}{c\,A} \times \frac{b\,A}{b\,C} \times \frac{a\,C}{a\,B},$$

ou bien

$$a\mathrm{B} \times b\mathrm{C} \times c\mathrm{A} = a\mathrm{C} \times c\mathrm{B} \times b\mathrm{A},$$

ce qu'il fallait démontrer.

La résultante partielle appliquée en c est égale à $F + F'$, et la résultante partielle appliquée en b est égale à $F + F''$; de sorte que la statique nous donne aussi

$$\frac{F' + F}{F'' + F} = \frac{ab}{ac}.$$

Mais des deux premières équations, on tire

$$\frac{F + F'}{F} = \frac{c\mathrm{B} + c\mathrm{A}}{c\mathrm{B}} = \frac{\mathrm{A}\,\mathrm{B}}{c\mathrm{B}},$$

$$\frac{F + F''}{F} = \frac{b\mathrm{A} + b\mathrm{C}}{b\mathrm{C}} = \frac{\mathrm{A}\,\mathrm{C}}{b\mathrm{C}}.$$

Divisant, il vient

$$\frac{F + F'}{F + F''} = \frac{\mathrm{A}\,\mathrm{B}}{\mathrm{A}\,\mathrm{C}} \times \frac{b\mathrm{C}}{c\mathrm{B}},$$

et par suite

$$\frac{\mathrm{A}\,\mathrm{B}}{\mathrm{A}\,\mathrm{C}} \times \frac{b\mathrm{C}}{c\mathrm{B}} = \frac{ab}{ac},$$

ou bien

$$\mathrm{A}\mathrm{B} \times b\mathrm{C} \times ac = ab \times \mathrm{A}\mathrm{C} \times c\mathrm{B},$$

équation qui n'est autre chose que l'application du théorème au triangle Acb, rencontré par la transversale rectiligne BCa.

DÉFINITION DES COUPLES

36. La composition de deux forces parallèles dirigées en sens contraires présente un cas singulier très-remarquable, celui où les deux forces sont égales.

Soient F et F′ deux forces inégales, parallèles, de sens contraires, appliquées l'une en A, l'autre en B ; supposons F′ > F ; ces deux forces se composeront en une force unique égale à F′ — F, et appliquée en un point C situé sur le prolongement de AB, et tel qu'on ait la proportion

$$\frac{CA}{CB} = \frac{F'}{F}.$$

Si nous supposons que la différence F′ — F diminue indéfiniment, le rapport $\dfrac{F'}{F}$ s'approchera indéfiniment de l'unité, et le point C s'éloignera indéfiniment des points A et B.

Lorsqu'enfin les forces F′ et F deviendront égales entre elles, la résultante F′ — F deviendra nulle, et son point d'application C ira se perdre à l'infini sur la direction AB. On peut remarquer que dans ce cas singulier, les forces F et F′ étant égales, la résultante de ces deux forces ne peut être appliquée vers la

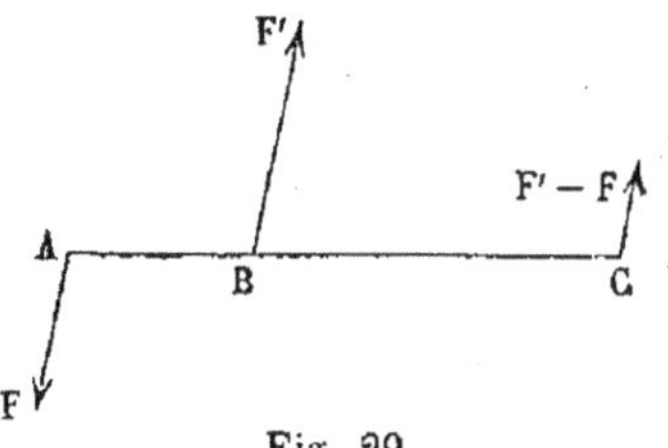

Fig. 29.

droite de la figure sans l'être également vers la gauche, à cause de la symétrie ; il ne peut donc y avoir de résultante, ce que le calcul indique en donnant pour résultante une force nulle appliquée en un point infiniment éloigné.

Le système de deux forces égales, parallèles et de sens contraires n'est donc pas réductible à une force unique. Les propriétés très-remarquables de ce système ont été mises en évidence pour la première fois par Poinsot, qui lui a donné le nom de *couple*.

Un couple F, — F *est donc le système formé par deux forces égales, parallèles et de sens contraires, appliquées en deux points* A *et* B *qu'on suppose invariablement réunis l'un à l'autre.*

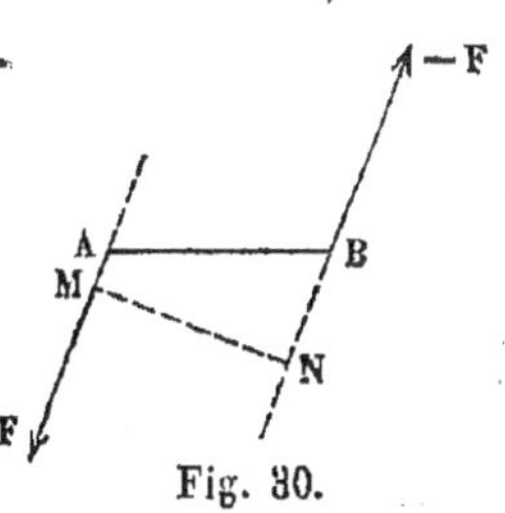

Fig. 30.

37. Le *bras de levier* du couple est la distance MN des

deux forces. Comme on peut toujours supposer les forces transportées en un point quelconque de leur direction, on peut regarder les points M et N, où les deux forces F et — F sont rencontrées par une perpendiculaire commune, comme les points d'application de ces deux forces.

THÉORIE DES MOMENTS. — DÉFINITIONS

38. La considération des produits appelés *moments* simplifie le problème de la composition des forces

On appelle *moment d'une force F par rapport à un point O*, le produit de la force F par la distance OP de la force au point O, qui prend le nom de *centre des moments*.

On appelle *moment d'une force F' par rapport à une droite* AB, le produit de la projection F'' de la force sur un plan RR' (fig. 32), perpendiculaire à la droite AB, par la distance AS du point où la droite AB perce le plan, à la projection F'' de la force; en d'autres termes, *le moment d'une force par rapport à un axe* AB *est le moment de la projection de la force sur un plan normal à l'axe, par rapport au point où l'axe rencontre le plan de projection*. La distance AS du pied de

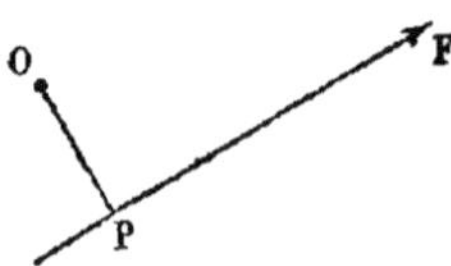

Fig. 31.

l'axe à la projection de la force est égale à la longueur CD de la perpendiculaire commune à la force F' et à l'*axe* AB *des moments*.

On appelle enfin *moment d'une force par rapport à un plan parallèle à sa direction*, le moment de la force par rapport à un axe quelconque, conduit dans ce plan, perpendiculairement à la projection de la force.

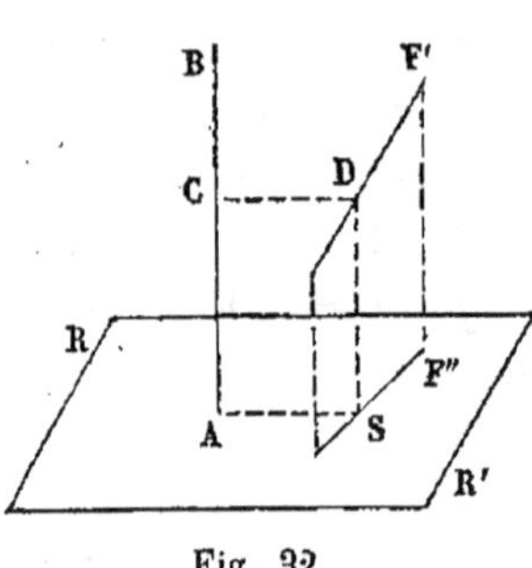

Fig. 32.

Le moment d'une force F par rapport à un point O ou par rapport à un axe AB, se représente quelquefois par les notations

$$M_o F, \quad M_{ab} F.$$

Nous verrons tout à l'heure qu'on donne un signe à ces expressions.

39. Il résulte des définitions précédentes que le moment d'une force par rapport à un point est nul quand le point est situé sur la direction de la force, car alors la distance OP est nulle.

Le moment d'une force par rapport à un axe peut être nul de deux manières :

1° Quand la force rencontre l'axe, car alors le pied de l'axe est situé sur la direction de la force projetée sur un plan normal à l'axe ;

2° Quand la force est parallèle à l'axe, car alors la projection de la force sur un plan normal à l'axe est nulle.

Ces deux cas sont compris dans l'énoncé suivant : *Le moment d'une force par rapport à un axe est nul quand la direction de la force et l'axe des moments sont dans un même plan.*

40. On attribue dans les calculs aux moments des forces les signes $+$ et $-$, d'après les conventions suivantes.

Lorsque plusieurs forces agissent dans un même plan, on imagine que les points d'application de ces forces sont entraînés chacun dans la direction même de la force qui le sollicite ; chacun de ces déplacements fictifs peut être regardé comme le résultat d'une rotation autour du point pris dans le plan pour *centre des moments*. Nous avons vu en cinématique comment on déterminait le signe d'une rotation : on lui donne le signe $+$ si elle s'opère dans un sens convenu (ordinairement de gauche à droite), et le signe $-$ si elle s'opère en sens contraire. On attribue aux moments les mêmes signes qu'aux rotations correspondantes. Ainsi le point O étant le centre des moments, et F, F' les forces appliquées en divers points A, A' du plan de la figure, le moment de la force F par rapport au point O sera

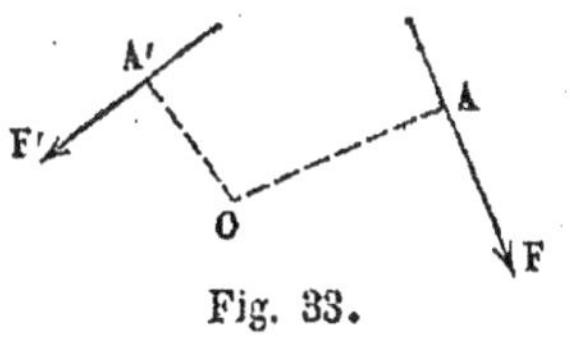

Fig. 33.

égal à $+ \, \mathrm{F} \times \mathrm{OA}$, et le moment de la force F' sera égal à $- \, \mathrm{F}' \times \mathrm{OA}'$, de sorte que la somme algébrique des moments sera $\mathrm{F} \times \mathrm{OA} - \mathrm{F}' \times \mathrm{OA}'$.

41. Le moment d'une force par rapport à un axe reçoit le

même signe que le moment de la force projetée sur un plan perpendiculaire à l'axe, par rapport au pied de l'axe. La convention relative aux signes des moments par rapport à un point entraîne une convention pareille relative aux signes des moments par rapport à un axe, et par suite, une convention pareille relative aux signes des moments par rapport à un plan.

Soit, par exemple, AF une force appliquée en un point A et agissant dans le sens AF, et soient OX, OY, OZ trois axes coordonnés rectangulaires. Projetons la force sur les trois plans XOY, YOZ, ZOX qui sont respectivement normaux aux trois axes ; nous obtiendrons trois forces A'F', A"F" et A'''F'''. Du point O abaissons des perpendiculaires OP, OP', OP'' sur ces trois forces ; les moments de la force AF par rapport aux axes seront en valeur absolue,

$$\text{par rapport à l'axe OZ,} \qquad \text{A'F'} \times \text{OP,}$$
$$\text{par rapport à l'axe OX,} \qquad \text{A"F"} \times \text{OP',}$$
$$\text{et par rapport à l'axe OY,} \qquad \text{A'''F'''} \times \text{OP''} ;$$

mais la direction de la force A'F' tend à entraîner le point A'

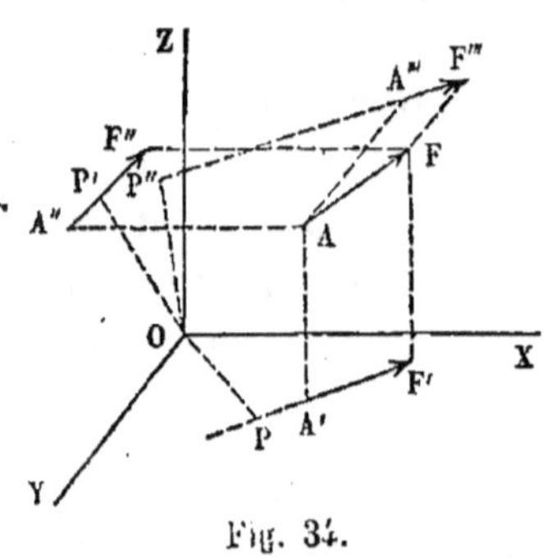

Fig. 34.

autour du point O dans le sens qui amènerait l'axe OY vers l'axe OX, c'est-à-dire dans le sens négatif ; on devra donc donner le signe — au moment par rapport à l'axe OZ. Au contraire, la force A"F" tend à entraîner son point d'application dans le sens de OY vers OZ, sens positif, et la force A'''F''' tend de même à entraîner son point d'application dans le sens de OZ vers OX, sens également positif. On donnera donc le signe + aux moments par rapport à l'axe OX et à l'axe OY ; et en définitive les moments de la force AF par rapport aux trois axes seront

$$\text{par rapport à l'axe OZ,} \qquad - \text{A'F'} \times \text{OP,}$$
$$\text{par rapport à OX,} \qquad + \text{A"F"} \times \text{OP',}$$
$$\text{et par rapport à OY,} \qquad + \text{A'''F'''} \times \text{OP''.}$$

42. La valeur absolue du moment d'une force peut être représentée par une aire plane.

Soit en effet A le point d'application d'une force, AF la force en grandeur et en direction, et O le centre des moments, pris dans un plan contenant la force. Abaissons du point O la perpendiculaire OP sur AF. La valeur absolue du moment de la force AF par rapport au point O sera le produit $AF \times OP$. Or, joignons OA, OF : le triangle OAF ainsi formé a pour mesure la moitié du produit de sa base AF par sa hauteur OP ; donc le moment de la force peut être représenté par le double de la surface du triangle OAF.

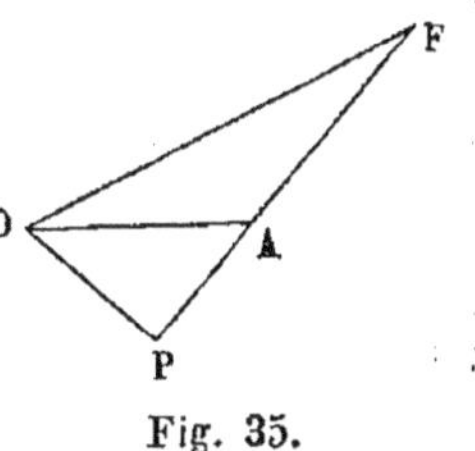

Fig. 35.

La même interprétation géométrique peut être donnée au moment d'une force par rapport à un axe ; il est égal au double de l'aire du triangle qui a pour base la projection de la force sur un plan normal, et pour sommet le pied de l'axe ; cela revient à dire que le moment de la force par rapport à l'axe est égal en valeur absolue au double de la projection, sur un plan normal à l'axe, du triangle formé en joignant un point quelconque de l'axe aux extrémités de la droite qui représente la force.

On remarquera que dans ces sortes de produits, l'un des facteurs représente une longueur, et le second facteur une force ; l'unité de force et l'unité de longueur restent d'ailleurs tout à fait indépendantes l'une de l'autre. La mécanique offre plusieurs exemples de ces quantités complexes qui résultent de la multiplication de facteurs représentant des quantités de natures différentes.

43. Soit AF (fig. 36) une force appliquée en un point A, et O un point fixe pris arbitrairement dans l'espace. Par ce point menons un axe OZ, perpendiculaire au plan conduit par la force AF et le point O. Le moment $AF \times OP$ de la force F par rapport au point O sera identique au moment de la force F par rapport à l'axe OZ. Proposons-nous ensuite de trouver le moment de la force F par rapport à un axe OS mené par le point O. Il suffira d'imaginer par ce point un plan RR′

perpendiculaire au nouvel axe, et de projeter le triangle OAF en O*af* sur ce plan. Le moment cherché sera le double de l'aire du triangle O*af*.

Mais prenons sur l'axe OZ, à une échelle arbitraire, une longueur OB égale au produit AF $\times$ OP, c'est-à-dire représentant à l'échelle le double de l'aire du triangle OAB. L'axe OS fait avec l'axe OZ un angle SOZ égal à l'angle du plan RR' avec le plan OAF, de sorte que si nous projetons la longueur OB sur la direction OS, nous obtiendrons (*Cin.*, § 173) une longueur O*b* qui représentera à la même échelle le double de l'aire

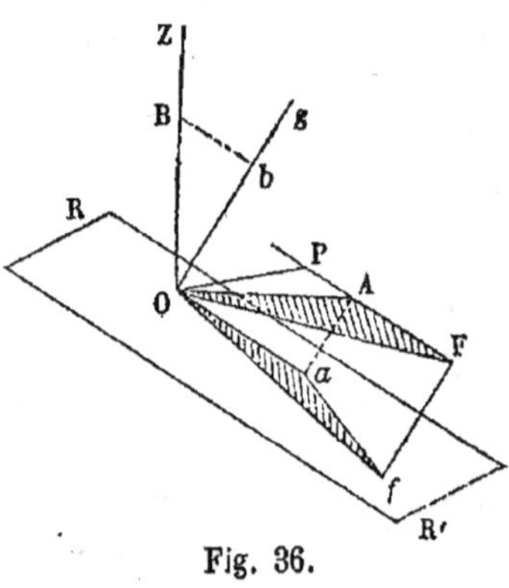

Fig. 36.

du triangle O*af*, c'est-à-dire le moment de la force F par rapport à l'axe OS. On voit donc qu'il sera facile de trouver le moment d'une force F par rapport à tel axe OS qu'on voudra, connaissant le moment de cette force par rapport à un point O pris sur cet axe. Il suffit, en effet, de mener par le point O une perpendiculaire OZ au plan conduit par la force F et le point O, et de prendre sur cette droite à partir du point O une longueur OB, représentant à une échelle arbitraire le moment de la force F par rapport au point O. Le moment de la force F par rapport à l'axe OS sera représenté à la même échelle par la projection sur OS de la longueur OB. Pour définir le sens du moment, on peut, comme nous l'avons indiqué en cinématique (§ 92), mener l'axe OB de telle sorte que l'observateur placé les pieds en O, la tête en B, voie la force F solliciter son point d'application à tourner autour du point O dans le sens de la rotation positive. La droite OB aura alors une direction, un sens et une longueur bien déterminés.

La construction géométrique du moment par rapport à l'axe OS fait voir que O*b* est toujours moindre que OB, de sorte que *le moment d'une force par rapport à un point est en valeur absolue le maximum des moments de la force* *par rapport à tous les axes qu'on peut mener par ce point ;*

que les moments de la force F par rapport à tous les axes OS qui font un même angle ZOS avec l'axe OZ sont égaux entre eux ;

que les moments sont nuls par rapport à tout axe mené par le point O perpendiculairement à OZ, ce qu'on savait déjà, puisque tout axe mené par le point O perpendiculairement à OZ est contenu dans un plan passant par la force F ;

qu'enfin, les extrémités *b* des droites finies O*b* qui représentent la grandeur des moments par rapport à leur propre direction, sont situées sur une surface sphérique, décrite sur OB comme diamètre. En effet, si on fait mouvoir l'axe OS dans le plan BOS, le point *b*, projection du point B sur la direction variable OS, décrira dans ce plan une circonférence, dont OB sera le diamètre ; et cette circonférence, en tournant autour de OB, engendrera dans l'espace une surface sphérique qui sera le lieu de tous les points *b*.

44. Ces préliminaires posés, venons à la démonstration du *théorème des moments*, qui consiste dans l'énoncé suivant :

Le moment par rapport à une droite XY *de la résultante de deux ou de plusieurs forces, toutes parallèles ou toutes concourantes, est égal à la somme algébrique des moments de chacune de ces forces par rapport à cette droite* XY.

I. Supposons d'abord qu'il n'y ait que deux forces à composer ; elles seront comprises dans un même plan, puisqu'on les suppose ou parallèles ou concourantes. Prenons les moments de ces forces par rapport à un point O de ce plan, c'est-à-dire par rapport à un axe normal au plan et passant par ce point O.

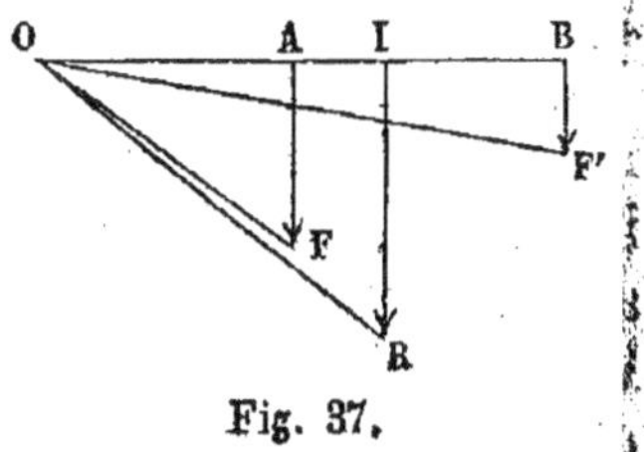

Fig. 37.

1° Si les forces F et F' sont parallèles, abaissons du point O une perpendiculaire commune OAB sur leur direction ; nous pourrons admettre que A et B sont les points d'application des forces F et F'.

La résultante R sera égale à F + F', et sera appliquée en un point I de la droite AB, tel qu'on ait l'égalité

$$\frac{AI}{IB} = \frac{F'}{F}.$$

On en déduit

$$\frac{AI}{AB} = \frac{F'}{F + F'} = \frac{F'}{R}.$$

Donc

$$R \times AI = F' \times AB.$$

Aux deux membres de cette égalité ajoutons $(F + F') \times OA$, il viendra

$$R \times AI + (F + F') \times OA = (F + F') \times OA + F' \times AB,$$

ou bien

$$R \times (AI + OA) = F \times OA + F' \times (OA + AB),$$

ou enfin

$$R \times OI = F \times OA + F' \times OB,$$

équation qui montre que le moment $R \times OI$ de la résultante par rapport au point O, est égal à la somme des moments $F \times OA$, $F' \times OB$ des composantes par rapport au même point.

On vérifierait de même le théorème pour deux forces parallèles dirigées en sens contraires. L'équation finale est identique, pourvu que l'on donne des signes convenables aux moments. On pourrait aussi montrer que, grâce à l'emploi des signes, le théorème s'applique au cas où le centre des moments est compris entre les deux forces.

On peut conclure de là que la surface du triangle ORI est la somme (algébrique) des aires des triangles OAF, OBF'.

2° Admettons que les forces ne soient pas parallèles.

Soient A F et A F′ deux forces concourantes. La résultante R est représentée en grandeur et en direction par la diagonale A R du parallélogramme A F R F′, et le théorème des moments revient à l'égalité

Aire OAR = aire OAF + aire OAF′.

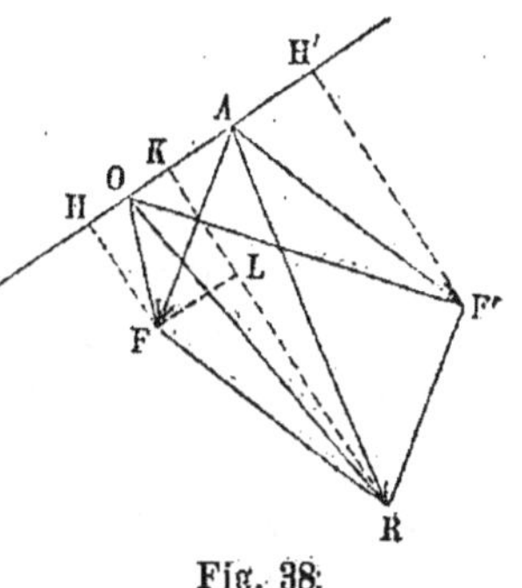

Fig. 38.

Or, les trois triangles OAR, OAF. OAF′ ont une base commune OA, et sont entre eux comme leurs hauteurs, c'est-à-dire comme les distances RK, FH, F′H′ des points R, F et F′ à cette base. Par le point F, menons FL parallèle à OA ; la figure HKLF sera un rectangle, dans lequel FH = KL. De plus, les deux triangles FLR, AH′F′ sont rectangles en L et en H′, ils ont l'angle FRL égal à l'angle AF′H′, comme compris entre côtés parallèles chacun à chacun ; enfin, ils ont des hypoténuses égales FR, AF′, comme côtés opposés d'un parallélogramme. Donc le côté LR est égal au côté F′H′, et par suite

$$RK = FH + F'H'.$$

Donc enfin le triangle OAR est la somme des deux autres, et le théorème est démontré.

Ce théorème porte en statique le nom de *théorème de Varignon.*

On peut faire voir que le théorème des moments pour deux forces parallèles rentre comme cas particulier dans le théorème pour deux forces concourantes.

Soient en effet AF, A′F′ deux forces appliquées aux points A et A′, et concourantes en un point quelconque ; soit R leur résultante, qu'on peut supposer appliquée en un point quelconque A″ de sa direction. D'un point quelconque O pris dans le

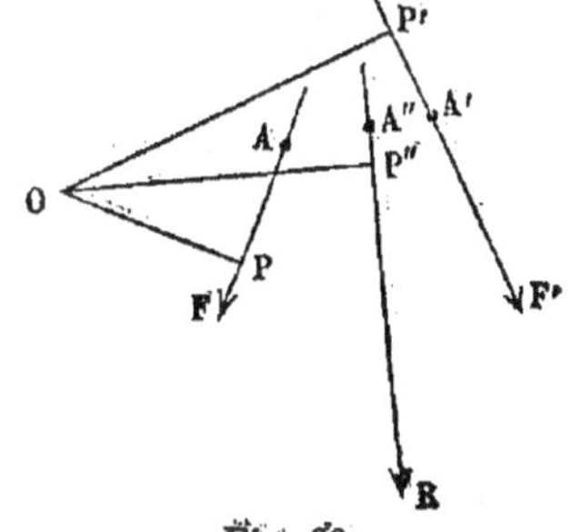

Fig. 39.

plan de la figure, abaissons des perpendiculaires OP, OP', OP'' sur les directions des trois forces, nous aurons en vertu du théorème

$$R \times OP'' = F \times OP + F' \times OP'.$$

R est de plus égale en grandeur à la diagonale du parallélogramme dont les côtés sont les forces F et F'. Or, imaginons que le point de concours des forces F et F' s'éloigne indéfiniment.

A la limite, les trois forces F, F' et R seront parallèles, et la diagonale R du parallélogramme construit sur F et F' se changera en la somme F + F' des deux forces données. L'équation des moments étant toujours vraie quelque éloigné que soit le point de concours des forces, est encore vraie à la limite, quand les forces deviennent parallèles, et peut servir à fixer la position vraie de la résultante F + F'.

II. Supposons toujours qu'il n'y ait que deux forces données F et F', mais qu'au lieu de prendre les moments par rapport à un point de leur plan, on prenne les moments par rapport à une droite X Y quelconque. La proposition sera encore vraie.

Projetons les forces données F et F', et leur résultante R sur un plan normal à X Y. Nous obtiendrons sur ce plan deux forces f et f', et une troisième force r, projection de R, et je dis qu'elle sera la résultante de f et f'. En effet, le parallélogramme construit sur F et F', dont R est la diagonale, a pour projection sur ce plan un parallélogramme, qui a pour côtés f et f', et pour diagonale r. Donc r est la résultante de f et f'. Ceci suppose les forces f et f' concourantes. Si elles sont parallèles, la force R leur sera aussi parallèle et sera égale à leur somme, et elle partagera la distance de leurs points d'application en deux segments qui seront entre eux dans le rapport $\dfrac{F}{F'}$. Mais la projection de la figure sur le plan normal à X Y donnera trois forces f, f', r, proportionnelles à F, F', R ; la force r sera donc la somme des forces f et f' comme la force R est la somme des forces F et F', et le point d'application de la force divisera la droite de jonction des points d'application projetés, en deux segments qui seront entre eux dans le rapport de $\frac{F}{F'}$, c'est-à-dire de $\frac{f}{f'}$. En résumé, r est dans tous les cas la résultante de f et f'. Le théorème des moments est démontré pour les forces projetées sur le plan normal. Or, les moments des forces f, f', r, par rapport au pied de l'axe XY, sont par définition les moments des forces F, F', R, par rapport à cet axe. Donc enfin, le théorème des moments est également démontré pour le cas où l'on prend les moments par rapport à un axe, en admettant toujours deux forces, soit parallèles, soit concourantes.

III. Il est aisé d'étendre le théorème à autant de forces données qu'on voudra, pourvu qu'elles soient toutes parallèles, ou toutes concourantes en un même point.

Soient F_1, F_2, F_3, ... F_n, n forces satisfaisant à l'une ou à l'autre de ces conditions. Pour trouver leur résultante, on peut composer F_1 et F_2, ce qui donnera une résultante R_1 ; puis composer R_1 avec F_3, ce qui donnera une résultante R_2 ; composer ensuite R_2 avec F_4, et ainsi de suite, jusqu'à ce qu'on ait composé la dernière force F_n avec la dernière résultante partielle R_{n-2}, ce qui fournira la résultante générale R. Dans chaque opération, on aura à composer deux forces, soit parallèles, soit concourantes, et par suite, on pourra appliquer le théorème des moments, qui fournira une équation. Nous aurons donc à la fois

$$M_{xy}\,F_1 + M_{xy}\,F_2 = M_{xy}\,R_1,$$
$$M_{xy}\,F_3 + M_{xy}\,R_1 = M_{xy}\,R_2,$$
$$M_{xy}\,F_4 + M_{xy}\,R_2 = M_{xy}\,R_3,$$
$$\ldots\ldots\ldots\ldots\ldots\ldots$$
$$M_{xy}\,F_n + M_{xy}\,R_{n-2} = M_{xy}\,R\,;$$

Ajoutons ces $n-1$ équations membre à membre, et supprimons les termes communs, il viendra en définitive

$$M_{xy}\,F_1 + M_{xy}\,F_2 + M_{xy}\,F_3 + \ldots + M_{xy}\,F_n = M_{xy}\,R\,;$$

le moment de la résultante R par rapport à l'axe xy est donc la somme (algébrique) des moments des composantes F_1, F_2, ... F_n, par rapport au même axe.

APPLICATIONS DU THÉORÈME DES MOMENTS

45. Proposons-nous de trouver d'abord les coordonnées du point d'application de la résultante de n forces parallèles, F_1, F_2, ... F_n, appliquées en n points définis par leurs coordonnées rectangulaires, x_1, y_1, z_1, pour le premier, x_2, y_2, z_2, pour le second, ... x_n, y_n, z_n, pour le $n^{\text{ième}}$.

On sait ce qu'on entend par le point d'application de la résultante cherchée. C'est le point unique par lequel passe la résultante des forces données lorsqu'on les fait tourner chacune autour de son point d'application, sans altérer leur parallélisme, et en leur conservant les rapports de leurs grandeurs. Soient X, Y, Z les coordonnées de ce point. Faisons tourner toutes les forces de manière à les rendre parallèles à l'axe O Y, et prenons les moments par rapport à l'axe OX. Les forces se projetteront en vraie grandeur sur le plan YOZ, normal à l'axe des moments, et les distances des forces à cet axe seront égales respectivement à z_1 pour la première, à z_2 pour la seconde, ... à z_n pour la $n^{\text{ième}}$. La somme algébrique des moments est donc égale à

$$F_1 z_1 + F_2 z_2 + F_3 z_3 + \ldots + F_n z_n.$$

On sait par le théorème des moments qu'elle est égale au moment de la résultante, c'est-à-dire au produit

$$(F_1 + F_2 + \ldots + F_n) \times Z.$$

Donc

$$Z = \frac{F_1 z_1 + F_2 z_2 + \ldots + F_n z_n}{F_1 + F_2 + \ldots + F_n},$$

équation que nous avions trouvée, § 34, par une méthode beaucoup moins rapide.

Nous obtiendrions de même les deux autres équations qui donnent X et Y, en rendant les forces parallèles à l'axe OZ, puis à l'axe OX.

Il viendrait

$$X = \frac{F_1 x_1 + F_2 x_2 + \ldots + F_n x_n}{F_1 + F_2 + \ldots + F_n},$$

$$Y = \frac{F_1 y_1 + F_2 y_2 + \ldots + F_n y_n}{F_1 + F_2 + \ldots + F_n}.$$

46. Proposons-nous en second lieu de trouver les moments par rapport aux trois axes OX, OY, OZ, d'une force donnée F, appliquée en un point M qui est défini par ses coordonnées rectangulaires x, y, z.

Décomposons la force F au point M en ses trois composantes MX, MY, MZ. Le moment de la force F par rapport à un axe quelconque est égal à la somme algébrique des moments de ses composantes.

Occupons-nous d'abord des moments par rapport à OZ. Le moment de la composante Z, qui est parallèle à l'axe, est égal à zéro. Les deux autres composantes se projettent en vraie grandeur en mX, mY sur le plan XOY normal à OZ. La distance de la composante mY

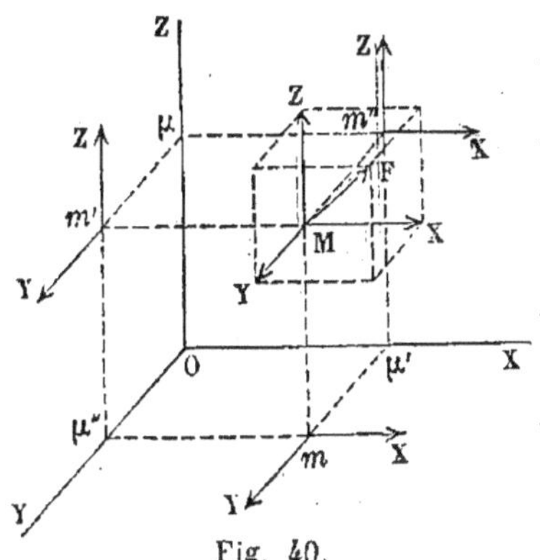

Fig. 40.

à l'axe OZ, ou au point O, est égale à Oμ' ou à $m\mu''$, ou enfin à x ; la distance de la composante mX au même point est $m\mu'$ ou y ; les moments sont donc égaux, aux signes près, à Yx et à Xy ; quant aux signes, il faut observer que si X et y sont positifs, comme le suppose la figure, X tend à faire tourner son point d'application m dans le sens qui amènerait l'axe OY vers l'axe OX, c'est-à-dire dans le sens négatif ; le moment de X est donc égal à $-$ Xy ; l'autre moment est positif, et la somme algébrique des moments est égale à

$$Y x - X y.$$

On démontrerait de même que la somme des moments par rapport à OX est

$$Z y - Y z,$$

et par rapport à O Y,

$$X z - Z x.$$

On a donc les trois formules

$$M_{ox} F = Z y - Y z = L,$$
$$M_{oy} F = X z - Z x = M,$$
$$M_{oz} F = Y x - X y = N,$$

en appelant pour abréger L, M, N les moments de la force F par rapport aux trois axes.

47. Soit proposé, en troisième lieu, de chercher le moment de la force F par rapport à une droite OP, passant par l'origine. La direction de cette droite OP, dont un point est déjà connu puisqu'elle passe par l'origine, est définie par les coordonnées de l'un quelconque de ses points : prenons ce point à une distance OP de l'origine égale à l'unité de longueur, et soient $OA = a$, $OB = b$, $OC = c$, les coordonnées de ce point P. Ces trois coordonnées définissent la di-

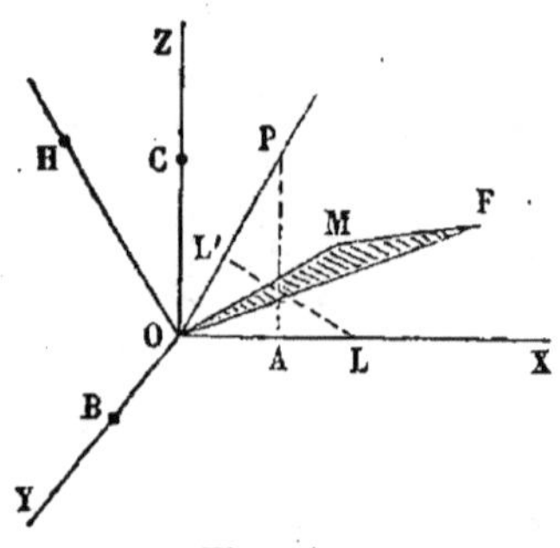

Fig. 41.

rection OP. Ce sont trois nombres qui expriment les rapports $\dfrac{OA}{OP}, \dfrac{OB}{OP}, \dfrac{OC}{OP}$. Deux de ces nombres suffisent pour définir la direction donnée ; car les axes étant rectangulaires, le carré de la diagonale OP du parallélépipède construit sur les trois arêtes OA, OB, OC, est égal à la somme des carrés des arêtes, ce qui donne l'équation : $a^2 + b^2 + c^2 = 1$. Dès qu'on connaît a et b, par exemple, cette équation définit c.

Concevons un plan mené par le point O, normalement à l'axe OP. Nous trouverons le moment cherché en projetant sur ce plan l'aire du triangle qui a pour sommet le point O, et pour base la force F, et nous avons vu qu'il suffit pour cela de projeter sur l'axe OP une longueur OH, égale au moment de la force F par rapport au point O, et prise sur une perpendiculaire au plan mené par le point O et la direction de la force, MF.

Les moments L, M, N de la force F par rapport aux axes ne sont autre chose que les projections sur les axes de cette longueur OH ; on peut donc regarder OH comme la résultante géométrique des trois composantes L, M, N, portées respectivement sur les axes à partir du point O. La projection de la résultante OH sur la direction OP est la somme algébrique des projections des composantes sur la même direction. Prenons donc sur l'axe OX une longueur $OL = L$, et projetons le point L en L′ sur OP. Joignons PA. Les deux triangles OPA, OLL′, sont semblables, comme étant rectangles en A et en L′, et ayant un angle commun en O. Nous avons donc la proportion

$$\frac{OL'}{OL} = \frac{OA}{OP}$$

et par suite $OL' = \dfrac{OL \times OA}{OP} = La.$

La projection de L sur OP est donc égale à La ; de même Mb est la projection de M sur OP, et Nc la projection de N sur la même direction. Additionnant ces trois projections, on a la projection sur OP de la grandeur OH, c'est-à-dire le moment de la force F par rapport à OP :

$$M_{op}\, F = La + Mb + Nc.$$

La connaissance des moments par rapport à trois axes rectangulaires conduit donc immédiatement à la détermination du moment autour d'un axe quelconque passant par l'origine.

THÉORIE DES COUPLES

48. Nous avons vu (§ 36) qu'un couple est le système formé par deux forces (F, — F) égales, parallèles et dirigées en sens contraires, appliquées en deux points liés invariablement l'un à l'autre ; et que le bras de levier (§ 37) du couple

est la distance de ces deux forces. Un tel système ne peut
être réduit à une force unique.

Prenons les moments des forces F et — F par rapport à
un point O quelconque, pris dans le plan des deux forces.

Le moment de la force AF sera égal au produit $F \times OA$,
et le moment de la force — F, égal à — $F \times OB$; la somme
algébrique des moments est donc égale à

$$F \times OA - F \times OB = F \times (OA - OB) = F \times AB,$$

c'est-à-dire que *la somme des moments d'un couple par rapport à un point du plan de ce couple,
ou par rapport à tout axe normal à
ce plan, est constante et égale au produit de la valeur commune des deux
forces par le bras de levier.*

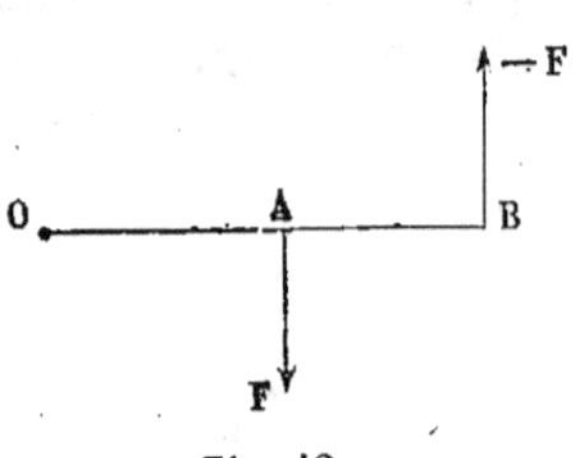

Fig. 42.

Ce produit prend le nom de *moment du couple*. Lorsque plusieurs
couples sont situés dans un même
plan, on leur donne les signes $+$ ou $-$, en suivant la convention relative aux signes des moments des forces ; il est
facile de reconnaître qu'appliquée aux couples, cette convention revient à regarder comme positifs les moments des couples qui tendent à faire tourner leur bras de levier de gauche
à droite, et comme négatifs, ceux qui tendent à faire tourner
leur bras de levier de droite à gauche. Il est bien entendu que
cette tendance du couple à faire tourner son bras de levier
n'est qu'une image tout à fait fictive, et qu'elle ne préjuge
en rien la solution du problème de dynamique qui consiste
à déterminer le mouvement d'un système
solide sollicité par un couple.

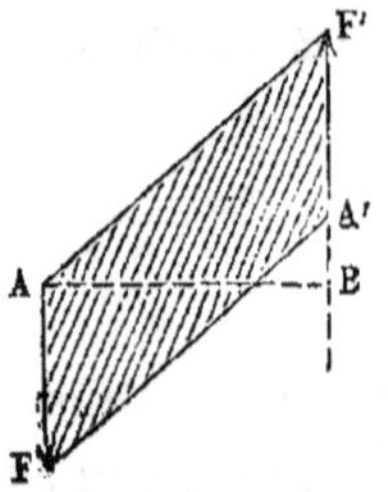

Le moment d'un couple $F \times AB$ peut
être représenté par l'aire d'un parallélogramme ayant F pour base et AB pour hauteur, c'est-à-dire par l'aire du parallélogramme AFA′F″ qui aurait pour bases
opposées les deux forces F et F′.

Fig. 43.

49. *Un couple peut être transporté partout
où l'on voudra, dans son plan, ou dans un plan parallèle,*

et orienté comme on voudra dans ces plans ; enfin, on peut substituer au couple un couple de même moment, sans troubler l'équilibre.

La démonstration exige qu'on considère successivement chacune de ces modifications.

1° On peut, sans troubler l'équilibre, faire tourner le couple d'un angle quelconque dans son plan autour du milieu I de son bras de levier.

Soit (F, F') le couple dans sa position primitive ; AB son bras de levier ; soit (F_1, F'_1) le couple dans sa seconde position, et $A_1 B_1$ son bras de levier. Il suffira de démontrer que le couple (F_2, F'_2) obtenu en changeant le sens des forces du couple (F_1, F'_1) fait équilibre au couple (F, F'), car s'il en est ainsi, on pourra appliquer au système les quatre forces F_1, F_2, F'_1, F'_2 qui se font équilibre deux à deux, puis supprimer les forces

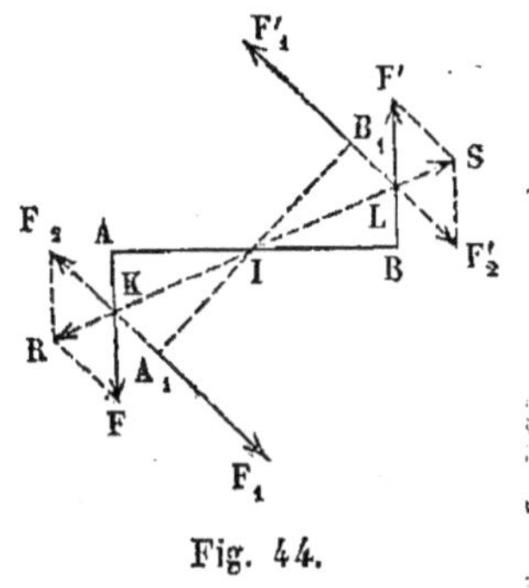

Fig. 44.

F_2, F, F'_2, F' qui se font équilibre, et il restera le couple (F_1, F'_1).

Or, les forces F'_2 et F' se coupent en un point L, où l'on peut les supposer appliquées ; elles se composent en ce point en une seule force LS, dirigée suivant la bissectrice de l'angle des deux forces ; la résultante LS passe donc par le point I. De même, les forces F et F_2 se composent en une seule KR, dirigée aussi suivant la bissectrice de l'angle des deux forces, et passant par le point I. Enfin, les forces LS et KR sont égales et de sens opposés. Et comme elles peuvent être supposées appliquées au même point I, elles se font équilibre.

Le système (F_1, F'_1) est donc équivalent au point de vue de l'équilibre au système (F, F').

2° On peut, sans troubler l'équilibre, déplacer un couple parallèlement à lui-même, dans son plan ou dans des plans parallèles.

Soit F, F' le couple donné ; AB son bras de levier. Transf

portons le bras de levier parallèlement à lui-même en une position quelconque $A_1 B_1$, et en chacun des points A_1, B_1, appliquons deux forces contraires F_1, F_2, et F'_1, F'_2,

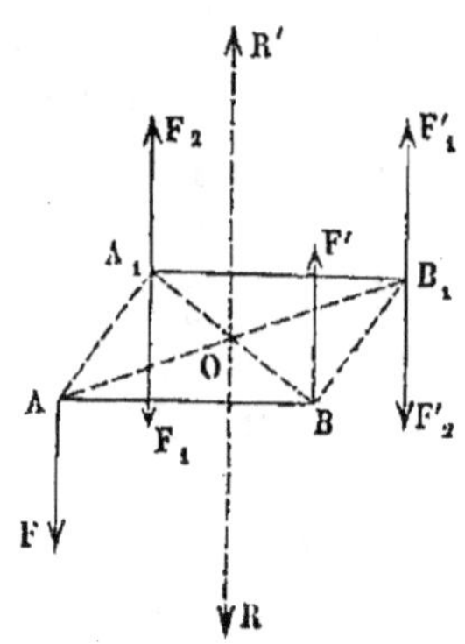

Fig. 45.

égales et parallèles aux forces F et F'. Il suffira encore de prouver que le couple (F_2, F'_2) fait équilibre au couple (F, F') pour établir que les couples (F, F') et F_1, F'_1) sont équivalents au point de vue de l'équilibre.

Or, joignons AA_1, BB_1. La figure AB, $B_1 A_1$, dans laquelle AB est égal et parallèle à $A_1 B_1$, est un parallélogramme ; les diagonales AB_1, $A_1 B$ se coupent donc au point O en deux parties égales. Les forces F et F'_2 égales, parallèles et de même sens se composent en une force unique OR, appliquée au point O, parallèle aux forces données, et égale à leur somme 2F. De même, les forces F_2 et F' égales, parallèles et de même sens, ont pour résultante une force OR' appliquée aussi au point O, dirigée en sens contraire de OR, et égale à 2F. Les deux forces R et R', appliquées au même point, sont égales et contraires, et se font équilibre. Il reste donc le couple (F_1, F_1), c'est-à-dire le couple donné, transporté parallèlement à lui-même.

3º En combinant le transport parallèle du couple et la rotation autour du milieu de son bras de levier, on amènera le couple à occuper telle position qu'on voudra, dans un plan parallèle à son plan primitif. Il reste à prouver que l'on peut modifier arbitrairement la force en altérant en consé-

quence le bras de levier, et que deux couples qui ont le même
moment, et qui agissent dans des plans parallèles sont équivalents au point de vue de l'équilibre. On peut supposer que
les deux couples sont situés dans le même plan, et que leurs
bras de levier appartiennent à une seule et même direction.

Soit AB le bras de levier du premier couple, et $A_1 B_1$ le
bras de levier du second ; F, F' les forces égales du premier,

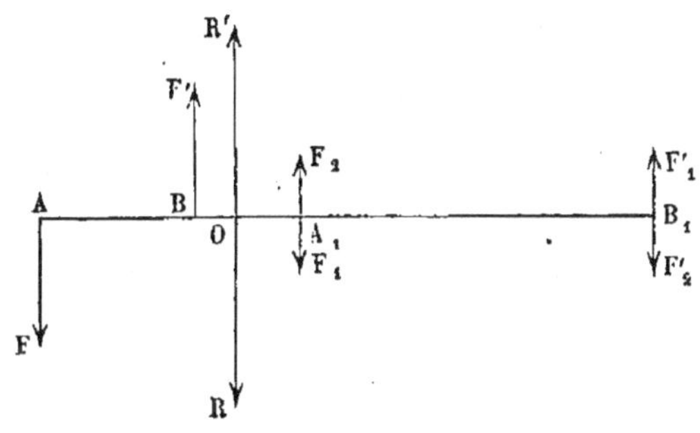

Fig. 46.

et F_1, F'_1 les forces égales du second. La condition d'équiva-
lence posée dans l'énoncé est

$$F \times AB = F_1 \times A_1 B_1 \; ;$$

supposons en A_1 et B_1 des forces F_2, F'_2 égales et contraires
aux forces F_1, F'_1 ; il faut démontrer que le couple (F_2, F'_2),
égal et contraire au couple (F_1, F'_1) fait équilibre au couple
(F, F').

Or, les forces F et F'_2, parallèles et de même sens, se
composent en une force unique OR, appliquée en un point O
de la distance AB_1, parallèle aux forces données, et égale à
la somme $F + F'_2$. Le point O est défini par l'équation

$$\frac{AO}{OB_1} = \frac{F'_2}{F} = \frac{F_1}{F} = \frac{AB}{A_1 B_1} \cdot$$

De même, les forces F' et F_2, parallèles et de même sens,
se composent en une seule, égale à $F' + F_2$, parallèle aux

forces données, et appliquée en un certain point O' de la distance BA_1. Le point O' est déterminé par la proportion

$$\frac{BO'}{O'A_1} = \frac{F_2}{F'} = \frac{F_1}{F} = \frac{AB}{A_1B_1}.$$

De cette équation. on tire

$$\frac{BO' + AB}{O'A_1 + A_1B_1} = \frac{AB}{A_1B_1},$$

ou bien

$$\frac{O'A}{O'B_1} = \frac{AB}{A_1B_1} = \frac{AO}{OB_1}.$$

Les points O et O' divisent donc la distance AB_1 en deux segments qui sont entre eux dans le même rapport. Ces deux points coïncident donc, et le point O' se confond avec le point O.

Les forces égales et contraires, appliquées en ce même point O, se font équilibre, et par conséquent le couple (F_1, F'_1) est équivalent au couple (F, F'), pourvu toutefois que les moments $F \times AB$, $F_1 \times A_1B_1$ de ces deux couples soient égaux.

50. Les théorèmes que nous venons de démontrer nous apprennent qu'au point de vue de l'équilibre, un couple doit être regardé comme complétement défini dès qu'on donne son moment, et un plan parallèle à celui dans lequel il agit. Au lieu de donner ce plan, on peut donner une normale à ce plan, et prendre sur cette normale *une longueur égale au moment du couple :* ce qui suppose le choix préalable d'une échelle des moments. La longueur et la direction de cette droite définiront à la fois le moment du couple et le plan dans lequel il peut être censé agir. La position vraie de cette droite dans l'espace est d'ailleurs indifférente ; elle peut être déplacée comme on voudra, pourvu qu'on n'en altère pas le parallélisme. Le *sens* de la droite peut servir à définir le sens du couple ; pour cela, on la dirigera du côté du plan du

couple où un observateur, couché le long de la droite, les pieds
sur le plan, verrait le couple tendre à agir dans le sens des
rotations positives, c'est-à-dire de gauche à droite. Une droite
ainsi construite, définie de direction mais non de position, définie de sens et de grandeur, est ce qu'on appelle l'*axe d'un couple*. Soit donné l'axe O A d'un
couple, cet axe étant dirigé dans
le sens O A ; on trouvera le couple correspondant ou un couple
équivalent, en menant par le
point O, origine de l'axe, un
plan P, dans lequel on supposera appliquées deux forces
égales, parallèles et de sens
contraires F et F' ; leur distance B C est arbitraire, mais le

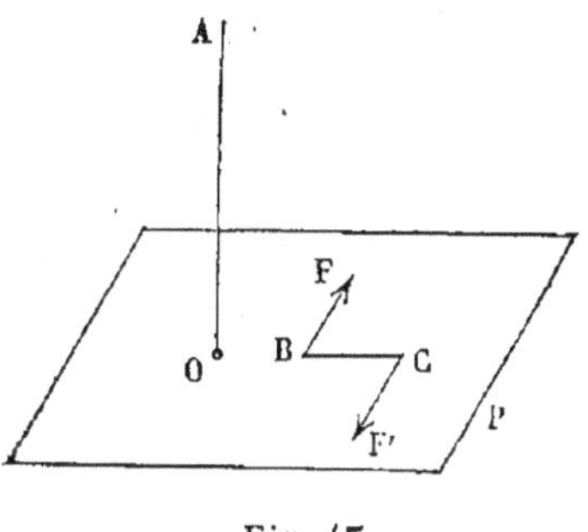

Fig. 47.

produit F × B C doit être égal à la longueur O A, évaluée à
l'échelle des moments. Enfin on dirigera les forces F et F'
de telle sorte que la tendance à la rotation représentée par
le couple semble avoir lieu de gauche à droite par rapport à
un observateur placé les pieds en O et la tête en A.

54. La *composition des couples* se déduit de la composition
des forces.

Supposons que deux couples soient situés dans le même
plan ou dans des plans parallèles. On connaît la valeur commune F des forces du premier couple, et la longueur b de
son bras de levier ; le moment sera Fb, avec le signe $+$ ou
avec le signe $-$, suivant le sens dans lequel le couple agit.
Nous pouvons admettre que le signe du moment soit attribué
au facteur F, l'autre facteur b étant toujours pris en valeur
absolue. Pour l'autre couple, il a de même une force F' qu'on
prendra avec le signe convenable, et un bras de levier b'
qu'on regardera comme positif. Nous pouvons, sans rien
changer à l'équilibre, substituer au couple $F'b'$ un couple
$F''b$, ayant le même bras de levier que le premier couple,
avec une force F'' telle que l'on ait l'égalité

$$F'b' = F''b.$$

Les deux couples Fb et $F''b$ ont donc des bras de levier égaux, et on peut déplacer le second couple en le faisant tourner dans son plan ou en le transportant dans un plan parallèle, de manière à faire coïncider les points d'application des forces F et F''. Ces forces ont ainsi mêmes points d'application et agissent suivant les mêmes directions ; elles se composent aux deux extrémités du bras de levier en forces égales à leur somme algébrique $F + F''$; le résultat de cette composition est donc un couple situé dans le même plan que les deux premiers, ou dans tout autre plan parallèle, et dont le moment est égal à

$$(F + F'') \times b,$$

c'est-à-dire à

$$Fb + F''b,$$

où encore à

$$Fb + F'b'.$$

Le moment du couple résultant est donc égal à la somme algébrique des moments composants.

Cette proposition s'étend à un nombre quelconque de couples, et l'on parvient à ce théorème :

Le couple résultant de tant de couples donnés qu'on voudra, situés dans des plans parallèles, est situé dans un plan parallèle aux plans donnés, et son moment est la somme algébrique des moments des couples composants.

L'*axe* du couple résultant est donc aussi la somme algébrique des axes des couples composants ; de sorte qu'on peut dire de même que l'axe du couple résultant est la *résultante* des axes des couples composants, composés comme des forces à partir d'un même point de l'espace. Cette proposition est générale, comme on le verra tout à l'heure.

La composition par voie d'addition des couples parallèles fait bien voir que le moment d'un couple est la vraie mesure de son *énergie*. On peut admettre comme un axiome que si l'on multiplie par un même nombre n les forces d'un couple sans rien changer à son bras de levier, l'énergie du couple est multipliée par ce nombre n. Or, cela revient à additionner ensemble n couples égaux au premier, ou encore à composer ensemble n couples ayant le moment du couple donné. Le moment du couple résultant sera égal à n fois le moment du couple primitif; en d'autres termes, les énergies des deux couples seront entre elles dans le même rapport que leurs moments.

52. Supposons qu'il s'agisse de composer deux couples donnés C, C_1 agissant dans des plans qui se coupent.

On peut déplacer chacun de ces deux couples, de manière à leur donner à chacun un bras de levier situé sur la droite d'intersection des deux plans qui les contiennent. Puis, on peut substituer à l'un des couples un couple équivalent, ayant le même bras de levier que l'autre couple.

Soit AB ce bras de levier commun. Au point A nous aurons une force AF, dirigée perpendiculairement à AB dans le plan PP' du premier couple C; au point B, une force parallèle égale et contraire BF'; et de même, dans le plan QQ' du second couple C_1, deux forces AF_1, BF'_1, également perpendiculaires à l'intersection des plans P et Q. L'angle plan F_1AF mesure l'angle dièdre de ces deux plans.

Nous composerons les couples C et C_1 en composant séparément

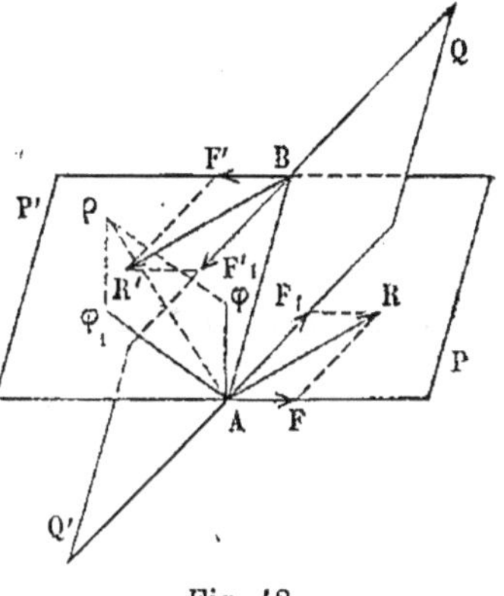

Fig. 48.

les forces F et F_1 en une force AR, et les forces F' et F'_1 en une force BR'. Les deux résultantes AR et BR' seront égales et parallèles, et formeront le couple résultant. Nous voyons donc que deux couples se composent toujours en un couple unique.

Construisons les axes des couples C, C_1 et du couple résultant. Pour cela, au point A, élevons une perpendiculaire au plan PP', et prenons sur cette droite une longueur $A\varphi$ représentant à l'échelle des moments le moment du couple C, ou le produit $F \times AB$.

Au même point A, élevons une perpendiculaire au plan QQ', et prenons sur cette droite, à la même échelle, une longueur $A\varphi_1$ égale au moment du couple C_1 ou au produit $F_1 \times AB$.

Enfin, menons perpendiculairement au plan BAR une droite $A\rho$ que nous prendrons égale au moment $R \times AB$ du couple résultant.

Les trois droites $A\varphi$, $A\rho$, $A\varphi_1$ sont toutes trois dans un plan normal à la droite AB, c'est-à-dire dans le plan des trois forces F, R et F_1; de plus, les angles φAF, ρAR, $\varphi_1 AF_1$ sont tous trois des angles droits; les trois directions $A\varphi$, $A\rho$, $A\varphi_1$ peuvent donc être obtenues en faisant tourner d'un angle droit les directions AF, AR, AF_1, autour du point A dans le plan normal à AB. De plus, les longueurs $A\varphi$, $A\rho$, $A\varphi_1$, sont, par construction, proportionnelles à

$$F \times AB, \quad R \times AB, \quad F_1 \times AB,$$

ou bien aux forces

$$F, \quad R, \quad F_1,$$

ou enfin aux longueurs

$$AF, \quad AR, \quad AF_1.$$

La figure $A\varphi\rho\varphi_1$ est donc semblable à la figure $AFRF_1$, et par suite $A\rho$, axe du couple résultant, est la résultante géométrique des axes $A\varphi$, $A\varphi_1$ des couples composants.

De là résulte la règle suivante qui est tout à fait générale, et s'applique aux couples situés dans des plans parallèles ou dans des plans qui se coupent.

Pour composer des couples donnés, on construira en un même point de l'espace les axes de chacun de ces couples; puis on composera ces axes à la manière des forces. La résultante sera l'axe du couple résultant.

53. Remarquons l'identité des règles de la composition des *forces* et des *couples*, avec les règles cinématiques de la composition des *rotations* et des *translations*. Cette identité

est complète, pourvu que l'on assimile *les forces aux rotations*, d'une part, *les couples aux translations*, de l'autre. Le tableau suivant fera ressortir cette analogie.

CINÉMATIQUE.	STATIQUE.
Une *rotation* est définie quand on connaît la position de l'*axe* autour duquel elle s'opère, le *sens* dans lequel elle a lieu, et la *vitesse angulaire*.	Une *force* est définie quand on connaît la position de la *droite* suivant laquelle elle agit, le *sens* dans lequel elle agit, et son *intensité*.
On la représente par une droite finie, prise sur l'axe, dans un certain sens, *à partir d'un point quelconque*.	On la représente par une droite finie, prise sur sa direction, dans le sens où elle agit, *à partir d'un point quelconque*, que l'on considère comme son point d'application.
Deux *rotations concourantes* se composent en une seule par la règle du *parallélogramme des rotations*.	Deux *forces concourantes* se composent en une seule par la règle du *parallélogramme des forces*.
Deux *rotations parallèles* se composent en une seule, égale à leur somme algébrique. Le *centre* de la rotation résultante partage la distance des centres des rotations composantes en segments réciproquement proportionnels aux rotations données.	Deux *forces parallèles* se composent en une seule égale à leur somme algébrique. Le point d'application de la résultante partage la distance des points d'application des composantes en deux segments réciproquement proportionnels à ces composantes.
Deux rotations parallèles, égales et contraires forment un *couple de rotation* qui équivaut à une *translation*. La vitesse de la translation résultante est le produit de la vitesse angulaire commune aux deux rotations par la distance des axes	*Deux forces parallèles, égales et contraires* forment un *couple*. Le *moment* du couple est le produit de la valeur commune aux deux forces par leur distance ou *bras de levier*.
Une *translation* se représente par une droite finie, parallèle à la vitesse de la translation et	Un couple peut se représenter par son *axe*, droite finie, égale à son moment, élevée dans

CINÉMATIQUE.	STATIQUE.
de même sens, et qu'on peut transporter partout où l'on voudra, parallèlement à elle-même.	un certain sens perpendiculairement à son plan, et qu'on peut déplacer comme on voudra parallèlement à elle-même.
Deux translations se composent en une seule au moyen du *parallélogramme des translations*, construit en un point quelconque de l'espace.	Deux couples se composent en un seul au moyen du *parallélogramme des axes*, construit en un point quelconque de l'espace.

La composition des forces et des couples appliqués à un même corps solide complétera cette analogie, et fera reconnaître en statique les propriétés correspondantes à celles qui ont été établies en cinématique, pour la réduction du mouvement général d'un solide à deux rotations, ou à une rotation et à une translation, ou enfin au mouvement héliçoïdal le long et autour de l'*axe instantané glissant*.

CHAPITRE III

COMPOSITION ET RÉDUCTION AU MOINDRE NOMBRE

DES FORCES APPLIQUÉES A UN CORPS SOLIDE.

54. Un corps solide, libre dans l'espace, est sollicité par un nombre quelconque de forces ; on donne pour chacune son point d'application, sa direction et son intensité. On demande de substituer à ces forces d'autres forces équivalentes au point de vue de l'équilibre, et dont le nombre soit le plus petit possible. Les exemples que nous avons déjà examinés, peuvent éclaircir ce problème. Lorsque les forces sont ou concourantes, ou parallèles, on peut les réduire à une force unique, leur *résultante*, sauf le cas où l'on obtient un *couple*; les forces données se réduisent alors à deux forces, et l'on ne peut pousser plus loin la réduction.

Nous ferons voir dans ce chapitre que l'on peut toujours réduire à deux forces un système quelconque de forces appliquées à un système solide, et que la réduction à une force unique n'est possible que dans des cas particuliers.

On voit que le problème de l'équilibre des systèmes solide sera résolu dès que nous aurons trouvé les lois de cette réduction. Car il paraît évident que deux forces appliquées à un même système ne peuvent se faire équilibre qu'à la condition d'être égales, et appliquées en sens contraires en deux points d'une même direction. On saura donc qu'un corps solide est en équilibre, en vérifiant que les forces qui sollicitent ce corps peuvent se réduire à deux forces remplissant toutes ces conditions.

RÉDUCTION DES FORCES A TROIS

55. On peut toujours réduire les forces qui sollicitent un corps solide à trois forces ayant pour points d'application trois points A, B, C, pris arbitrairement dans le solide.

Soit F une des forces données ; M son point d'application. Nous pouvons supposer cette force appliquée en un point O

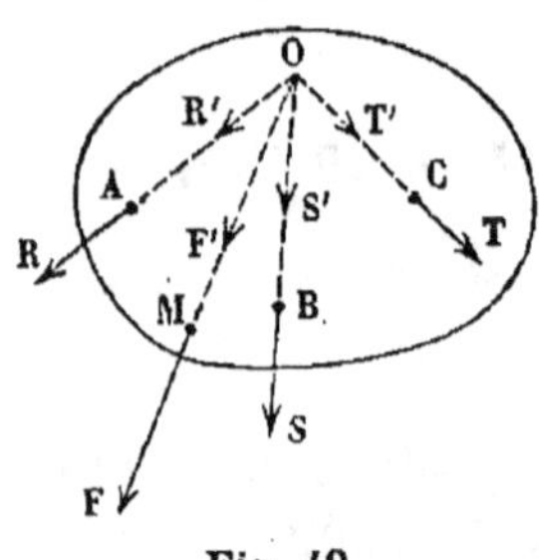

Fig. 49.

quelconque, pris sur sa direction. Joignons O A, O B, O C. Généralement ces trois droites ne seront pas dans un même plan. On peut les considérer comme les directions des arêtes d'un parallélépipède dont la diagonale aurait pour direction la droite O F. On pourra donc décomposer au point O la force $OF' = F$ en trois composantes OR', OS', OT', dirigées suivant les droites O A, O B, O C. Ensuite, on peut transporter les forces OR', OS', OT' aux points A, B et C, ce qui donnera les trois forces A R, B S, C T, qui remplacent la force donnée M F.

On opérera de même pour chacune des forces données ; et pour chacune on obtiendra de même trois composantes, appliquées l'une au point A, l'autre au point B, la troisième au point C.

Toutes les forces appliquées en A se composeront en une force unique par la règle du polygone des forces : de même toutes les forces appliquées en B se composeront en une seule ; toutes les forces appliquées en C se composeront de même. On obtiendra donc, par cette décomposition et cette recomposition, trois forces appliquées, la première en A, la deuxième en B, la troisième en C, et qui équivaudront à toutes les forces données.

La décomposition est d'ailleurs possible d'une infinité de manières, car elle dépend de la position arbitrairement assignée au point O sur la direction M F.

RÉDUCTION DES TROIS FORCES A DEUX

56. Nous avons ramené les forces données à trois forces R, S, T, appliquées respectivement aux points A, B, C du solide (fig. 50). Nous allons réduire ces trois forces à deux seulement. Par le point A, arbitrairement pris sur la direction de l'une des forces R, et la force B S, nous pouvons faire

passer un plan. Ce plan coupera généralement la droite CT en un point M où l'on peut supposer la force T transportée.

Joignons AM ; cette droite rencontre la direction BS en un point B', et nous pouvons supposer la force S appliquée en ce point. Dans le plan ABSM, menons par les points A et M deux droites AA', MM', parallèles à BS ; puis décomposons la force S en deux forces parallèles, respectivement appliquées aux points

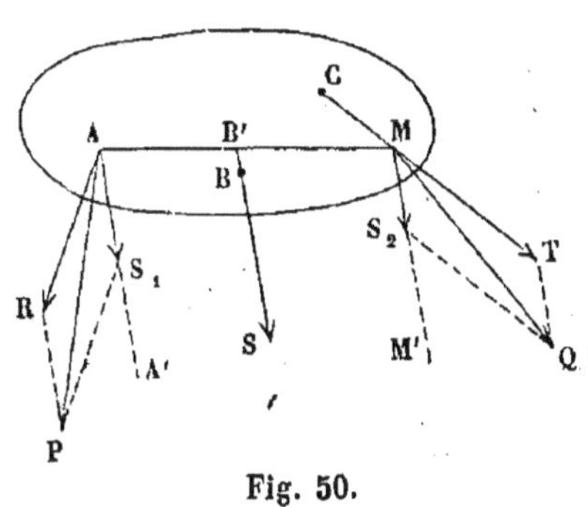

Fig. 50.

A et M ; la règle des forces parallèles nous donne immédiatement les valeurs des composantes.

Suivant AA', la composante $AS_1 = S \times \dfrac{B'M}{AM}$, et suivant MM', la composante $MS_2 = S \times \dfrac{AB'}{AM}$.

On peut donc remplacer la force S par ses composantes AS_1 et MS_2 ; ensuite on peut composer S_1 avec R, et S_2 avec T par la règle du parallélogramme. Ces opérations conduiront à deux forces AP, MQ, équivalentes aux trois forces R, S, T, et par suite équivalentes aux forces primitivement données.

On voit de plus que les forces se réduiront à une si les deux forces AP, MQ sont dans un même plan.

Notre raisonnement suppose que le plan conduit par le point A et la droite BS, rencontre quelque part la droite CI. Il pourrait arriver qu'en prenant au hasard le point A sur la direction de AB, le plan ABS fût parallèle à CT. Dans ce cas, on pourrait changer la position du plan et l'amener à rencontrer la droite CT, en prenant un autre point A sur la droite AR ; ou bien, si le plan ABS ne variait pas de position avec le point A, ce serait l'indice que les deux forces AR, BS sont dans un même plan ; elles auraient donc une résultante unique, et la réduction des trois forces à deux s'obtiendrait par la composition de deux des forces données.

RÉDUCTION DES FORCES A DEUX, AU MOYEN DES COUPLES

57. La théorie des couples conduit beaucoup plus simplement au même résultat.

Soit une force F appliquée en un point A d'un corps solide. Prenons arbitrairement un point O faisant partie du corps solide, ou relié invariablement à ce corps, s'il n'en fait pas partie. Nous ne changerons rien au système de forces en appliquant en ce point deux forces F et —F, égales et contraires, et nous prendrons ces forces égales et parallèles à la force AF. Il reste donc une force F appliquée au point O, et deux forces F et —F, appliquées l'une en A, l'autre en O, et formant un couple (F, —F). A toute force donnée F, on peut donc substituer le système formé de cette force transportée en un point O quelconque parallèlement à elle-même, et un couple (F, —F) dont le bras de levier OP est la distance du point O à la direction AF de la force.

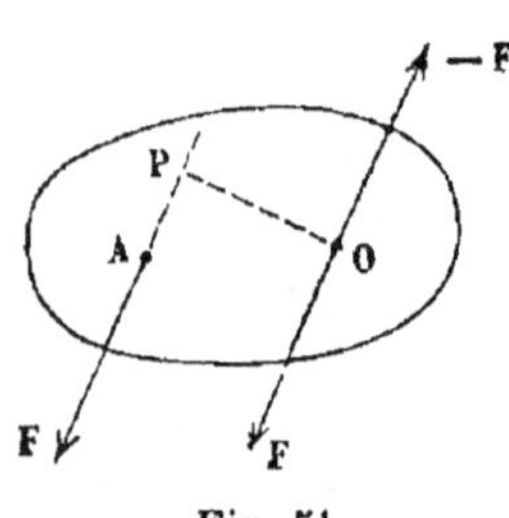

Fig. 51.

Nous pouvons opérer ainsi pour chacune des forces données. Nous transporterons toutes les forces parallèlement à elles-mêmes en un point O, lié invariablement au système solide ; de ce transport résulte la formation d'autant de couples qu'il y a de forces. Nous pourrons ensuite composer ensemble toutes les forces appliquées au point O, ce qui nous donnera une *résultante* appliquée en ce même point ; puis, composer ensemble tous les couples, ce qui nous donnera un *couple résultant*. Un système de forces peut donc être ramené *à une force unique*, R, *et à un couple unique*, C.

Le couple C peut être transporté où l'on voudra dans des plans parallèles. Nous pouvons donc faire en sorte que l'une P des forces du couple C ait un point commun A avec la résultante R (fig. 52). Composant les forces R et P, nous aurons ramené le système des forces à deux composantes : la force S et la force — P.

On peut remarquer que, quel que soit le point O (fig. 51) où l'on transporte les forces données, leur résultante R aura la même grandeur et la même orientation dans l'espace. Car la résultante R est le dernier côté du polygone des forces, dont les côtés ne varient ni de grandeur, ni de direction, en quelque point qu'on le construise. Cette résultante R a reçu le nom de *résultante de translation* du système de forces données. On verra en dynamique la raison de cette définition. La direction du plan du couple résultant C, et la grandeur de ce couple, varient au contraire avec la position assignée au point O.

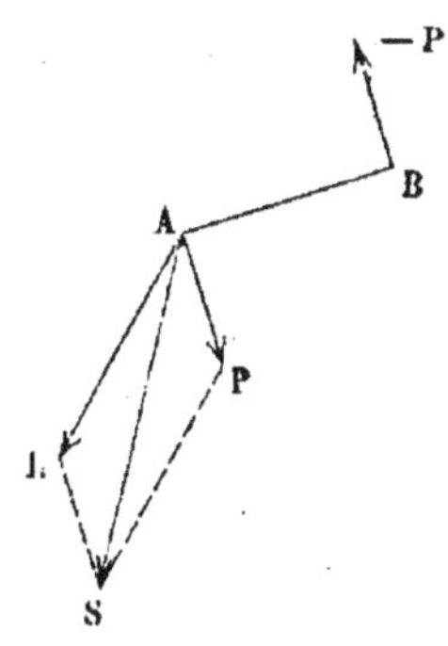

Fig. 52.

58. Il est facile de voir comment varie le couple C quand on change la position du point O. Pour cela, imaginons qu'après avoir déterminé la résultante R et le couple C en nous servant du point O, nous voulions avoir la résultante et le couple pour un point O′ différent du premier. Il suffira de transporter la résultante R en ce point, ce qui donnera naissance à un nouveau couple (R, — R), qu'on aura à composer avec le couple C. Le couple change donc seul, comme nous l'avions déjà reconnu.

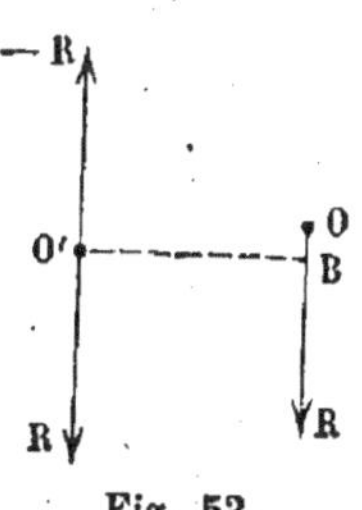

Fig. 53.

Le plan du couple résultant varie donc de position avec le point O, où l'on transporte toutes les forces pour obtenir la résultante R. La direction de la force R étant au contraire toujours la même, l'angle de la force R avec le plan du couple C varie avec la position du point O. Nous allons démontrer que le couple résultant est le plus petit possible quand cet angle est droit, c'est-à-dire quand l'axe du couple C est parallèle à la résultante R.

Il suffit de faire voir (fig. 54) que tout déplacement du point O en dehors de la direction de la force O R entraîne un accroissement du couple C.

Soit O′ le nouveau point choisi pour y transporter les forces. Abaissons O′O perpendiculaire sur OR; nous pourrons regarder la force R comme appliquée en ce point O pris sur sa direction, et le couple C comme représenté par son axe OC, porté sur OR à partir du même point. Au point O′ appliquons deux forces égales et parallèles à R, et en sens contraire l'une de l'autre; nous substituons ainsi à la force R une force R, égale et parallèle appliquée en O′, et un couple (R, — R), dont le moment est $R \times OO'$, et dont on aura l'axe en prenant une quantité OH égale à ce moment, sur la perpendiculaire élevée au point O, au plan ROO′. Le nouveau couple résultant C′ s'obtiendra donc en composant au point O l'axe OC du couple primitif avec l'axe OH du couple (R, — R), ce qui donne un axe OC′, diagonale du rectangle OCC′H; et par suite, le nouveau couple C′ a un moment plus grand que le couple C.

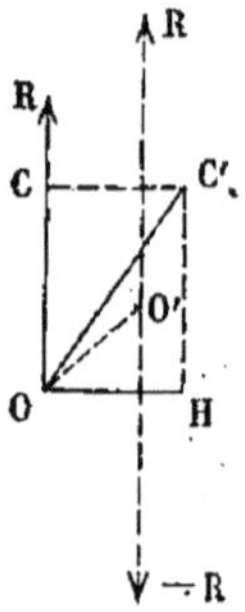

De quelque côté que l'on déplace le point O autour de la direction OR, on obtient donc un accroissement dans la grandeur du couple résultant, et cet accroissement est le même pour un même écart OO′ pris dans le plan normal à OR, mené par le point O.

Il n'existe donc qu'une seule droite OR, tout le long de laquelle le plan du couple résultant soit normal à la résultante; c'est celle pour laquelle le couple résultant est minimum.

L'analogie que nous avons déjà fait pressentir entre la statique et la cinématique des corps solides se complète ici. En effet, tout déplacement élémentaire d'un corps solide a été ramené à la coexistence d'une rotation et d'une translation, et nous avons reconnu qu'on peut déterminer un axe de rotation unique, parallèlement auquel la translation s'opère; c'est l'axe du mouvement hélicoïdal du corps solide. La translation est alors minimum, la rotation restant toujours constante (*Ciném.*, §§ 89 et 90). De même, nous venons de ramener les forces sollicitant le corps solide à une résultante R, qui correspond à la rotation, et à un couple C, qui correspond à la translation; puis, nous avons reconnu l'existence d'une direction unique, qui est à la fois la direction de la résultante, la direction de l'axe du couple résultant, et le lieu des points pour lesquels le couple résultant est le plus petit possible. Cette droite a été appelée par Poinsot l'*axe central des moments* ou *des couples*.

Enfin, la réduction de toutes les forces données à deux forces correspond à la décomposition du déplacement élémentaire d'un corps solide en deux rotations simultanées (*Ciném.*, § 99).

59. Proposons-nous de trouver la position de l'axe central.

Soit O R la résultante de translation, supposée appliquée au point O, et O C l'axe du couple correspondant, qu'on peut mener aussi par le point O. Décomposons le couple O C en deux couples composants, l'un O A, suivant la direction de la résultante R, l'autre O B, perpendiculaire à la résultante. Par le point O, menons une droite O X, perpendiculaire au plan R O B passant par la force R et le couple C ; et sur cette droite, prenons, dans un sens qu'on définira tout à l'heure, un point O', tel que R $\times$ O O' soit égal au couple O B. Nous pouvons transporter au point O' la résultante R, en appliquant en ce point deux forces R et — R, égales, parallèles, et contraires l'une à l'autre. Par là nous donnons naissance à un couple (R, — R) dont le bras de levier est O O', et dont le moment R $\times$ O O' est égal au moment du couple composant O B. Nous pouvons d'ailleurs prendre sur la droite O X la distance O O' dans un sens tel que l'axe O B' du couple (R, — R) soit dirigé en sens contraire de O B, sur la droite perpendiculaire au plan R O O'. On ramène ainsi le système de la force O R et du couple C au système de la force O' R et

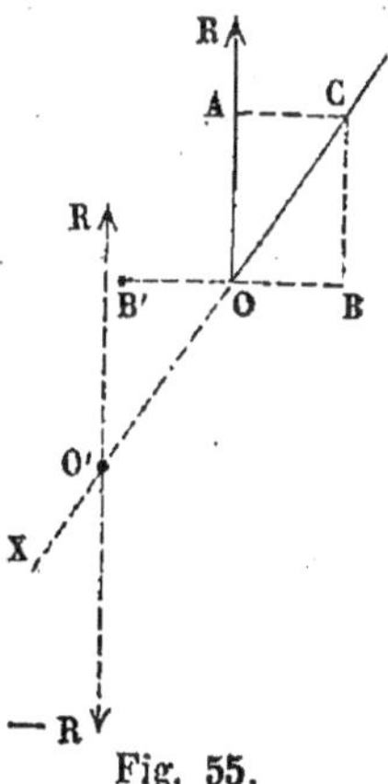

Fig. 55.

des trois couples O B, O B', O A ; les deux premiers couples sont égaux et contraires ; ils se détruisent donc, et il reste la résultante R appliquée en O', et le couple O A, dont l'axe est parallèle à la résultante. La droite O' R est donc l'axe central du système des forces données.

DÉTERMINATION ANALYTIQUE DE LA RÉSULTANTE ET DU COUPLE RÉSULTANT D'UN SYSTÈME DONNÉ DE FORCES APPLIQUÉES A UN CORPS SOLIDE.

60. Nous supposerons que l'on connaisse les points d'application des forces par leurs coordonnées, et les forces elles-mêmes par leurs composantes parallèles aux axes. Pour chaque force F, appelons X, Y, Z les composantes parallèles aux axes OX, OY, OZ, et x, y, z, les coordonnées du point d'application, prises par rapport à ces mêmes axes. On suppose les axes rectangulaires.

Nous distinguerons par des indices les forces appliquées aux divers points du corps solide. S'il y a n forces, les lettres X, Y, Z, x, y, z recevront donc en indice les numéros de 1 jusqu'à n.

Nous désignerons par X', Y', Z' les composantes de la résultante de translation R de ces n forces, et par L', M', N', les composantes du couple résultant, décomposé aussi parallèlement aux axes.

Considérons en particulier une force F, appliquée au point M ; transportons-la à l'origine O, que nous supposerons invariablement liée au système solide ; nous aurons de cette manière une force OF, appliquée en ce point, et un couple (F, — F), dont le moment sera le moment de la force MF par rapport au point O.

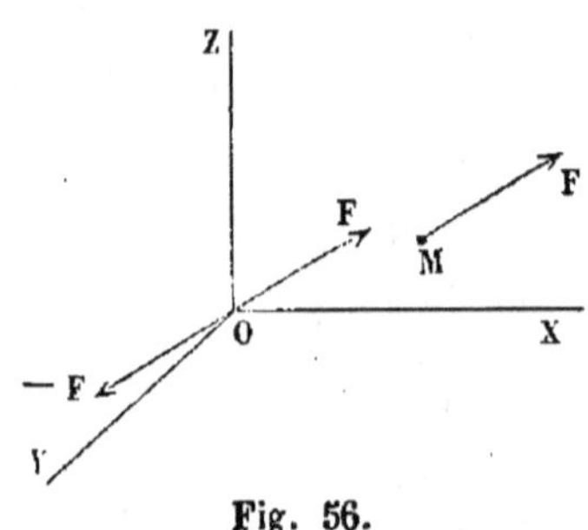

Fig. 56.

Décomposons la force OF en ses composantes X, Y, Z, parallèles aux axes.

Décomposons de même le couple (F, — F) en ses composantes, en le projetant sur les trois plans XOY, YOZ, ZOX. Les couples composants auront pour moments (§ 46) :

Dans le plan XOY, le moment de la force MF par rapport à l'axe OZ, ou $Yx — Xy$;

Dans le plan YOZ. le moment de la même force par rapport à l'axe OX, ou $Zy - Yz$;

Enfin, dans le plan ZOX, le moment de la force MF par rapport à l'axe OY, ou $Xz - Zx$.

Les expressions $Yx - Xy$, $Zy - Yz$, $Xz - Zx$ représentent donc respectivement les *axes* des composantes du couple $(F, -F)$, et ces quantités doivent être portées sur les axes coordonnés OZ, OX, OY.

Opérons de même pour les n forces ; nous aurons pour chacune trois composantes appliquées au point O suivant les trois axes, et trois couples composants, dont les axes coïncideront avec les mêmes lignes.

Les composantes des forces appliquées suivant le même axe, se composent en une seule force, par voie d'addition algébrique. De même, les axes des couples composants se composent à la manière des forces. On obtiendra donc les six inconnues, savoir : les trois composantes X', Y', Z' de la force R, et les trois couples composants L', M', N' du couple C, au moyen des équations :

$$X' = X_1 + X_2 + X_3 + \ldots + X_n,$$
$$Y' = Y_1 + Y_2 + Y_3 + \ldots + Y_n,$$
$$Z' = Z_1 + Z_2 + Z_3 + \ldots + Z_n;$$

$$L' = (Z_1 y_1 - Y_1 z_1) + (Z_2 y_2 - Y_2 z_2) + (Z_3 y_3 - Y_3 z_3) + \ldots$$
$$+ (Z_n y_n - Y_n z_n),$$
$$M' = (X_1 z_1 - Z_1 x_1) + (X_2 z_2 - Z_2 x_2) + (X_3 z_3 - Z_3 x_3) + \ldots$$
$$+ (X_n z_n - Z_n x_n),$$
$$N' = (Y_1 x_1 - X_1 y_1) + (Y_2 x_2 - X_2 y_2) + (Y_3 x_3 - X_3 y_3) + \ldots$$
$$+ (Y_n x_n - X_n y_n).$$

Pour trouver ensuite la force R et le couple C, on composera, par la règle du parallélogramme, d'une part, les trois composantes X', Y', Z', et de l'autre, les trois couples composants L', M', N'.

CONDITION POUR QUE LES FORCES AIENT UNE RÉSULTANTE UNIQUE

61. Nous savons déjà que pour que les forces aient une résultante unique (laquelle résultante sera égale à la force R, résultante de translation), il faut et il suffit que la force R soit parallèle au plan du couple C, ou bien que la force R soit perpendiculaire à l'axe du couple.

Construisons la force R appliquée au point O ; pour cela, il suffira de prendre sur l'axe O X, une quantité O S = X', puis dans le plan X O Y, perpendiculairement à O X, la quantité S P = Y', enfin, perpendiculairement au plan X O Y, une quantité P R = Z'. La force O R sera la résultante des forces X', Y', Z', appliquées au point O suivant les axes.

Prenons de même O K = L', K H = M', H C = N' ; la résultante O C sera l'axe du couple résultant, axe dont les composantes sont égales respectivement à L', M', N'.

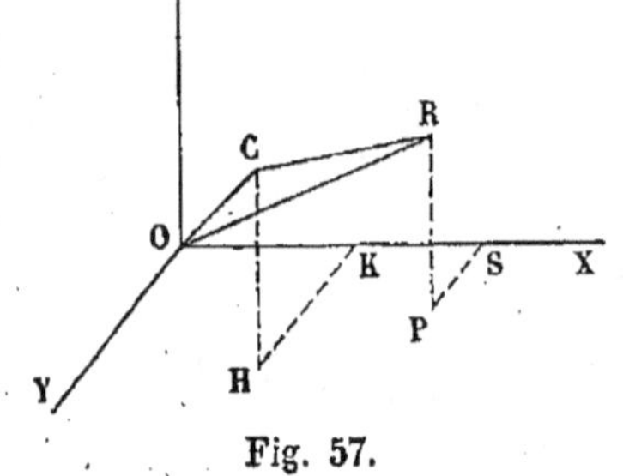

Fig. 57.

Pour que les forces aient une résultante unique, il faut et il suffit que l'angle COR soit droit, ou, en joignant CR, que le triangle COR soit rectangle, et qu'on ait l'égalité :

$$\overline{CR}^2 = \overline{OC}^2 + \overline{OR}^2.$$

Mais OC est la diagonale du parallélépipède rectangle dont les arêtes sont L', M', N' ; et par suite

$$\overline{OC}^2 = L'^2 + M'^2 + N'^2 ;$$

de même

$$\overline{OR}^2 = X'^2 + Y'^2 + Z'^2.$$

Enfin, CR est la diagonale d'un parallélépipède rectangle dont les arêtes parallèles aux axes sont égales en valeur absolue aux différences $L' - X'$, $M' - Y'$, $N' - Z'$, et l'on a par conséquent

$$\overline{CR}^2 = (L' - X')^2 + (M' - Y')^2 + (N' - Z')^2.$$

La condition s'exprime donc par l'équation

$$(L' - X')^2 + (M' - Y')^2 + (N' - Z')^2$$
$$= (L'^2 + M'^2 + N'^2) + (X'^2 + Y'^2 + Z'^2).$$

Développant les carrés dans le premier membre, effaçant de part et d'autre les termes communs et supprimant le facteur 2, on arrive à l'équation finale :

$$L'X' + M'Y' + N'Z' = 0.$$

C'est la condition cherchée.

CONDITION POUR QUE LES FORCES SE RÉDUISENT A UN COUPLE

62. La résultante de translation est toujours la même, en quelque point qu'on transporte les forces pour les composer ; pour que les forces se réduisent à un couple, il faut et il suffit donc que la résultante R soit nulle, ce qui suppose à la fois $X' = 0$, $Y' = 0$, $Z' = 0$.

Dans ce cas, l'équation

$$L'X' + M'Y' + N'Z' = 0$$

est satisfaite d'elle-même, de sorte qu'elle exprime à la fois la condition pour que les forces se réduisent à une force unique, ou à un couple unique ; le couple peut être en effet assimilé à une force unique, d'intensité nulle, dont le point d'application serait infiniment éloigné.

PROBLÈMES DIVERS

63. Étant donné un polygone ABCDEFA, tracé dans un plan, on applique au sommet A, dans la direction AB, une force proportionnelle à AB ; au sommet B, suivant BC, une force proportionnelle à BC ; au sommet C, suivant CD, une force proportionnelle à CD, et ainsi de suite, jusqu'au sommet F, auquel on applique suivant FA une force proportionnelle à FA. On demande de réduire ces forces à une résultante et à un couple.

On peut choisir l'échelle qui sert à représenter les forces par des droites finies, de telle sorte que AB, BC, ... FA soient les longueurs représentatives des forces appliquées suivant ces côtés.

La résultante de translation s'obtiendra en composant les forces données, transportées parallèlement à elle-même, en un même point. Choisissons pour ce point le point A. La résultante sera le dernier côté du polygone des forces construit à partir du point A ; or ce polygone n'est autre que le polygone donné, lequel se ferme de lui-même. La résultante de translation est donc nulle, et par suite les forces se réduisent à un couple.

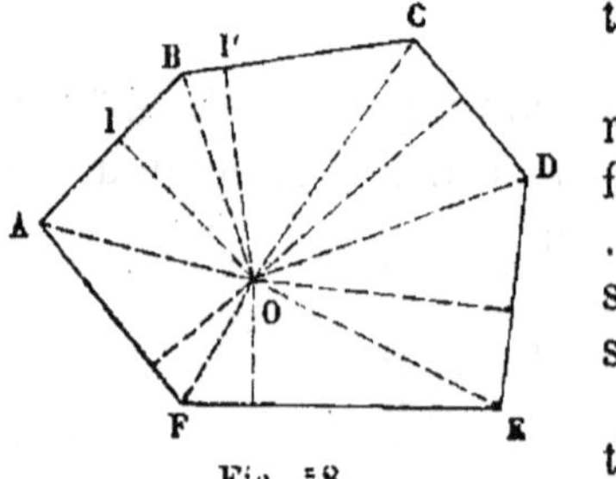

Fig. 58.

Le couple résultant est situé dans le plan de la figure ; son axe est perpendiculaire à ce plan. Pour avoir le moment du couple, il suffit de prendre la somme des moments des forces par rapport à un point O quelconque du plan. De ce point, abaissons des perpendiculaires OI, OI', ... sur les côtés. Le moment de la force AB par rapport au point O est le produit $AB \times OI$, ou le double de l'aire du triangle OAB. Il en serait de même pour tous les autres triangles OBC, OCD, ... OFA. Faisant la somme de tous ces triangles, on obtient l'aire du polygone. Le moment du couple résultant est donc représenté par le double de la surface du polygone donné.

On parviendrait au même résultat en prenant le point O en dehors du polygone ; les triangles extérieurs au polygone devraient être pris négativement, et correspondraient à des moments négatifs.

Il résulte de là que si dans le même plan ou dans deux plans parallèles formant un système solide, on applique, suivant les côtés de deux polygones tracés respectivement dans ces deux plans, des forces proportionnelles aux côtés de ces polygones, en les dirigeant dans un sens pour l'un des périmètres, en sens contraire pour l'autre, le système ainsi composé sera en équilibre, pourvu que les aires des deux polygones soient égales.

En effet, les forces appliquées à l'un des deux polygones se réduisent à un couple, dont le moment est mesuré par le double de l'aire de ce polygone ; les deux couples sont donc égaux si les aires sont égales ; ils sont d'ailleurs de sens contraires, dans le même plan ou dans des plans parallèles. Ils se composent donc en un couple unique, égal à zéro, et les forces données se font par suite équilibre.

64. Étant donné dans un plan un contour polygonal ABCD, on applique au milieu des côtés et perpendiculairement à ces côtés, des forces
IH = AB, KM = BC,
LN = CD ; ces forces sont dirigées toutes à droite du contour, par rapport à un observateur qui marcherait le long de la ligne brisée ABCD.

On demande de trouver la résultante des forces ainsi définies.

Transportons les forces données en un point O du plan ; nous les composerons en menant par ce point une droite OP égale et parallèle à IH, puis, par le point P une droite PQ, égale et parallèle à KM, enfin par le point Q

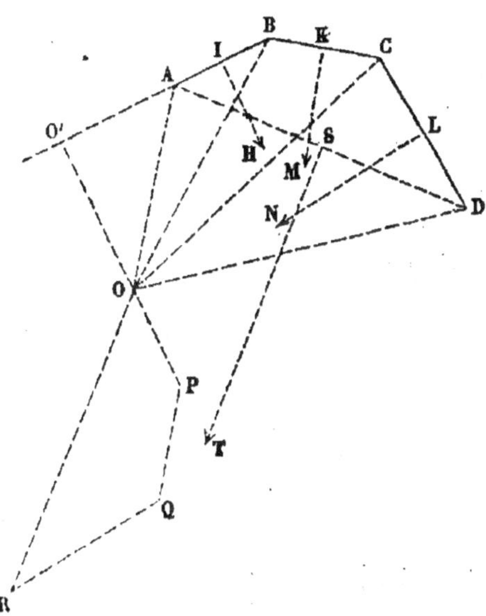

Fig. 59.

une droite QR, égale et parallèle à LN. Joignant OR, nous aurons la résultante cherchée. Mais OP = IH = AB, PQ = KM = BC, QR = LN = CD ; les directions OP, PQ, QR, sont d'ailleurs perpendiculaires respectivement à AB, BC, CD ; le polygone des forces OPQR est donc égal au polygone donné, qu'on aurait fait tourner d'un angle droit, de gauche à droite, et qu'on aurait ensuite transporté parallèlement à lui-même, de manière à faire coïncider le point A avec le point O. La résultante OR est donc égale à AD, et perpendiculaire à AD.

Cherchons le couple résultant des couples produits par le transport des forces au point O. Pour cela, il suffira de faire la somme des moments des forces IH, KM, LN, par rapport au point O.

Soit O′ la projection du point O sur la direction AB du premier côté. La distance O′I sera le bras de levier du premier couple, et le moment de ce couple sera le produit

$$IH \times O'I,$$

ou bien

$$AB \times O'I.$$

Mais on peut remplacer AB par O′B — O′A, et O′I par $\dfrac{O'B + O'A}{2}$ puisque I est le milieu de AB. Donc le moment cherché est égal à

$$(O'B - O'A) \times \left(\frac{O'B + O'A}{2}\right) = \tfrac{1}{2}\,(\overline{O'B}^2 - \overline{O'A}^2).$$

Joignons OA et OB; les triangles OO′A, OO′B, rectangles en O′, nous donnent :

$$\overline{OB}^2 = \overline{O'B}^2 + \overline{OO'}^2,$$
$$\overline{OA}^2 = \overline{O'A}^2 + \overline{OO'}^2.$$

Retranchant, il vient :

$$\overline{OB}^2 - \overline{OA}^2 = \overline{O'B}^2 - \overline{O'A}^2.$$

Le moment de la force IH par rapport au point O est donc représenté par l'expression

$$\tfrac{1}{2}\,(\overline{OB}^2 - \overline{OA}^2).$$

Par la même raison, si l'on joint OC, OD, les moments des forces KM et LN seront respectivement

$$\tfrac{1}{2}\,(\overline{OC}^2 - \overline{OB}^2),$$

et

$$\tfrac{1}{2}\left(\overline{OD}^2 - \overline{OC}^2\right).$$

La somme des moments, qui est le moment du couple, est donc égale à

$$\tfrac{1}{2}\left(\overline{OB}^2 - \overline{OA}^2\right) + \tfrac{1}{2}\left(\overline{OC}^2 - \overline{OB}^2\right) + \tfrac{1}{2}\left(\overline{OD}^2 - \overline{OC}^2\right) = \tfrac{1}{2}\left(\overline{OD}^2 - \overline{OA}^2\right).$$

Au milieu S du côté AD, appliquons perpendiculairement à AD une force ST = AD; le moment de cette force par rapport au point O sera, d'après ce qui précède, égal à $\tfrac{1}{2}\left(\overline{OD}^2 - \overline{OA}^2\right)$; la force ST est d'ailleurs égale et parallèle à la résultante OR. Donc cette force ST est la résultante cherchée.

Si le contour polygonal donné était fermé de lui-même, la résultante des forces données serait nulle, et la somme des moments également nulle. Le système serait donc en équilibre, et l'on a ce théorème : *Un polygone plan est en équilibre sous l'action de forces appliquées dans son plan perpendiculairement aux milieux des côtés du polygone, proportionnelles à ces côtés et dirigées dans un même sens (à droite ou à gauche) par rapport à un observateur faisant le tour du polygone sans jamais revenir sur ses pas.*

CHAPITRE IV

ÉQUILIBRE DES SYSTÈMES MATÉRIELS

DÉFINITION DES LIAISONS EN MÉCANIQUE

65. Un point matériel est *libre* lorsqu'on peut lui attribuer indifféremment dans l'espace telle position qu'on voudra. Lorsqu'il en est autrement, le point matériel n'est pas libre, et on dit qu'il est assujetti à certaines *liaisons*. Par exemple, un point matériel M attaché à un fil inextensible OM, dont l'extrémité est fixée en un point O donné, n'est pas libre, puisqu'il ne peut s'éloigner du point O d'une quantité supérieure à la longueur OM. Il est donc assujetti, par la liaison ainsi définie, à rester dans l'intérieur de la sphère décrite du point O, comme centre avec la distance OM pour rayon, ou à la surface de cette sphère.

Au fil OM substituons une barre rigide, inextensible et incompressible, articulée au point O ; la liberté du point M sera encore plus restreinte que tout à l'heure ; non-seulement il ne pourra s'éloigner du point O à une distance plus grande que OM, mais encore il ne pourra se rapprocher du point O à une distance moindre. La liaison a donc pour effet d'assujettir le point matériel à se mouvoir à la surface de la sphère qui a pour rayon OM, et pour centre le point O.

Imaginons que le point M soit placé à l'extrémité commune de deux tiges rigides OM, O'M, articulées aux points O et O', que l'on suppose fixes. Cette double liaison maintiendra à la fois le point

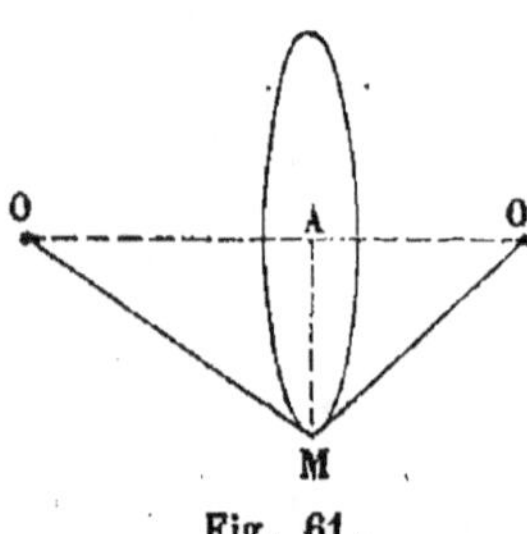
Fig. 61.

mobile à une distance donnée, OM du point O, et à une distance donnée O'M du point O'. Le point M est à la fois sur la sphère décrite de O comme centre avec OM pour rayon, et sur la sphère décrite de O' comme centre avec O'M pour rayon ; il est donc assujetti par la liaison à se mouvoir sur la courbe intersection de ces deux surfaces sphériques, c'est-à-dire sur la circonférence décrite dans un plan normal à OO', du pied A de la perpendiculaire abaissée de M sur cette droite, et avec la distance AM pour rayon. Le point mobile est ainsi lié à une courbe fixe.

Si nous remplaçons les barres rigides OM, O'M, par deux fils inextensibles, le point M ne sera plus assujetti par ces liaisons qu'à demeurer à l'intérieur ou à la surface des sphères décrites avec OM et O'M pour rayons ; les liaisons l'assujettissent alors à demeurer dans la partie commune aux volumes de ces deux sphères.

Nous venons de reconnaître ainsi trois genres principaux de liaisons pour un point matériel : le point peut être renfermé dans une portion définie de l'espace ;

Il peut être assujetti à glisser sur une surface ;

Il peut enfin être assujetti à glisser sur une ligne.

66. Les points matériels qui composent un système peuvent être aussi soumis à diverses liaisons. Par exemple, deux points particuliers peuvent être assujettis à rester à une distance invariable l'un de l'autre. Cela revient à supposer ces deux points réunis par une barre rigide. Un *solide invariable* n'est autre chose qu'un système dans lequel les distances mutuelles des points matériels pris deux à deux, de toutes les manières possibles, sont constantes.

Certains points du système peuvent être assujettis à glisser sur des surfaces ou des lignes données, ou à rester dans une portion définie de l'espace, ou encore à conserver des positions fixes. Le système matériel peut se composer de deux parties dont l'une soit assujettie à rouler ou à glisser sur l'autre dans leur mouvement relatif, etc.

Si le système est solide, on peut imaginer qu'il ait un point fixe : chaque point du système sera alors mobile à la surface d'une sphère décrite du point fixe comme centre ;

ou bien qu'il ait deux points fixes : alors le corps solide sera assujetti à tourner autour de la droite qui joint ces deux points ; ou encore, qu'il repose sur une surface fixe, avec laquelle il ait un ou plusieurs points communs.

Ces exemples suffisent pour faire comprendre ce qu'on appelle *liaison* dans la mécanique. Le caractère commun des *liaisons* qu'on peut imposer à un système est la restriction des mouvements admissibles pour ce système. On dit que les liaisons sont *complètes* lorsqu'elles suffisent pour définir les trajectoires de chaque point et les rapports des vitesses simultanées des points sur ces trajectoires. Par exemple, un corps solide, assujetti à tourner autour d'un axe fixe, est un *système à liaisons complètes;* car chaque point est assujetti par les liaisons à décrire autour de l'axe fixe une circonférence particulière, et à un instant quelconque, les vitesses des différents points sont entre elles comme les distances de ces points à l'axe. Une seule équation suffit dans ce cas pour définir le mouvement du système.

Il ne faut pas oublier d'ailleurs que les liaisons peuvent être entièrement fictives ; nous verrons même qu'il en est toujours ainsi, et qu'il n'y a en réalité dans la nature que des points libres sollicités par des forces.

67. Les liaisons d'un système tiennent d'ailleurs lieu de forces, et l'on peut toujours supprimer la liaison en y substituant les forces convenables. Supposons un système à liaisons en équilibre. Les forces données qui sollicitent ce système peuvent ne pas être en équilibre par elles-mêmes, c'est-à-dire sur le système supposé libre ; pour les tenir en équilibre, il faudrait introduire de nouvelles forces, et les liaisons qui complètent l'équilibre équivalent à ces forces nouvelles.

Par exemple, supposons qu'un point matériel unique M, soit assujetti à glisser sur une surface fixe S. Ce point est sollicité par une force MF, donnée de grandeur et de position. S'il y a équilibre dans la position particulière où se trouve le point M, on en conclura que la surface S exerce sur le point M une action égale et contraire à MF. Cette force —**F** sera la *réaction* de la surface, ou la force tenant lieu de la liaison due à cette surface.

Si un système solide en équilibre a un point fixe, on pourra remplacer de même la fixité du point par une force convenable appliquée en ce point et qui tienne toutes les autres en équilibre.

Outre les *forces extérieures* et les *forces intérieures*, que nous avons déjà distinguées (§ 7), il y a donc encore à considérer les *forces tenant lieu des liaisons*, si le système matériel dont on étudie l'équilibre n'est pas composé de points libres. Les forces dues aux liaisons peuvent être inté-

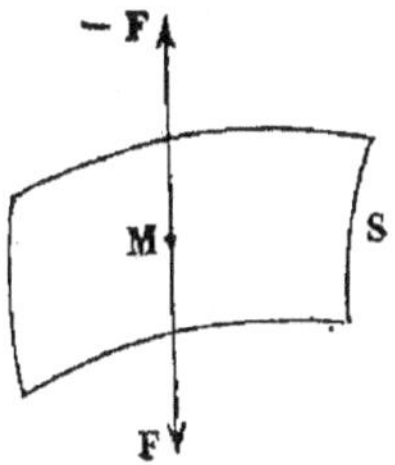

Fig. 62.

rieures ou extérieures. Par exemple, si dans un système matériel, deux points sont réunis par une tige rigide de longueur constante, les forces tenant lieu de cette liaison seront la tension ou pression de cette tige, appliquée à la fois aux deux points qu'elle réunit ; ce sont dans ce cas des forces intérieures mutuelles. Au contraire, lorsqu'un corps solide a deux points fixes, les forces tenant lieu de ces liaisons sont les réactions des points fixes ; ce sont des forces extérieures, au même titre que les forces appliquées en divers points du système.

68. La force qui tient lieu d'un point fixe est une force appliquée en ce point ; sa direction et son intensité sont inconnues.

De même, lorsqu'un point matériel **M** est assujetti à glisser sur une surface fixe **S**, la force **F**, qui peut remplacer cette liaison est une force appliquée au point matériel **M**; elle peut se décomposer en deux : l'une, **N**, normale à la surface, et l'autre, **T**, dans le plan tangent ; la composante **MN** s'appelle la *réaction normale*, et la composante **MT** s'appelle le *frottement*. Nous aurons plus tard à exposer les lois de cette force tangentielle. On a reconnu

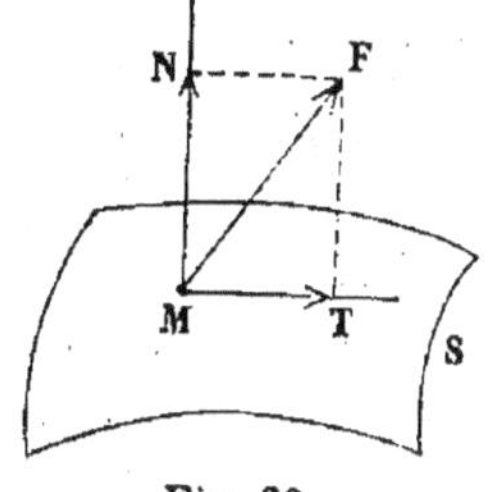

Fig. 63.

par l'expérience que lorsqu'on fait glisser un corps sur une surface, la composante MT de la réaction totale est d'autant moindre qu'on a donné aux surfaces en contact un plus grand degré de poli. Si d'ailleurs la surface S est une surface géométrique, idéale, on doit admettre que la composante MT est rigoureusement nulle, ce qui revient à admettre que la réaction totale MF coïncide avec la réaction normale MN. Dans cette hypothèse, que l'on fait généralement dans la mécanique rationnelle, la réaction d'une surface sur un point assujetti à la parcourir est normale à la surface. Elle est donc connue d'avance en direction, mais il reste à déterminer sa grandeur et son sens. On doit en outre observer que si le point est simplement posé d'un côté de la surface, et s'il n'y est pas lié invariablement, c'est-à-dire si la surface n'est qu'une limite de la région de l'espace dans laquelle il peut se mouvoir, la réaction de la surface est ou nulle, ou dirigée vers cette région ; car, en vertu du principe de l'action et de la réaction, les forces qui agissent sur le point matériel supposé en équilibre ont une résultante égale et contraire à la réaction de la surface ; si celle-ci pouvait être dirigée vers la région où le point ne peut pénétrer, la résultante des forces serait dirigée en sens contraire, c'est-à-dire dans le sens où la surface ne fait pas obstacle à l'entraînement du point.

On traite de la même manière le cas où le point matériel est assujetti à glisser sur une ligne. Si l'on admet qu'il n'y ait aucun frottement, la réaction d'une ligne sur un point qui peut la parcourir, est normale à cette ligne ; elle n'est donc connue immédiatement ni en intensité, ni en direction, car il y a une infinité de normales en un même point d'une ligne, toutes contenues dans le plan normal ; on sait seulement que la direction cherchée est comprise dans ce plan.

69. On fait souvent usage en statique de la proposition suivante, qu'on peut regarder comme un axiome :

Quand un système matériel est en équilibre, on peut, sans troubler l'équilibre, y introduire telles liaisons qu'on voudra.

L'introduction de ces nouvelles liaisons n'a d'autre effet

que d'empêcher les mouvements que pourrait prendre le système, lequel est en équilibre par hypothèse, et ne tend pas à se déplacer.

ÉQUILIBRE D'UN POINT MATÉRIEL ASSUJETTI A GLISSER SANS FROTTEMENT SUR UNE SURFACE FIXE.

70. Un point matériel M est assujetti à glisser sans frottement sur une surface fixe S. Ce point est sollicité par une force F, connue en grandeur et en direction pour chaque position du point M. On demande quelle position il faut donner au point mobile pour qu'il soit en équilibre.

Dans la position cherchée, il y aura équilibre entre la force F et la réaction R de la surface ; la réaction R est par hypothèse normale à la surface, et il faut pour l'équilibre qu'elle soit directement opposée à la force F ; donc, la position cherchée est celle pour laquelle la force F a une direction normale à la surface S. La réaction R est alors égale à F, mais dirigée en sens contraire.

Supposons par exemple que la force F soit constante en grandeur et en direction, et qu'elle agisse sur le point M parallèlement à un axe fixe O Z. Il faudra, pour l'équilibre, que le point M soit placé en un point tel que la normale en ce point soit parallèle à l'axe O Z, ou tel que le plan tangent en ce point soit normal à cet axe. Si la surface donnée est une sphère (fig. 64), les points cherchés seront à l'intersection de la sphère avec une droite menée par son centre C, parallèlement à O Z : ce qui

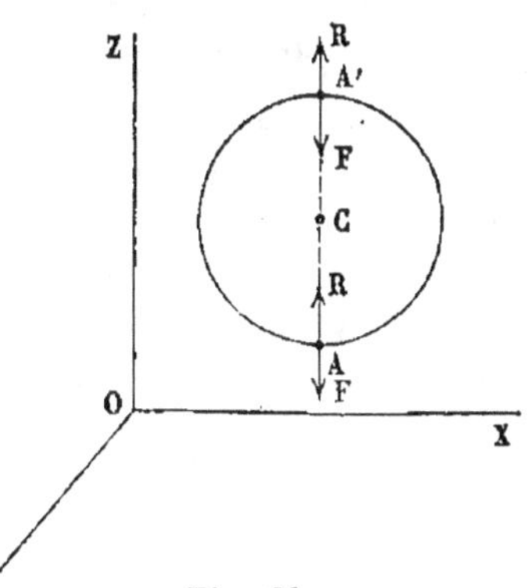

Fig. 64.

fournit deux points A et A', où il peut y avoir équilibre.

Supposons que la force F soit dirigée de haut en bas, dans le sens Z O. Dans la position A, le point mobile sera sollicité par la force F, et par la réaction R de la surface égale à F, et dirigée de bas en haut, c'est-à-dire vers le centre C de la surface.

Dans la position A', le point M est en équilibre sous l'action des mêmes forces F et R, mais la réaction R, toujours dirigée de bas en haut, s'exerce vers l'extérieur de la sphère, c'est-à-dire de dedans en dehors. De ces deux positions, l'une, la position A, correspond à l'*équilibre stable*, parce que si l'on déplace infiniment peu le point M de sa position d'équilibre, il tend à y être ramené par la force F ; l'autre, la position A', correspond à l'équilibre instable, parce que la force F ne tend pas à y ramener le point M lorsqu'on l'en écarte infiniment peu.

Si, au lieu d'une sphère, le point M était assujetti à glisser à la surface d'un cylindre droit ayant pour base, dans le plan ZOX, le cercle C, et pour arêtes, des droites parallèles à l'axe OY, la force F étant toujours parallèle à l'axe OZ, on trouverait une infinité de positions d'équilibre pour le point M, savoir : tous les points de l'arête inférieure passant par le point A, et tous les points de l'arête supérieure passant par le point A' ; la première arête correspond à l'équilibre stable, la seconde à l'équilibre instable.

Enfin, il n'y aurait aucune solution au problème si l'on donnait pour surface S une surface n'ayant en aucun de ses points un plan tangent normal à la direction correspondante de la force. C'est ce qui aurait lieu, par exemple, si la surface S était un cône droit dont l'axe serait parallèle à OY, la force F étant toujours parallèle à OZ ; car aucun plan tangent de la surface conique ne serait parallèle au plan XOY. L'équilibre du point M serait donc impossible.

71. Dans la question que nous venons de traiter, nous avons supposé que le point mobile M était assujetti à glisser sur la surface S sans pouvoir s'en détacher dans un sens ni dans l'autre.

Si le point M était seulement posé d'un côté de cette surface, de manière à ne pouvoir s'en écarter que dans un seul sens, l'équilibre ne serait assuré que si la force agissait sur lui de manière à l'appliquer contre la surface. Supposons, par exemple (fig. 64), que le point M soit attaché au point fixe C par un fil de longueur C A constante. La force F agissant de haut en bas, parallèlement à O Z, le point M sera en équilibre si on le place en A, car alors la force F tend à éloigner le point M du centre C, et la réaction R, qui fait équilibre à la force F, est égale à la tension du fil. Il n'en serait pas de même au point A'; car en ce point la réaction R' est dirigée en prolongement du fil; or, elle est égale et contraire à l'effort exercé par le point M sur le fil; le fil serait donc comprimé, ce qui est impossible, puisqu'un fil céde sans résistance à tout effort qui ne tend pas à l'allonger. La position A' n'est donc pas dans ce cas une position d'équilibre.

ÉQUILIBRE D'UN POINT MATÉRIEL ASSUJETTI A GLISSER SANS FROTTEMENT SUR UNE COURBE FIXE.

72. Lorsqu'un point est assujetti à glisser sans frottement le long d'une ligne fixe, la réaction de la ligne étant en chaque point une force normale à sa direction, il faut et il suffit pour l'équilibre, que le point soit dans une position telle que la force soit normale à la ligne. La réaction de la ligne est alors égale à la force, et est dirigée en sens contraire.

Soit, par exemple, une circonférence A B, située dans le plan Z O X ; soit C son centre, C A son rayon. On suppose que la force est constante, et dirigée de haut en bas, parallèlement à l'axe O Z. Par le centre C, menons une droite E D, parallèle à O Z, et rencontrant la circonférence en deux points E et D. Ces points seront des positions d'équilibre pour le point M, et il est facile de reconnaître que la position D assure la stabilité de l'équilibre,

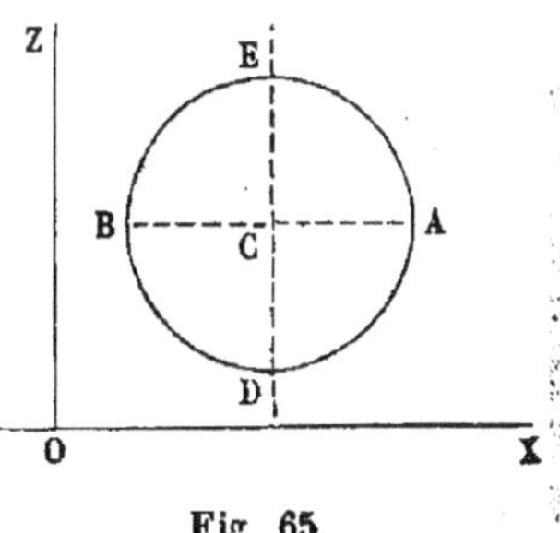

Fig. 65.

tandis que la position E correspond à un équilibre instable.

Si le point M était assujetti à glisser à la fois sur deux

surfaces S, S', on en conclurait qu'il est assujetti à glisser sur la ligne L d'intersection de ces deux surfaces. Après avoir trouvé une position d'équilibre, A, du point M sur la ligne L, et la réaction normale N de cette ligne, il suffira de décomposer par la règle du parallélogramme, la réaction N en deux forces, l'une AR, normale à la surface S, l'autre AR', normale à la surface S', pour avoir les réactions de ces deux surfaces. La décomposition sera toujours possible, car en tout point A de l'intersection L des deux surfaces,

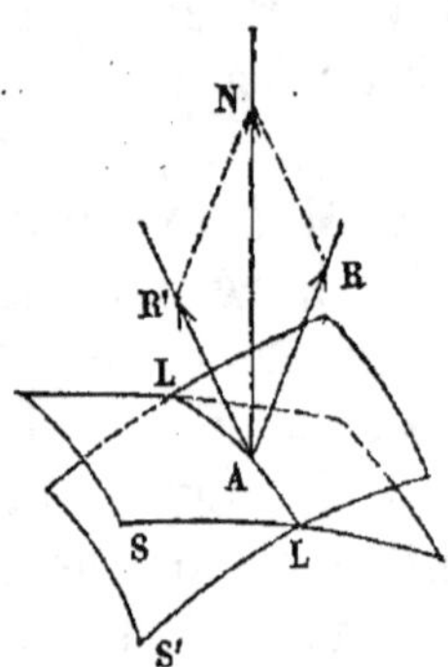

Fig. 66.

la normale AR à la surface S, et la normale AR' à la surface S', déterminent en général un plan qui est normal à l'intersection L, et qui contient par suite la réaction AN de cette ligne.

73. *Problème.* — *Équilibre d'un point pesant, assujetti à glisser sans frottement sur une hélice dont l'axe est incliné à l'horizon.*

Soit O'O'' la projection de l'axe de l'hélice donnée sur un plan vertical parallèle à cet axe. Menons dans ce plan une horizontale Z Z'. L'angle de O'O'' avec ZZ' sera l'inclinaison sur l'horizon de l'axe de l'hélice, ou de toutes les génératrices du cylindre à la surface

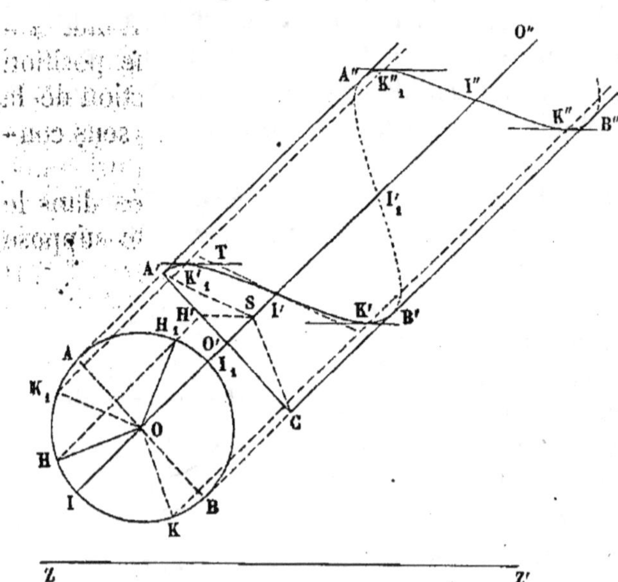

Fig. 67.

duquel elle est tracée. L'hélice se projette sur le plan vertical suivant une courbe sinueuse, $A'I'B'I'$, $A''I''B''$ ..., qui n'est autre qu'une sinusoïde.

Un plan $A'C$ mené normalement à l'axe de l'hélice coupe le cylindre suivant une circonférence. Rabattons ce plan sur le plan vertical, en le faisant tourner autour de son intersection avec ce plan. Nous obtiendrons le rabattement du cercle de base du cylindre ; son centre sera en O, projection de l'axe $O'O''$, et la circonférence $AHKBH$, A sera la projection commune, sur ce plan auxiliaire, de toutes les spires successives de l'hélice.

La force qui sollicite le point mobile M est la pesanteur ; elle agit parallèlement au plan vertical, et perpendiculairement à la droite ZZ'. Les positions d'équilibre sont celles où la direction de la force est normale à la courbe, c'est-à-dire où la force fait un angle droit avec la tangente à la courbe. La tangente à l'hélice aux points cherchés, doit donc être perpendiculaire à la verticale, c'est-à-dire, horizontale, et le problème est ramené à chercher les points de l'hélice où la tangente est parallèle à l'horizon.

Les tangentes à l'hélice font toutes un même angle avec l'axe $O'O''$, et cet angle est donné en vraie grandeur sur la figure ; c'est l'angle que fait avec $O'O''$ la tangente $I'T$ menée au *point d'inflexion* I' de la sinusoïde. Transportons toutes les tangentes parallèlement à elles-mêmes en un même point de l'espace. Elles y formeront un cône droit à base circulaire ; un plan horizontal mené par le sommet de ce cône coupera la surface suivant deux génératrices, qui seront parallèles aux tangentes horizontales cherchées. Il suffira donc de transporter ces génératrices du cône à l'hélice pour obtenir les points demandés.

Par le point A', menons parallèlement à $I'T$ une droite $A'S$, qui coupe en S l'axe $O'O''$, et prenons le point S pour sommet du cône des tangentes. Les génératrices extrêmes de ce cône seront SA', SC, et il aura pour base dans le plan $A'C$, la base même du cylindre. Par le point S menons une parallèle SH' à ZZ' ; ce sera la trace du plan horizontal qui coupe le cône suivant deux génératrices projetées toutes deux en SH' sur le plan vertical, et en OH et $OH_{,}$ sur le plan de la section droite.

Il reste à ramener, par un déplacement parallèle, ces deux droites (OH, SH') et $(OH_{,,}, SH')$ à être tangentes à l'hélice. Or, observons que la tangente $I'T$ au point (I, I'), transportée sur le cône, y donne la génératrice (OA, SA') ; le point I, dans le cercle de base, se trouve éloigné d'un quadrant, AI, en avant du pied A de la génératrice du cône. Pour ramener la génératrice OH à être tangente à l'hélice, il suffit donc d'élever OK perpendiculairement à OH ; le point K sera la projection, sur le plan de section droite, des points de l'hélice qui ont des tangentes parallèles à (OH, SH'). De même, on a en élevant $OK_{,}$ perpendiculaire sur $OH_{,,}$ la projection $K_{,}$ de tous les points qui ont des tangentes parallèles à $(OH_{,,}, SH')$.

Au point K, correspondent une infinité de points K', K''... en projection verticale ; au point $K_{,}$, correspondent d'autres points $K_{,}'$, $K_{,}''$,... en nombre infini.

Les points K', K'',... sont des positions d'équilibre du point mobile, ainsi que les points $K_{,}'$, $K_{,}''$ .... Mais les premières positions correspondent à un équilibre stable, tandis que les secondes correspondent à un équilibre instable.

Si l'axe $O'O''$ faisait avec ZZ' un angle $O'SH' = \alpha$ suffisamment grand, la droite horizontale SH' pourrait passer au-dessus de la génératrice la plus haute du cône ; alors l'hélice n'aurait pas de tangente horizontale, et l'équilibre du point pesant serait impossible. Soit β l'angle $O'SA'$ des tangentes à l'hélice avec l'axe $O'O''$.

Il n'y aura pas de solution si $\beta < \alpha$;

Si $\beta > \alpha$, il y aura des solutions ; les unes, toutes situées sur la génératrice $K'K''$, correspondront à un équilibre stable ; les autres, situées sur la génératrice $K_{,}'K_{,}''$ correspondront à un équilibre instable ;

Enfin, dans le cas limite $\beta = \alpha$, le plan SH' est tangent au cône ; les deux génératrices $K'K''$ et $K_{,}'K_{,}''$ se confondent en une seule et coïncident avec la génératrice moyenne $I'I''$; les positions cherchées sont situées aux points d'inflexion I', I''..., et l'équilibre est *conditionnel* ; c'est-à-dire qu'il est stable par rapport à tout déplacement qui amènerait le point mobile à droite du point I', et instable par rapport à tout déplacement qui l'amènerait à gauche du même point.

ÉQUILIBRE D'UN SOLIDE INVARIABLE LIBRE DANS L'ESPACE

74. Nous avons vu dans le chapitre précédent, que les forces qui agissent sur un solide peuvent être toujours remplacées soit par deux forces, soit par une force et un couple. Si l'on adopte le premier mode de réduction, il faut et il suffit pour l'équilibre, que les deux forces soient égales, et qu'elles agissent en sens contraires suivant une seule et même direction ; et si l'on adopte la seconde, il faut et il suffit que la résultante de translation et le couple résultant soient nuls séparément.

Soient en effet AF, BF', les deux forces auxquelles on ramène le système de forces données. Si elles sont égales, et si elles agissent en sens contraire l'une de l'autre, suivant la direction AB qui joint leurs points d'application, ces deux forces se font équilibre, et par suite la condition indiquée est suffisante. Elle est de plus nécessaire. Supposons en effet (fig. 68) que l'équilibre ait lieu sans que la direction de la force

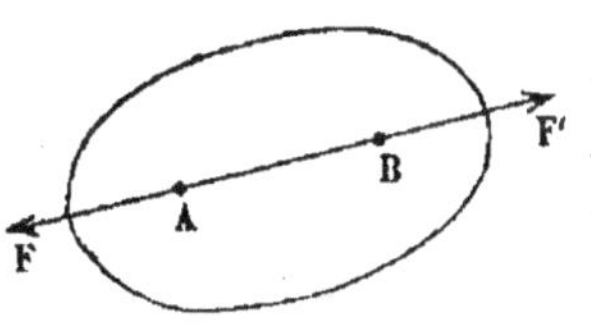

Fig. 68.

BF' passe par le point A. L'équilibre du solide ne sera pas troublé par l'introduction d'une nouvelle liaison quelle qu'elle soit (fig. 69). Rendons fixe le point A. Le corps solide cessera d'être entièrement libre, mais il pourra pivoter autour du point A d'une manière quelconque. Or la force F' agit par hypothèse en dehors de ce point ; elle tend donc à entraîner le corps et à le faire tourner

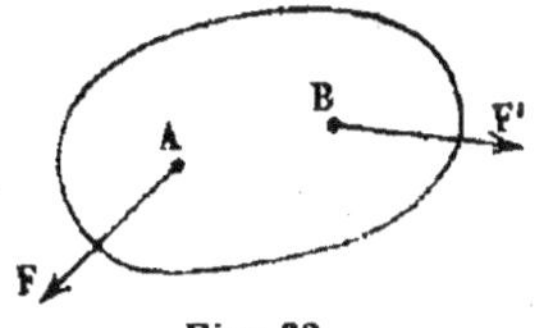

Fig. 69.

autour du point A, et par suite l'équilibre est impossible, à moins que la force BF' n'agisse dans la direction AB. On prouverait de même, en fixant le point B, que la force A F agit suivant la même droite. Les deux forces F et F', appliquées suivant la même direction, se composent en une seule force, égale à leur somme algébrique. Le corps redevenu libre serait sollicité par cette résultante et céderait à son action ; l'équilibre est donc encore impossible, à moins que cette force ne soit nulle, ce qui exige que les forces F et F' soient égales et dirigées en sens contraire l'une de l'autre : les conditions indiquées sont donc à la fois suffisantes et nécessaires.

75. Supposons en second lieu qu'on ait ramené les forces données à une force et un couple. Soit R la résultante de translation (F, — F), le couple résultant, et AB le bras de levier du couple ; nous pouvons transporter le couple parallèlement à lui-même, de manière que le point A soit situé sur la direction de la force R. Cela posé, si l'équilibre a lieu, on ne le troublera pas en rendant fixe le point A. La force —F, perpendiculaire à AB, passe en dehors du point fixe, et tend à entraîner le solide autour de ce point; l'équilibre n'est donc pas possible, à moins qu'on n'ait $F = 0$, ce qui réduit à zéro le couple résultant. Les forces qui sollicitent le solide se réduisent donc à une force unique R, et le solide libre céderait à l'action de cette force, et ne serait pas en équilibre, à moins qu'elle ne soit nulle aussi. On a donc $R = 0$. Ces conditions nécessaires sont suffisantes, car si le couple est nul et que la résultante de translation le soit aussi, tout se passe comme si le corps solide n'était sollicité par aucune force, et son équilibre est assuré.

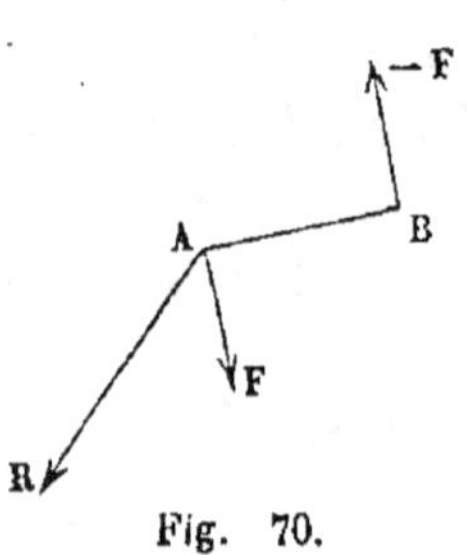

Fig. 70.

76. Il est facile d'exprimer analytiquement ces diverses conditions, dès que l'on connaît pour chacune des forces qui sollicitent le corps solide, les coordonnées x, y, z, de son point d'application. et ses composantes X, Y, Z, parallèles aux axes coordonnés supposés rectangulaires. Nous attribuerons à ces lettres les indices 1, 2,... n, pour distinguer les forces données, qu'on suppose au nombre de n. Nous avons

vu (§ 60) que les trois composantes X', Y', Z' de la résultante de translation R, sont données par les trois équations

$$X' = X_1 + X_2 + X_3 + \ldots + X_n,$$
$$Y' = Y_1 + Y_2 + Y_3 + \ldots + Y_n,$$
$$Z' = Z_1 + Z_2 + Z_3 + \ldots + Z_n.$$

Pour que la résultante R soit nulle, il faut et il suffit que $X' = 0$, $Y' = 0$, $Z' = 0$.

Le couple résultant a de même pour couples composants autour des trois axes :

$$L' = (Z_1 y_1 - Y_1 z_1) + (Z_2 y_2 - Y_2 z_2) + \ldots + (Z_n y_n - Y_n z_n)$$
$$M' = (X_1 z_1 - Z_1 x_1) + (X_2 z_2 - Z_2 x_2) + \ldots + (X_n z_n - Z_n x_n)$$
$$N' = (Y_1 x_1 - X_1 y_1) + (Y_2 x_2 - X_2 y_2) + \ldots + (Y_n x_n - X_n y_n)$$

et pour que le couple résultant soit nul, il faut et il suffit que l'on ait à la fois

$$L' = 0, \quad M' = 0, \quad N' = 0.$$

L'équilibre du corps solide s'exprime donc par six équations, qui ne sont autres que les six équations du § 60, dans lesquelles on aurait remplacé par zéro les composantes X', Y', Z', L', M', N', de la résultante et du couple résultant :

$$(1) \quad \begin{cases} X_1 + X_2 + X_3 + \ldots + X_n = 0, \\ Y_1 + Y_2 + Y_3 + \ldots + Y_n = 0, \\ Z_1 + Z_2 + Z_3 + \ldots + Z_n = 0. \end{cases}$$

$$(2) \quad \begin{cases} (Z_1 y_1 - Y_1 z_1) + (Z_2 y_2 - Y_2 z_2) + \ldots \\ \qquad\qquad + (Z_n y_n - Y_n z_n) = 0, \\ (X_1 z_1 - Z_1 x_1) + (X_2 z_2 - Z_2 x_2) + \ldots \\ \qquad\qquad + (X_n z_n - Z_n x_n) = 0, \\ (Y_1 x_1 - X_1 y_1) + (Y_2 x_2 - X_2 y_2) + \ldots \\ \qquad\qquad + (Y_n x_n - X_n y_n) = 0. \end{cases}$$

Les trois équations (1) sont appelées *équations des composantes parallèles aux axes*; les trois équations (2) sont appelées *équations des moments autour des axes*. Le premier groupe exprime que lorsqu'un solide libre est en équilibre sous l'action des forces données, *la somme algébrique des projections des forces sur trois axes rectangulaires est nulle*; le second groupe exprime que *la somme des moments des forces par rapport à trois axes rectangulaires est également nulle*. Ces conditions sont nécessaires et suffisantes. Une fois qu'elles sont remplies, on est certain que *la somme des projections des forces sur un axe quelconque est nulle, et qu'il en est de même de la somme des moments des forces par rapport à un axe quelconque*.

ÉQUILIBRE D'UN SOLIDE QUI A UN POINT FIXE

77. Soit O le point fixe.

Nous pouvons supprimer la liaison qui rend fixe le point O, en introduisant une force F, égale à la *réaction* de ce point. Le corps solide, redevenu libre, est en équilibre sous l'action des forces données et de la force F.

Par le point O faisons passer trois axes rectangulaires O X, O Y, O Z, et exprimons que les conditions d'équilibre sont remplies à l'égard des forces données et de la réaction F. La somme des projections de toutes ces forces sur chacun des trois axes sera donc nulle, et la somme des moments par rapport aux trois axes sera également nulle. Or la force F passe par un point O qui appartient à chacun des trois axes; son moment par rapport à chacun des axes est donc égal à zéro; et par suite les sommes des moments des forces par rapport aux trois axes doivent être nulles d'elles-mêmes.

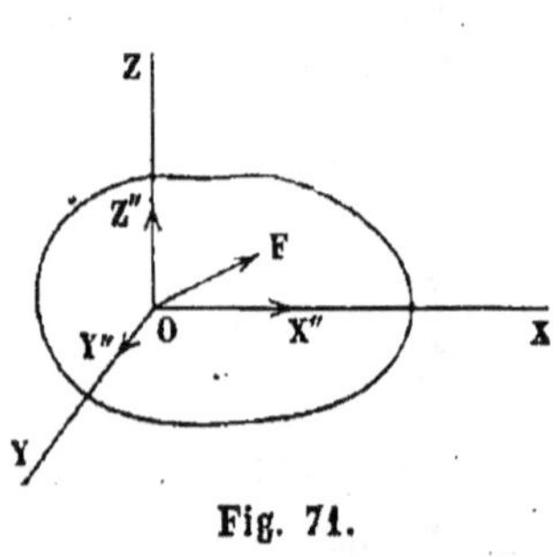

Fig. 71.

La force F aura au contraire des composantes suivant les

axes, et les équations des projections sur les axes feront connaître ces composantes.

Soient donc X', Y', Z', les sommes algébriques des projections des forces données sur les axes coordonnés, et L', M', F' les sommes algébriques des moments autour du même axe.

Enfin appelons X'', Y'', Z'' les composantes de la force F, parallèlement aux axes : les équations d'équilibre seront

$$X' + X'' = 0,$$
$$Y' + Y'' = 0,$$
$$Z' + Z'' = 0,$$
$$L' = 0,$$
$$M' = 0,$$
$$N' = 0.$$

Les trois dernières ne renfermant que les forces données sont les trois conditions d'équilibre. Les trois premières font connaître les composantes de la réaction du point fixe.

En résumé, *pour qu'un corps solide qui a un point fixe soit en équilibre, il faut et il suffit que la somme des moments des forces données par rapport à trois axes menés par ce point soit égale à zéro*; s'il en est ainsi, la somme des moments sera nulle par rapport à tout axe mené par le même point. Cette condition revient à exprimer que les forces ont une résultante unique passant par le point fixe; les sommes X', Y', Z' sont les composantes suivant les axes de cette résultante, c'est-à-dire de l'effort exercé par les forces sur le point fixe; la réaction du point sur le corps est une force égale et contraire, dont les composantes sont $-X'$, $-Y'$, $-Z'$ ainsi que l'indiquent les trois premières équations.

ÉQUILIBRE D'UN SOLIDE QUI A DEUX POINTS FIXES

78. Soient O et A les deux points fixes ; la fixité de ces deux points assure la fixité de la droite OA tout entière ; prenons cette droite OZ pour l'un des axes coordonnés ; plaçons l'origine au point O, l'un des points fixes, et menons deux autres axes, OX, OY, rectangulaires et perpendiculaires au premier.

Nous pouvons supprimer la fixité des points O et A, en introduisant des forces convenables OF, AF', qui représenteront les réactions des points fixes. Pour définir ces forces, que nous ne connaissons pas encore, décomposons-les parallèlement aux axes : la force F aura pour composantes X_1, Y_1, Z_1, la force F' aura pour composantes X_2, Y_2, Z_2. Soit $OA = a$, quantité donnée. Le corps est en équilibre sous l'action des forces données, et des deux forces inconnues F et F' ; il suffit donc d'écrire que l'ensemble de toutes ces forces satisfait aux six équations d'équilibre. Appelons

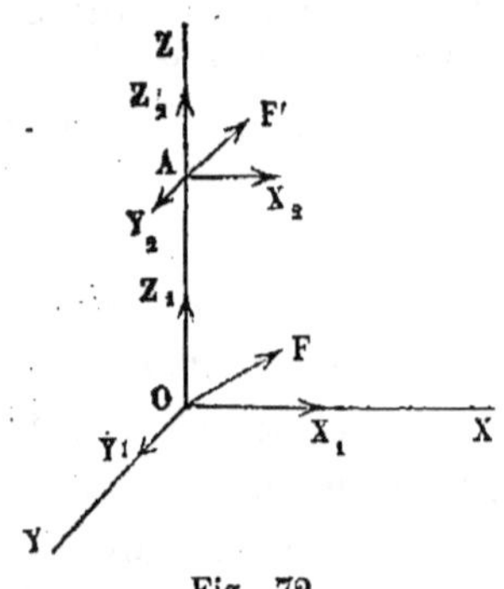

Fig. 72.

encore X', Y', Z', L', M', N' les sommes algébriques des composantes et des moments des forces données. Observons de plus que la force F, passant par un point O qui appartient aux trois axes, a des moments nuls par rapport à chacun d'eux ; la force F' a un moment nul par rapport à l'axe OZ, qu'elle rencontre ; mais elle a des moments différents de zéro par rapport aux axes OX et OY. Pour déterminer ces moments, nous appliquerons le théorème du § 44 : le moment de la résultante est égal à la somme des moments des composantes. Les moments par rapport à OX des forces X_2 et Z_2 sont nuls, puisque ces deux composantes sont dans un même plan avec l'axe (§ 40) ; donc le moment de F' par rapport à OX est égal au moment de Y_2 par rapport au même axe, c'est-à-dire enfin à $-\,\mathrm{Y}_2\,a$. On reconnaîtra de même que le moment de F' par rapport à $\mathrm{O\,Y}$ est égal à $+\,\mathrm{X}_2\,a$.

Nous pouvons donc écrire comme il suit les six équations d'équilibre :

$$(1) \qquad \mathrm{X}' + \mathrm{X}_1 + \mathrm{X}_2 = 0,$$

$$(2) \qquad \mathrm{Y}' + \mathrm{Y}_1 + \mathrm{Y}_2 = 0,$$

$$(3) \qquad \mathrm{Z}' + \mathrm{Z}_1 + \mathrm{Z}_2 = 0,$$

$$(4) \qquad \mathrm{L}' - \mathrm{Y}_2\,a = 0,$$

$$(5) \qquad \mathrm{M}' + \mathrm{X}_2\,a = 0,$$

$$(6) \qquad \mathrm{F} = 0.$$

L'équation (6) ne renfermant que les forces données, est la condition d'équilibre. *Pour que le corps solide soit en équilibre, il faut et il suffit que la somme des moments des forces par rapport à l'axe fixe soit nulle.* On remarquera que cette condition est tout à fait indépendante de la position sur l'axe des points fixes O et A.

Les cinq premières équations définissent les réactions de l'axe.

Les équations (4) et (5) font connaître Y_2 et X_2.

Ces valeurs de Y_2 et X_2, substituées dans les équations (1) et (2), font connaître X_1 et Y_1. Enfin l'équation (3) donne la somme, $\mathrm{Z}_1 + \mathrm{Z}_2$, des deux composantes qui agissent suivant l'axe $\mathrm{O\,Z}$, et qui demeurent ainsi indéterminées.

La statique ne sépare pas ces deux composantes l'une de l'autre ; l'indétermination tient aux hypothèses faites sur l'invariabilité des corps solides ; de cette invariabilité résulte en effet qu'une force peut être transportée en un point quelconque de sa direction, et que tout point du système solide pris sur la direction d'une force peut être considéré comme le point d'application de cette force. Les deux forces Z_1 et Z_2, appliquées suivant la même direction en deux points d'un système solide, se composent donc en une seule force égale à leur somme algébrique, et la statique des solides invariables ne permet pas de déterminer autre chose que leur résultante.

Si, au lieu d'un solide géométrique, on avait en vue l'équilibre d'un solide naturel, ayant deux points fixes O et A, les réactions de ces points seraient parfaitement déterminées ; elles satisferaient encore, comme nous le verrons, aux six équations d'équilibre : mais outre ces équations, qui assurent l'*équilibre extérieur* du corps, il y en aurait d'autres à poser pour tenir compte des lois de l'élasticité qui assurent son *équilibre intérieur*, et qui, si elles étaient complétement connues, achèveraient de déterminer le problème. Les pressions dans la nature sont parfaitement définies, et il n'y reste rien d'arbitraire. Si nous ne parvenons à poser qu'un nombre d'équations insuffisant pour les déterminer, c'est que nous ignorons les lois suivant lesquelles elles se répartissent.

79. *Remarques.* L'équation d'équilibre, $N' = 0$, indique que le couple résultant des forces données est situé dans un plan parallèle à l'axe fixe. Nous avons vu en effet que l'on pouvait ramener le système des forces à une résultante passant par le point O, et à un couple dont les composantes dans les plans coordonnés sont L', M', N'. La résultante est équilibrée par la fixité du point O. Quant au couple résultant, il peut être tenu en équilibre par un autre couple, dont les forces soient appliquées respectivement aux deux points fixes O et A ; un tel couple projeté sur le plan XOY a une projection nulle. Les équations (4), (5) et (6), expriment donc l'égalité entre les composantes du couple des forces données et les composantes du couple provenant des réactions des points O et A.

L'écartement plus ou moins grand des points fixes O et A change la portion de la charge de ces points qui provient du couple résultant, puisque, le bras de levier OA variant, la force du couple varie en raison inverse. La charge provenant de la résultante de translation des forces données reste la même.

Le corps solide tend à être entraîné le long de l'axe par

une force égale à Z'. Si donc on supposait qu'il eût la liberté de glisser le long de l'axe O A, il y aurait une seconde condition d'équilibre, qui serait $Z' = 0$. Les composantes Z_1 et Z_2 seraient alors nulles toutes deux.

Remarquons enfin qu'au lieu de ramener les forces données à une force et à un couple, nous pouvons les ramener à deux forces. Les équations d'équilibre expriment que ces deux forces peuvent être appliquées l'une en O et l'autre en A; elles sont alors détruites par la fixité de ces points.

ÉQUILIBRE D'UN SOLIDE ASSUJETTI A GLISSER SANS FROTTEMENT

SUR UN PLAN FIXE.

80. Nous avons étudié (§ 70) l'équilibre d'un point assujetti à glisser sur une surface fixe qui n'exerce sur lui aucun frottement. Proposons-nous de résoudre un problème analogue pour un système matériel invariable. Nous simplifierons la question en supposant que la surface fixe soit une surface plane; dans ce cas particulier, les réactions des divers points de contact du corps et de la surface, étant toutes normales à ce plan, sont parallèles entre elles.

Le contact du corps et du plan peut être établi par un point géométrique unique, ou par 2, 3, ... n points; il peut aussi s'étendre à une surface tout entière, comme cela a lieu lorsqu'un polyèdre repose par une de ses faces sur la surface plane d'une table ; dans ce cas, le nombre des points de contact doit être considéré comme infini.

Soit PP le plan fixe, et A, B, C, ... les points de contact du corps avec ce plan. Les réactions du plan sur le corps seront des forces A R, B R'',

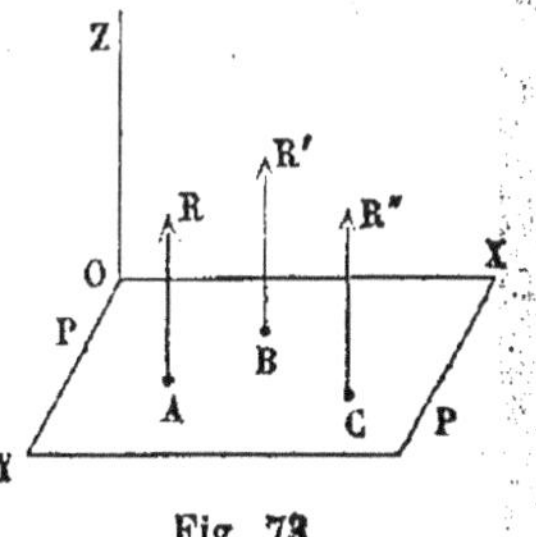

Fig. 73.

CR'', ... perpendiculaires à PP. Nous prendrons ce plan pour plan X O Y; nous y mènerons deux axes rectangulaires

OX, OY, et par le point O nous élèverons le troisième axe OZ, normal aux deux premiers.

Appelons x, y les coordonnées du point A, x', y' celles du point B, x'', y'', …, celles du point C, etc. Soient toujours X', Y', Z', L', M', N', les composantes suivant les axes de la résultante de translation et du couple résultant des forces données qui sollicitent le corps ; nous écrirons de la manière suivante les six équations d'équilibre :

(1) $X' = 0$,

(2) $Y' = 0$,

(3) $Z' + R + R' + R'' + \ldots = 0$,

(4) $L' + Ry + R'y' + R''y'' + \ldots = 0$,

(5) $M' - Rx - R'x' - R''x'' - \ldots = 0$,

(6) $N' = 0$.

Les équations (1), (2) et (6), ne contenant pas les réactions inconnues R, R', R'', …, sont les conditions d'équilibre. Elles expriment que les forces données ont une résultante normale au plan PP; en effet, les équations $X' = 0$, $Y' = 0$, $N' = 0$, satisfont à l'équation générale

$$L'X' + M'Y' + N'Z' = 0,$$

laquelle nous montre (§ 61) que les forces données ont une résultante unique. Or, cette résultante est normale au plan XOY, puisque ses composantes X', Y', parallèles aux axes

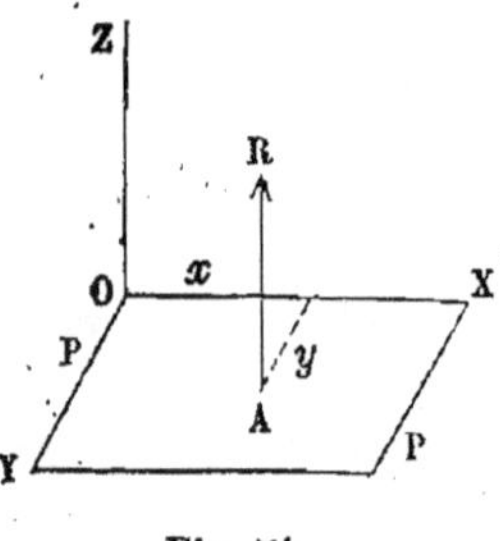

Fig. 74.

OX, OY, sont toutes deux nulles. Elle est parallèle à l'axe des Z, ce qui annule le moment N' par rapport à cet axe. La résultante se réduit à Z'. Les équations (3), (4), (5) renferment tout ce que la statique nous apprend au sujet des réactions R, R', R'', …. Mais ici plusieurs cas sont à distinguer, suivant le nombre des points d'appui.

1° Supposons qu'il n'y ait qu'un point d'appui, A (fig. 74). Dans ce cas, les forces données doivent être équilibrées par la réaction R de cet appui. Pour cela, il faut et il suffit que la résultante des forces données, normale au plan PP, en vertu des conditions générales renfermées dans les équations (1), (2) et (6), passe au point A. Les équations (3), (4) et (5) nous l'apprennent. Elles prennent en effet dans ce cas particulier la forme suivante :

$$Z' + R = 0,$$
$$L' + Ry = 0,$$
$$M' - Rx = 0.$$

La première détermine la valeur de la réaction R, qui est égale et contraire à la résultante Z'.

R étant déterminée, les deux équations suivantes sont des équations de condition qui doivent être vérifiées d'elles-mêmes. Remplaçant R par $- Z'$, il vient

$$L' - Z'y = 0,$$
$$M' + Z'x = 0.$$

Or, L' est le moment de la résultante Z' par rapport à l'axe OX ; ce moment étant égal à $Z'y$, la force résultante perce le plan PP à une distance de l'axe OX égale à y ; l'équation $M' + Z'x = 0$ montre de même qu'elle perce le plan à une distance x de l'axe OY. Le point A est donc le point de passage de la résultante des forces extérieures.

Lorsqu'il y a un seul point de contact, les conditions d'équilibre sont donc au nombre de cinq ; elles expriment que les forces extérieures peuvent se ramener à une force unique, normale au plan et passant par le point donné ; la réaction du plan est alors complétement déterminée.

2° Supposons qu'il y ait deux points de contact, A et B.

Les équations (3), (4) et (5) deviendront, en ne conservant que deux réactions :

$$Z' + R + R' = 0,$$
$$L' + Ry + R'y' = 0,$$
$$M' - Rx - R'x' = 0.$$

Pour interpréter facilement ces équations, supposons

qu'on ait pris pour axe OX la droite AB ; on aura alors $y = 0$, $y' = 0$, et la seconde équation deviendra

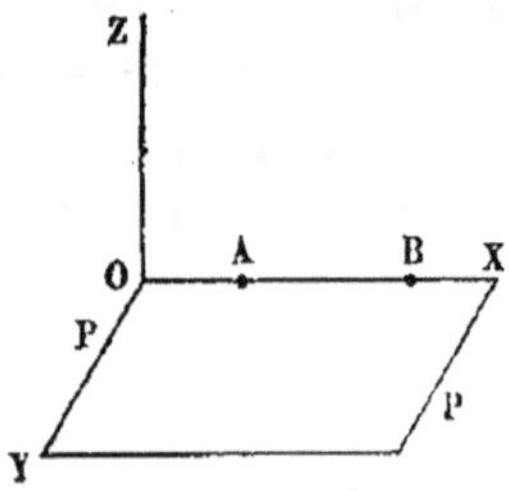

$$L' = 0.$$

Les deux autres équations serviront à déterminer les réactions R et R'.

Dans le cas où les points d'appui sont au nombre de deux, *il faut pour l'équilibre, outre les conditions générales, que la somme des moments des forces soit nulle par rapport à la droite passant par les deux points d'appui.* Il faut, en d'autres termes, que *les forces données aient une résultante unique, normale au plan* PP, *et rencontrant la droite* AB, *qui joint les points d'appui.* Les réactions des deux points A et B sont encore déterminées par la statique.

3º Supposons qu'il y ait trois points d'appui, A, B, C.

Les trois équations (3), (4) et (5) deviendront

$$Z' + R + R' + R'' = 0,$$
$$L' + Ry + R'y' + R''y'' = 0,$$
$$M' - Rx - R'x' - R''x'' = 0.$$

Elles sont en nombre égal au nombre des inconnues R, R', R'' ; elles suffisent donc en général à les déterminer. Il y a cependant un cas d'exception : c'est le cas où les trois points A, B, C sont sur une même ligne droite ; car, si l'on prend cette droite pour axe OX, les coordonnées y, y', y'' étant nulles ensemble, l'équation (4) se réduit à $L' = 0$; ce qui donne une nouvelle condition d'équilibre, et les deux équations (3) et (5) ne suffisent plus pour déterminer les trois inconnues R, R' et R''.

Le cas de trois points d'appui se décompose donc en deux :

Si les trois points d'appui sont en ligne droite, il faut, pour qu'il y ait équilibre, que la résultante des forces données coupe en un certain point la ligne droite passant par les points d'appui ; les réactions de ces appuis ne sont pas déterminées par les équations de la statique.

Si les trois points d'appui ne sont pas en ligne droite, il n'y a pas d'autres conditions d'équilibre que les conditions générales (1), (2) et (6) ; et les réactions des appuis sont déterminées par les équations (3), (4) et (5).

4° S'il y a plus de trois points d'appui, et s'ils ne sont pas en ligne droite, il n'y a pas de nouvelles conditions d'équilibre, mais les trois équations (3), (4) et (5) ne suffisent pas pour déterminer les réactions inconnues.

Si tous les points d'appui sont en ligne droite, il faut ajouter une nouvelle condition d'équilibre, exprimant que la résultante des forces données rencontre la droite contenant tous les points d'appui.

81. Lorsque le corps solide, au lieu d'être assujetti à glisser sur le plan sans pouvoir s'en détacher d'un côté ni de l'autre, est simplement posé sur le plan, il y a de nouvelles conditions à ajouter à celles que nous avons trouvées. On doit exprimer en effet que les réactions R, R', R'', ... sont dirigées du côté du plan vers lequel le corps peut s'en détacher ; car, par hypothèse, le plan n'exerce aucune action pour retenir le corps, lorsqu'on cherche à l'en détacher de ce côté. Supposons que l'axe OZ ait été dirigé de ce côté particulier du plan : il faudra que les réactions R, R', R'', ... soient toutes positives. Or, leur somme est égale à $-Z'$, en vertu de l'équation (3) ; donc il faut que $-Z'$ soit positif, ou que Z' soit négatif, ou qu'enfin la résultante des forces extérieures tende à appuyer le corps sur le plan, et non à l'en détacher. Cette nouvelle condition est suffisante lorsqu'il n'y a qu'un point d'appui.

S'il y en a deux, A et B, il faut, pour que les réactions R et R' soient toutes deux positives, que la résultante des forces extérieures coupe la droite qui joint les points d'appui entre ces deux points A et B. La force Z' est alors décomposable en deux forces parallèles et de même sens, appliquées en A et B, et qui seront égales et contraires aux réactions cherchées.

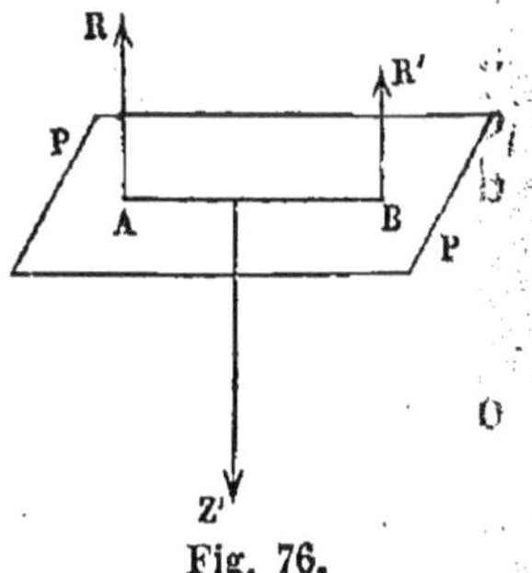

Fig. 76.

S'il y a trois points, non en ligne droite, A, B, C, la résultante des forces extérieures doit, pour l'équilibre, passer dans l'intérieur du triangle ABC. Supposons, en effet, qu'elle passe par un point I, extérieur à ce triangle (fig. 77). L'un des

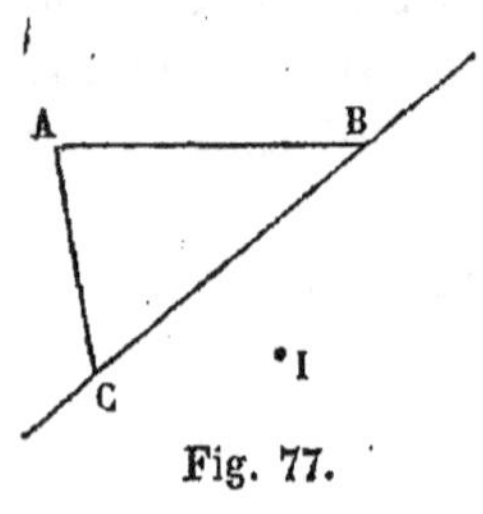

Fig. 77.

côtés CB du triangle, prolongé indéfiniment, laissera le point I et le sommet A de différents côtés de sa direction. Or, la résultante appliquée en I est dirigée de haut en bas ; la réaction du plan sur le point A serait, au contraire, dirigée de bas en haut. Ces deux forces tendraient toutes deux à faire tourner le corps dans un même sens autour de la direction CB. L'équilibre ne serait donc pas possible, et le corps *chavirerait* autour du côté CB.

Il faut donc, pour l'équilibre, que le point de passage de la résultante, I, soit compris à l'inté-

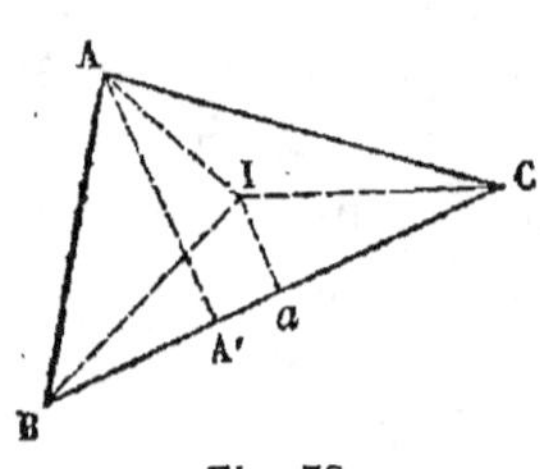

Fig. 78.

rieur du triangle ABC. Cette condition remplie, il sera facile de déterminer les réactions positives des points A, B, C. Prenons les moments des forces par rapport à un côté quelconque, BC. Abaissons des points A et I, sur ce côté BC, des perpendiculaires AA', Ia. Appelons, comme tout à l'heure, Z' la résultante des forces extérieures, laquelle est négative par hypothèse ; son moment par rapport à l'axe BC sera égal à $Z' \times Ia$; le moment de la réaction R du point A, sera égal à $R \times AA'$; les moments des autres réactions sont nuls, de sorte que nous avons l'équation :

$$Z' \times Ia + R \times AA' = 0,$$

ou bien

$$R = (-Z') \times \frac{Ia}{AA'}.$$

Mais Ia et AA' sont les hauteurs des triangles IBC, ABC,

lesquels ont une base BC commune, et sont entre eux comme leurs hauteurs ; la réaction du point A est donc à la résultante des forces extérieures, prise en valeur absolue, comme le triangle IBC est au triangle ABC. De même, la réaction R' du point B est à la même résultante comme le triangle IAC est au triangle ABC, et la réaction R'' du point C est à la résultante comme le triangle IAB est au triangle ABC. La résultante des forces extérieures est d'ailleurs la somme des trois réactions R, R', R'', comme le triangle ABC est la somme des trois triangles IBC, IAC, IAB ; on peut donc dire que la résultante des forces extérieures se partage entre les trois points d'appui A, B, C, proportionnellement aux aires des triangles IBC, IAC, IAB, qui ont pour sommet commun le point I, et pour bases les côtés du triangle opposés aux points d'appui.

Si les trois points A, B, C sont en ligne droite, les triangles IAC, IBC deviennent nuls, et la répartition des réactions reste, comme nous l'avons vu, indéterminée. Mais il faut toujours, pour que les réactions soient positives, que la résultante des forces extérieures coupe la droite des appuis entre les appuis extrêmes ; autrement elle tendrait à faire basculer le corps autour de l'appui le plus voisin.

Enfin, s'il y a plus de trois appuis, et s'ils ne sont pas en ligne droite, on prouverait, comme nous l'avons fait pour le cas de trois appuis, qu'il faut, pour qu'il y ait équilibre, que la résultante des forces extérieures passe au dedans du polygone convexe que l'on peut former en joignant tous les points d'appui ; autrement, elle tendrait à faire basculer le corps autour de l'un des côtés de ce polygone.

Les mêmes conclusions s'appliquent à un nombre d'appuis aussi grand qu'on voudra, et par suite à une *surface d'appui* comprenant un nombre infini de points d'appui ; si, par exemple, le corps solide repose sur le plan fixe par une surface terminée au contour ABCDEFGHA, que cette surface soit d'ailleurs *pleine ou*

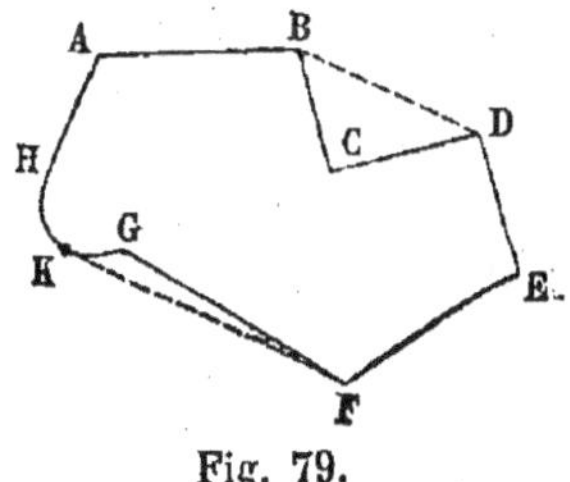

Fig. 79.

évidée, il faut et il suffit, pour l'équilibre, que les forces extérieures aient une résultante unique, normale au plan, et que *le point d'application de cette résultante soit compris dans le polygone formé par les directions des droites autour desquelles le corps peut basculer,* c'est-à-dire *dans l'intérieur du contour convexe* **ABDEFKHA**, *obtenu en supprimant les parties rentrantes* **BCD, FGK**, *du contour effectif.*

APPLICATION DES SIX ÉQUATIONS D'ÉQUILIBRE AUX SYSTÈMES ·
MATÉRIELS QUELCONQUES.

82. Les six équations que nous avons obtenues, équations nécessaires et suffisantes pour assurer l'équilibre d'un solide invariable, s'appliquent à l'équilibre de tout système matériel ; elles sont encore nécessaires, mais elles ne sont plus suffisantes. Le théorème auquel on parvient en étendant ces équations aux systèmes non solides, peut se formuler comme il suit :

Dans tout système matériel en équilibre, la somme algébrique des composantes des forces extérieures estimées parallèlement à un même axe quelconque est égale à zéro, et la somme des moments des forces extérieures par rapport à un axe quelconque est aussi égale à zéro. L'application de ce théorème donne six équations distinctes et pas plus de six.

Le système étant par hypothèse en équilibre, on ne troublera pas son état d'équilibre en ajoutant au système de nouvelles liaisons (§ 69). Choisissons ces liaisons nouvelles de manière à solidifier le système, c'est-à-dire à fixer les diverses parties qui le composent dans des positions invariables les unes par rapport aux autres. Nous obtiendrons ainsi un système solide qui aura même forme que le système donné, qui sera sollicité par les mêmes forces extérieures, et qui enfin sera en équilibre comme lui. Le théorème sera donc vérifié, et par suite les six équations d'équilibre qui en sont la traduction algébrique, s'appliqueront aux forces sollicitant le système donné, comme si ce système était un solide invariable.

Mais ces six équations, qui suffisent pour l'équilibre d'un solide géométrique, ne suffiront généralement pas pour l'équilibre du système donné ; le système solidifié par l'introduction des liaisons que nous avons ajoutées, est, il est vrai, en équilibre en vertu des six équations ; mais la suppression de ces liaisons altère les conditions d'équilibre, en donnant aux diverses parties du système une liberté qu'elles ne possédaient pas dans le système solidifié.

Pour être certain de l'équilibre d'un système matériel non invariable, il faut donc vérifier les six équations non seulement sur le système entier, mais encore sur ses diverses parties, de quelque manière qu'on le décompose. On ne fera entrer dans les équations d'équilibre d'une portion quelconque que les forces *extérieures* à cette portion. Parmi ces forces extérieures, figurent certaines forces intérieures au système entier, à savoir les réactions des portions voisines. L'équilibre sera assuré si les six équations sont vérifiées non-seulement pour l'ensemble du système, mais encore pour une partie quelconque, si petite qu'elle soit ; cette condition est suffisante, car si l'équilibre des points matériels constituant le système, est assuré pour chacun d'eux pris individuellement, il est évident que l'équilibre du système entier en résulte.

Cette méthode s'applique particulièrement aux solides naturels, qui, au lieu d'être invariables comme les solides géométriques, sont doués d'une certaine *élasticité*, en vertu de laquelle ils se déforment sous l'action de toute force qu'on y applique et tendent à revenir à leur forme primitive lorsque la force est supprimée. La force extérieure qu'on applique à un solide naturel, a pour effet d'altérer les distances mutuelles des molécules du corps. Cette altération des distances entraîne une altération correspondante dans les réactions mutuelles des molécules les unes sur les autres, et le nouvel équilibre s'établit lorsque la déformation du solide a fait naître entre les molécules des réactions capables d'équilibrer pour chacune la portion d'effort extérieur que cette molécule est appelée à supporter. L'expérience a conduit à admettre que l'effort mutuel développé par une variation très-petite de la distance entre deux molécules est proportionnel à cette variation ; de cette loi qu'on peut regarder soit comme un fait d'expérience, soit comme une hypothèse, on a pu déduire, dans un certain nombre de cas simples, la relation qui lie la déformation d'un solide naturel aux efforts extérieurs qu'on lui fait subir ; on peut déterminer par exemple l'*extension* prise par une barre métallique sous l'action d'une force qui tend à l'allonger ; la *flexion* de la même barre, posée horizontalement, sous l'action d'une charge répartie sur sa longueur suivant une loi quelconque, etc ; on peut aussi déterminer, en chaque point du solide, l'intensité des efforts intérieurs mutuels qui résultent de l'action des mêmes forces. Cette détermination des efforts intérieurs est même généralement plus importante que le calcul des déformations ; elle apprend au constructeur d'une machine ou d'un édifice si les pièces qu'il se propose d'employer sont dans de bonnes conditions de résistance, si elles sont exposées à quelque altération d'élasticité, ou si elles sont en danger de rupture ; il suffit pour cela de comparer la mesure de l'effort intérieur à certaines limites indiquées par l'expérience pour chaque nature de matériaux.

83. Les solides géométriques sont des corps fictifs, introduits dans la mécanique pour en simplifier l'étude. En réalité, un solide naturel est une agrégation de points matériels, réunis les uns aux autres, non par des liens géométriques de longueur invariable, mais par des forces qui varient avec les distances mutuelles. Dans la statique rationnelle, on suppose les forces appliquées en certains points géométriques ; on transporte ces forces en d'autres points de leurs directions ; on change les forces et les couples en d'autres systèmes équivalents, etc. Toutes ces opérations sont fictives. Aucune force n'est isolée dans la nature, en ce sens que les forces appliquées à des points matériels sont infiniment petites comme ces points eux-mêmes ; une force isolée n'est

donc autre chose qu'une *résultante* de forces infiniment petites, appliquées aux points matériels contenus dans une
certaine région de grandeur finie. La composition des
forces, et plus généralement la substitution de certaines
forces à d'autres équivalentes, supposent la solidification fictive du système matériel ; ce sont des procédés analytiques
qui n'altèrent pas les équations d'équilibre, mais qui n'ont
aucune réalité physique. La déformation d'un solide naturel, par exemple, pourrait être notablement altérée si l'on
substituait aux forces effectives qui sollicitent ce corps, des
forces équivalentes autrement distribuées.

Les liaisons sont de même des relations fictives entre les
points matériels. Il n'y a ni points fixes, ni lignes fixes, ni
surfaces fixes dans la nature ; les points, les lignes, les surfaces que l'on regarde comme fixes, appartiennent à des solides naturels, qui sont plus ou moins déformables, et qui
ne jouissent par conséquent pas d'une fixité absolue. Ce
n'est qu'à titre d'approximation qu'on peut leur attribuer
une telle propriété. Les fils, les tiges, au moyen desquels on
réunit deux points matériels pour assujettir leur distance
mutuelle à certaines conditions, n'ont pas dans la nature les
qualités que la mécanique rationnelle leur assigne, telles
que la flexibilité et l'inextensibilité pour les fils, l'invariabilité
de longueur pour les barres. Ces fils, ces barres, ne sont
après tout que des systèmes particuliers de molécules solli-
citées par des forces mutuelles. On les admet dans la mécanique avec leurs qualités absolues pour simplifier les problèmes et faciliter l'exposition des théories.

Par ce qui précède, on peut pressentir combien les questions de *mécanique appliquée* sont d'une difficulté supérieure
aux questions de *mécanique rationnelle;* celles-ci peuvent
toujours être simplifiées par un choix particulier de données, choix légitime dans une science abstraite. La mécanique appliquée ne confère pas le même droit, et si elle est
forcée de recourir à certaines hypothèses, il reste à vérifier
ensuite, au moyen de l'expérience, l'accord de ces hypothèses avec les faits observés.

84. Les exemples que nous avons donnés dans ce cha-

pitre montrent que les équations de la statique ne suffisent pas toujours pour déterminer entièrement les réactions des liaisons qui restreignent la liberté d'un système solide. Lorsque les équations sont en nombre suffisant, les réactions deviennent connues, et on peut vérifier si elles excèdent ou non la limite de la charge qui compromet la résistance des liens ; on peut aussi s'en servir pour déterminer les déformations subies par le système. Lorsque, au contraire, les équations de la statique sont en nombre insuffisant, la distribution des réactions inconnues dépend de la déformation du système, et le problème devient beaucoup plus difficile à traiter.

Par exemple, si un point matériel pesant est suspendu à un fil attaché à un point fixe, la statique montre (§ 74) que l'équilibre a lieu lorsque ce fil est vertical et que la tension du fil est égale au poids du point matériel. On pourra donc calculer l'allongement pris par le fil sous l'action de ce poids, et vérifier que la tension du fil ne met pas sa résistance en danger.

Si, au contraire, on cherche les pressions exercées par une poutre posée sur trois appuis en ligne droite, et chargée de poids appliqués en divers points de sa longueur, la statique (§ 80, 3°) ne donne que deux relations entre les trois réactions inconnues, et la distribution du poids total entre les trois appuis dépend des lois de la flexion des poutres droites élastiques.

PRESSIONS EXERCÉES SUR LE SOL PAR LES QUATRE PIEDS D'UNE TABLE

85. Une table rectangulaire ABCD, soutenue à ses quatre angles par des pieds verticaux, qui se projettent en MN, PQ, sur le plan vertical, repose sur un terrain horizontal XY. Cette table est soumise à l'action d'une force verticale F, appliquée en un point (0, 0′) de sa surface supérieure. On demande les pressions développées dans les pieds de la table, ou dans les régions du sol sur lesquelles ces pieds s'appuient.

Le nombre des appuis étant supérieur à 3, le problème ne peut être entièrement résolu par les équations de la statique, et la solution dépend de la loi physique suivant laquelle s'opère la déformation des parties en contact aux points A, B, C, D.

Nous supposerons que la déformation porte exclusivement sur le sol, ce qui revient à attribuer aux pieds de la table une très-grande rigidité comparativement à la raideur du terrain ; nous admettrons, en outre, que les pieds de la table s'enfoncent chacun dans le sol d'une quantité proportionnelle à la pression qu'il exerce, de sorte que si on appelle ω la section droite du pied, x la quantité dont il pénètre dans le terrain, et K un coefficient déterminé par expérience, la pression P exercée par le pied soit donnée par l'équation :

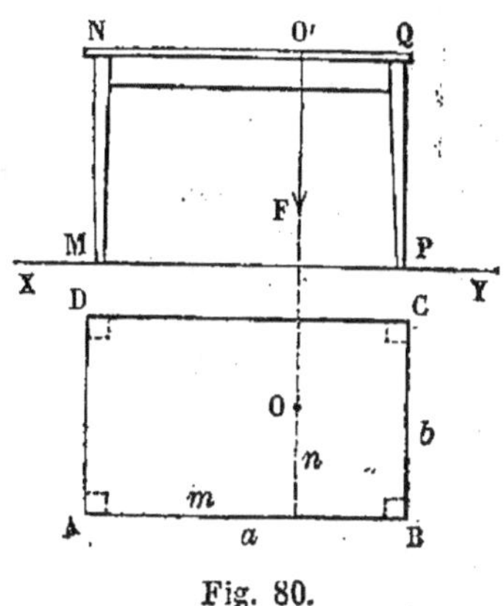

Fig. 80.

$$P = K\omega x.$$

On supposera enfin que les tassements soient assez petits pour qu'on puisse encore considérer les pieds comme verticaux, après la déformation du sol. Les réactions seront donc aussi verticales, et parallèles à la force F.

Appelons a, b les dimensions horizontales de la table ; m, n les distances du point O aux côtés A B, A D ; et P, P′, P″, P‴ les réactions inconnues des appuis A, B, C, D.

Nous aurons d'abord entre ces quatre inconnues les trois équations que fournit la statique savoir : l'équation des forces projetées sur une verticale, et les équations des moments par rapport aux deux axes AB, AD.

$$(1) \qquad P + P' + P'' + P''' = F.$$

$$(2) \qquad (P' + P'') a = Fm.$$

$$(3) \qquad (P'' + P''') b = Fn.$$

Il faut une quatrième équation pour achever de déterminer les quatre inconnues. Cette quatrième équation se déduit de notre hypothèse sur la déformation du sol aux quatre points d'appui.

Les enfoncements respectifs des points A, B, C, D, seront exprimés par les rapports $\dfrac{P}{K\omega}$, $\dfrac{P'}{K\omega}$, $\dfrac{P''}{K\omega}$, $\dfrac{P'''}{K\omega}$; les quatre pieds ayant la même section ω. Ces tassements sont tous sensiblement verticaux ; d'ailleurs, les extrémités inférieures des pieds doivent être dans un même plan, après comme avant la déformation, et comme ils sont les sommets d'un parallélogramme, il existe entre le nouveau point B et le nouveau point A la même différence de hauteur qu'entre le nouveau point C et le nouveau point D, c'est-à-dire qu'on a entre les quatre tassements la relation

$$\frac{P'}{K\omega} - \frac{P}{K\omega} = \frac{P''}{K\omega} - \frac{P'''}{K\omega},$$

ou bien

$$(4) \qquad P' - P = P'' - P''',$$

équation qui ne contient plus le coefficient constant K.

Les quatre équations (1), (2), (3) et (4) déterminent entièrement les forces cherchées.

De l'équation (4) on tire

$$P + P'' = P' + P'''.$$

Comparant à l'équation (1), on en déduit

$$P + P' = \frac{F}{2}$$

et

$$P' + P''' = \frac{F}{2}.$$

Des équations (2) et (3) on tire, en les retranchant, après avoir divisé la première par a et la seconde par b :

$$P' - P''' = F\left(\frac{m}{a} - \frac{n}{b}\right).$$

Donc

$$P' = \frac{F}{2}\left(\frac{1}{2} + \frac{m}{a} - \frac{n}{b}\right),$$

$$P''' = \frac{F}{2}\left(\frac{1}{2} - \frac{m}{a} + \frac{n}{b}\right),$$

et par suite

$$P'' = F\frac{m}{a} - P' = \frac{F}{2}\left(\frac{m}{a} + \frac{n}{b} - \frac{1}{2}\right),$$

$$P = \frac{F}{2}\left(\frac{3}{2} - \frac{m}{a} - \frac{n}{b}\right).$$

Ces équations donneront pour P, P', P'', P''' les valeurs cher-chées ; mais, pour que ces valeurs soient admissibles, il faut qu'elles soient toutes positives ; car, pour que l'une fût négative, il faudrait que le pied exerçât sur le sol une traction au lieu d'une pression, ce qui est impossible, puisque la table est seule-ment posée sur le sol, sans y être attachée à demeure.

Il faut donc, pour que la solution soit admissible, que l'on ait à la fois :

$$\frac{m}{a} - \frac{n}{b} > -\frac{1}{2},$$

$$\frac{m}{a} - \frac{n}{b} < \frac{1}{2},$$

$$\frac{m}{a} + \frac{n}{b} > \frac{1}{2},$$

$$\frac{m}{a} + \frac{n}{b} < \frac{3}{2}.$$

Il est aisé de vérifier que ces conditions sont toutes satis-faites quand le point O se trouve à l'intérieur du losange ILRS obtenu en joignant les milieux des côtés de la table. Si, au contraire, la force F est appliquée en un point situé en dehors de ce losange, par exemple en O' dans le triangle LCR, l'une des quatre conditions, la condition $\frac{m}{a} + \frac{n}{b} < \frac{3}{2}$, ne serait plus remplie, et par suite, le calcul assignerai à la pression P du pied opposé A une valeur

Fig. 81.

négative inadmissible. Ceci indique qu'en réalité le pied A ne porte

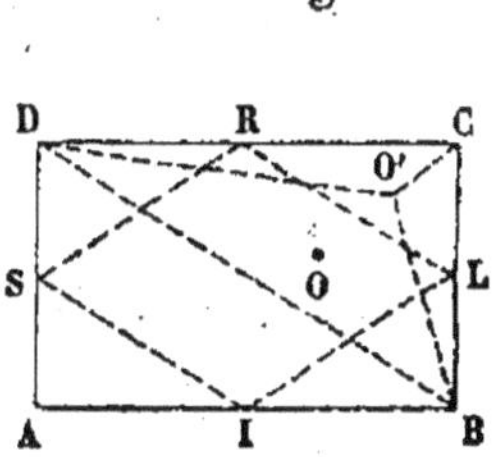

pas sur le sol ; le calcul, établi d'après l'hypothèse que le sol exerce
sur la table une réaction appliquée au point A, est donc à recom-
mencer, en supposant nulle la réaction P. Mais alors le nombre
des appuis est réduit à trois, et la statique suffit pour déterminer
les trois réactions inconnues. Appliquant aux trois appuis B, C, D,
la règle donnée, § 81, on trouvera la véritable solution, au moyen
des équations :

$$P = 0,$$

$$P' = F \times \frac{\text{surf. O'DC}}{\text{surf. BDC}} = F \times \frac{\text{surf. O'DC}}{\left(\dfrac{a \times b}{2}\right)},$$

$$P'' = F \times \frac{\text{surf. O'DB}}{\text{surf. BDC}} = F \times \frac{\text{surf. O'DB}}{\left(\dfrac{a \times b}{2}\right)},$$

$$P''' = F \times \frac{\text{surf. O'CB}}{\text{surf. BDC}} = F \times \frac{\text{surf. O'CB}}{\left(\dfrac{a \times b}{2}\right)}.$$

Dans tous les cas, on connaîtra les pressions développées dans
les pieds de la table ; on pourra donc calculer, par la formule
$P = K\omega x$, les tassements correspondants du sol.

86. L'équation (4) nous apprend que les sommes $P + P''$,
$P' + P'''$, sont égales ; l'équation (1) nous montre d'ailleurs que
la somme des quatre réactions est égale à
la force F ; d'où résulte que les sommes
$P + P''$ et $P' + P'''$ sont égales à $\dfrac{F}{2}$. Cela
posé, on peut achever géométriquement
la solution du problème ainsi qu'il suit.

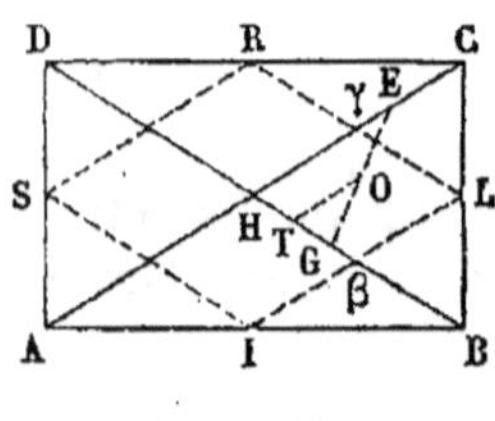

Fig. 82.

Les deux réactions P et P'', appliquées
l'une en A, l'autre en C, sont parallèles, et se
composent en une seule force égale à leur
somme $P + P''$, et par suite égale à $\dfrac{F}{2}$; la résultante est appliquée
en un point E de la diagonale AC.

De même, les réactions P' et P''' des points B et P ont une
résultante égale à $\dfrac{F}{2}$, appliquée en un point G de la diagonale BD.

Les deux forces parallèles, égales à $\dfrac{F}{2}$, appliquées l'une en E, l'autre en G, se composent en une seule, égale à leur somme ou égale à F, et appliquée au milieu de la droite EG; il faut, et il suffit pour l'équilibre, que cette force soit égale et contraire à la force donnée F, appliquée au point O; le point O est donc le milieu de la droite EG, et par conséquent, on trouvera les points E et G en menant par le point donné O une droite telle, que le point O soit le milieu de la portion de cette droite inscrite dans l'angle CHB formé par les diagonales du rectangle.

Par le point O, menons OT parallèle à HC; puis, prenons sur l'autre diagonale HB, à partir du point T, une longueur TG égale à TH. La droite GO sera la droite demandée.

Nous pouvons donc substituer à la force F deux forces égales à $\dfrac{F}{2}$, appliquées l'une en E, l'autre en G.

Nous décomposerons la première en deux forces appliquées l'une en A, l'autre en C; elles seront déterminées par les équations

$$P = \frac{F}{2} \times \frac{EC}{AC},$$

$$P'' = \frac{F}{2} \times \frac{AE}{AC}.$$

Nous décomposerons de même la seconde en deux forces P' et P''', appliquées l'une en B, l'autre en D :

$$P' = \frac{F}{2} \times \frac{DG}{DB},$$

$$P''' = \frac{F}{2} \times \frac{GB}{DB},$$

et le problème sera résolu.

Pour que les forces P, P', P'', P''' soient toutes quatre positives, il faut que les points G et E soient situés tous deux sur les diagonales du rectangle, et non sur leurs prolongements. Cette condition sera toujours remplie si le point O est dans le losange ILRS.

On exprime en effet ces conditions en posant les inégalités

$$HE < HC,$$

$$HG < HB.$$

Mais

$$HE = TO \times 2 \quad \text{et} \quad HG = HT \times 2.$$

Donc

$$TO < \frac{HC}{2} \quad \text{et} \quad HT < \frac{HB}{2}.$$

Prenons donc le milieu γ de la demi-diagonale H C, le milieu β de la demi-diagonale H B, et menons par ces points des parallèles γL, B L aux diagonales ; ces deux parallèles se couperont en L au milieu du côté B C, et les quatre pressions seront positives, le point O étant toujours supposé dans l'angle C H B, s'il est situé dans le parallélogramme HγLβ. La même condition est applicable aux trois autres angles formés par les demi-diagonales ; et l'on retrouve le losange I L R S pour la limite en dedans de laquelle il faut appliquer la force F, si l'on veut que les quatre pieds de la table soient chargés.

On peut remarquer aussi que lorsque la force F est appliquée au centre H de la table, les quatre pieds supportent des pressions égales ; le point H est le seul qui assure cette égalité des pressions.

DU FROTTEMENT DE GLISSEMENT

87. Dans les exemples que nous avons donnés plus haut, nous avons admis que lorsqu'un point est assujetti à glisser sur une surface ou sur une courbe fixe, la réaction de la surface ou de la courbe est normale. L'expérience dément cette hypothèse. Quand on fait glisser un corps sur une surface matérielle, la réaction de la surface sur le corps n'est pas normale à la surface : elle peut se décomposer en deux forces, l'une normale, l'autre tangentielle, et cette dernière composante prend le nom de *frottement de glissement*.

L'étude expérimentale du frottement a été faite par Coulomb, en 1784, et l'on se sert encore aujourd'hui des lois suivantes qu'il a le premier formulées :

Quand un corps mobile glisse sur une surface fixe, le frottement qu'il subit est une force tangentielle à la surface, et dirigée en sens contraire du mouvement ; cette force dépend de la nature des surfaces en contact ; elle est indépendante de leur

étendue et de la vitesse du glissement ; enfin elle est proportion-
nelle à la pression mutuelle qui s'exerce normalement à ces
surfaces. En vertu du principe de l'action et de la réaction,
un frottement égal et contraire est subi par la surface fixe
sur laquelle le glissement a lieu.

Soit R R' un plan fixe, sur lequel glisse dans le sens de la
flèche *a* le corps ABCD ; le contact a lieu sur toute l'éten-

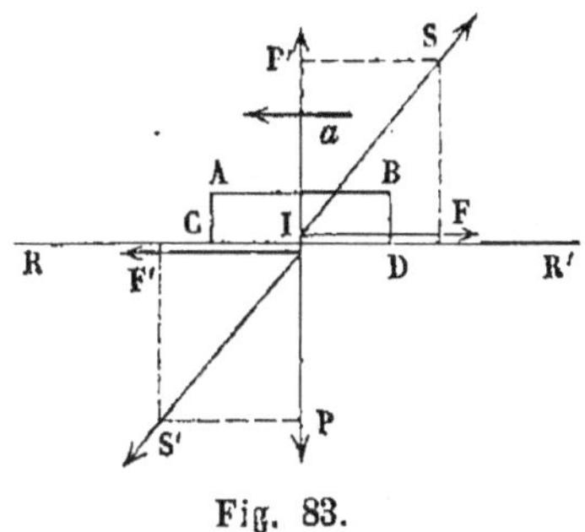

Fig. 83.

due de la face CD. La force P est la pression normale exercée par le corps sur le plan R R' ; une force égale et contraire, P', sera la réaction de la surface sur le corps. Les lois
du frottement nous apprennent qu'en outre de cette force
normale P', la surface exerce sur le corps une réaction tangentielle F, dirigée en sens contraire du mouvement, et que
le corps exerce sur la surface, dans le sens du mouvement,
une force égale et contraire F'. Les forces F et F', égales et
contraires, sont en réalité les résultantes de forces mutuelles réparties sur les divers éléments en contact dans la
surface de glissement CD. De même P et P' sont les résultantes des actions normales des mêmes éléments.

Le frottement est proportionnel à la pression : en d'autres
termes, les forces F et P ont entre elles un rapport qui ne
dépend que de la nature des surfaces en contact. Il est facile de s'expliquer comment ce rapport est indépendant de
l'étendue des surfaces. Décomposons la surface CD en éléments infiniment petits d'une superficie constante. Imaginons ensuite que, sans rien changer à la force P, nous aug-
mentions la surface CD dans le rapport de 1 à 2, ce qui
doublera le nombre des éléments ; les pressions élémen-

taires dont la force P est la résultante sèront toutes réduites dans le rapport de 2 à 1, les frottements élémentaires seront donc aussi réduits dans le même rapport ; mais cette réduction sera sans influence sur la résultante F, puisqu'on a doublé en même temps le nombre des forces à ajouter ensemble pour former cette résultante.

La résultante S des forces P′ et F est la réaction totale de la surface RR′ sur le corps glissant. La force égale et contraire S′, résultante des forces P et F′, est la réaction totale du corps glissant sur la surface RR′.

Le rapport $\frac{F}{P}$ étant constant pour une même nature de substances en contact, le triangle IFS, rectangle en F, est semblable à un triangle qu'on peut construire *à priori*, et par suite les angles ISF, FIS, sont constants. Le premier de ces angles, ISF = SIP′, est l'angle que fait la réaction totale S, avec la normale P′ à la surface directrice ; on l'appelle *angle du frottement*. Le *coefficient du frottement* est le rapport $f = \frac{F}{P}$ de la force tangentielle à la réaction normale. On a déterminé au moyen d'une série d'expériences la valeur de ce rapport pour les diverses substances qu'on fait glisser les unes sur les autres dans les machines.

Le frottement est le résultat de la déformation subie à la fois par le corps glissant ABCD, et par la surface RR′, sous l'action de la pression mutuelle P, qui s'exerce de l'un à l'autre : les surfaces en contact ne conservent plus leurs formes géométriques, et la résultante des actions moléculaires développées dans le contact, au lieu de prendre la direction normale, IP′, qu'elle aurait si les corps étaient parfaitement polis et complétement invariables de forme, prend une direction déviée IS.

Le frottement est indépendant de la vitesse du glissement. Cette loi ne doit être regardée que comme une approximation. Des observations récentes ont montré que dans les très-grandes vitesses, le rapport $\frac{F}{P}$ est sensiblement réduit; on sait d'ailleurs depuis longtemps que le rapport est plus grand *au départ* du corps, c'est-à-dire quand le glissement commence et que la vitesse est sensiblement nulle, que lorsque le mouvement est une fois établi. On doit donc admettre que le rapport $\dfrac{F}{P} = f$ est une fonction de la vitesse v du corps mobile et que cette fonction diminue à mesure que v augmente. Mais la diminution est peu sensible pour de grandes variations de la vitesse v; on s'est donc contenté jusqu'ici de déterminer pour deux cas principaux les valeurs du coefficient f, l'une qui correspond au départ, l'autre au glissement effectif, sans acception de vitesse.

88. Jusqu'ici, nous avons supposé que le corps ABCD glissait sur la surface RR'. Il nous reste à étudier ce qui se passe lorsque le corps mobile reste en repos sur cette surface.

Soit ABCD un corps en équilibre, posé sur le plan fixe, RR'. Nous supposerons ce corps sollicité par une force S que nous pouvons décomposer en deux : l'une IP, normale au plan, l'autre IT, parallèle au plan. La réaction S' de la surface BB' est égale et contraire à la force S ; elle se décompose de même en deux forces égales et contraires à P et à T, savoir la force P', réaction normale, et la force F, qui est le frottement. Nous avons donc à la fois les équations :

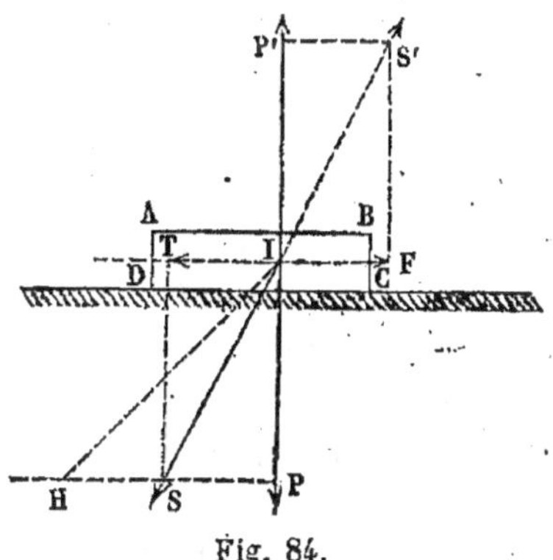

Fig. 84.

$$P = P',$$
$$T = F.$$

Laissons la force P constante, et faisons varier la force T. Si on fait d'abord T = 0, c'est-à-dire si on applique au corps ABCD une force P normale, le mouvement de glissement du corps ne tend pas à se produire ; alors le frottement est nul. Faisons croître ensuite graduellement la force T. Le glissement tendra sans doute à se produire, mais l'expérience montre qu'il n'aura pas lieu immédiatement, quelque petite que soit la valeur de T, et que pour faire effectivement glisser le corps sur le plan R R', il faut y appliquer une force tangentielle T, égale ou supérieure à une certaine limite ; or cette limite n'est autre que le produit Pf de la pression normale P par le coefficient du frottement f *relatif au départ*. Tant que la force T est moindre que Pf, la surface R R' est susceptible de développer un frottement F, égal à T, et qui tient cette force T en équilibre. Lorsqu'au contraire T est supérieur à Pf, la surface R R' ne peut développer en sens contraire qu'un frottement égal à Pf, et par suite le corps est sollicité à se mouvoir parallèlement au plan par une force égale à T — Pf.

Pour l'équilibre, il faut donc que la force T soit au plus égale au produit Pf, ou qu'on ait l'inégalité T $<$ Pf.

Sur la normale IP, prenons une longueur IP pour représenter la force P, puis élevons sur cette droite, au point I, une perpendiculaire PH, que nous prendrons égale au produit P $\times$ f. L'angle HIP sera l'*angle du frottement*. Il faudra pour l'équilibre que la force extérieure IS, appliquée au corps, soit dirigée dans l'angle HIP. La droite IH, en tournant autour de IP, engendre un cône de révolution dont le demi-angle au centre est égal à l'angle du frottement. Appelons ce cône le *cône du frottement*. Nous pourrons exprimer comme il suit la condition d'équilibre : *il faut*, pour l'équilibre, *que la force extérieure qui sollicite le corps soit comprise au dedans du cône du frottement*.

On ne doit pas oublier que le frottement effectif subi par un corps en équilibre sur une surface est égal et contraire à la composante tangentielle T qui tend à faire glisser le corps, et qu'il n'est égal à sa limite Pf qu'au moment où le glissement va commencer ; lorsque le mouvement est établi, il reste égal à chaque instant au produit Pf, mais le nombre f est alors le coefficient du frottement des corps en mouvement, et non le coefficient du frottement au départ.

89. Nous avons supposé que le plan R R' sur lequel le corps était assujetti à glisser serait fixe. Si ce plan était mobile, on le ramènerait à être fixe en considérant le mouve-

ment relatif du corps par rapport au plan. Si, au lieu d'un
plan, le corps glissait sur une surface, on substituerait à
chaque instant à cette surface le plan tangent mené en son
point de contact avec le corps.

90. Le frottement est utile dans certains cas, et nuisible dans d'autres. Le frottement est utile pour donner de
la stabilité aux constructions ; pour fournir aux animaux les
points d'appui qui leur permettent de marcher à la surface
de la terre ; pour donner à la roue de la locomotive un point
d'appui tout à fait analogue sur le rail ; pour rendre possible
l'arrêt des machines au moyen des freins ; pour réaliser certains
embrayages ou certaines transmissions de mouvement, etc.

Le frottement est généralement nuisible dans les machines,
parce qu'il absorbe inutilement, comme nous le verrons plus
tard, une portion du travail moteur.

Dans le premier cas, on doit chercher à l'augmenter ; dans
le second, on cherche à le réduire.

L'étude des valeurs du coefficient f fournit en cette matière de précieux renseignements. Elle montre, par exemple,
la grande influence des enduits interposés entre les surfaces
frottantes. C'est pour diminuer le frottement développé dans
les machines qu'on se ménage des moyens de graisser les
paliers des arbres tournants, et de verser de l'huile dans
les diverses articulations des pièces mobiles. Un enduit
naturel remplit ce même rôle dans les jointures des membres des animaux. Des expériences toutes récentes, dues à
M. Girard, ont montré qu'on obtient une réduction considérable du coefficient du frottement, en interposant entre les
parties frottantes des organes de machines une couche d'eau
injectée sous une pression suffisamment grande, et l'on
pense que la réduction serait beaucoup plus grande encore
si l'on pouvait remplacer cette eau par un matelas d'air.
Mais ces perfectionnements sont jusqu'ici peu répandus
dans l'industrie ; on se contente généralement de procédés
plus grossiers. Les graisses dont on se sert habituellement,
ont l'avantage de demeurer assez longtemps entre les
deux corps en contact, malgré la tendance des fluides à
s'échapper latéralement sous l'action des pressions qu'on

leur fait subir ; mais elles s'altèrent assez rapidement, et doivent être fréquemment renouvelées.

TABLEAU DU COEFFICIENT f DU FROTTEMENT, ET DE L'ANGLE φ DU FROTTEMENT.

NATURE DES SURFACES FROTTANTES	f	φ
Bois sur bois, à sec............	0.36	19⁰ 18′ environ.
— avec enduit gras...	0.07	4⁰ 0′ —
Bois et métaux, à sec...........	0.42	22⁰ 47′ —
— avec enduit gras...	0.08	4⁰ 35′ —
Métaux sur métaux, à sec......	0.19	10⁰ 46′ —
— avec enduit gras...	0.09	5⁰ 9′ —
Corde mouillée sur bois........	0.33	18⁰ 16′ —
Corde sur fonte...............	0.15	8⁰ 32′ —
Cuir sur bois ou métal, à sec...	0.30	16⁰ 42′ —
— avec enduit gras...	0.20	11⁰ 19′ —
Fer forgé sur pierre...........	0.45	24⁰ 14′ —
Pierre sur bois...............	0.40	21⁰ 48′ —
Pierre sur pierre.............	0.76	37⁰ 14′ —

PROBLÈMES

SUR LE FROTTEMENT DE GLISSEMENT.

91. Un corps pesant est posé sur un plan incliné ; trouver sous quelle inclinaison du plan ce corps commencera à glisser.

Soit AB le corps pesant : la force extérieure qui le sollicite est le poids IS, lequel agit suivant la verticale. L'inclinaison du plan RR' est donnée par le rapport $\dfrac{R'H}{RH}$ de sa *montée* ou de sa *hauteur* R'H, à sa *base* RH.

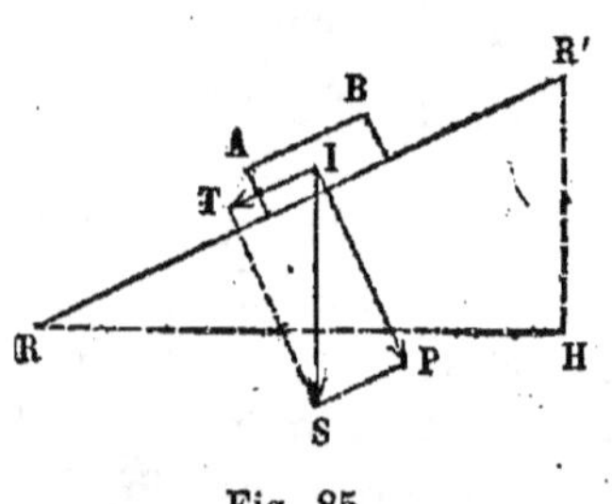

Fig. 85.

La force IS peut se décomposer en deux, l'une IP, normale au plan, et l'autre IT, parallèle au plan et dirigée suivant la ligne de plus grande pente.

La force IP est la pression normale ; le frottement subi par le corps de la part du plan a donc pour limite supérieure le produit IP $\times$ f, en prenant pour f le coefficient du frottement relatif aux matières en contact.

Tant que la force IT sera inférieure au produit IP $\times$ f, le corps ne pourra glisser, car la réaction tangentielle de la surface fait équilibre à cette force IT. Le glissement ne pourra donc commencer que lorsqu'on aura IT $=$ IP $\times$ f. Cette équation définit la limite cherchée.

On sait que quand IT $=$ IP $\times$ f, l'angle SIP est égal à l'angle du frottement φ.

Or, le triangle IPS, rectangle en P, est semblable au triangle RHR′, rectangle en H ; car l'angle SIP et l'angle R, tous deux aigus, sont égaux comme ayant leurs côtés respectivement perpendiculaires. L'angle R′RH est donc égal à l'angle du frottement.

Le glissement ne pourra donc se produire que si l'angle du plan avec l'horizon est au moins égal à l'angle φ.

Cette remarque fournit un procédé pratique de déterminer l'angle φ, et par suite le rapport $f = \dfrac{R'H}{RH}$. Il suffit de rendre le plan RR′ mobile autour d'une de ses lignes horizontales ; on y place un corps pesant, et on fait croître graduellement l'inclinaison du plan jusqu'à ce que le glissement commence. L'inclinaison correspondante à ce mouvement naissant est la valeur de l'angle cherché.

La dynamique fournit des moyens plus rigoureux de déterminer le nombre f.

92. Un corps pesant (ABCD, MNN′M′), de forme parallélépipédique rectangle, est posé par une de ses faces AB, sur un plan horizontal RR′. La force qui sollicite ce corps est la pesanteur P, qu'on suppose appliquée au point (G, G′), sur son axe vertical de symétrie. On applique à ce corps une force KF, horizontale et agissant en un point K dans le plan de symétrie vertical EE′.

On demande dans quel cas la force F fera glisser le corps sur le plan RR′, et dans quel cas elle fera basculer le corps autour de l'arête (B, NN′).

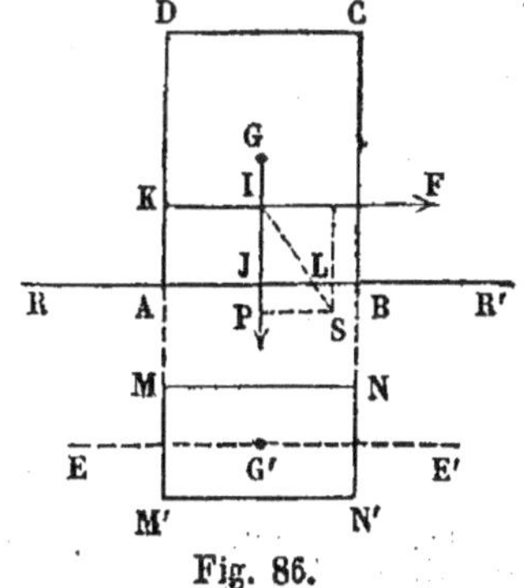

Fig. 86.

Composons, au point I, où leurs directions se coupent, les forces F et P en une seule force S. Pour que le corps puisse glisser sur le plan, il faut que la force IS fasse avec la verticale un angle au moins égal à l'angle du frottement, ou bien qu'on ait la relation :

$$F = \text{ou} > Pf.$$

Mais, si la force IS, au lieu de rencontrer le plan AB de la base en un point L situé entre A et B, le rencontrait en un point L′ situé à droite du point B, la réaction du plan ne pourrait tenir en équilibre cette force IS, et le corps basculerait autour de l'arête (B, NN′). Ce mouvement est impossible si le moment de la force S par rapport à cette arête est de même signe que le moment de la force P, et de signe contraire au moment de la force F ; et comme la force S est la résultante de F et de P, comme par conséquent son moment est la somme algébrique des moments des composantes, il suffit que le moment de la force P, pris en valeur absolue, soit plus grand que le moment de la force F, pris également en valeur absolue, ou qu'on ait l'inégalité

$$P \times BJ > F \times KA.$$

Si la matière dont est formé le corps ABCD n'était pas douée d'une résistance indéfinie, il faudrait, de plus, que la résultante S passât assez loin de l'arête B pour ne pas écraser cette arête. Mais nous laissons de côté cette condition.

Pour que le glissement ait lieu, il faut donc et il suffit qu'on ait à la fois

$$F > Pf$$

et

$$P \times BJ > F \times KA.$$

BJ est la moitié de la dimension $AB = b$ de la base du corps ; KA est la hauteur h à laquelle on applique la poussée latérale F. L'inégalité précédente revient donc à celle-ci :

$$\frac{Pb}{2} > F \times h.$$

La limite à laquelle le glissement aura lieu est donc donnée par les deux équations :

$$F = Pf$$

et

$$\frac{P\,b}{2} = F h.$$

D'où résulte pour limite supérieure de h

$$h = \frac{b}{2f}.$$

Au-dessus de cette limite, toute force F, assez grande pour amener le glissement du corps, renverse le corps autour de son arête B.

93. Une barre rigide, AB, s'appuie sur un plan fixe R R' par son extrémité B. Elle est soumise à l'action d'une force F, appliquée suivant sa direction. Trouver quelle inclinaison il faut donner à la barre pour que le glissement de l'extrémité B sur le plan R R' soit possible.

La force F est décomposable en deux forces, l'une, P, normale, l'autre, T, parallèle au plan; le frottement exercé par le plan sur la barre a pour limite Pf; le glissement n'est donc possible que si T est supérieur à Pf. Si T est moindre que Pf, il n'y aura pas de glissement, et on dit alors que la barre est *arc-boutée* sur le plan.

Or, remarquons que les forces T et P sont toutes deux proportionnelles à la force F appliquée à la barre, de sorte que l'intensité de cette force

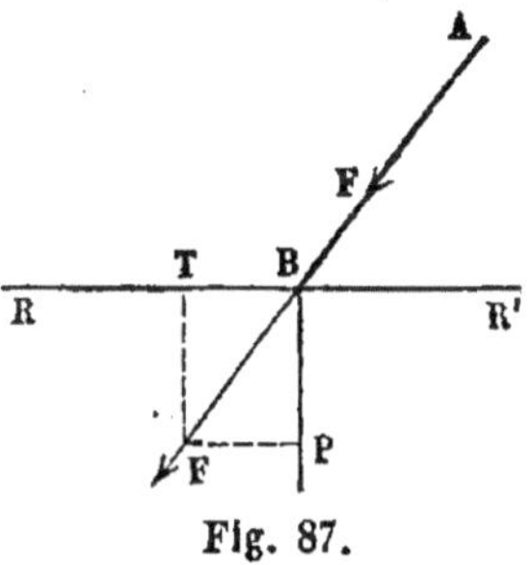

Fig. 87.

peut varier sans altérer le rapport $\dfrac{T}{P}$ de ses composantes; si ce rapport est plus petit que f, ou si l'angle de la barre avec la normale au plan est plus petit que l'angle du frottement, *le glissement est impossible quelque grande que soit la force* F. C'est en cela que consiste le phénomène de l'arc-boutement.

On voit que cet effet est à craindre toutes les fois que la force qui tend à faire glisser un corps sur une surface, tend en même temps à l'appuyer contre cette surface, en faisant avec la normale un angle trop aigu. En pratique, si on augmentait indéfiniment la force F, on produirait, soit l'écrasement de l'extrémité B de la barre, soit la flexion latérale de la barre entière, soit enfin une déformation du plan, telle que l'enlèvement d'un copeau de la matière dont le plan est formé.

En général, l'arc-boutement doit être soigneusement évité dans les machines, notamment dans les engrenages. On y a recours cependant dans quelques appareils spéciaux, dans l'*encliquetage Dobo*, par exemple.

94. Lorsqu'un corps glisse sur une surface, le frottement subi par le corps est dirigé en sens contraire du mouvement, et est égal à P*f*, *f* étant le coefficient de frottement, et P la *pression normale*. Il est quelquefois utile d'exprimer le frottement en fonction de la *réaction totale* S, dont P n'est que la composante.

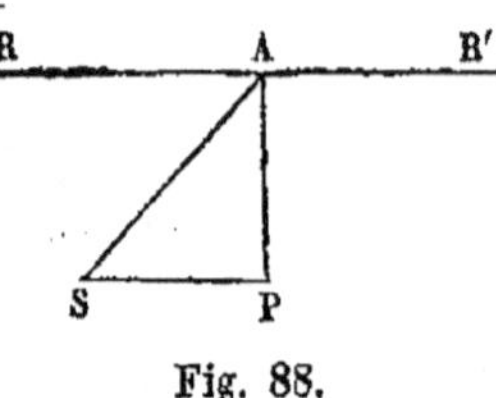

Fig. 88.

L'angle S A P est alors égal à l'angle du frottement, et l'on a $\dfrac{S\,P}{A\,P} = f$.

Or

$$\overline{AS}^2 = \overline{AP}^2 + \overline{SP}^2 = \overline{AP}^2 \times \left[1 + \left(\frac{S\,P}{A\,P}\right)^2 \right] = \overline{AP}^2 \times (1 + f^2).$$

Donc

$$AS = AP \sqrt{1 + f^2}$$

et

$$SP = AP \times f = AS \times \frac{f}{\sqrt{1 + f^2}},$$

On obtiendra donc le frottement SP en multipliant la réaction totale oblique, AS, par le facteur constant $\dfrac{f}{\sqrt{1 + f^2}}$.

Lorsque *f* est très-petit, ce qui a lieu lorsque les surfaces en contact sont bien polies et bien graissées, le carré f^2 est négligeable par rapport à l'unité, et le frottement SP est sensiblement égal au produit $AS \times f$. Cela revient à confondre la réaction totale AS avec sa composante normale AP : chose permise quand l'angle SAP est très-petit.

CHAPITRE V

THÉORÈME DU TRAVAIL VIRTUEL

95. Le théorème du travail virtuel résume toute la statique, et permet de faire rentrer toutes les conditions d'équilibre d'un système quel qu'il soit, dans un seul et même énoncé.

Soit M un point matériel que nous supposerons d'abord entièrement libre dans l'espace. Ce point est sollicité par une force F, dont la direction et l'intensité sont connues. Le point M, qui est mobile, subit un déplacement infiniment petit, MM′, dont la direction ne coïncide généralement pas avec la direction de la force F. Projetons le déplacement MM′ sur la direction MF. Nous

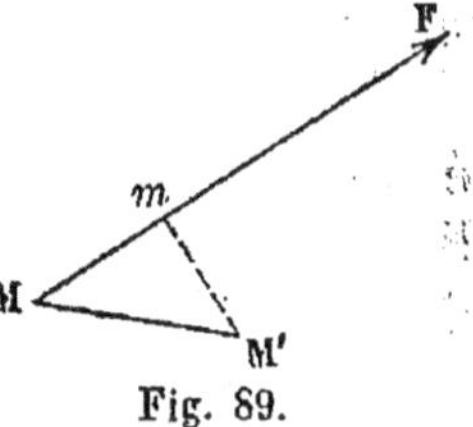

Fig. 89.

obtiendrons pour projection une longueur infiniment petite, M*m*, qui sera le *déplacement élémentaire du point estimé suivant la direction de la force.* Cela posé, on appelle *travail élémentaire de la force* F le produit F $\times$ M*m* de la force par le déplacement projeté, ce produit étant pris avec le signe $+$ si la projection du déplacement a la même direction que la force, ou si l'angle M′MF est aigu (fig. 89), et avec le signe $—$, si elle a une direction contraire, ou si l'angle M′MF est obtus (fig. 90). Le

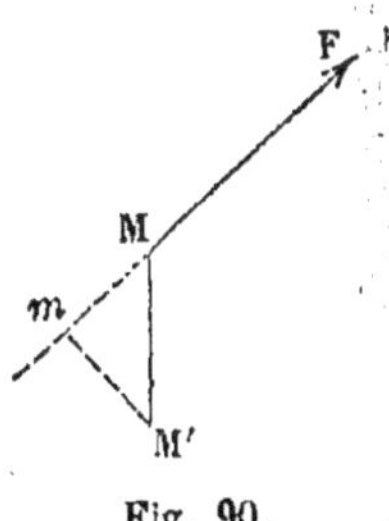

Fig. 90.

travail élémentaire est nul si le déplacement MM′ est normal à la force F.

96. Lorsqu'un point M, libre ou non, parcourt une trajec-
toire AB, et est sollicité à chaque instant par une force F, variable en direction et en intensité, on appelle *travail total* de la force F, correspondant au passage du point mobile de,

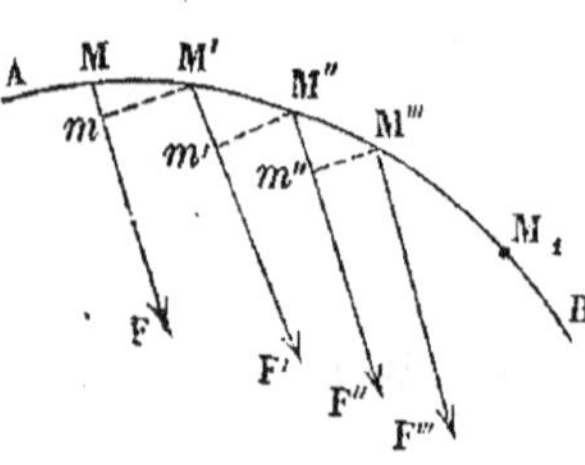

Fig. 91.

la position M à une autre position M_1, la somme des travaux élémentaires que l'on obtient en décomposant l'arc parcouru MM_1 en un nombre très-grand de parties MM', $M'M''$, $M''M'''$, ..., égales ou inégales, mais toutes très-petites.

Soient F, F', F'', F''',... les forces successives, données en grandeur et en direction, qui sollicitent le point mobile pendant qu'il décrit chacun de ces éléments, et Mm, $M'm'$, $M''m''$, ... les projections, sur les directions des forces, des éléments de chemin décrit ; le travail total de la force variable est la somme

$$F \times Mm + F' \times M'm' + F'' \times M''m'' + \dots$$

étendue à tous les éléments de l'arc MM_1, ou plutôt, c'est la limite vers laquelle tend cette somme, lorsque le nombre des parties MM', $M'M''$, ... augmente indéfiniment.

Chacun des facteurs Mm, $M'm'$, ... doit d'ailleurs être pris avec le signe $+$ ou le signe $-$, suivant que la force fait un angle aigu, ou un angle obtus avec la direction du mouvement.

97. Au lieu de projeter l'élément de chemin MM' sur la direction MF de la force, on peut projeter la force MF sur

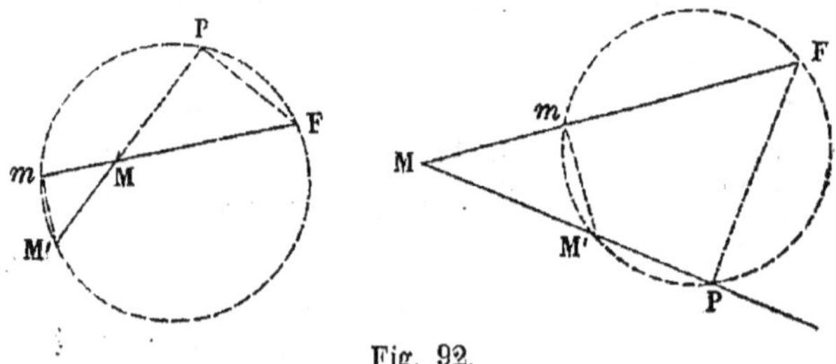

Fig. 92.

la direction MP du chemin décrit, et faire le produit $MP \times MM'$ au lieu du produit $MF \times Mm$ .... En effet, les angles m et P étant droits, les quatre points M', m, F, P, sont situés sur une même circonférence, et les produits

MF $\times$ Mm et MP $\times$ MM' sont égaux. Le signe qu'on doit donner à ces produits ne dépend d'ailleurs que de l'angle FMP. La projection MP de la force F est la *composante tangentielle* de cette force, décomposée suivant la tangente et suivant une normale à la trajectoire. Si l'on prend positivement les éléments MM' de chemin décrit, il faudra donner à cette composante le signe $+$ quand elle agit dans la direction du mouvement, et le signe $-$ quand elle agit en sens contraire ; le produit aura alors le signe convenable. Lorsque au contraire le calcul assigne aux éléments MM' tantôt le signe $+$, tantôt le signe $-$, il faudra, pour que le produit ait le signe fixé par la définition du travail élémentaire, prendre la composante tangentielle avec le même signe que l'élément MM', ou avec un signe contraire, suivant que la composante et le déplacement sont dirigés dans le même sens ou dans des sens opposés.

98. Le travail total d'une force F, variable en direction et en intensité, agissant sur un point qui parcourt un arc MM$_r$ de sa trajectoire, peut se déterminer par la quadrature d'une courbe plane. A la somme (fig. 94)

$$F \times M m + F' \times M' m' + F'' \times M'' m'' + \ldots$$

nous pouvons substituer, en vertu de la proposition précédente, la somme (fig. 93)

$$P \times MM' + P' \times M'M'' + P'' \times M''M''' + \ldots,$$

étendue aux mêmes limites, M et M$_r$. Dans cette seconde somme, P, P', P'', sont les composantes tangentielles des forces F, F', F'', ... prises avec les signes que nous avons définis.

Construisons (fig. 94) une courbe dont les abscisses Oμ, Oμ', ..., Oμ_r

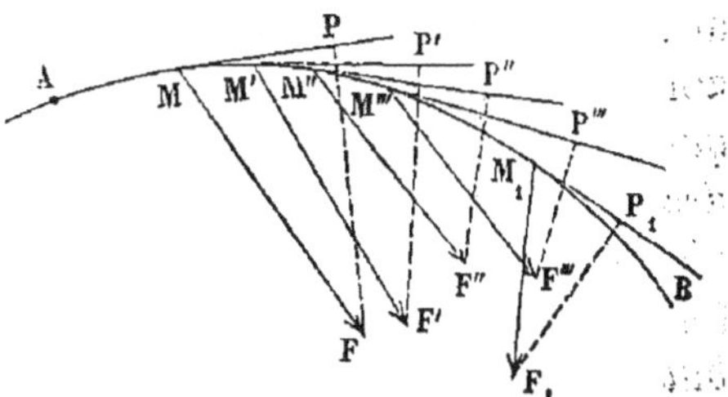

Fig. 93.

soient respectivement égales aux arcs de la trajectoire

AM, AM', ..., $AM_{,}$, comptés à partir d'un point fixe A, et dont les ordonnées correspondantes $\mu\bar\omega$, $\mu'\bar\omega'$, ... $\mu_{,}\bar\omega_{,}$, soient égales aux composantes tangentielles MP, $M'P'$, ..., $M_{,}P_{,}$ des forces successives F, F', ... $F_{,}$. L'aire de cette courbe sera la limite de la somme

$$\mu\bar\omega \times \mu\mu' + \mu'\bar\omega' \times \mu'\mu'' + \mu\bar\omega'''' \times \mu''\mu''' \ldots$$

dont les termes sont égaux respectivement à

$$P \times MM', \quad P' \times M'M'', \quad P'' \times M''M''', \ldots$$

et par suite l'aire de la courbe, comprise entre les ordonnées $\mu\bar\omega$, $\mu_{,}\bar\omega_{,}$, est égale au travail total cherché. Il est facile de reconnaître que cette égalité est générale, pourvu qu'on observe les conventions relatives aux signes des composantes P.

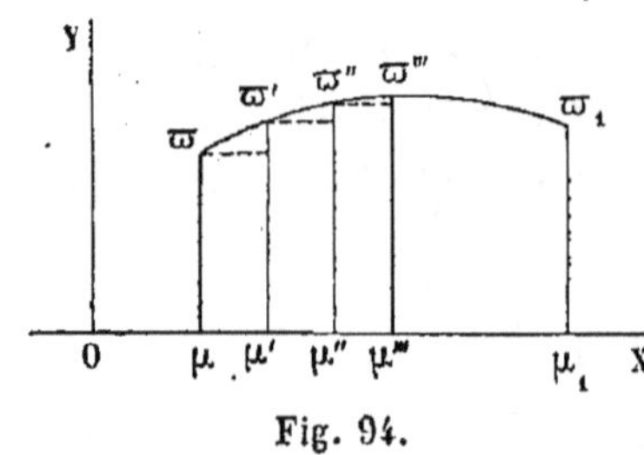

Fig. 94.

Si la force F était en tous points normale à la trajectoire, les composantes tangentielles P seraient constamment nulles, et le travail total serait égal à zéro.

99. Lorsqu'un point est en équilibre, on appelle *travail virtuel* d'une force appliquée à ce point, le travail élémentaire de cette force pour un déplacement infiniment petit, attribué fictivement au point, et le théorème du travail virtuel consiste dans l'énoncé suivant : *Pour qu'un système matériel quelconque soit en équilibre, il faut et il suffit que la somme des travaux virtuels de toutes les forces, intérieures et extérieures, qui sollicitent ce système, soit égale à zéro, pour tous les déplacements infiniment petits qu'on peut lui attribuer.*

Les lois de l'équilibre que nous avons établies dans les chapitres précédents sont toutes comprises dans cet énoncé.

Nous montrerons par quelques exemples le parti qu'on peut tirer du théorème pour traiter les questions d'équilibre. Mais il faut commencer par poser plusieurs lemmes préliminaires.

TRAVAIL ÉLÉMENTAIRE DE LA RÉSULTANTE DE PLUSIEURS FORCES

100. *Le travail élémentaire de la résultante* R *de plusieurs forces* F, F', F'', ... *qui sollicitent un même point matériel* M, *est la somme algébrique des travaux élémentaires correspondants à chaque composante considérée seule.*

Projetons toutes les forces F, F', F''. ... sur la direction du déplacement infiniment petit, MM', du point mobile, et soient P, P', P'', ... les *composantes tangentielles* de ces forces prises avec leurs signes. La somme algébrique des travaux élémentaires des forces sera (§ 97)

$$P \times MM' + P' \times MM' + P'' \times MM' + ...,$$

ou bien

$$(P + P' + P'' ...) \times MM'.$$

Mais la somme algébrique $P + P' + P'' + ...$ des projections des forces F, F', F'', ... sur la direction MM', est égale en grandeur et en signe à la projection de leur résultante R ; le produit obtenu est donc égal au produit de la *composante tangentielle* de la force R, prise avec son signe, par le déplacement MM', c'est-à-dire au travail élémentaire de la force R.

101. On démontre d'une manière analogue que *si l'on décompose, d'une manière quelconque, en plusieurs éléments composants, l'élément* MM' *de chemin décrit, le travail élémentaire d'une force* R *est la somme algébrique des travaux élémentaires de cette force correspondant à chacun de ces déplacements, considéré seul.*

Cette proposition rentre même dans la précédente, car celle-ci n'est autre chose qu'un théorème de géométrie pure ; or rien n'empêche de prendre la droite finie qui re-présente la force R pour le déplacement imprimé au point mobile, et la droite finie MM' pour représenter la force qui est appliquée au point. La proposition précédente devient alors applicable, et la nouvelle proposition s'en déduit en restituant aux divers facteurs leur véritable signification.

102. Plus généralement, si l'on décompose la force R qui sollicite le point matériel en un certain nombre de compo-santes, F, F', F'', ..., et le chemin élémentaire décrit, MM',

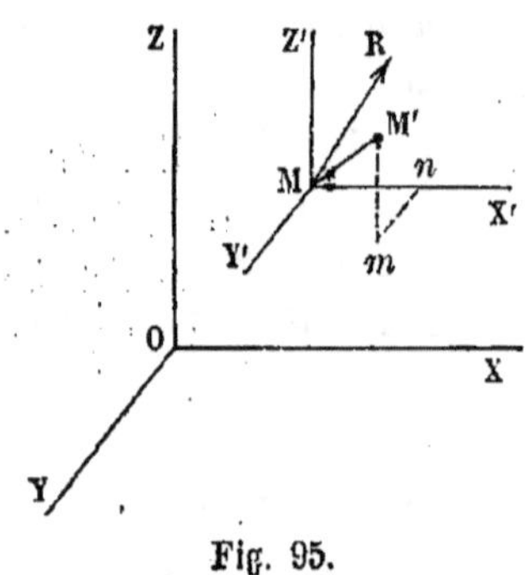

Fig. 95.

en un certain nombre de chemins composants, s, s', s'', ..., le travail élémentaire de la force R est la somme algébrique de tous les tra-vaux élémentaires que l'on obtient en combinant successivement les forces F, F', F'', ... avec chacun des chemins composants s, s', s'' ....

Supposons que le point mobile M soit rapporté à trois axes rectangulaires fixes O X, O Y, O Z.

Décomposons la force R qui lui est appliquée, en trois composantes, X', Y', Z', parallèles aux axes. Soit MM' le déplacement infiniment petit imprimé au point ; décompo-sons-le de même en trois déplacements parallèles aux axes, Mn, nm, mM'. Le travail élémentaire de la force R pourra s'obtenir en considérant successivement les neuf combinai-sons suivantes :

$$\text{X' et M}n, \qquad \text{X' et } nm, \qquad \text{X' et } m\text{M'},$$
$$\text{Y' et M}n, \qquad \text{Y' et } nm, \qquad \text{Y' et } m\text{M'},$$
$$\text{Z' et M}n, \qquad \text{Z' et } nm, \qquad \text{Z' et } m\text{M'},$$

et en faisant la somme algébrique des travaux correspon-dants. Mais le déplacement Mn est perpendiculaire à la fois aux forces Y' et Z' ; le déplacement nm est perpendiculaire aux forces X' et Z', enfin le déplacement mM' est perpen-diculaire aux forces X' et Y'. Les travaux correspondants sont donc nuls, et des neuf combinaisons indiquées, six peuvent être supprimées. On n'a plus à considérer que les trois combinaisons

$$X' \text{ et } \mathrm{M}n, \qquad Y' \text{ et } nm, \qquad Z' \text{ et } m\mathrm{M}',$$

pour chacune desquelles la direction du déplacement coïncide, dans un sens ou dans l'autre, avec la direction de la force. Représentons $\mathrm{M}n$ par ξ, nm par η, et $m\mathrm{M}'$ par ζ, ces quantités étant prises d'ailleurs avec les signes $+$ ou $-$, suivant les conventions ordinaires. Le travail élémentaire de X' sera $X'\xi$, le travail de Y', $Y'\eta$, et le travail de Z', $Z'\zeta$. Le travail de R sera donc égal à la somme algébrique

$$X'\xi + Y'\eta + Z'\zeta,$$

expression où chaque facteur X', Y', Z', ξ, η, ζ, porte son signe avec lui.

Le travail élémentaire de la force R, pour un déplacement $\mathrm{M}\mathrm{M}'$ dont les composantes sont ξ, η et ζ, est nul si la direction de R est normale à l'élément $\mathrm{M}\mathrm{M}'$. On a alors

$$X'\xi + Y'\eta + Z'\zeta = 0 \,;$$

cette équation indique donc que la direction définie par les projections X', Y', Z' sur les trois axes, et la direction définie par les projections ξ, η et ζ sur les mêmes axes, sont rectangulaires. Nous avions déjà démontré ce théorème d'une autre manière (§ 64).

103. Supposons que le point M fasse partie d'un système invariable auquel on imprime un déplacement angulaire infiniment petit autour d'un axe AB. Dans ce mouvement, le point M décrit autour de l'axe un élément de circonférence, $\mathrm{M}\mathrm{M}'$, qui a pour centre le point C, projection du point M sur l'axe, et qui est situé dans un plan perpendiculaire à cet axe. Décomposons la force F, appliquée au point M, en deux forces, l'une Q, normale à ce plan, l'autre P, située dans ce plan. Le travail de la force F est égal à la

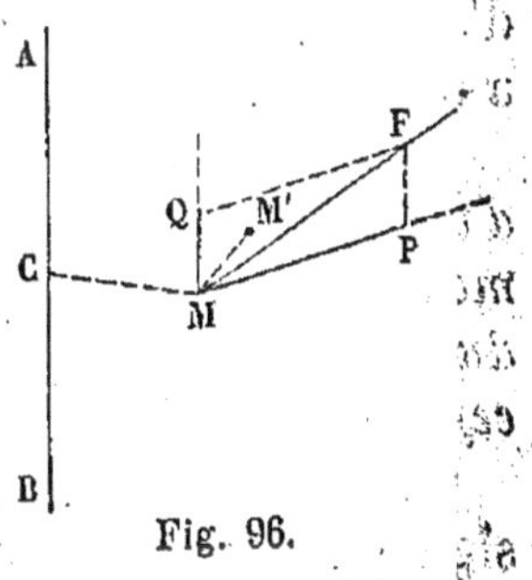

Fig. 96.

somme des travaux de ses composantes P et Q ; mais la force Q, qui est normale à l'élément de chemin décrit MM′, a un travail nul. Le travail de la force **F** est donc égal au travail de la force P, et en projetant (fig. 97) le point M′ en m sur la direction de MP, le travail élémentaire cherché sera égal au produit $P \times Mm$.

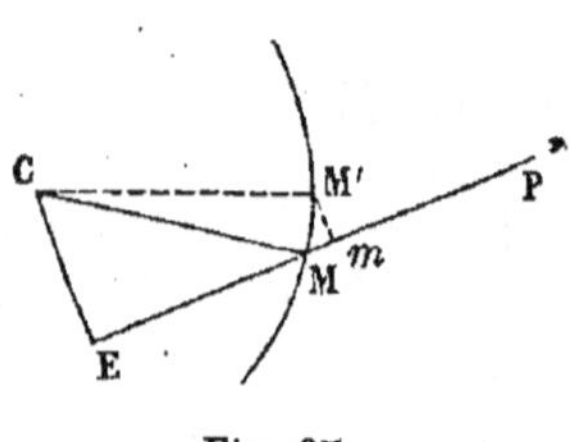

Fig. 97.

Du point C abaissons sur la direction de MP une perpendiculaire CE. Les triangles CEM, MmM′, qui ont leurs côtés respectivement perpendiculaires chacun à chacun, sont semblables et donnent la proportion

$$\frac{Mm}{CE} = \frac{MM'}{CM}.$$

Donc

$$P \times Mm = P \times CE \times \frac{MM'}{CM}.$$

$P \times CE$ est le produit de la projection P de la force **F** sur un plan normal à l'axe de rotation, par la distance de la force P ou de la force **F** à l'axe ; c'est donc le moment de la force **F** par rapport à l'axe **AB** (§ 38). Le rapport $\frac{MM'}{CM}$ est la mesure de l'angle M′CM, décrit par le système invariable ; c'est, en d'autres termes, le *déplacement angulaire* du système. On a donc ce théorème :

Le travail élémentaire d'une force appliquée en un point d'un corps solide auquel on imprime un mouvement infiniment petit de rotation autour d'un axe, est égal au produit du moment de la force par rapport à cet axe, par le déplacement angulaire du corps.

Ce théorème est général, moyennant qu'on donne les signes convenus au moment de la force et au déplacement angulaire.

THÉORÈME DU TRAVAIL VIRTUEL POUR UN POINT MATÉRIEL UNIQUE

104. Soit M un point matériel libre dans l'espace, et sollicité par des forces F, F′, F″, … données en grandeur et en direction.

Si ce point est en équilibre, la somme des travaux élémentaires des forces F, F′, F″, … pour un déplacement quelconque MM′ du point, sera nulle. Nous savons en effet que la somme des travaux élémentaires de ces forces est égale au travail élémentaire de leur résultante R ; or, la résultante R est nulle par hypothèse. Donc son travail élémentaire est égal à zéro ; il en est donc de même de la somme des travaux des composantes.

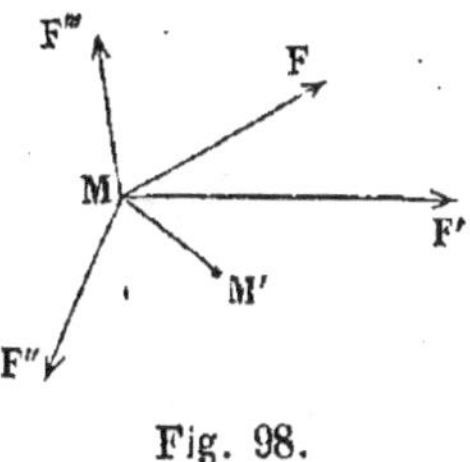

Fig. 98.

Réciproquement, si la somme des travaux élémentaires des forces F, F′, F″, … est nulle pour tout déplacement du point, le point est en équilibre.

En effet, on peut remplacer la somme des travaux élémentaires des composantes F, F′, F″, … par le travail élémentaire de leur résultante R ; ce travail étant nul, ou bien la force R est nulle, ou bien elle a une direction perpendiculaire à l'élément MM′. Mais il en est ainsi pour tout déplacement du point, et par conséquent la direction de MM′ est arbitraire. La direction de la résultante devrait donc être normale à toutes les directions qu'on peut mener par le point M, ce qui est impossible. Donc $R = 0$, et le point est en équilibre.

Traduisons analytiquement ces conditions ; nous retrouverons les trois équations d'équilibre posées dans le § 24.

Soient X, Y, Z, les composantes de la force F, parallèles à trois axes rectangulaires ;

X′, Y′, Z′, les composantes de la force F′ ;

X″, Y″, Z″, les composantes de la force F″, etc.

Décomposons aussi l'élément MM' parallèlement aux mêmes axes, et soient ξ, η, ζ ses composantes.

Le travail élémentaire de la force F sera égal à $X\xi + Y\eta + Z\zeta$, le travail de la force F', à $X'\xi + Y'\eta + Z'\zeta$, le travail de la force F'' à $X''\xi + Y''\eta + Z''\zeta$, etc., et la somme des travaux élémentaires de toutes les forces données sera égale à

$$(X\xi + Y\eta + Z\zeta) + (X'\xi + Y'\eta + Z'\zeta)$$
$$+ (X''\xi + Y''\eta + Z''\zeta) + \dots,$$

ou bien

$$(X + X' + X'' + \dots)\,\xi + (Y + Y' + Y'' + \dots)\,\eta$$
$$+ (Z + Z' + Z'' + \dots)\,\zeta.$$

Cette somme doit être identiquement nulle, quel que soit le déplacement MM', c'est-à-dire quelles que soient les projections ξ, η, ζ de ce déplacement sur les trois axes. Pour qu'il en soit ainsi, il faut et il suffit que l'on ait les trois équations :

$$X + X' + X'' + \dots = 0,$$
$$Y + Y' + Y'' + \dots = 0,$$
$$Z + Z' + Z'' + \dots = 0.$$

Ce sont les trois équations d'équilibre d'un point matériel libre dans l'espace.

Les quantités ξ, η, ζ sont des quantités auxiliaires infiniment petites, qui doivent rester arbitraires dans toute la suite du calcul, et qui disparaissent du résultat définitif.

105. Considérons un point matériel M, assujetti à glisser sans frottement sur une surface fixe, S, et sollicité par des forces données F, F', F'', ...

Nous pouvons regarder ce point comme libre en joignant aux forces données la réaction normale inconnue, N, de la surface. Le point devenu libre pourra recevoir des déplacements dans toutes directions autour de la position M qu'il occupe. Mais, parmi ces déplacements, considérons seulement *ceux qui sont compatibles avec les liaisons du point*, c'est-à-dire ceux qui s'opèrent autour du point M dans la surface S. Tous ces déplacements sont normaux à la direction de la réaction N, et par suite, pour chacun d'eux, le travail élémentaire de la réaction est nul.

Il faut et il suffit, pour que le point M soit en équilibre, que la somme des travaux de toutes les forces qui y sont appliquées, y compris la réaction N, soit nulle pour un déplacement quelconque. Si l'on ne considère que les déplacements compatibles avec les liaisons, le travail de la réaction N étant nul pour chacun d'eux, le travail des forces données, F, F', F'', … est aussi égal à zéro. Et cette condition nécessaire pour l'équilibre est suffisante; car elle indique que la résultante des forces données F, F', F'', … est normale aux déplacements considérés, c'est-à-dire normale à la surface S au point M. La réaction N est égale et contraire à la résultante de ces forces.

Les conditions d'équilibre d'un point assujetti à glisser sans frottement sur une surface fixe sont donc comprises dans l'énoncé suivant : *Il faut et il suffit que la somme des travaux élémentaires de toutes les forces données soit nulle, pour tout déplacement du point tangentiel à la surface, c'est-à-dire compatible avec la liaison.*

Il est facile de reconnaître, en décomposant un déplacement quelconque du point parallèlement à deux axes rectangulaires menés dans le plan tangent, que ces conditions, dont le nombre paraît illimité, se réduisent seulement à deux conditions distinctes.

106. Prenons encore un point M assujetti à glisser sans frottement sur une ligne fixe, L. On répétera les mêmes raisonnements que pour le point glissant sur une surface : *La condition nécessaire et suffisante pour l'équilibre est que la somme des travaux élémentaires des forces données soit nulle, pour les déplacements compatibles avec la liaison, c'est-à-dire ici, pour un déplacement infiniment petit, donné au point le long de la ligne L.*

On exprime par cette condition que les forces données ont une résultante normale à cette ligne ; la réaction de la ligne est égale et contraire à la résultante.

107. Les trois énoncés particuliers que nous venons de donner sont tous compris dans cet énoncé général :

Pour qu'un point matériel assujetti à certaines liaisons soit en équilibre, il faut et il suffit que la somme des travaux élémentaires des forces données qui le sollicitent, soit égale à zéro, pour tout déplacement compatible avec les liaisons.

Les liaisons dont il est question dans cet énoncé, équivalent à des égalités, et s'expriment analytiquement par des équations ; dire par exemple qu'un point est assujetti à glisser sur une sphère fixe, c'est dire que la distance de ce point au centre de la sphère est constante et égale à son rayon. Nous avons vu qu'il y a des liaisons d'un autre genre ; ce sont celles qui équivalent à des inégalités : telle est la condition, pour un point matériel, d'être toujours à l'intérieur d'une sphère donnée ; on la traduirait analytiquement en exprimant que sa distance au centre de la sphère est au plus égale au rayon, et on peut l'imaginer réalisée matériellement en supposant le point matériel relié au centre par un fil inextensible égal au rayon de la sphère. Dans ce cas, ou bien le point est comme libre dans l'intérieur de la sphère, et alors la condition nécessaire et suffisante pour son équilibre, est que la somme des travaux des forces données soit égale à zéro pour tous les déplacements qu'on peut lui attribuer ; ou bien le point est sur la surface, et son équilibre suppose l'intervention de la réaction du fil, laquelle est normale et dirigée vers l'intérieur. Parmi les déplacements virtuels qu'on peut donner au point, les uns sont dirigés le long de la surface : pour ceux-là, le travail de la réaction est nul ; les autres sont dirigés en dedans de la surface, et pour ceux-là, le travail de la réaction est positif. Le point matériel doit être considéré comme libre, dès qu'on remplace la surface par une réaction équivalente. La somme des travaux élémentaires de toutes les forces qui le sollicitent est donc nulle pour tous les déplacements qu'il peut recevoir. En définitive, *la somme des travaux des forces données est nulle* pour les déplacements qui se font le long de la surface, et *elle est négative* pour les déplacements dirigés vers l'intérieur ; car on doit obtenir zéro en ajoutant à cette somme le travail positif de la réaction qui complète l'équilibre.

On voit par là que l'équilibre n'exige pas toujours que la somme des travaux élémentaires des forces données soit nulle pour les déplacements compatibles avec les liaisons. Lorsqu'on laisse de côté certaines forces, comme ici la réaction du fil, il est possible que la somme des travaux des forces que l'on a prises à part soit différente de zéro pour certains déplacements admissibles ; il faut alors et il suffit que cette somme soit négative. Ce cas particulier ne se présente jamais lorsque les liaisons permettent de changer le sens de tous les déplacements ; car ce changement de sens entraîne un changement du signe des travaux des forces, et par suite la somme des travaux, si elle est négative pour un déplacement particulier, redeviendrait positive pour le déplacement contraire ; l'équilibre ne serait donc plus assuré. Qu'on reprenne l'exemple simple que nous venons de traiter, et l'on reconnaîtra que la somme négative correspond en effet à des déplacements virtuels pour lesquels le changement de sens n'est pas admissible, tandis que la somme nulle correspond à des déplacements qui peuvent s'opérer suivant la surface dans un sens ou en sens opposé.

APPLICATION A LA RECHERCHE DES NORMALES AUX COURBES
ET AUX SURFACES.

108. Le théorème du travail virtuel fournit dans certains cas une méthode très-élégante pour mener la normale à une courbe ou une surface. Pour en donner un exemple simple, nous chercherons la normale à l'ellipse.

Soient F et F′ les foyers de l'ellipse, et M un point de la courbe. Appelons r la distance variable MF, et r' la distance variable MF′, et soit $2a$ le grand axe. Nous aurons pour tous les points de l'ellipse, la relation

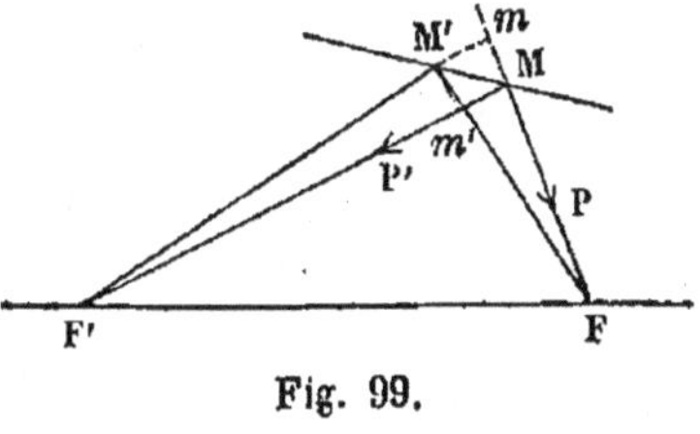

Fig. 99.

$$r + r' = 2a,$$

qui est, dans un système particulier de coordonnées, l'équation de la courbe.

Considérons un point M' de l'ellipse, très-voisin du point M ; et appelons $r + h$ la distance M'F de ce point au foyer F. La somme M'F + M'F' étant égale à MF + MF', la distance M'F' sera égale à $r' - h$, et par conséquent, si du point M' nous abaissons des perpendiculaires M'm, M'm', sur les droites M'F et MF', les quantités Mm, Mm' mesureront les variations simultanées de longueurs subies par les deux distances r et r' ; elles seront égales entre elles et représenteront chacune la quantité h.

Or, supposons qu'un point matériel assujetti à glisser sans frottement sur l'ellipse, soit placé au point M, et soumis à l'action de deux forces extérieures égales, P et P', l'une dirigée suivant MF, l'autre dirigée suivant MF'. Imprimons au point matériel un déplacement virtuel, MM', le long de la courbe qu'il est assujetti à décrire. Le travail de la force P sera négatif et égal à $- P \times Mm$ ou à $- Ph$, et le travail de la force P' sera positif et égal à $P' \times Mm' = P'h$. La somme des travaux élémentaires des forces extérieures est donc égale à $P'h - Ph = (P' - P)\, h$ ou à 0, puisque les forces P et P' sont égales, et par suite le point matériel est en équilibre au point M. Donc la résultante des forces P et P' est normale à la courbe, et comme elles sont égales, leur résultante est bissectrice de l'angle FMF' ; par suite, la normale à l'ellipse en un point donné divise en deux parties égales l'angle des droites menées de ce point aux deux foyers.

On peut retrouver de même les propriétés connues de la normale à l'hyperbole (dont l'équation est $r - r' = 2a$), de la normale à la parabole (dont l'équation est $r - r' = 0$, r désignant la distance d'un point au foyer, et r' la distance du même point à la directrice), de la normale au cercle défini par l'équation $r = Kr'$ (*Ciném.*, § 59).

La même méthode s'applique à des équations contenant les distances du point qui décrit la ligne ou la surface à autant de points, de lignes ou de surfaces fixes qu'on voudra. Elle est connue en géométrie sous le nom de *méthode de Tchirnhausen*.

TRAVAIL ÉLÉMENTAIRE DE DEUX FORCES MUTUELLES

109. Il est nécessaire, pour étendre à un système de points matériels le théorème du travail virtuel, que nous n'avons encore démontré que pour un point isolé, de déterminer la somme des travaux élémentaires de deux forces mutuelles, F et F′, égales et contraires, sollicitant deux points matériels, A et B. Nous supposerons d'abord que ces forces soient attractives. Donnons au point A un déplacement infiniment petit, A A′, en même temps que le point B

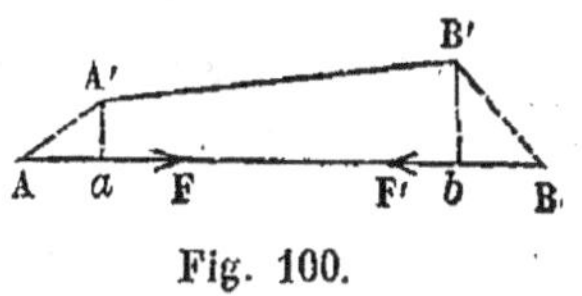

Fig. 100.

reçoit un déplacement infiniment petit, B B′. Projetons les points A′ et B′ en a et b, sur la droite A B. Le travail de la force F, appliquée au point A, est égal au produit $F \times Aa$; le travail de la force F′, appliquée au point B, est de même $F \times Bb$, et dans l'état de la figure, ces deux travaux sont positifs ; leur somme algébrique est donc égale à $F \times (Aa + Bb)$, ou bien à $F \times (AB - ab)$.

Mais les déplacements A A′, B B′ étant infiniment petits, la droite A′ B′ fait un angle infiniment petit avec la droite A B, et par suite (*Ciném.*, Introd., § 8), on a, à moins d'un infiniment petit du second ordre, $A'B' = ab$; en définitive, le travail $F \times (AB - ab)$ est aussi égal à $F \times (AB - A'B')$, c'est-à-dire au produit de la force mutuelle qui tend à rapprocher les deux points A et B, par la diminution de leur distance.

Ce résultat est général, pourvu que l'on tienne compte des signes. Si F est la réaction mutuelle de deux points A et B, r leur distance A B, et r' ce que devient la distance r après les déplacements virtuels imprimés aux points A et B, le travail élémentaire des deux forces F a pour expression générale

$$F \times (r' - r),$$

pourvu qu'on prenne positivement les forces F si elles sont répulsives, et négativement si elles sont attractives. Grâce à cette convention, on pourra dire que le travail des deux forces

F est égal au produit de leur valeur commune par la *variation r' — r* sùbie par la distance de leurs points d'application.

On en conclut que si les déplacements virtuels imprimés aux points A et B laissent sans altération la distance de ces deux points, $r' - r$ étant alors égal à zéro, le travail des forces mutuelles est aussi égal à zéro.

110. On ne change pas le travail d'une force F, appliquée à un point A, en supposant que cette force soit appliquée en un autre point B, pris sur sa direction, et invariablement lié au premier. En effet, appliquons au point B deux forces égales et contraires F' et F'', toutes deux égales à la force F, et agissant dans la direction de la droite AB. Cette addition de deux forces égales et contraires, appliquées en un même point B, ne change rien à la somme des travaux élémentaires de toutes les forces données ; car, quel que soit le déplacement infiniment petit qu'on imprime au point B, le travail correspondant de l'une des forces F', est égal en valeur absolue, et de signe contraire, au travail de l'autre force F''. L'ensemble des forces F, F', F'' donne donc une somme de travaux égale au travail de la force F prise seule. Mais les forces F et F'' prises ensemble ont, en vertu du théorème précédent, un travail égal au produit de la force F par la variation de la distance AB, et, comme nous supposons cette distance constante, la somme des travaux de ces deux forces est nulle; il reste donc le travail de la force F', égal au travail de la force F.

Fig. 101.

111. Le travail élémentaire de deux forces parallèles F et F', appliquées à deux points A et B, invariablement réunis l'un à l'autre, est égal au travail de leur [résultante R.

En effet, la distance AB restant constante, la somme des travaux des forces F et F' n'est pas

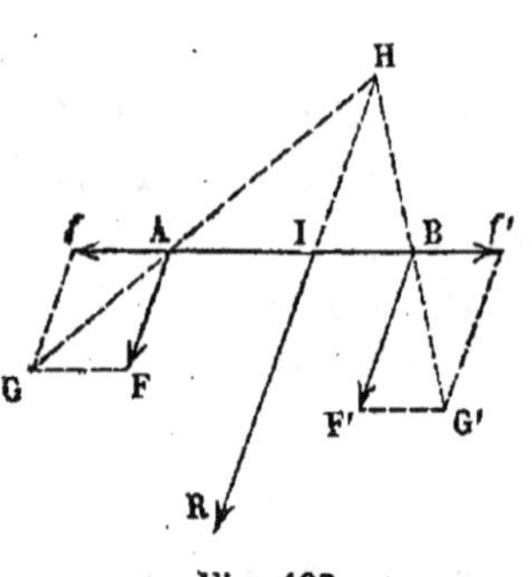

Fig. 102.

altérée quand on introduit deux nouvelles forces f et f', égales et contraires, et agissant dans la direction A B. Les deux forces f et F se composent en une seule force G, dont le travail est la somme des travaux des deux composantes (§ 100) ; de même, le travail de la force G' est la somme des travaux de ses composantes F' et f'. On ne change pas les travaux des forces G et G' en les supposant transportées au point H, qui appartient à la fois à leurs deux directions, et qu'on peut supposer relié invariablement au système des points A et B (§ 110) ; les forces G et G', transportées en H, se composent en une seule force R, qui est la résultante des forces F et F', et dont le travail est la somme des travaux des composantes ; enfin, on n'altère pas ce travail en transportant la force R du point H au point I. En résumé, le travail de la force R est la somme algébrique des travaux des forces F, f, F', f', c'est-à-dire la somme algébrique des forces F et F', puisque les travaux f et f' se détruisent (§ 109).

THÉORÈME DU TRAVAIL VIRTUEL POUR UN SYSTÈME SOLIDE INVARIABLE

112. Nous pouvons toujours supposer, en remplaçant les liaisons par des forces qui en tiennent lieu, que le système solide est entièrement libre dans l'espace.

Nous avons vu (§ 56) qu'on peut ramener à deux forces, F et F', le système des forces données qui sont appliquées aux divers points du système. Dans toutes les opérations que l'on fait pour arriver à cette réduction, on compose ou l'on décompose les forces d'après la règle du parallélogramme, on les transporte suivant leur direction en des points invariablement réunis aux points d'application primitifs, on les compose par la règle des forces parallèles ; or, nous venons de voir que toutes ces opérations, faites sur un corps solide, conservent sans altération la somme des travaux élémentaires ; de sorte que la somme des travaux des forces F et F' est égale à la somme des travaux des forces données.

Pour l'équilibre du système, il faut et il suffit (§ 74) que les deux forces F et F′ soient égales, contraires, et dirigées suivant une seule et même droite ; prenons donc deux points quelconques A et B, l'un sur la direction de la force F, l'autre sur la direction de la force F′ ; on pourra regarder F et F′ comme appliquées respectivement en A et en B, et par suite la droite AB est la direction commune des deux forces F et F′, lesquelles doivent en outre être égales et agir en sens opposés.

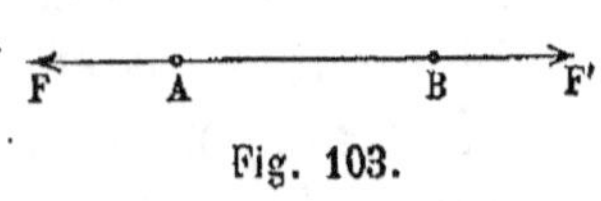

Fig. 103.

La somme des travaux des forces F et F′ est donc égale à zéro, car ces deux forces sont égales, opposées, agissant suivant la même droite, et la distance AB de leurs points d'application reste invariable, par hypothèse, dans les déplacements imprimés au système. Par conséquent *la somme algébrique des travaux virtuels de toutes les forces, pour un déplacement quelconque du système matériel, est égale à zéro si le système est en équilibre.*

Réciproquement, *le système matériel est en équilibre si la somme des travaux virtuels de toutes les forces qui y sont appliquées est nulle pour tout déplacement infiniment petit qu'on lui communique.*

En effet, réduisons les forces données à deux forces, F et F′, que nous pouvons supposer appliquées l'une au point A, l'autre au point B ; la somme des travaux des forces F et F′ sera égale à la somme des travaux des forces données ; elle est donc nulle par hypothèse pour un déplacement quelconque imprimé au solide. Considé-

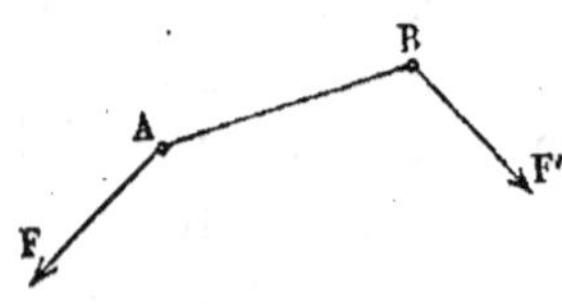

Fig. 104.

rons les déplacements qu'on peut communiquer au solide en le faisant tourner autour du point A devenu fixe ; le point B est assujetti dans ces mouvements à rester à la surface d'une sphère dont le centre sera en A, et dont le rayon sera AB. Le travail de la force F est nul pour tous ces déplacements, puisque le point A reste fixe ; le travail de la force F′ est donc aussi nul, et par suite la force F′ est normale aux chemins décrits par le point B, c'est-à-dire normale à la sphère sur laquelle ce point se déplace, et la direction de la force F' coïncide avec la direction AB du rayon de cette sphère. On prouverait de même, en considérant les déplacements sphériques autour du point B, que la force F agit suivant la direction AB. Donc les deux forces F et F' sont appliquées suivant une seule et même direction. Considérons en troisième lieu un déplacement parallèle à cette direction commune ; la somme algébrique des travaux des forces F et F' sera égale au produit de leur somme algébrique F + F' par ce déplacement ; elle est nulle par hypothèse, et par suite F + F' = 0, ce qui nous montre que les forces F et F' sont égales en valeur absolue et dirigées en sens contraires. Le système des forces appliquées au corps solide se réduit donc à deux forces égales, opposées et appliquées suivant la même droite, et par suite (§ 74) le corps solide est en équilibre.

ÉQUATIONS D'ÉQUILIBRE D'UN SYSTÈME INVARIABLE

113. Les équations d'équilibre que nous avons posées (§ 76) ne sont que des applications du théorème qui vient d'être établi.

Premier cas. — Considérons un solide libre dans l'espace et sollicité par certaines forces, et appliquons à ce système le théorème qui vient d'être démontré.

Imprimons d'abord au solide une translation infiniment petite parallèle à une droite quelconque AB, et soit ε la longueur du déplacement, qui est la même pour tous les points du système. Pour trouver le travail des forces appliquées au corps, il suffira de les projeter sur la direction du chemin décrit (§ 97), ou, ce qui revient au même, sur la droite

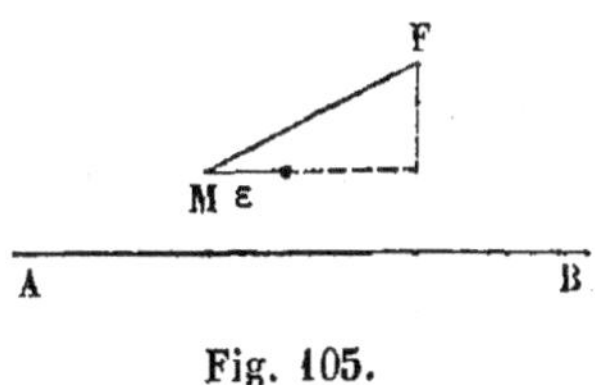

Fig. 105.

AB, de donner aux projections les signes convenables, puis, de multiplier les projections par le chemin ε, et de faire la somme. Le résultat sera égal au produit de ε par la somme algébrique des projections des forces sur la droite A B ; le théorème du travail virtuel nous apprend donc que *lorsqu'un système solide est en équilibre, la somme algébrique des projections des forces sur une droite* A B *quelconque est égale à zéro.*

Faisons ensuite tourner d'un angle infiniment petit, α, le

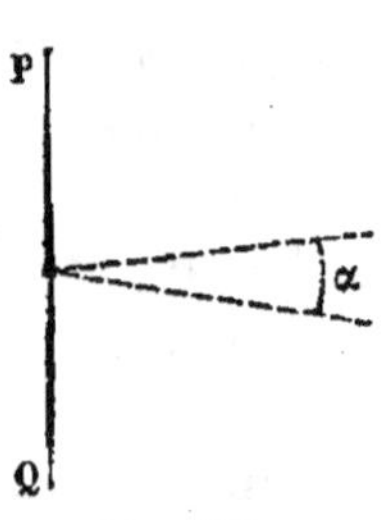

système solide autour d'une droite quelconque P Q ; le travail de chaque force correspondant à ce déplacement s'obtiendra (§ 103) en multipliant par α le moment de la force par rapport à l'axe P Q ; la somme des travaux élémentaires sera donc égale au produit par α de la somme algébrique des moments ; or elle doit être nulle en vertu du théorème. Donc *lorsqu'un système solide est en équilibre, la somme algébrique des moments des forces par rapport à une droite quelconque est égale à zéro.*

Fig. 106.

Il reste à montrer que ces conditions, qui paraissent en nombre infini, se réduisent à six conditions distinctes.

Imprimons au système solide un déplacement arbitraire infiniment petit ; nous savons (*Ciném.*, § 89) que tout déplacement élémentaire d'un système invariable est décomposable en deux mouvements élémentaires, savoir une translation et une rotation autour d'un axe, et qu'on peut regarder cet axe comme passant par un point quelconque du système, en disposant de la translation en conséquence. La translation peut ensuite être décomposée en trois translations, et la rotation en trois rotations distinctes, en appliquant à chacun de ces mouvements la règle du parallélépipède. Cela étant, par un point O pris arbitrairement dans l'espace, menons trois axes rectangulaires O X, O Y, O Z ; décomposons le déplacement élémentaire imprimé au solide en une rotation infiniment petite autour d'un axe O A, passant par le point O, rotation qui peut être représentée par la droite O A, et en une translation infiniment petite représentée en grandeur et en direction par une autre droite, O B. Puis décomposons suivant les trois axes les deux droites OA et OB ; appelons p, q, r les trois composantes de la rotation OA, et ξ, η, ζ les trois composantes de la translation OB.

Nous savons (§§ 100 et 101) que pour trouver le travail d'une force on peut décomposer comme on voudra cette force et le chemin décrit par son point d'application. Le chemin décrit par un point quelconque M du corps est la résultante des trois déplacements égaux à ξ, à η et à ζ,

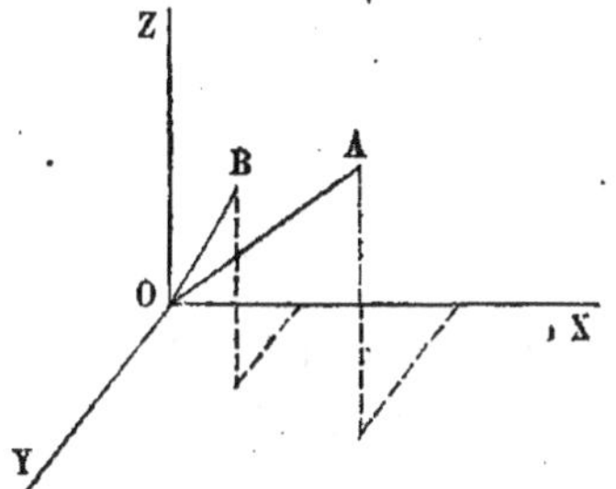

Fig. 107.

parallèles aux axes, déplacements dus à la translation et communs à tous les points du solide, et des trois rotations, égales à p, à q et à r, du solide autour des mêmes axes. Décomposons de même en trois composantes X, Y, Z les forces appliquées aux divers points M. Il restera à associer chacune des composantes à chacun de ces déplacements, puis à faire la somme des produits résultants.

Relativement au déplacement ξ, les forces Y et Z, perpendiculaires à ce déplacement, ne donnent rien, et le travail se réduit à $X\xi$; la somme des travaux sera donc exprimée par

$$X_1\xi + X_2\xi + X_3\xi + \ldots + X_n\xi,$$

ou bien par

$$(X_1 + X_2 + X_3 + \ldots + X_n)\,\xi,$$

somme étendue à toutes les composantes parallèles à l'axe OX.

De même, le déplacement η donnera une somme de travaux égaux à

$$(Y_1 + Y_2 + Y_3 + \ldots + Y_n)\,\eta,$$

et le déplacement ζ une somme égale à

$$(Z_1 + Z_2 + Z_3 + \ldots + Z_n)\,\zeta.$$

Les déplacements angulaires p, q, r donnent lieu chacun à une somme de travaux égale à la somme des produits de p, q, r par les moments des forces par rapport aux axes (§ 103); appelons

$$L_1, \ L_2, \ \ldots \ L_n,$$
$$M_1, \ M_2, \ \ldots \ M_n,$$
$$N_1, \ N_2, \ \ldots \ N_n,$$

les moments des forces données par rapport aux trois axes; les sommes des travaux correspondants seront :

$$(L_1 \ + \ L_2 \ + \ldots + \ L_n) \times p,$$
$$(M_1 \ + \ M_2 \ + \ldots + \ M_n) \times q,$$
$$(N_1 \ + \ N_2 \ + \ldots + \ N_n) \times r.$$

Réunissant toutes ces sommes par voie d'addition algébrique, il vient pour le total des travaux correspondant au déplacement considéré :

$$(X_1 + \ldots + X_n)\xi + (Y_1 + \ldots + Y_n)\eta + (Z_1 + \ldots + Z_n)\zeta$$
$$+ (L_1 + \ldots + L_n)p + (M_1 + \ldots + M_n)q + (N_1 + \ldots + N_n)r = 0,$$

somme que nous égalons à zéro, pour exprimer les conditions d'équilibre. Mais le déplacement considéré est tout à fait arbitraire; par conséquent nous pouvons attribuer aux composantes ξ, η, ζ, p, q, r telles valeurs que nous voudrons, et pour que l'équation résultante soit toujours satisfaite, quelles que soient les valeurs qu'on substitue aux arbitraires, il faut et il suffit que les facteurs qui multiplient ces arbitraires soient séparément nuls, c'est-à-dire qu'on ait les six équations :

$$X_1 + X_2 + \ldots + X_n = 0,$$
$$Y_1 + Y_2 + \ldots + Y_n = 0,$$
$$Z_1 + Z_2 + \ldots + Z_n = 0.$$
$$L_1 + L_2 + \ldots + L_n = 0,$$
$$M_1 + M_2 + \ldots + M_n = 0,$$
$$N_1 + N_2 + \ldots + N_n = 0.$$

Ce sont les équations que nous avions trouvées au § 76 en suivant une marche différente.

114. *Deuxième cas.* — Le corps solide a un point fixe, O.

Imprimons au solide un déplacement infiniment petit compatible avec les liaisons ; ce déplacement consistera (*Ciném.*, § 88) en une rotation infiniment petite autour d'une droite O A passant par le point O ; la somme des travaux des forces sera égale à la somme algébrique de leurs moments par rapport à l'axe O A, multipliée par le déplacement angulaire du corps ; le théorème du travail virtuel montre donc que *la somme algébrique des moments des forces extérieures, par rapport à toute droite passant par le point O, est égale à zéro.*

Si l'on imprimait au corps un déplacement virtuel incompatible avec les liaisons, par exemple une rotation infiniment petite autour d'un axe ne passant pas par le point O, on obtiendrait un théorème analogue, mais il faudrait comprendre dans l'énoncé de ce théorème le moment de la réaction du point fixe ; l'adoption d'un déplacement compatible avec les liaisons a pour objet d'éliminer les réactions inconnues.

Par le point O menons trois axes rectangulaires et décomposons la rotation autour de O A en trois rotations autour de chacun des axes. La somme des travaux élémentaires des forces sera égale à la somme algébrique des produits obtenus en multipliant respectivement les sommes des moments pris par rapport aux axes, par les déplacements angulaires correspondants ; égalant à zéro la somme résultante, on aura l'équation générale de l'équilibre, équation qui se décomposera en trois autres, en tenant compte de l'indétermination des arbitraires. En résumé, on retrouvera les trois équations d'équilibre (§ 78), exprimant que les sommes des moments des forces par rapport à trois axes rectangulaires sont séparément nulles.

115. *Troisième cas.* — Le corps solide est assujetti à tourner autour d'un axe fixe. Le seul déplacement compatible avec les liaisons sera une rotation infiniment petite autour de l'axe ; la somme des travaux des forces extérieures sera

donc égale à la somme algébrique des moments de ces forces par rapport à l'axe, multipliée par le déplacement angulaire ; et l'application du théorème conduit ainsi à exprimer qu'il y a équilibre quand la somme des moments des forces par rapport à l'axe de rotation est égale à zéro (§ 79).

Ici encore, le choix du déplacement virtuel a pour conséquence d'éliminer les réactions inconnues, c'est-à-dire les forces tenant lieu des liaisons.

116. *Quatrième cas.* — Le corps solide est assujetti à glisser sans frottement sur un plan fixe.

1° Si le contact du corps et du plan est établi par un point unique, les déplacements virtuels compatibles avec les liaisons pourront consister en une translation parallèle au plan et en une rotation autour d'un axe mené par le point. Ces mouvements sont décomposables, le premier en deux translations parallèles à deux axes rectangulaires tracés dans le plan fixe par le point de contact, le second en trois rotations, dont deux autour de ces deux axes, et la troisième autour de la normale au plan. Les conditions d'équilibre sont donc au nombre de cinq, savoir : deux équations exprimant que la somme algébrique des forces projetées sur chacun des axes tracés dans le plan est nulle ; et trois équations exprimant que la somme algébrique des moments par rapport à chacun des trois axes est égale à zéro (§ 81, 1°).

Le corps peut être simplement posé sur le plan ; on pourra admettre, comme compatible avec les liaisons, un déplacement parallèle à la normale au plan, mais dirigé dans un sens particulier. A ce déplacement correspond un travail positif de la réaction du plan, et ce travail, ajouté à la somme des travaux des autres forces, doit donner zéro pour somme. On doit donc ajouter comme condition aux cinq que nous avons déjà posées, que la somme des travaux correspondants à un déplacement du corps parallèle à la normale, dans le sens, bien entendu, où ce déplacement est admissible, soit négative, ce qui revient à dire que la somme des projections sur la normale des forces extérieures qui tendent à appuyer le corps contre le plan, doit être plus grande en valeur absolue que la somme des projections contraires.

2° Si le contact est établi par deux points, il n'y aura plus lieu de considérer que trois déplacements distincts, savoir : deux translations parallèles respectivement à deux axes rectangulaires tracés dans le plan, et deux rotations, l'une autour de la droite menée par les deux points de contact, l'autre autour de la normale au plan. De là quatre conditions d'équilibre : deux relatives aux sommes algébriques des forces projetées sur les deux axes, et deux relatives à la somme des moments par rapport à la normale et à la droite des points d'appui. Ces quatre sommes devront être nulles pour l'équilibre (§ 84, 2°).

Si le corps est posé sur le plan, on pourra admettre tous les déplacements qui détachent le corps de son plan d'appui ; à ces déplacements correspondront des travaux positifs des réactions normales, et par suite la somme des travaux des forces données doit être négative. Soient A et B les deux points d'appui. Prenons pour axes dans le plan fixe la droite AB et une droite AC, perpendiculaire à AB ; puis, pour troisième axe, la normale au plan AD,

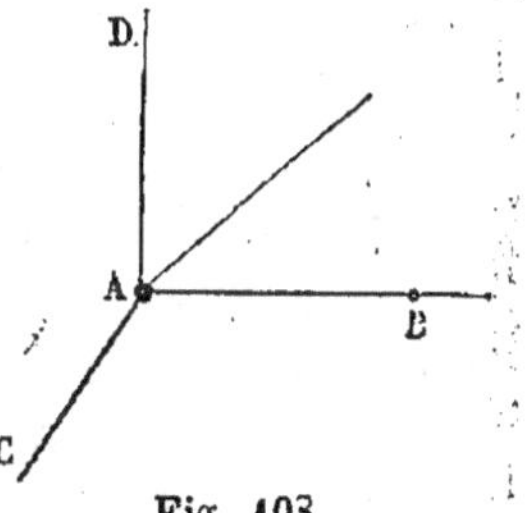

Fig. 103.

menée par le point A. Les six déplacements élémentaires distincts auxquels se réduit un déplacement virtuel quelconque se réduisent à trois translations parallèles à AB, à AC et à AD, et à trois rotations autour des mêmes droites ; les deux premières translations sont possibles dans les deux sens, et la somme des travaux correspondants à chacune d'elles doit par conséquent être égale à zéro. La troisième n'est possible que dans un sens particulier, et la présence du plan l'empêche en sens contraire ; la somme des travaux correspondants doit donc être nulle ou négative. Des trois rotations, celles qui s'effectuent autour de AB ou de AD sont possibles dans les deux sens : les sommes des moments des forces autour de ces axes sont donc nulles ; tandis que la troisième, autour de A C, n'est possible que dans un sens unique, celui qui détache le corps du plan au point B ; la somme des moments des forces par rapport à l'axe A C doit donc être négative.

3° Enfin, s'il y a trois points d'appui non en ligne droite, on imprimera au corps deux translations parallèles au plan, ou une rotation autour d'une normale au plan, ce qui donnera trois équations d'équilibre ; de plus, on pourra admettre, si le corps est simplement posé, une translation normale au plan, et des rotations autour de deux axes situés dans le plan, mais avec certaines restrictions : la translation devra s'opérer dans un sens défini ; les rotations ne peuvent s'effectuer que dans un sens défini, et *autour d'axes qui ne traversent pas le polygone formé en joignant les points d'appui.* Car une rotation autour d'un axe laissant les points d'appui de différents côtés de sa direction, tendrait à faire pénétrer le corps dans le plan en certains points, en même temps qu'elle tendrait à l'en détacher en d'autres. Elle serait donc incompatible avec la nature des liaisons. En résumé, les conditions d'équilibre sont les suivantes : la somme des forces projetées sur deux axes rectangulaires tracés dans le plan, et la somme des moments par rapport à une normale au plan, doivent être séparément nulles ; si l'on projette les forces sur la normale, la somme des projections qui tendent à appuyer le corps contre le plan doit être supérieure (en valeur absolue) à la somme des projections qui agissent en sens contraire ; et si l'on prend les moments des forces par rapport à deux axes rectangulaires laissant chacun les points d'appui d'un même côté de leur direction, la somme des moments des forces qui tendent à appuyer le corps contre le plan doit être plus grande en valeur absolue que la somme des moments des forces qui tendent à le faire tourner en sens opposé.

Nous retrouvons ainsi toutes les conditions établies précédemment par la méthode de la composition des forces.

THÉORÈME DU TRAVAIL VIRTUEL POUR UN SYSTÈME MATÉRIEL QUELCONQUE

117. Un système matériel peut toujours être considéré comme formé de points matériels libres, sollicités par des forces ; nous avons vu (§ 8) que ces forces peuvent être partagées en deux grandes catégories, savoir : les *forces extérieures*, qui sont dirigées vers des points étrangers au système, et les *forces intérieures*, forces mutuelles qui s'exercent d'un point du système à un autre point. Les liaisons, quelles qu'elles soient, peuvent être remplacées par des forces équivalentes, et ces forces se partagent entre les deux catégories que nous venons d'indiquer ; les unes sont des forces extérieures, telles sont les réactions d'un point fixe, d'un axe fixe, d'une surface fixe, … ; les autres, des forces intérieures mutuelles, telles que la tension d'un fil ou d'une barre réunissant deux points du système l'un à l'autre. Si nous remplaçons les liaisons par des forces équivalentes, les points matériels qui forment le système pourront être considérés comme libres, et le théorème du travail virtuel s'appliquera à l'équilibre de chacun d'eux. Quelque déplacement infiniment petit qu'on imprime à chaque point, la somme des travaux virtuels de toutes les forces qui sollicitent ce point en particulier sera nulle, puisque le point est en équilibre, et par suite, la somme des travaux virtuels de toutes les forces qui sont appliquées au système, forces extérieures, forces intérieures, forces tenant lieu des liaisons, est aussi égale à zéro. Réciproquement, si la somme des travaux virtuels des forces est nulle pour tout déplacement du système, l'équilibre a lieu. Car les points étant tous libres et indépendants les uns des autres, prenons pour déplacement virtuel le déplacement d'un point en particulier, et laissons fixes tous les autres points. La somme des travaux virtuels de toutes les forces se réduira à la somme des travaux des forces appliquées à ce point ; cette somme est donc nulle, et par suite (§ 104) le point est en équilibre. Le même raisonnement peut être fait pour un

point quelconque : par conséquent, l'équilibre de toutes les parties du système est assuré si les conditions énoncées dans le théorème sont satisfaites.

118. Le théorème ainsi formulé est remarquable par sa généralité, mais il est sans usage dans les applications de la statique, tant qu'on n'en restreint pas l'énoncé par des conditions particulières ; la méthode fondée sur l'emploi du théorème du travail virtuel a pour objet d'éliminer les forces inconnues, et de découvrir les équations de condition qui doivent exister entre les forces données pour qu'il y ait équilibre. On choisit pour cela parmi tous les déplacements possibles, ceux auxquels correspondent des travaux nuls pour les forces inconnues.

Par exemple, veut-on éliminer les forces intérieures et avoir des relations entre les forces extérieures seules, on imprimera au système des déplacements qui laissent invariables les distances mutuelles des divers points matériels. Le travail de deux forces mutuelles étant égal au produit de leur valeur commune par la variation, positive ou négative, de la distance de leurs points d'application (§ 109), est égal à zéro si cette distance reste constante, et par suite, les forces intérieures sont éliminées. Il restera donc seulement le travail des forces extérieures ; mais le système peut alors être considéré comme un solide géométrique. On parviendra donc par la considération de ces déplacements aux six équations d'équilibre d'un système solide, et dans ces six équations les forces extérieures seules figureront. Nous retombons ainsi sur les théorèmes démontrés au § 83.

119. En général, pour éliminer le travail dû aux forces tenant lieu des liaisons, il suffit d'imprimer au système un déplacement compatible avec ces liaisons. Nous nous bornerons à vérifier cette règle dans les principaux cas qui se présentent dans les machines.

1º Si le système est assujetti à tourner autour d'un point fixe, ou d'un axe fixe, la réaction du point ou de l'axe est une force extérieure qui ne produit aucun travail tant qu'on imprime au système des déplacements compatibles avec la fixité de l'axe ou du point.

2º On peut en dire autant d'un système assujetti à glisser sans frottement sur une surface fixe, sans pouvoir s'en détacher, car la réaction de la surface est normale. Nous excluons ici le cas où le système serait simplement posé sur la surface et pourrait s'en détacher dans un sens. Des exemples (§ 116) nous ont fait voir que dans ce cas la somme des travaux virtuels, abstraction faite du travail correspondant aux liaisons, pouvait être négative, et non pas nulle.

3º Le travail dû à la réaction normale d'une courbe fixe le long de laquelle le système serait assujetti à glisser est nul de lui-même. Tout déplacement compatible avec ce genre de liaison n'introduira donc aucun terme contenant la réaction inconnue.

Si la surface ou la courbe directrice exerçait un frottement sur le système, il faudrait au contraire tenir compte du travail correspondant à ce frottement.

4º Quand deux points matériels sont réunis l'un à l'autre par une tige de longueur invariable, le travail de la réaction mutuelle de ces deux points est nul, pour tout déplacement commun compatible avec cette liaison, puisque l'un des facteurs de l'expression du travail est nul.

5º Enfin, considérons le cas particulier où deux portions du système se touchent par deux surfaces qui glissent l'une sur l'autre sans frottement. La réaction mutuelle des deux surfaces est normale au point de contact. Considérons un déplacement infiniment petit compatible avec ce genre de liaison, c'est-à-dire laissant les deux surfaces tangentes. Les deux surfaces S, S' tangentes en M, se transportent par suite de ce déplacement dans les positions S_1, S'_1 ; elles sont encore tangentes en un certain point N ;

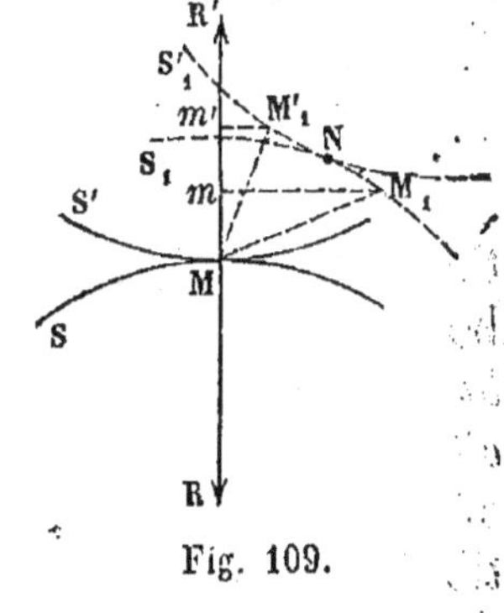

Fig. 109.

mais ce point diffère en général des positions géométriques que le déplacement assigne aux deux points matériels appartenant, l'un à la surface S, l'autre à la surface S', qui coïncidaient au point M. Ces deux points se transportent, l'un en M_1, l'autre en M'_1, et par suite, la somme des travaux des deux forces égales, R, R', est exprimée par

$$R \times (Mm' - Mm),$$

m' et m étant les projections des points M_1 et M'_1 sur la direction commune RR' des deux forces.

Or, les points M_1 et M'_1 sont situés à des distances infiniment petites du point N, par lequel se touchent les deux surfaces; on peut donc les regarder comme appartenant au plan tangent commun mené aux deux surfaces par ce point; ce plan fait un angle infiniment petit avec le plan tangent au point M_1. Il diffère donc infiniment peu d'un plan normal à la droite RR'; par suite, la distance mm' est un infiniment petit du second ordre, et enfin la différence $Mm' - Mm$ est égale à zéro, aux infiniment petits du second ordre près. La somme des travaux virtuels des forces R et R' est donc égale à zéro, et la proposition est vérifiée.

Si les surfaces S et S' exerçaient un frottement l'une sur l'autre, il n'en serait plus de même, car la réaction mutuelle pourrait être oblique aux deux surfaces, et fournir par suite un certain travail.

Dans tous les cas que nous venons d'examiner, on n'aura pas à évaluer le travail virtuel des forces dues aux liaisons, si l'on imprime au système des déplacements qui soient compatibles avec ces liaisons, c'est-à-dire qui les laissent subsister pendant le déplacement.

120. Mais alors la démonstration de la réciproque du théorème général (§ 117) doit être modifiée. Nous avons d'abord établi que *lorsqu'un système matériel est en équilibre, la somme des travaux virtuels de toutes les forces qui le sollicitent, pour un déplacement virtuel quelconque, est égale à zéro*; cette proposition s'applique aux déplacements compatibles avec les liaisons comme à tous les autres, et nous venons de montrer que pour ceux-là en particulier le travail des forces dues aux liaisons est identiquement nul. Nous avons ensuite démontré la réciproque : *si la somme des travaux*

virtuels des forces est nulle pour tous les déplacements virtuels, le système est en équilibre. Et pour cela, nous avons considéré des déplacements affectant un point unique du système, et laissant les autres immobiles. Cette hypothèse suppose les points matériels libres et indépendants, et elle n'est pas compatible avec l'existence de liaisons que les déplacements imprimés au système doivent laisser subsister. Nous avons donc à démontrer pour ainsi dire un nouveau théorème, qu'on peut énoncer comme il suit :

Un système à liaisons est en équilibre, lorsque la somme des travaux virtuels des forces, soit extérieures, soit intérieures, qui le sollicitent, est égale à zéro pour tout déplacement compatible avec les liaisons.

La démonstration est facile en employant la *réduction à l'absurde*. Supposons que la condition soit remplie, et que le système matériel ne soit pas en équilibre. L'équilibre n'existant pas, le système prendra un mouvement réel défini, lequel sera nécessairement compatible avec les liaisons ; le premier pas du système dans le mouvement qu'il va prendre peut donc être regardé comme l'un des déplacements virtuels compris dans l'énoncé du théorème, et par suite, la somme des travaux des forces est nulle pour ce déplacement particulier. Mais nous pouvons empêcher le mouvement du système en appliquant en ses divers points des forces convenables, dirigées en sens contraire du mouvement qui tend à se produire. Il y aura alors équilibre entre les forces primitivement appliquées au système, et les nouvelles forces qu'on vient d'y ajouter ; la somme des travaux de toutes ces forces est donc nulle, en vertu de la proposition directe. Or, la somme des travaux des forces primitives est nulle par hypothèse. La somme des travaux des nouvelles forces est donc nulle aussi, ce qui est impossible, car chacune de ces forces agissant en sens contraire du déplacement admis pour son point d'application, le travail de chaque force est négatif, et la somme de leurs travaux est aussi négative. L'hypothèse du mouvement du système conduit ainsi à une contradiction ; le système est par suite en équilibre.

121. Les machines qu'on emploie dans l'industrie sont en

général des *systèmes à liaisons complètes* (*Ciném.*, § 117).
Dans un tel système, il n'y a qu'un déplacement possible
dans un sens ou dans le sens opposé. La condition d'équilibre de la machine s'exprimera en égalant à zéro la somme
des travaux des forces correspondant à ce déplacement infiniment petit.

Prenons pour exemple une machine composée de la
manière suivante

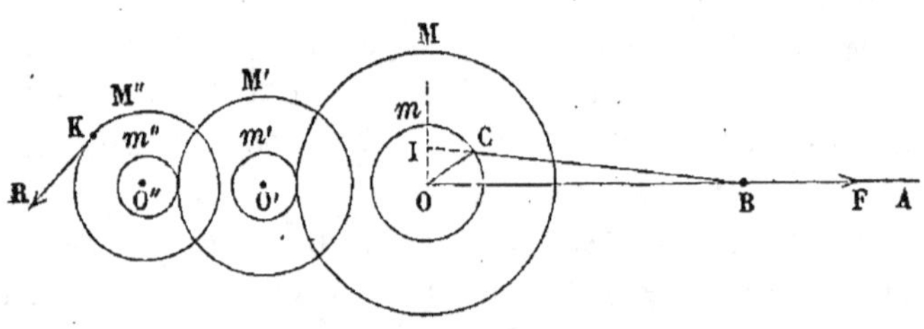

Fig. 110.

Une tige A B est destinée à pousser ou à tirer, le long de
la droite fixe O A, le point B, extrémité de la bielle B C ; le
point C, autre extrémité de la bielle, est articulé à la manivelle O C, mobile autour de l'arbre tournant O. Sur cet arbre
tournant est montée une roue d'engrenage M ; elle engrène
avec un pignon m', monté sur l'arbre parallèle O' ; le pignon
m' fait corps avec la roue M' qui est centrée sur le même
arbre. Cette roue engrène avec le pignon m'', monté sur un
troisième arbre parallèle O''. Le tambour K, concentrique
au pignon m'', est sollicité à sa circonférence par une force
tangente R ; son rayon est égal à r. On demande quelle force
F il faut appliquer à la tige B A pour tenir la force R en
équilibre.

Si l'on désigne par ε le déplacement infiniment petit du
point B, point d'application de la force F, et par ε' le déplacement infiniment petit correspondant du point K, point
d'application de la force B, et si l'on suppose qu'il n'y ait
aucun frottement dans les articulations et les engrenages,
l'équation d'équilibre sera

$$F\varepsilon - R\varepsilon' = 0,$$

et la question est ramenée à un problème de cinématique : trouver le rapport $\dfrac{\varepsilon'}{\varepsilon}$ des déplacements linéaires simultanés des points K et B.

Nous pouvons prendre ε pour mesure de la vitesse linéaire du point B. La vitesse angulaire de l'arbre O sera égale à $\dfrac{\varepsilon}{\mathrm{O\,I}}$ (*Ciném.*, § 81), la vitesse angulaire de l'arbre O' est à celle de l'arbre O dans le rapport inverse des nombres de dents des deux roues M et m'; appelons M et m' ces nombres de dents; la vitesse angulaire de l'arbre O' est donc

$$\frac{\varepsilon}{\mathrm{O\,I}} \times \frac{\mathrm{M}}{m'},$$

celle de l'arbre O″ est par la même raison

$$\frac{\varepsilon}{\mathrm{O\,I}} \times \frac{\mathrm{M}}{m'} \times \frac{\mathrm{M'}}{m''},$$

et par suite la vitesse du point K, ou ε', est

$$\varepsilon' = \frac{\varepsilon}{\mathrm{O\,I}} \times \frac{\mathrm{M}}{m'} \times \frac{\mathrm{M'}}{m''} \times r;$$

on a donc

$$\varepsilon' = \varepsilon \times \frac{\mathrm{M}}{m'} \times \frac{\mathrm{M'}}{m''} \times \frac{r}{\mathrm{O\,I}}.$$

et enfin

$$\mathrm{F} = \mathrm{R} \times \frac{\mathrm{M}}{m'} \times \frac{\mathrm{M'}}{m''} \times \frac{r}{\mathrm{O\,I}}$$

On remarquera qu'aux points morts OI est nul, et par suite F est infinie; ce qui indique qu'il est impossible de tenir en équilibre une force R tangente à la roue O″, en employant une force F dirigée suivant la longueur de la bielle, lorsque la manivelle est à l'un des points morts.

Nous avons fait abstraction du frottement. Si l'on devait

en tenir compte, il faudrait introduire dans l'équation les travaux des composantes tangentielles aux surfaces qui glissent les unes sur les autres. Mais ces composantes sont inconnues; tout ce qu'on sait, c'est qu'elles sont au plus égales aux produits des réactions normales par le coefficient de frottement (§ 89). Elles ne deviennent égales à cette limite supérieure que quand le glissement a effectivement lieu. Mais, même dans ce cas, elles sont encore inconnues, puisqu'elles renferment en facteur les réactions normales, que la méthode du travail virtuel a pour objet d'éliminer. Il faut alors traiter séparément l'équilibre de chaque partie de la machine, ce qui met en évidence, comme forces extérieures, les réactions mutuelles de ces parties. Nous aurons l'occasion, dans le chapitre VII, de résoudre quelques questions de ce genre.

Le théorème du travail virtuel est comme un lien qui rattache ensemble les diverses parties de la mécanique. Nous venons de voir qu'il introduit dans la statique des considérations cinématiques qui, au premier abord, paraissent complétement étrangères à la science de l'équilibre, et nous verrons plus tard qu'il peut être regardé comme un corollaire du plus important des théorèmes de la dynamique, le *théorème des forces vives.*

CHAPITRE VI

DE LA PESANTEUR

122. On appelle *pesanteur* la propriété qu'ont les corps placés à la surface du globe d'être attirés vers la terre par une force déterminée, qui leur fait exercer une pression sur leurs appuis, s'ils sont en équilibre, ou qui les fait *tomber*, s'ils sont abandonnés à eux-mêmes. Tous les corps sont pesants. A la vérité, on trouve certains corps, dits corps *légers*, qui peuvent se maintenir *en l'air* sans tomber à la surface du sol ; mais ce phénomène est dû à la présence de l'air atmosphérique, qui exerce une poussée de bas en haut sur tous les corps qui y sont plongés ; dans le vide, un corps léger tomberait comme un corps lourd, et le mouvement des deux corps présenterait les mêmes variations de vitesse. Dans l'air, la force due à la pesanteur est diminuée de la poussée du gaz, et le corps n'est sollicité en réalité que par la différence, positive ou négative, de ces deux forces contraires ; la résultante peut, dans certains cas, être dirigée de bas en haut.

123. Les lois de la pesanteur sont fort compliquées, et elles ne peuvent être entièrement étudiées que dans la dynamique. La pesanteur est variable pour un même corps avec la latitude, avec la hauteur au-dessus du niveau de la mer ; elle varie en direction d'un point à l'autre de la surface du globe, et si on laisse tomber un corps d'une grande hauteur, ce corps ne parcourt la *verticale*, direction de la pesanteur, que pendant les premiers instants de sa chute ; la rotation du globe a pour effet de l'en faire dévier. Nous laisserons de côté pour le moment l'examen de ces variations, et nous simplifierons l'étude de la pesanteur en supposant

qu'il s'agisse simplement d'un corps de petites dimensions, placé en repos à peu de distance de la surface des mers, comme cela a lieu généralement pour les corps entrant dans la construction des machines. La pesanteur exercera sur les parties de ce corps des actions verticales, toutes parallèles entre elles. Supposons le corps solide. Toutes ces forces parallèles et de même sens pourront se composer en une seule force égale à leur somme ; c'est cette résultante qu'on appelle le *poids* du corps ; elle a pour point d'application le *centre des forces parallèles*, qu'on nomme dans ce cas particulier le *centre de gravité du corps*.

Remarque. — Bien que la composition des forces suppose que les points d'application appartiennent à un même système solide, un système matériel non solide peut être considéré comme ayant un centre de gravité ; c'est le centre de gravité du système qu'on aurait rendu solide par la pensée sans en altérer la forme. Si le système matériel se déplace et change de forme, à chacune de ses formes successives correspond un centre de gravité particulier.

CORPS HOMOGÈNES. — POIDS SPÉCIFIQUE

124. Le poids total d'un corps, solide ou non solide, est la somme des poids de ses diverses parties. On dit qu'un corps est *homogène* lorsqu'un volume donné du corps a toujours le même poids, en quelque endroit qu'on prenne ce volume. Dans ce cas, le poids est proportionnel au volume, et par suite on obtiendra le poids total d'un corps dont le volume est donné, en multipliant le volume par un nombre dépendant de la nature du corps, et qu'on nomme *poids spécifique*. Si l'on appelle P le poids total d'un corps homogène, V son volume et *p* son poids spécifique, on a entre ces trois quantités la relation

$$P = V \times p.$$

La quantité P est rapportée à *l'unité de poids;* la quantité

V, à l'*unité de volume*. Enfin, le nombre p exprime en unités de poids le poids de l'unité de volume. L'équation est donc homogène. L'unité de poids reste arbitraire. On est convenu en France de prendre pour unité de poids le poids de l'unité de volume d'eau distillée. Pour l'eau, par conséquent, le volume et le poids sont exprimés par un même nombre. Si l'on prend, par exemple, pour unité de volume le centimètre cube, l'unité de poids s'appelle le *gramme*; c'est le poids d'un centimètre cube d'eau. Si l'on prend le décimètre cube, l'unité de poids correspondante est le *kilogramme*, poids égal à 1,000 grammes, ou au poids de 1,000 centimètres cubes d'eau. Le décimètre cube contient en effet 1,000 centimètres cubes. Enfin, si l'on prend pour unité de volume le mètre cube, l'unité de poids correspondante est la *tonne*, qui équivaut à 1,000 kilogrammes, ou à 1,000,000 de grammes, et qui représente le poids de 1,000 décimètres cubes ou de 1,000 litres d'eau, ou encore de 1,000,000 de centimètres cubes. Pour l'eau distillée, quelle que soit l'unité de volume qu'on adopte, le poids spécifique p est égal à l'unité numérique. Cette convention suppose que l'eau est prise à une température définie, qu'on a fixée à 4° centigrades environ et qui correspond à son maximum de densité. Au-dessus comme au-dessous de cette température, un centimètre cube d'eau distillée a un poids un peu moindre qu'un gramme, et un poids spécifique un peu inférieur à l'unité.

125. On détermine en physique les poids spécifiques des divers corps solides, liquides ou gazeux, ou plutôt les rapports de ces poids spécifiques à celui de l'eau, et les lois de la variation des poids spécifiques avec la température et avec la pression. On a dressé des tables qui donnent le poids spécifique des différents corps. Celui du mercure est d'environ 13,6; celui de la fonte, d'environ 7,2; cela veut dire qu'un volume donné de mercure (pris à la température de 0°) a le même poids que 13,6 volumes égaux d'eau distillée (à la température de 4°), et qu'un volume donné de fonte pèse autant que 7,2 fois ce même volume d'eau. Par exemple, 1 centimètre cube de mercure à 0° pèse 13^{gr}, 6,

et un mètre cube de fonte à la même température pèse 7 tonnes, 2 ou 7,200 kilogrammes.

Le volume correspondant à un poids donné d'un certain corps se déterminera de même en divisant le poids donné par le poids spécifique. Cherchons, par exemple, quel volume occupe un poids de 480 grammes de mercure à la température de zéro. Il suffira de diviser 480 par 13,6, poids spécifique du mercure; il vient au quotient le nombre 35,294 ..., qui exprime en centimètres cubes le volume cherché. Si l'on demande quel volume de fonte il faut pour peser 40 tonnes, on divisera 40 par 7,2; le quotient est 5,555555 ...; le volume demandé est donc 5 mètres cubes 555 décimètres cubes 555 centimètres cubes, etc., ou 5 mètres cubes $\frac{5}{9}$.

Lorsqu'il s'agit d'un gaz, il est nécessaire de connaître non-seulement sa température, mais encore sa *pression*, pour déterminer son poids en fonction de son volume et réciproquement. Cela tient à ce que le même poids de gaz occupe des volumes très-différents, suivant qu'on le comprime plus ou moins, tandis que les pressions extérieures les plus considérables exercées sur un liquide ou sur un solide en altèrent à peine le volume.

126. Lorsque des volumes égaux, pris en différents points d'un corps, n'ont pas des poids égaux, le corps n'est pas homogène, et le quotient de la division du poids total par le volume ne donne plus que le *poids spécifique moyen*. Si on divise de même le poids d'une portion définie du corps par le volume que cette portion occupe, on obtient le *poids spécifique moyen* de la portion considérée. Enfin, le *poids spécifique* d'un corps non homogène *en un point donné* est le poids spécifique moyen d'une portion infiniment petite prise dans le corps autour du point donné, ou la limite vers laquelle tend le rapport du poids de cette portion variable au volume qu'elle occupe, à mesure qu'on en réduit les dimensions jusqu'à zéro.

MESURE DES QUANTITÉS DE MATIÈRE. — MESURE DES FORCES

127. Le poids d'un corps peut servir à l'évaluation numérique de la *quantité de matière* que ce corps renferme. Nous ne savons pas ce que c'est que la matière, et il paraît à peu près impossible d'en donner une définition claire et précise. Nous pouvons du moins admettre que deux corps ayant le même poids renferment la même quantité de matière, et que deux corps ayant des poids différents renferment des quantités de matière proportionnelles à leurs poids respectifs. Sans doute, il existe une différence de nature intime entre les divers corps simples de la chimie : l'on ne peut changer, par exemple, du fer en hydrogène ou en mercure; on dira néanmoins qu'un kilogramme de fer, un kilogramme d'hydrogène, un kilogramme de mercure, représentent chacun des quantités égales de matière. Les réactions chimiques qui s'opèrent entre des corps de natures différentes, n'altèrent pas les quantités de matière mises en présence les unes des autres; elles se résument dans de nouveaux groupements des molécules constitutives des corps, mais il n'y a ni matière créée ni matière détruite. La recherche des poids permet de constater cette vérité, principe fondamental de la chimie moderne.

Dans la vie pratique, c'est au poids que se vendent la plupart des produits de l'agriculture et de l'industrie; parfois on substitue au poids la mesure d'un volume, mais c'est qu'alors on trouve plus commode de mesurer une capacité que d'effectuer une pesée, et que la constance, absolue ou approximative, du poids spécifique de la chose vendue, permet de regarder le volume comme sensiblement proportionnel au poids. Un kilogramme de pain représente bien une quantité définie de pain, c'est-à-dire, abstraction faite de toutes les qualités physiques et chimiques du pain, une quantité définie de *matière*. La recherche du poids n'a donc souvent pour objet que l'évaluation d'une quantité de matière, et c'est pour cela que, dans la définition légale de l'unité de poids, on n'a fait entrer ni la hauteur au-dessus du niveau de la mer, ni la latitude du lieu où doit se faire l'expérience. Le gramme est, en tous lieux, le poids du centimètre cube d'eau distillée à 4°; et bien qu'à égalité d'altitudes la pesanteur soit moindre à l'équateur qu'aux pôles, un poids d'un gramme transporté de l'équateur au pôle représentera partout un poids égal à celui du centimètre cube d'eau, car ces deux poids varient tous deux de la même manière avec la latitude et restent égaux, s'ils sont égaux en un point particulier du globe.

Il n'en est plus de même si l'on se sert du poids comme *mesure de la force*. Le poids d'un corps est la résultante des forces parallèles dues à la pesanteur, appliquées à toutes les molécules de ce corps. La pesanteur variant avec l'altitude et avec la latitude, ces forces et leur résultante varient pour un même corps avec la position qu'on lui donne par rapport au globe terrestre. Le poids d'un corps ne représente donc pas partout la même force, et pour évaluer les forces en kilogrammes, comme on le fait communément, il faut avoir soin de définir le lieu où l'évaluation doit être faite. Nous admettrons ici que ce lieu soit situé au niveau de la mer, et sous la latitude de Paris (48° 50'). Du reste, les variations de la pesanteur sont généralement assez faibles dans les circonstances ordinaires de la pratique pour qu'on puisse en faire abstraction, même quand il s'agit de mesurer les forces.

MESURE DES FORCES PAR LE DYNAMOMÈTRE

128. Si l'on veut s'affranchir de ces variations de la pesanteur, il faut comparer la force à mesurer, non plus à un poids qui varie d'un point à l'autre, mais à une force qui soit la même partout, et la force que l'on choisit comme terme de comparaison est celle que fournit l'élasticité des solides. L'appareil d'évaluation prend le nom de *dynamomètre*.

Soit A B une lame d'acier, solidement engagée dans un mur fixe M N sur toute la longueur A C, de manière que cette portion A C puisse être regardée comme fixe. Si l'on applique à l'extrémité B une force F, perpendiculaire à la direction de la lame et agissant dans son plan moyen, la lame se courbe et la portion libre devient une courbe A B', tangente en A à sa direction primitive A B. Le déplacement total B B' du point B, extrémité libre de la lame, c'est-à-dire la flèche prise par le ressort, dépend de l'intensité de la force F, de la longueur et des dimensions de la lame, enfin de l'élasticité

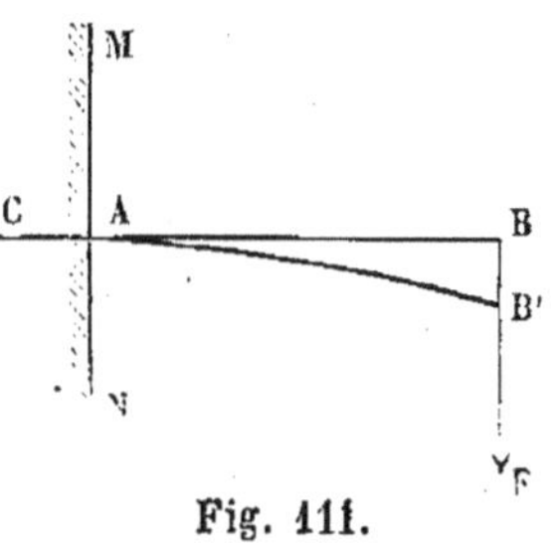

Fig. 111.

plus ou moins grande de la matière dont elle est composée. Or, l'expérience montre que tant que la flèche est suffisamment petite, elle est proportionnelle à la force F qui la produit. La flèche peut donc servir de mesure à la force, et pour évaluer la force, il suffira d'évaluer la flèche B B' correspondante, au moyen d'une échelle convenablement graduée.

Le dynamomètre est fondé sur le même principe.

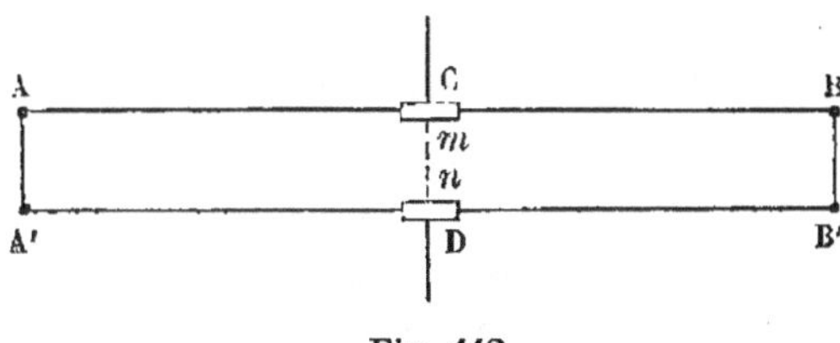

Fig. 112.

Il est formé de deux lames élastiques toutes pareilles, A B, A' B', auxquelles on donne un profil parabolique propre à en augmenter la flexibilité ; ces deux lames sont réunies en A A', B B', par des brides courtes et rigides ; l'une d'elles est attachée en son milieu C à un point qu'on peut regarder comme fixe ; en face de ce point, on applique en D la force à évaluer. A l'origine de l'expérience, on a noté exactement la position du point *n* par rapport au

point m. Après l'application de la force, les lames fléchissent toutes deux de quantités égales, et prennent la forme
$A_1 m B_1$, $A'_1 n_1 B'_1$ (fig. 113); la distance mn est devenue, par
suite de la flexion, égale à mn_1; et comme les brides AA',
BB' sont très-courtes et très-peu déformables, l'accroisse-

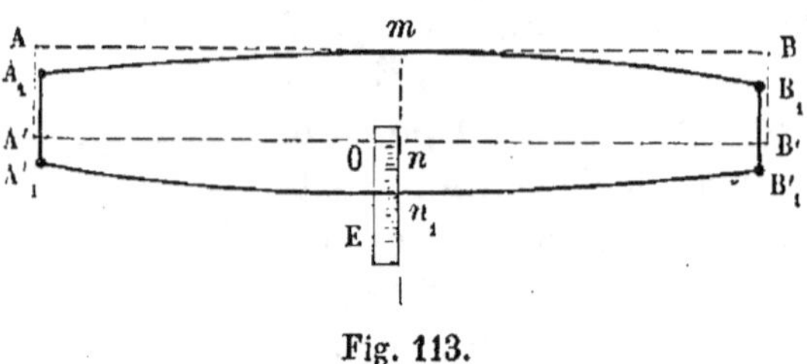

Fig. 113.

ment nn_1 de la distance des milieux est la somme des flèches
prises par les deux ressorts, ou le double de la flèche AA_1,
prise par l'un d'eux. La longueur nn_1 est donc proportionnelle à la force appliquée au point D, et il suffit par suite
d'évaluer cette longueur sur une échelle, E, convenablement
graduée, et ayant son zéro en face du point n, pour avoir la
mesure demandée.

On attachera successivement au point D, par exemple,
des poids de 1, 2, 3, ... n kilogrammes, et l'on notera sur
l'échelle les positions correspondantes prises par le point
mobile n_1 après chaque expérience. La graduation sera ainsi
faite empiriquement; supposons qu'on l'ait opérée à Paris,
et au niveau de la mer. Chaque division de l'échelle correspondra à une force d'un *kilogramme* (*valeur de Paris*); transporté ailleurs, le dynamomètre donnera des évaluations de
force dans cette même unité. Ainsi, le poids coté 1 kilogramme courbera un peu plus le dynamomètre à Pétersbourg qu'à Paris, et marquera à l'échelle une déviation nn_1
plus considérable, parce que Pétersbourg est plus voisin
du pôle que Paris; le même poids, porté sur une haute
montagne, produira une déviation moindre, parce que
la pesanteur décroît à mesure qu'on s'éloigne de la terre; et
l'échelle fera connaître exactement les forces subies par ce
même poids dans ces diverses positions, en les évaluant

toutes en kilogrammes, valeur du lieu où s'est opérée la graduation. Le dynamomètre permet donc d'étudier les lois des variations de la pesanteur.

La forme donnée aux lames du dynamomètre, et l'assemblage des deux lames, ont pour objet d'augmenter la sensibilité de l'appareil et d'accroître la longueur dont on doit déterminer la mesure. L'appareil serait parfait si l'élasticité des métaux n'était pas sujette à s'altérer à la suite des efforts qu'ils ont subis. Mais il arrive qu'au bout d'un certain nombre d'expériences le dynamomètre, rapporté au lieu de sa graduation et soumis successivement aux mêmes poids, ne prend plus rigoureusement les mêmes accroissements de flèche qu'à l'origine.

La dynamique donne des moyens bien plus parfaits d'étudier les variations de la pesanteur en différents points du globe.

ATTRACTION DES SPHÈRES MATÉRIELLES

129. Newton a reconnu que la pesanteur est un cas particulier d'une loi beaucoup plus générale, celle de la *gravitation universelle*.

Voici comment cette loi est formulée.

Soient A et B deux molécules, situées à une distance $AB = r$. Appelons m la *quantité de matière* contenue dans la molécule A, et m' la quantité de matière contenue dans la molécule B, ces quantités étant rapportées à une unité arbitraire, à l'unité de poids, par exemple. La molécule A exerce sur la molécule B une attraction F, dirigée de B vers A ; la molécule B exerce sur la molécule A une attraction F' égale, dirigée de A vers B, et la valeur commune de ces deux forces mutuelles est donnée par la formule

$$F = \frac{fmm'}{r^2},$$

où f est un nombre constant, dépendant du choix des unités qui ont servi à évaluer la distance r, la force F et les quantités de matière m et m'.

130. La terre, comme le soleil et comme les planètes, est un corps à peu près sphérique; cherchons la résultante de toutes les actions attractives exercées par les molécules terrestres sur un point matériel placé à une distance donnée de sa surface. Nous admettrons dans cette recherche que le globe terrestre soit formé d'une infinité de couches sphériques concentriques et homogènes, et nous nous occuperons d'abord de déterminer la résultante des actions exercées par les molécules composant l'une de ces couches en particulier.

Soit O le centre, B C le diamètre, B F C le profil d'une couche sphérique homogène, dont le rayon O B est égal à R, et qui renferme une quantité de matière de ρ unités par unité de surface.

Soit A le point attiré, que nous supposerons d'abord au dehors de la sphère, à une distance $AO = a$ du centre; nous désignerons par m la quantité de matière de ce point.

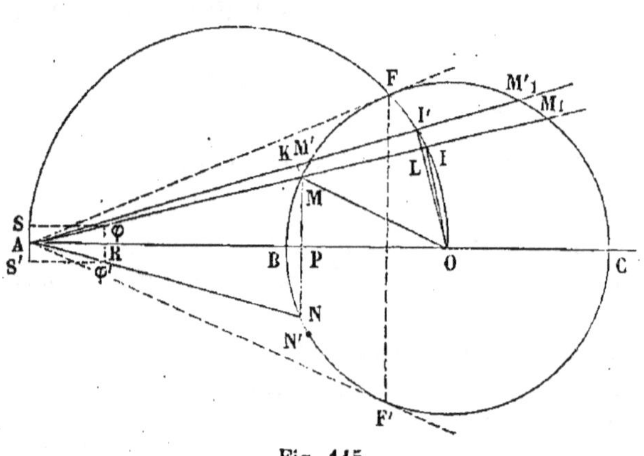

Fig. 115.

Coupons la surface sphérique par deux plans infiniment voisins, perpendiculaires tous deux à la droite A O; l'un de ces plans est profilé sur la figure en MPN; l'autre est situé à une distance infiniment petite du premier; tous deux déterminent sur la surface une zone sphérique profilée suivant les arcs infiniment petits MM', NN'.

Tous les points de cette zone sont à égale distance du point A, abstraction faite de l'excès de distance du bord M'N' sur le bord MN, lequel excès est infiniment petit, et négligeable par rapport à la distance finie AM. Prenons en particulier une molécule M de la zone; l'action attractive φ qu'elle exerce sur le point A a pour mesure

$$\frac{f m \mu}{A M^2},$$

μ étant la quantité de matière contenue dans la molécule ; cette force, φ, dirigée suivant A M peut se décomposer en deux forces, l'une A R, dirigée suivant A P, l'autre A S dirigée normalement à A P dans le plan P A M. Or la force A S est détruite par la composante normale, A S', de la force φ', égale à φ, exercée sur le point A par la molécule N, symétrique de M par rapport à l'axe A O ; de sorte que toutes les forces normales à A O, et provenant des actions de la zone M M', se détruisent deux à deux, tandis que les forces A R, dirigées suivant A O, s'ajoutent, et donnent par leur somme l'action totale exercée par la zone entière.

La composante A R, qui correspond à l'action de la molécule M, se déduit de la similitude des triangles A R φ, A P M ; il vient en effet

$$\frac{A R}{\varphi} = \frac{A P}{A M}.$$

Donc

$$A R = \varphi \times \frac{A P}{A M} = \frac{f m \mu}{A M^2} \times \frac{A P}{A M} = f m \times \frac{A P}{A M^3} \times \mu.$$

Pour passer de là à la somme des composantes A R provenant des actions de toutes les molécules de la zone M M'N'N, il suffit de remplacer le facteur μ par la quantité totale de matière que cette zone renferme. Or la surface de cette zone, qu'on peut confondre avec la surface convexe d'un tronc de cône, a pour mesure le produit de l'arc M M', génératrice de la surface du cône, par la circonférence décrite par le milieu de cette génératrice ; mais, à cause de la petitesse de l'arc M M', on peut substituer à la circonférence décrite par le milieu de cet arc la circonférence décrite par l'une, M, de ses extrémités, c'est-à-dire le produit $2\pi \times$ M P. La surface de la zone est donc, en négligeant les infiniment petits d'ordre supérieur au premier,

$$2\pi \times M P \times M M'.$$

La quantité de matière contenue dans l'unité de surface étant représentée par ρ, la matière contenue dans la zone M M'N'N est représentée par le produit

$$2\pi\rho \times M P \times M M', \qquad (4)$$

et enfin, l'action attractive totale H, exercée par la zone sur le point A, et dirigée de A vers O, a pour mesure

$$H = fm \times \frac{AP}{\overline{AM}^3} \times 2\pi\rho \times MP \times MM',$$

ou bien

$$H = 2\pi fm\rho \times \frac{AP \times MP \times MM'}{\overline{AM}^3}.$$

Du point O, abaissons les perpendiculaires OI, OI' sur les droites AM, AM' prolongées. Les points I, I', milieux des cordes MM_I, $M'M_I$, sont situés sur une même circonférence OFA, décrite sur AO comme diamètre. Joignons MO, et enfin abaissons MK perpendiculaire sur AM'.

Les triangles rectangles AMP, AOI, sont semblables et donnent les proportions :

$$(1) \qquad \frac{AP}{\overline{AM}} = \frac{AI}{\overline{AO}},$$

$$(2) \qquad \frac{MP}{\overline{AM}} = \frac{OI}{\overline{AO}}.$$

Nous substituerons au rapport $\dfrac{MM'}{\overline{AM}}$ le produit égal des rapports $\dfrac{MM'}{\overline{MK}} \times \dfrac{MK}{\overline{AM}}$.

Le triangle KMM', dont les trois côtés sont infiniment petits, est semblable au triangle MOI ; car ils sont tous deux rectangles, l'un en K, l'autre en I, et de plus, l'angle KMM', ayant ses côtés KM, MM', respectivement perpendiculaires à AI' et à MO, ou, à la limite, à AI et à MO, diffère infiniment peu de l'angle MOI. On a donc la proportion

$$(3) \qquad \frac{MM'}{\overline{MK}} = \frac{MO}{\overline{MI}}.$$

Les triangles AMK, ALI' sont d'ailleurs semblables et donnent la quatrième proportion

$$(4) \qquad \frac{MK}{\overline{AM}} = \frac{LI'}{\overline{AL}}.$$

Multiplions membre à membre les égalités (1), (2), (3) et (4); il viendra, en supprimant le facteur commun MK,

$$\frac{AP \times MP \times MM'}{\overline{AM}^3} = \frac{AI \times OI}{\overline{AO}^2} \times \frac{MO \times LI'}{MI \times AL},$$

de sorte que l'attraction H s'exprime par le produit

$$H = 2\pi f m\rho \times \frac{MO}{\overline{AO}^2} \times \frac{AI}{AL} \times \frac{OI \times LI'}{MI}.$$

Remarquons que les longueurs finies AI et AL diffèrent d'une quantité LI, infiniment petite; leur rapport a donc pour limite l'unité; observons de plus que MO est égal à R, rayon de la couche sphérique, et que AO est égal à a, distance du point A au centre; en résumé, nous pouvons mettre l'attraction de la zone MM'N'N sous la forme suivante:

$$(5) \qquad H = \left(\frac{2\pi f m\rho \times R}{a^2}\right) \times \left(\frac{OI \times LI'}{MI}\right),$$

la première parenthèse comprenant tous les facteurs constants, et la seconde les facteurs qui varient avec la position de la zone. Nous allons transformer encore cette seconde parenthèse.

Le triangle MOI étant rectangle en I, nous avons l'équation

$$\overline{OI}^2 + \overline{IM}^2 = \overline{OM}^2 = R^2;$$

nous aurions de même

$$\overline{OI'}^2 + \overline{I'M'}^2 = R^2.$$

Retranchons la première de ces deux équations de la seconde. Il viendra

$$\overline{OI'}^2 - \overline{OI}^2 + \overline{I'M'}^2 - \overline{IM}^2 = 0,$$

ou bien

$$\overline{OI'}^2 - \overline{OI}^2 = \overline{IM}^2 - \overline{I'M'}^2.$$

ou encore

$$(6) \qquad (OI' + OI)(OI' - OI) = (IM + I'M')(IM - I'M').$$

Or $OI' - OI$ est égal à LI', car l'angle I étant droit, et l'angle LOI infiniment petit, les longueurs OL, OI sont égales à un infiniment petit du second ordre près (T. I., *Intr.*, § 8). Pour évaluer de même. $IM - I'M'$, remarquons que, par la même raison, ML est égal à KI', projection de ML sur la droite AI', qui fait avec ML un angle KAM infiniment petit ; donc

$$MI - M'I' = (ML + LI) - (KI' - KM') = LI + KM'.$$

Enfin à la limite $OI' + OI$ est égal à $2OI$, et $IM + I'M' = 2MI$. Introduisant toutes ces simplifications dans l'équation (6), et supprimant le facteur 2, elle prend la forme

$$OI \times LI' = MI \times (LI + KM').$$

Donc

$$\frac{OI \times LI'}{MI} = LI + KM'.$$

Mettons cette valeur à la place de la seconde parenthèse dans l'équation (5), et nous aurons l'égalité beaucoup plus simple :

$$(7) \qquad H = \frac{2\pi f m \rho \times R}{a^2} \times (LI + KM').$$

Il ne reste plus qu'à faire la somme des valeurs de H pour toutes les zones infiniment petites dans lesquelles on peut décomposer la surface sphérique, c'est-à-dire à faire la somme des quantités LI et KM', qui seules varient de l'une à l'autre. Or, remarquons que KM' est la différence des droites AM', AM, menées du point A aux deux extrémités de l'arc qui engendre la zone considérée. De même, LI est la différence des droites AI, AI', menées du même point A aux deux extrémités de l'arc II', que les mêmes directions interceptent sur la circonférence OFA, décrite sur AO comme diamètre. La somme des quantités KM', pour un certain arc fini BM de la demi-circonférence BC, sera donc égale à la différence, $AM - AB$, des distances du point A aux deux extrémités de cet arc, et la somme correspondante des quantités L I donnera la différence AO — AI des distances du point A aux deux extrémités O et I de l'arc OI qui correspond à l'arc B M sur la circonférence O F A.

Cette circonférence O F A coupe la circonférence B F C au point de contact F de la tangente issue du point A. L'attraction exercée sur le point A par la zone F B F′, située à gauche du plan F F′, a donc pour mesure

$$H' = \frac{2\pi f m\rho \times R}{a^2} \times (AF - AB + AO - AF) = \frac{2\pi f m\rho \times R^2}{a^2};$$

de même l'attraction exercée sur le point A par la zone F C F′, qui complète la sphère entière, a pour mesure

$$H'' = \frac{2\pi f m\rho \times R}{a^2} \times (AC - AF + AF - AO) = \frac{2\pi f m\rho R^2}{a^2}.$$

Donc $H' = H''$.

L'attraction de la sphère entière est la somme $H' + H''$, ou bien $2H'$, ou enfin

$$\frac{4\pi f m\rho \times R^2}{a^2}.$$

Pour la sphère entière, la somme de tous les éléments K M′ est égale au diamètre, tandis que la somme des éléments L I, qui sont positifs pour toute la zone B F, et négatifs pour toute la zone F C, se réduit à zéro.

L'expression $\dfrac{4\pi f m\rho \times R^2}{a^2}$ peut s'écrire de la manière suivante :

$$\frac{f \times (4\pi R^2 \times \rho) \times m}{a^2}.$$

Or, la surface de la couche sphérique a pour mesure $4\pi R^2$. Le produit de cette surface par ρ est la quantité totale de matière contenue dans la couche ; si on appelle M cette quantité, l'attraction a pour mesure

$$\frac{f M m}{a^2},$$

c'est-à-dire qu'elle est égale à l'attraction exercée sur la molécule

A par une molécule contenant la quantité M de matière, placée au centre O de la couche sphérique. En d'autres termes, *une couche sphérique homogène exerce sur un point matériel extérieur la même attraction que si toute la matière formant la couche était concentrée en son centre.*

131. On peut en dire autant de chacune des couches sphériques homogènes dont nous avons supposé le globe terrestre composé ; de sorte que *l'attraction exercée sur un point extérieur par une sphère massive, composée de couches concentriques homogènes, est la même que si toute la matière de la sphère était concentrée en son centre.*

132. Si enfin on considère deux sphères massives S et S', composées chacune de couches concentriques homogènes, on ne changera rien, en vertu du théorème précédent, à l'attraction exercée par la sphère S sur un point matériel pris dans la sphère S', en réunissant toute la matière de la sphère S en son centre O. On est ramené par là à considérer l'attraction exercée par le point matériel fictif O, sur tous les points de la sphère S', attraction égale à celle que tous les points de la sphère S' exercent sur le point matériel O ; appliquant de nouveau le même théorème, on pourra supposer que toute la matière de la sphère S' soit concentrée en son centre O'; de sorte qu'en résumé on n'altère pas les attractions mutuelles en concentrant à la fois la matière de la sphère S' en son centre O, et la matière de la sphère S' en son centre O'. *Deux sphères matérielles, composées chacune de couches concentriques homogènes, s'attirent donc de la même manière que si la matière de chaque sphère était réunie en son centre.*

133. Nous avons supposé (§ 130 et suiv.) que le point A, attiré par la matière répartie uniformément sur une surface sphérique, était extérieur à cette surface. Cherchons à résoudre la même question dans le cas où le point A est placé à l'intérieur de la couche. On pourrait suivre une marche analogue à celle que nous avons indiquée pour le premier cas. Mais une remarque de géométrie permet d'abréger la solution.

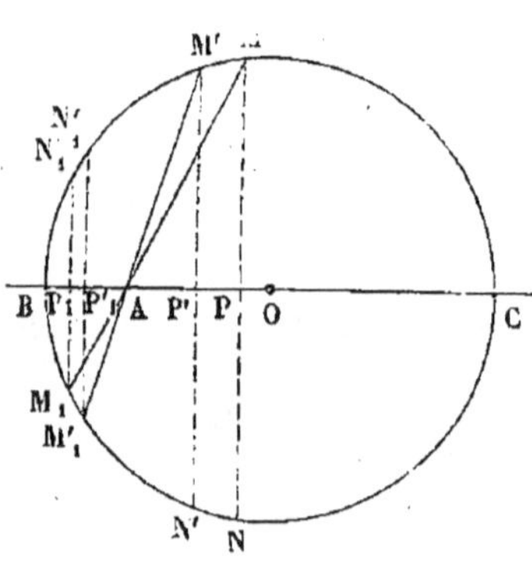

Fig. 116.

Considérons, comme nous l'avons fait dans le premier cas, l'attraction totale exercée sur le point A par la matière de la zone profilée en MM' et NN', et comprise entre les deux plans parallèles MPN, $M'P'N'$ infiniment rapprochés. Cette attraction est dirigée du point A vers le point O, et a pour mesure

$$2\pi f R m\rho \times \frac{AP}{\overline{AM}^3} \times MP \times MM'.$$

Prolongeons les droites AM, AM' jusqu'à leur seconde rencontre avec la circonférence en $M_{\prime}$, $M'_{\prime}$. L'arc $M_{\prime}M'_{\prime}$ sera le profil d'une zone sphérique comprise entre les deux plans parallèles $M_{\prime}P_{\prime}N_{\prime}$, $M'_{\prime}P'_{\prime}N'_{\prime}$, et l'attraction totale exercée sur le point A par la matière de cette zone, attraction dirigée dans le sens AB, aura pour mesure, en appliquant la même formule :

$$2\pi f R m\rho \times \frac{AP_{\prime}}{\overline{AM}_{\prime}^3} \times M_{\prime}P_{\prime} \times M_{\prime}M'_{\prime}.$$

Les arcs infiniment petits MM', $M_{\prime}M'_{\prime}$, peuvent être confondus avec leurs cordes, et forment avec les droites AM, AM', $AM_{\prime}$, $AM'_{\prime}$ deux triangles semblables ; les triangles AMP, $AM_{\prime}P_{\prime}$ sont aussi semblables. Ces triangles donnent les proportions :

$$\frac{AP}{AM} = \frac{AP_{\prime}}{AM_{\prime}},$$

$$\frac{MM'}{AM} = \frac{M_{\prime}M'_{\prime}}{AM'_{\prime}},$$

$$\frac{PM}{AM} = \frac{P_{\prime}M_{\prime}}{AM_{\prime}}.$$

Les multipliant membre à membre, et observant qu'à la limite $AM'_{\prime}$ se confond avec $AM_{\prime}$, il vient

$$\frac{AP}{\overline{AM}^3} \times MM' \times PM = \frac{AP_{\prime}}{\overline{AM}_{\prime}^3} \times M_{\prime}M'_{\prime} \times P_{\prime}M_{\prime}.$$

Les deux attractions sont donc égales, et comme elles agissent sur le point A en sens contraire l'une de l'autre, elles se font équilibre. L'attraction de la première zone est donc détruite par l'attraction égale et contraire de la seconde.

L'attraction totale exercée par une couche sphérique homogène sur un point matériel placé au dedans de cette couche est donc nulle.

On peut remarquer que le plan mené par le point A, perpendiculairement à la droite BC, partage la couche sphérique en deux régions, dont les attractions partielles sur le point A sont égales et contraires.

La même méthode nous ferait reconnaître, si nous ne l'avions vu déjà, que lorsque le point A est à l'extérieur, le plan EE' (fig. 115) partage la couche en deux zones à une base dont les attractions sur le point A sont égales, mais de même sens.

134. Résumons les lois de l'attraction des sphères homogènes sur un point matériel. Soit O le centre, et CB la surface d'une sphère massive que nous supposerons homogène; nous représenterons par M la quantité de matière contenue dans chaque unité de volume

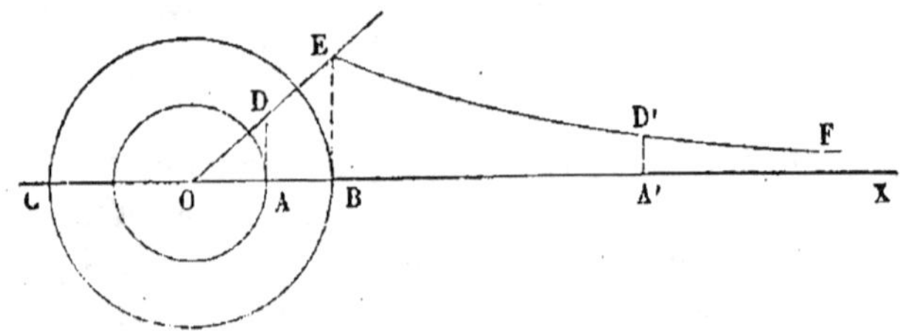

Fig 117.

de cette sphère. Nous supposerons ensuite qu'un point matériel, A, parcoure la droite indéfinie OX, menée par le centre de la sphère. En chacune de ses positions, nous appliquerons les théorèmes précédemment trouvés, et nous déterminerons l'attraction totale exercée sur ce point par la sphère matérielle; nous pourrons donc élever en ce point une ordonnée proportionnelle à cette attraction, et nous construirons ainsi une ligne dont les ordonnées successives représenteront les valeurs de l'attraction qui correspondent aux positions occupées par le point matériel sur l'axe OX.

Lorsque le point matériel est placé au centre O, il est au centre de toutes les couches composant la sphère, et l'attraction qu'il subit est nulle, en vertu de la symétrie. L'ordonnée de la ligne cherchée est donc nulle pour le point O.

Prenons ensuite un point A appartenant au rayon OB, à une distance x du centre. Du point O comme centre avec OA pour rayon, décrivons une sphère : le point A sera placé à la surface de cette sphère, et par suite, il sera extérieur aux différentes couches dont on peut la regarder comme formée. Le point A est au contraire situé à l'intérieur de toutes les couches sphériques remplissant l'intervalle compris entre la sphère OA et la sphère OB, et par suite ces couches n'exercent pas d'action sur lui (§ 133). La sphère OA agit sur le point A comme si toute sa matière était réunie en son centre ; or son volume est $\frac{4}{3}\pi x^3$; la quantité de matière qu'elle renferme est donc

$$\frac{4}{3}\pi x^3 \times M,$$

et l'attraction exercée par un point ayant cette quantité de matière et placée au point O est donnée par la formule

$$\frac{fm \times \left(\frac{4}{3}\pi x^3 \times M\right)}{x^2} = \frac{4}{3}\pi f M m x.$$

Nous prendrons donc au point A une ordonnée $AD = \frac{4}{3}\pi f M m x$, et nous obtiendrons le point D qui appartiendra au lieu. La même formule s'applique à toutes les positions que peut recevoir le point attiré sur le rayon OB ; à la limite, quand il est placé en B, il suffit de faire $x = R$, rayon de la sphère, et on aura pour l'attraction correspondante

$$\frac{4}{3}\pi f M m R;$$

Cette quantité est représentée sur la figure par l'ordonnée BE. Les ordonnées AD, BE, sont proportionnelles aux abscisses OA, OB, et par suite le lieu cherché est une droite OE. Mais cette droite ne doit pas être prolongée au delà de l'ordonnée BE, car la loi d'attraction change quand le point matériel est en dehors de la sphère.

Supposons donc $x > R$; le point attiré occupe la position A'. Il est en dehors de toutes les couches sphériques matérielles, par conséquent, toute la matière de la sphère agit comme si elle était concentrée au point O. L'attraction est donc représentée pa

$$\frac{fm \times \frac{4}{3}\pi R^3 \times M}{x^2} = \frac{\frac{4}{3}\pi f M m R^3}{x^2},$$

quantité qui décroît indéfiniment à mesure que x augmente, et qui est représentée par les ordonnées décroissantes de la courbe E F, laquelle a l'axe A X pour asymptote.

135. Cette théorie trouve son application dans l'étude de la pesanteur. La terre est *à peu près* sphérique. La direction de l'attraction exercée par elle sur un corps quelconque est donc à peu près dirigée vers son centre, et elle décroît à mesure qu'on s'élève, proportionnellement à l'inverse du carré de la distance au centre. Mais le mouvement de rotation de la terre vient altérer ces résultats; le poids d'un corps n'est pas seulement dû à l'attraction de la terre, il subit aussi en grandeur et en direction l'influence du mouvement diurne ; sous cette même influence, la terre ne peut conserver la forme sphérique, et prend une forme ellipsoïdale. De là un nouveau problème à résoudre, ег problème de l'attraction des ellipsoïdes, qui est beaucoup plus compliqué que celui de l'attraction des sphères, et dont nous ne nous occuperons pas ici. Il nous suffit d'indiquer que le poids d'un corps est une véritable résultante de deux actions principales, savoir : l'attraction terrestre, et une force fictive due à la rotation du globe, et qu'il a pour direction la *verticale*, droite normale à la surface de l'ellipsoïde terrestre.

Observons encore que si deux systèmes matériels sont situés à une distance extrêmement grande par rapport à leurs dimensions, les actions attractives exercées par les molécules de l'un sur les molécules de l'autre sont sensiblement parallèles, et proportionnelles aux quantités de matière de ces molécules; car les distances sont à peu près égales pour tous les groupes de molécules prises deux à deux d'un système à l'autre. Dans ce cas, l'attraction peut être assimilée à la pesanteur, en ce sens que toutes les forces appliquées aux divers points matériels de l'un de ces systèmes sont parallèles et proportionnelles aux poids de ces points matériels. Elles se composent donc toutes en une force unique, qui représente le poids total du système, et qui est appliquée en son centre de gravité. On peut donc dire encore, mais seulement à titre d'approximation, que *deux systèmes matériels très-éloignés l'un de l'autre s'attirent comme si la matière de chacun d'eux était concentrée en son centre de gravité.* Cette proposition n'est rigoureuse que pour les systèmes ayant la forme sphérique et composés de couches concentriques homogènes.

ATTRACTION EXERCÉE PAR UN POINT MATÉRIEL SUR UNE COUCHE SPHÉRIQUE HOMOGÈNE, LORSQUE L'ATTRACTION EST SUPPOSÉE PROPORTIONNELLE A LA DISTANCE.

136. Partageons la couche en une infinité d'éléments égaux, et soit A le point attirant; soit M un des éléments, μ la quantité de matière qu'il contient, et qui est la même pour tous, en vertu de l'homogénéité; appelons m la quantité de matière contenue dans le point attirant; l'attraction MP exercée par le point A sur le point M sera représentée par le produit

$$fm\mu \times \text{AM},$$

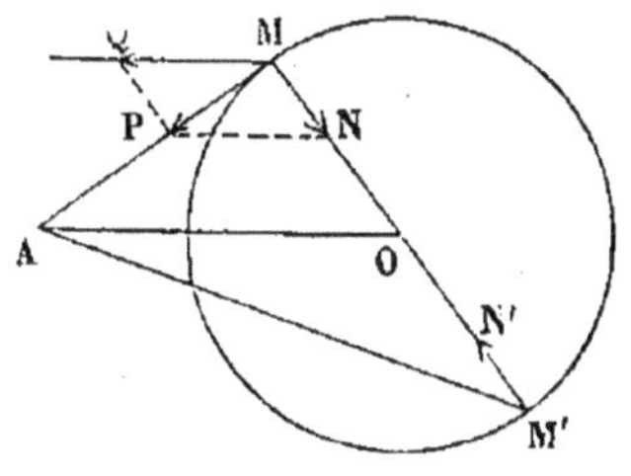
Fig. 118.

et elle s'exercera de M vers A.

On peut la décomposer en deux forces, l'une MN, dirigée de M vers O, l'autre, MQ, parallèle à OA; il suffit pour cela d'achever le parallélogramme MNPQ dont MP est la diagonale.

Le triangle MNP est semblable au triangle MOA; on aura les valeurs des composantes :

$$\text{MN} = fm\mu \times \text{MO},$$

$$\text{MQ} = \text{PN} = fm\mu \times \text{AO}.$$

Les deux composantes sont donc constantes, quel que soit le point que l'on prenne sur la couche sphérique.

En résumé, aux attractions dirigées suivant MA on peut substituer deux forces constantes, l'une dirigée vers le centre O de la sphère, l'autre parallèle à la direction OA, et, pour avoir la résultante de toutes les forces attractives MA, il suffit de composer ensemble toutes les forces MO et toutes les forces MN.

Les forces MN se détruisent deux à deux; car à toute force MN correspond une force M'N', égale et contraire, composante de l'action exercée par le point A sur le point M', *antipode* du point M.

Les forces MQ sont toutes égales, parallèles, et dirigées dans

le même sens ; elles se composent donc en une seule force, égale
à leur somme, et appliquée au centre de gravité O de la couche
sphérique ; c'est la résultante cherchée ; elle est égale à la somme
des composantes $fm\mu \times AO$, c'est-à-dire à $fmM \times AO$, en désignant par M la quantité totale de matière contenue dans la
couch e sphérique.

*L'attraction totale d'un point sur une couche sphérique homogène
est donc la même que si toute la matière de cette couche était concentrée en son centre, lorsque l'attraction élémentaire est proportionnelle à la distance.* Cette proposition subsiste toujours, que le
point soit situé à l'extérieur de la couche ou à l'intérieur.

RECHERCHE DES CENTRES DE GRAVITÉ. MÉTHODE GÉNÉRALE

137. La recherche du centre de gravité d'un système matériel se ramène immédiatement à la recherche du centre
des forces parallèles (§ 31). Il suffit d'appliquer à tous les
points matériels du système des forces parallèles, de même
sens, et proportionnelles chacune au poids ou à la quantité
de matière contenue dans ce point. Puis on emploie les
formules du § 45, c'est-à-dire les équations des moments
par rapport à trois axes rectangulaires ; on trouve ainsi les
trois coordonnées du point cherché.

Soit par exemple un système formé de n points, dont les
coordonnées sont

$$x_1 \quad x_2 \quad \ldots \quad x_n,$$
$$y_1 \quad y_2 \quad \ldots \quad y_n,$$
$$z_1 \quad z_2 \quad \ldots \quad z_n,$$

et dont les poids sont respectivement

$$p_1 \quad p_2 \quad \ldots \quad p_n;$$

le poids total P du système sera

$$P = p_1 + p_2 + \ldots + p_n,$$

et les coordonnées x, y, z du centre de gravité seront données par les équations :

$$x = \frac{p_1 x_1 + p_2 x_2 + \ldots + p_n x_n}{P},$$

$$y = \frac{p_1 y_1 + p_2 y_2 + \ldots + p_n y_n}{P},$$

$$z = \frac{p_1 z_1 + p_2 z_2 + \ldots + p_n z_n}{P}.$$

Remarque I. — Si l'on multiplie par un même nombre K les $3n$ coordonnées des n points donnés, les coordonnées x, y, z du centre de gravité de ces n points sont multipliées par le même nombre K. Or, si l'on multiplie les trois coordonnées Ob, ba, aA d'un même point A par un même nombre K, on obtient les coordonnées Ob', $b'a'$, $a'A'$ d'un second point A', sur la droite OA, menée du premier à l'origine O des axes, à une distance OA' du point O égale à $OA \times K$. Par conséquent, la figure que l'on obtient en multipliant par un même nombre les $3n$ coordonnées des n points donnés, est une figure semblable à la figure donnée, et K est le rapport de similitude ; les coordonnées du centre de gravité sont multipliées par le même nombre ; donc le centre de gravité de la seconde figure est le point homologue du centre de gravité de la première, et *dans*

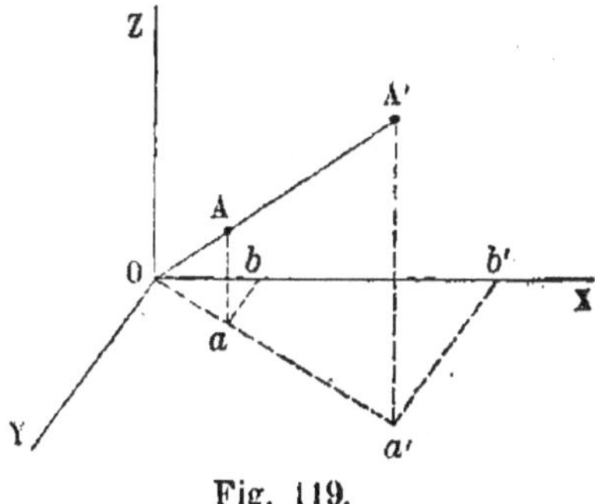

Fig. 119.

des figures semblables (les poids des points homologues étant les mêmes, ou variant d'une figure à l'autre dans un même rapport) les centres de gravité sont des points homologues.

Remarque II. — Considérons séparément les deux premières équations. Elles font connaître les coordonnées x et y du centre de gravité des points p_1, p_2, $\ldots p_n$, projetés en conservant leurs poids sur le plan XOY. Donc le *centre de*

*gravité de la projection d'un système donné sur un plan est
la projection du centre de gravité de ce système.* Il en est de
même de la projection du système sur une droite : chacune
des équations, prise isolément, le démontre.

138. Lorsqu'on a à déterminer le centre de gravité d'un
système matériel continu, tel qu'un corps solide renfermant
un nombre indéfini de molécules, les sommes précédentes
se composent d'une infinité de termes, et les opérations indiquées ne sont plus exécutables. La recherche de ces sommes se ramène à des quadratures de courbes. On peut procéder pour cela de la manière suivante.

Supposons, pour simplifier, que le système AB dont on
cherche le centre de gravité, soit un système homogène. Cou-
pons-le par une série de plans P, P′, P″, ,... équidistants, et parallèles au plan ZOY. A chaque plan corres-
pondra une section, dont l'aire peut être évaluée ; soient S, S′,
S″, ... les mesures des aires de ces sections ; appelons x,

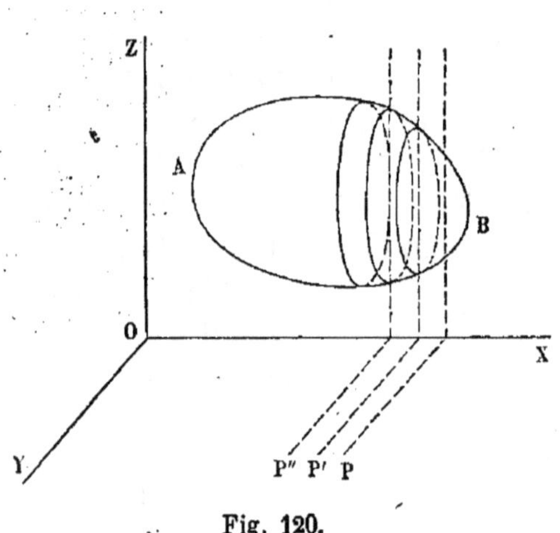

Fig. 120.

x', x'', ... les abscisses des plans P, P′, P″, ..., et soit ε la
différence commune, $x - x'$, $x' - x''$, ... entre leurs abscisses consécutives. Soit p le poids de l'unité de volume du
corps. Le poids total sera la limite de la somme

$$p\,(S + S' + S'' + \ldots)\,\varepsilon,$$

à mesure que le facteur ε décroît indéfiniment, et la sommé
des moments des poids par rapport à l'axe OY sera la limite
de la somme

$$p\,(Sx + S'x' + S''x'' + \ldots)\,\varepsilon;$$

pour avoir l'abscisse X du centre de gravité, il suffira de diviser cette seconde limite par la première.

Construisons deux courbes, l'une A′MB′, dont les abscisses soient respectivement égales aux abscisses x, x', x'', ..., et les ordonnées $P_{,}m$, $P'_{,}m'$, $P'_{,}m''$, ... aux valeurs correspondantes des sections S, S′, S″, ...; l'autre, A′NB′, ayant les mêmes abscisses que la première, mais ayant pour ordonnées $P_{,}n$, $P'_{,}n'$, $P''_{,}n''$, ... les valeurs des produits Sx, $S'x'$, $S''x''$, ... Ces deux courbes une fois tracées, on en mesurera les aires, et l'on aura

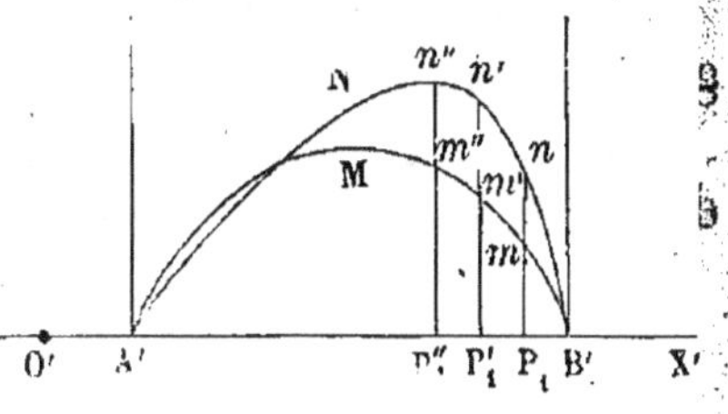

Fig. 121.

$$\text{aire } (A'MB') = \lim. \ (S + S' + S'' + ...) \ \varepsilon,$$
$$\text{aire } (A'NB') = \lim. \ (Sx + S'x' + S''x'' +) \ \varepsilon.$$

Donc

$$\frac{\text{aire } A'NB'}{\text{aire } A'MB} = \frac{\lim. \ (Sx + S'x' + S''x'' + ...) \ \varepsilon}{\lim. \ (S + S' + S'' + ...) \ \varepsilon}$$

$$= \frac{\lim. \ p \ (Sx + S'x' + S''x'' + ...) \ \varepsilon}{\lim. \ p \ (S + S' + S'' + ...) \ \varepsilon}$$

$$= X, \text{ abscisse du centre de gravité cherché.}$$

On obtiendra de même les valeurs des coordonnées Y et Z du centre de gravité, en construisant les courbes qui correspondent aux sections du solide faites par des plans parallèles aux plans ZOX et XOY.

139. Des méthodes analogues peuvent être suivies pour déterminer le centre de gravité d'une aire matérielle terminée à un contour donné, ou d'une ligne matérielle finie, terminée en deux points donnés. S'il s'agit d'une surface, on partagera l'aire dont on cherche le centre de gravité en bandes par des plans parallèles infiniment rapprochés, et on aura à faire deux quadratures, l'une pour obtenir la

somme des surfaces élémentaires, l'autre pour obtenir la somme des produits de ces surfaces par leurs distances respectives à un plan fixe. S'il s'agit d'une ligne, on la partagera en tronçons infiniment petits, et on procédera de la même manière.

140. Prenons pour exemple la recherche du centre de gravité d'un triangle homogène, OAB.

Du point O, abaissons OX perpendiculaire sur le côté AB du triangle, puis menons OY parallèle à ce même côté. Nous prendrons pour axes les droites OX et OY. Soit $OP = h$, la distance de la base AB du triangle à l'origine O. Prenons les moments par rapport à l'axe OY, ce qui nous fournira la valeur de l'abscisse X du centre de gravité cherché.

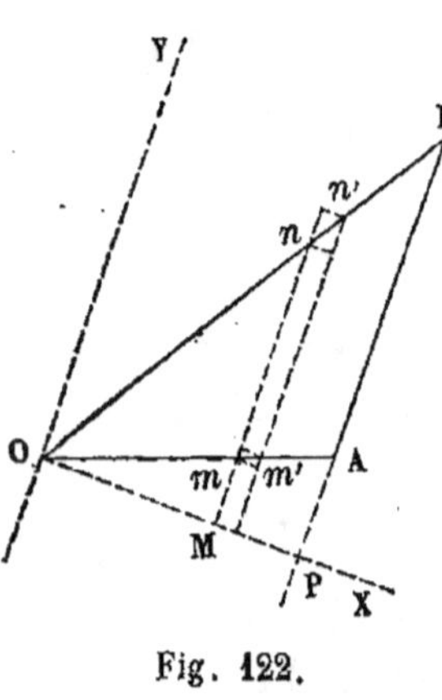

Fig. 122.

Pour cela décomposons la surface du triangle en bandes, $mnn'm'$, infiniment étroites, par une série de droites équidistantes, menées parallèlement à l'axe OY. L'aire élémentaire de l'une de ces bandes est exprimée par le produit $mn \times \varepsilon$, le facteur ε désignant la distance des bases du trapèze infinitésimal $mnn'm'$; et le moment de l'aire de l'une de ces bandes par rapport à l'axe OY est le produit

$$OM \times mn \times \varepsilon.$$

On a donc à déterminer :

1° La limite de la somme des produits $mn \times \varepsilon$, laquelle n'est autre chose que l'aire du triangle OAB ; appelant donc b la base AB, la somme cherchée est $\frac{1}{2} bh$;

2° La somme des produits $OM \times mn \times \varepsilon$.

Or les triangles semblables Omn, OAB donnent la proportion

$$\frac{mn}{AB} = \frac{Om}{OA},$$

et les triangles OmM, OAP, la proportion

$$\frac{Om}{OA} = \frac{OM}{OP}.$$

Par suite

$$\frac{mn}{AB} = \frac{OM}{OP},$$

et enfin

$$\frac{mn \times OM}{AB} = \frac{\overline{OM}^2}{OP}.$$

Aux produits $OM \times mn \times \varepsilon$ on peut donc substituer l'expression

$$\frac{AB}{OP} \times \overline{OM}^2 \times \varepsilon,$$

dans laquelle le facteur $\overline{OM}^2$ seul est variable d'une bande à l'autre.

Soit n le nombre des parties égales dans lesquelles on a partagé la hauteur OP ; les valeurs successives de l'abscisse OM des différentes bandes seront :

$$0, \quad \varepsilon, \quad 2\varepsilon, \quad 3\varepsilon, \quad \ldots \quad (n-1)\,\varepsilon,$$

et les valeurs de leurs carrés $\overline{OM}^2$,

$$0, \quad \varepsilon^2, \quad \varepsilon^2 \times 4, \quad \varepsilon^2 \times 9, \quad \ldots \quad \varepsilon^2 \times (n-1)^2.$$

La somme de tous les produits sera donc égale à

$$\frac{AB}{OP} \times \varepsilon \times \left[0 + \varepsilon^2 + \varepsilon^2 \times 4 + \varepsilon^2 \times 9 + \ldots + \varepsilon^2(n-1)^2 \right]$$

$$= \frac{AB}{OP} \times \varepsilon^3 \times \left[1 + 4 + 9 + \ldots + (n-1)^2 \right].$$

Or on sait trouver la somme des carrés des $n-1$ premiers

nombres entiers ; elle est égale à l'expression

$$\frac{(n-1)\,n\,(2n-1)}{6}.$$

La somme cherchée a donc pour expression :

$$\frac{AB}{OP}\times\varepsilon^3\times\frac{(n-1)\,n\,(2n-1)}{6}.$$

Il ne reste plus qu'à trouver la limite vers laquelle tend cette somme à mesure que n grandit indéfiniment. Pour cela, remarquons que $n\varepsilon=OP$; donc $\varepsilon=\dfrac{OP}{n}$; substituant, il vient pour la somme :

$$\frac{AB}{OP}\times\frac{\overline{OP}^3}{n^3}\times\frac{(n-1)\,n\,(2n-1)}{6}$$

$$=\frac{AB\times\overline{OP}^2}{6}\times\left(1-\frac{1}{n}\right)\left(2-\frac{1}{n}\right).$$

Sous cette forme, on voit facilement que la somme a pour limite $\dfrac{AB\times\overline{OP}^2}{3}$ quand n grandit au delà de tout nombre donné.

La limite cherchée est donc

$$\frac{1}{3}\,AB\times\overline{OP}^2=\frac{1}{3}\,bh^2,$$

et l'abscisse X du centre de gravité est donnée par la formule

$$X=\frac{\frac{1}{3}\,bh^2}{\frac{1}{2}\,bh}=\frac{2}{3}\,h.$$

Le centre de gravité du triangle O A B est donc situé sur
une droite menée parallèlement à la base A B, aux deux
tiers de la hauteur O P.

On peut prendre un autre côté O B pour la base du triangle. La formule s'appliquant encore, le centre se trouvera
sur une droite menée parallèlement à O B, aux deux tiers
de la distance du sommet opposé A
à cette base : ces deux droites se
couperont au point cherché. De là
résulte la construction suivante :

Partageons chacun des trois côtés
O A, A B, B O, *en trois parties égales,*
aux points b₁ , b₂, *pour le premier,*
o₁ , o₂, *pour le second,* a₁ *et* a₂ *pour*
le troisième; les indices sont distribués
sur le périmètre du triangle en sui-

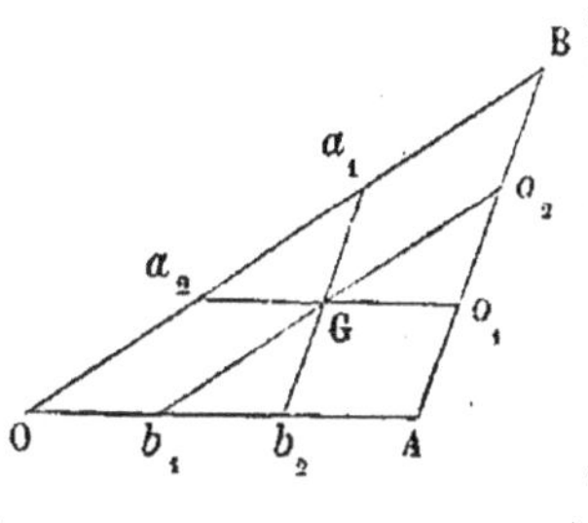

Fig. 123.

vant ce périmètre dans un même sens. Cela posé, les trois
droites b₁ o₂, o₁ a₂, a₁ b₂, *se coupent en un même point* G, *qui*
est le centre de gravité du triangle.

Il est facile de reconnaître que ce point est le point de
concours des trois médianes, ou des droites menées de
chacun des sommets au milieu du côté opposé ; nous le
démontrerons directement tout à l'heure.

CENTRE DE GRAVITÉ DU PRISME DROIT HOMOGÈNE

141. Soit A B un prisme droit homogène, terminé en A
et B à deux plans perpendiculaires à ses arêtes. Le centre
de gravité de ce prisme sera situé dans le plan M N mené à
égale distance des plans des bases A et B.

Cette proposition résulte immédiatement de la symétrie
du système par rapport au plan M N. On peut aussi la vérifier en décomposant le prisme en une infinité d'éléments
matériels infiniment petits qu'on supposera sollicités par des
forces parallèles entre elles et au plan M N, et proportionnelles à leurs poids respectifs. On prendra ensuite les mo-

ments de ces forces par rapport à un axe quelconque tracé dans le plan MN ; la somme des moments sera nécessaire-

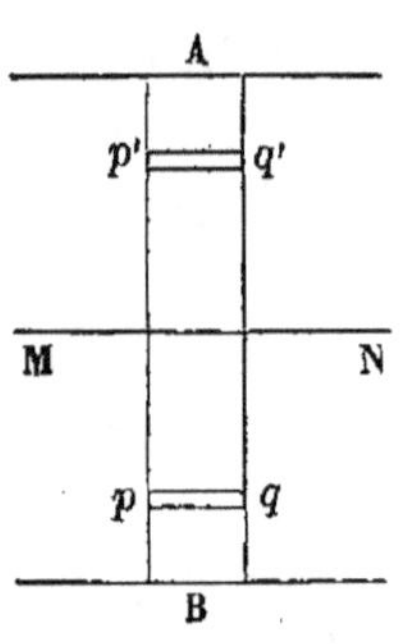

Fig. 124.

ment nulle, puisque à chaque force appliquée à un élément pq correspond une force égale et parallèle, appliquée à l'élément symétrique $p'q'$, et donnant un moment égal en valeur absolue, mais de signe contraire ; ces deux moments se détruisent donc dans la somme. Le plan MN contient par conséquent le centre de gravité cherché.

Cette conclusion serait encore vraie pour un prisme droit non homogène, *pourvu que la distribution de matière fût symétrique par rapport au plan moyen* MN ; c'est-à-dire pourvu que deux éléments égaux, pq, $p'q'$, également distants du plan MN, renfermassent chacun la même quantité de matière.

CorolLaire. — *Le centre de gravité d'un parallélépipède rectangle homogène est à l'intersection de ses trois diagonales.*

On peut en effet considérer le parallélépipède rectangle comme un prisme droit ayant pour base une quelconque de ses faces ; le centre de gravité se trouve donc à la fois dans les trois plans menés parallèlement aux faces opposées, à égale distance de ces faces, c'est-à-dire au milieu des trois diagonales.

Un rectangle matériel peut être considéré comme la limite d'un parallélépipède rectangle dont une dimension décroît indéfiniment. *Le centre de gravité d'un rectangle matériel homogène est donc au point de rencontre de ses deux diagonales.*

De même, une droite finie homogène peut être regardée comme la limite d'un rectangle homogène dont une dimension aurait été indéfiniment réduite ; *le centre de gravité d'une droite finie homogène est donc le milieu de cette droite.*

142. Enfin, *si un système matériel a un plan de symétrie, eu égard non-seulement à ses formes et à ses dimensions géométriques, mais encore à la distribution des quantités de matière réparties entre ses divers éléments, de telle sorte que deux éléments symétriquement placés renferment d'égales quan-*

tités de matière, le centre de gravité du système est situé dans le plan de symétrie. Car ce système peut être décomposé en une infinité de prismes droits normaux au plan de symétrie, et dont les centres de gravité sont tous situés dans ce plan. Le centre de gravité de l'ensemble est donc aussi un point du même plan.

Corollaires. — 1º Le centre de gravité d'une sphère homogène, ou formée de couches concentriques homogènes, est son centre de figure.

2º Il en est de même pour un ellipsoïde homogène.

3º Le centre de gravité d'un corps de révolution est situé sur l'axe.

4º Le centre de gravité d'un cercle homogène ou d'une ellipse homogène est situé au centre de figure. Il en est de même du centre de gravité d'une circonférence homogène, ou du périmètre d'une ellipse.

Ces derniers exemples montrent de plus que le centre de gravité d'un système matériel peut être un point géométrique en dehors de l'espace occupé par ce système.

Considérons par exemple le solide engendré par la révolution d'un cercle autour d'une droite menée dans son plan en dehors de ce cercle. Ce solide reçoit le nom de *tore*. Le centre de gravité d'un tore homogène est le centre du tore, c'est-à-dire le pied de la perpendiculaire abaissée du centre du cercle générateur sur l'axe de révolution. Ce point est en dehors de l'épaisseur du solide.

5º Le centre de gravité d'un polygone régulier homogène, quel que soit le nombre de ses côtés, est le centre du cercle circonscrit au polygone.

CENTRE DE GRAVITÉ DU TRIANGLE ET DES POLYGONES

143. Soit **ABC** un triangle homogène. Partageons-le en bandes infiniment minces, en menant une série de droites parallèles au côté **BC**. Nous pouvons regarder l'une quelconque de ces bandes, $mm'n'n'$, comme un rectangle infiniment mince : ce rectangle étant homogène par hypothèse,

son centre de gravité est au point I, intersection de ses diagonales. A la limite, quand l'épaisseur du rectangle devient infiniment petite, le centre de gravité se confond avec le milieu de la dimension mn.

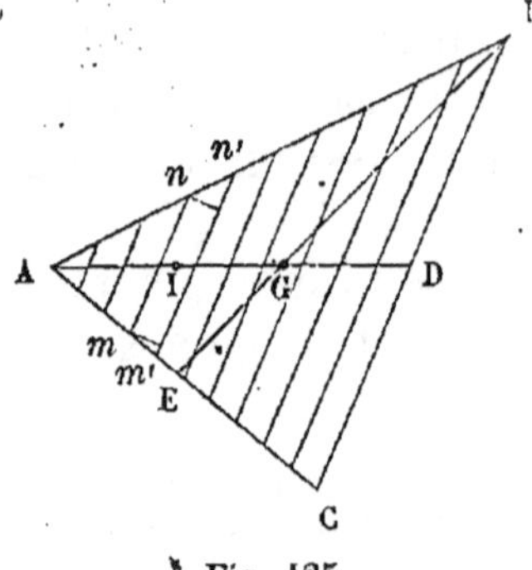

Fig. 125.

Tous les milieux des droites parallèles mn, inscrites dans le triangle, sont situés sur une même droite AD, menée du sommet A au milieu D du côté opposé. Le centre de gravité du triangle est donc aussi sur cette droite, car pour l'obtenir, il suffit de composer ensemble les poids respectifs des bandes $mm'nn'$, appliqués aux milieux des diverses droites mn, c'est-à-dire appliquées aux différents points de la droite AD.

On connaît donc une droite AD qui contient le centre cherché ; pour achever la solution, on peut observer que le centre de gravité du triangle se trouve aussi sur la droite BE, menée du sommet B au milieu E du côté opposé. Il est donc situé au point G, intersection de ces deux droites.

On peut aussi avoir recours, pour achever la solution du problème, au principe de la similitude.

Prenons les milieux E et F des côtés AB, AC, et joignons ED, DF, FE. Nous partageons ainsi le triangle donné en quatre triangles égaux entre eux, AEF, FDE, FDB, EDC, et ayant par conséquent une surface égale au quart de la surface du triangle total. Le point K, intersection des droites EF, AD, est le milieu de la droite FE ; prenons les milieux L et M des deux parties BD, DC, de la base. Les centres de gravité des quatre triangles partiels seront respectivement sur les droites AK, DK, FL, EM. Mais *dans deux figures homogènes semblables, les centres de gravité sont des points*

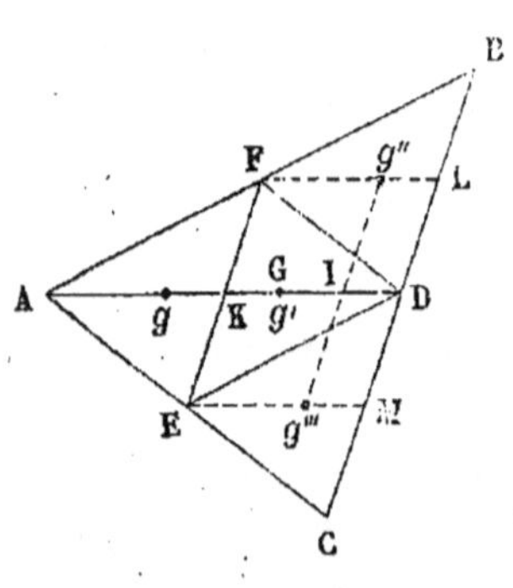

Fig. 126.

mogènes semblables, les centres de gravité sont des points homologues (§ 137, *Rem.*). Soit donc G le centre de gravité du triangle total ; appelons x la distance AG ; pour avoir les centres de gravité des triangles partiels, il suffira de remarquer que ces triangles sont semblables au triangle total, et que le rapport de similitude est $\frac{1}{2}$. Soit AD $= l$. Le centre de gravité g du triangle AFE sera situé à une distance Ag du point A égale à $\frac{1}{2}x$.

Le centre de gravité g' du triangle EFD sera situé à une distance Dg' du sommet D de ce triangle égale aussi à $\frac{x}{2}$; la distance Ag' sera donc égale à $l - \frac{1}{2}x$.

Les centres de gravité g'', g''', des deux derniers triangles sont situés sur une parallèle à la base BC, qui coupe la droite AD en un point I, situé à une distance du point A égale à AK $+$ Fg''. ou à $\frac{l}{2} + \frac{x}{2}$. Les poids de ces deux triangles se composent donc en un seul, égal à leur somme et appliqué au point I.

Appelons S la surface du triangle donné ; $\frac{1}{4}$S sera la surface de chacun des triangles partiels ; ces surfaces sont proportionnelles aux poids, à cause de l'homogénéité de la figure.

Ainsi le poids S, appliqué en G, est la résultante du poids $\frac{S}{2}$ appliqué en g, du poids $\frac{S}{4}$ appliqué en g', et du poids $\frac{S}{2}$ appliqué en I.

Prenons les moments de ces poids par rapport au point A ; nous obtenons l'équation :

$$S \times x = \frac{S}{4} \times \frac{x}{2} + \frac{S}{4} \times \left(l - \frac{x}{2} \right) + \frac{S}{2} \left(\frac{l}{2} + \frac{x}{2} \right).$$

Le facteur commun S disparaît, et il vient

$$x = \frac{x}{8} + \frac{l}{4} - \frac{x}{8} + \frac{l}{4} + \frac{x}{4},$$

ou bien

$$\frac{3}{4}\,x = \frac{l}{2},$$

ou enfin

$$x = \frac{2}{3}\,l,$$

ce que nous avions trouvé plus haut d'une autre manière (§ 140).

TRAPÈZE HOMOGÈNE

144. Soit **ABCD** un trapèze homogène dont on demande le centre de gravité.

On reconnaîtra, comme pour le triangle, que le point cherché se trouve sur la droite **KH** qui joint les milieux **K** et **H** des bases parallèles. Menons ensuite la diagonale **BD**,

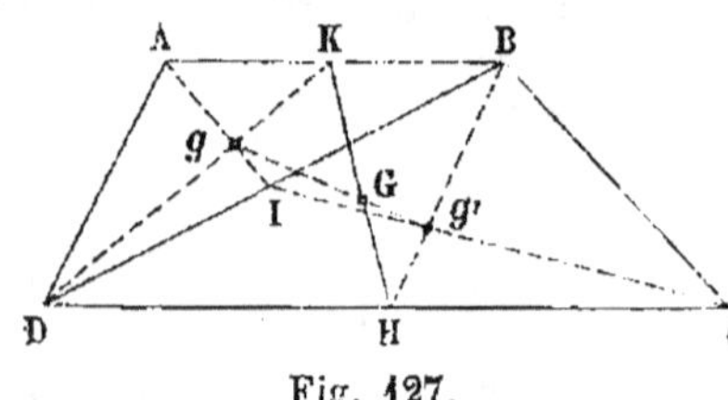

Fig. 127.

et prenons-en le milieu **I**; cette droite partage le trapèze en deux triangles **DAB**, **BDC**; le centre de gravité du premier triangle est au point g, intersection des droites **DK**, **AI**. Le centre de gravité du second triangle est en g', à l'intersection des médianes **BH**, **CI**. Donc, le centre de gravité du trapèze est situé sur la droite gg'. Le point cherché est donc à l'intersection **G** des droites **KH** et gg'.

145. Il est facile de calculer la distance x du point **G**, à l'une **AB** des bases du trapèze. Soit **H** la hauteur, ou distance des parallèles **AB**, **DC**; soit **AB** $= b$, et **DC** $=$ **B**, les deux bases. Les deux triangles **ADB**, **DBC**, ont même hauteur **H**; ils sont donc entre eux comme leurs bases b et **B**, et leur somme, c'est-à-dire le trapèze entier, est proportionnelle à $b +$ **B**; le poids total $b +$ **B** du trapèze, appliqué en **G**, est donc la résultante du poids b appliqué en g, et du poids **B** appliqué en g'. La distance de g au côté **AB** est $\dfrac{H}{3}$, et la dis-

tance de g' au même côté est $\frac{2}{3}$ H ; le théorème des moments par rapport à l'axe AB nous donne donc l'équation :

$$(b + \mathrm{B})\, x = b \times \frac{\mathrm{H}}{3} + \mathrm{B} \times \frac{2}{3}\, \mathrm{H}.$$

Donc

$$x = \frac{\mathrm{H}}{3} \times \frac{b + 2\mathrm{B}}{b + \mathrm{B}}.$$

La distance y du point G au côté DC s'obtiendra en changeant b en B, et B en b ; ce qui donne

$$\mathrm{Y} = \frac{\mathrm{H}}{3} \times \frac{\mathrm{B} + 2b}{\mathrm{B} + b}.$$

La somme $x + y$ est bien en effet la distance totale H des deux bases.

Le rapport $\dfrac{x}{y}$ est égal à $\dfrac{b + 2\mathrm{B}}{\mathrm{B} + 2b}$, ou à $\dfrac{\mathrm{B} + \dfrac{b}{2}}{b + \dfrac{\mathrm{B}}{2}}$. Cette re-

marque fournit une nouvelle construction du point G.

Prolongeons en sens opposés les deux bases AB, CD, de quantités

$$\mathrm{BM} = \mathrm{DC} = \mathrm{B}, \qquad \mathrm{DN} = \mathrm{AB} = b,$$

puis joignons MN. Cette droite coupera au point G la droite KH qui joint le milieu des bases.

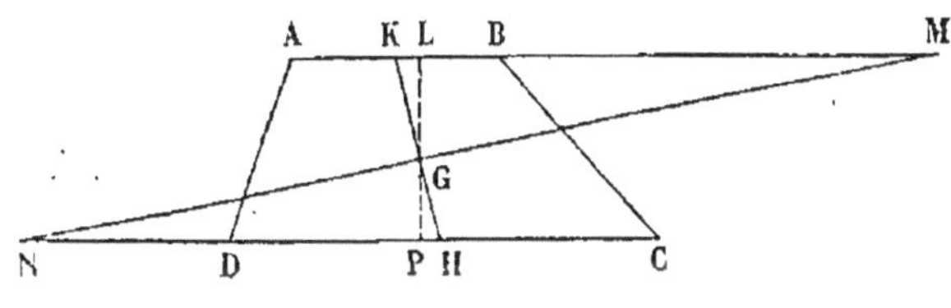

Fig. 128.

En effet, par le point G menons la droite LP perpendiculaire sur les bases ; nous aurons

$$\mathrm{GL + GP = LP = H} = x + y,$$

et de plus la proportion

$$\frac{\mathrm{GL}}{\mathrm{GP}} = \frac{\mathrm{KM}}{\mathrm{KN}} = \frac{\dfrac{b}{2} + \mathrm{B}}{\dfrac{\mathrm{B}}{2} + b} = \frac{x}{y}.$$

Donc $\mathrm{GL} = x$ et $\mathrm{GP} = y$.

QUADRILATÈRE PLAN HOMOGÈNE

146. Décomposons en deux triangles ABD, CBD, en menant la diagonale BD, le quadrilatère donné ABCD. Prenons le milieu I de cette diagonale, et joignons AI, CI. Sur ces droites de jonction, prenons $\mathrm{I}g = \dfrac{1}{3}\,\mathrm{IA}$ et $\mathrm{I}g' = \dfrac{1}{3}\,\mathrm{IC}$. Les points g et g' seront les centres de gravité des triangles ABD, CBD, et le centre de gravité G du quadrilatère sera situé quelque part sur la droite gg', laquelle est parallèle à la seconde diagonale AC.

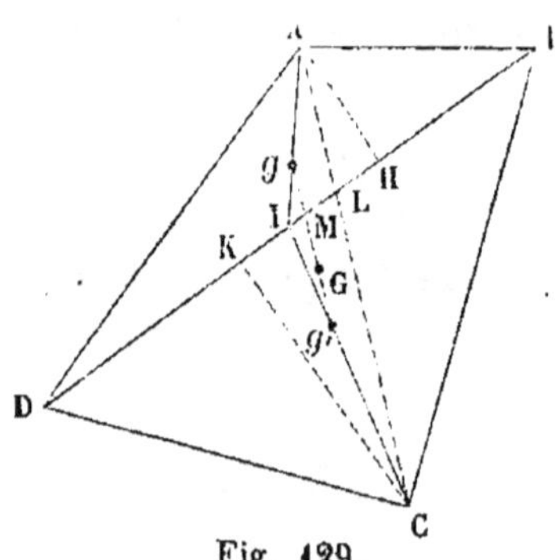

Fig. 129.

Les deux triangles ABD, CBD ont une base commune BD ; ils sont donc entre eux comme leurs hauteurs AH, CK, ou comme les segments AL, CL, interceptés sur la seconde diagonale AC par la première, ou enfin comme les segments proportionnels gM, g'M, interceptés par la même diagonale sur la droite gg'. Le centre de gravité cherché partage donc la distance gg' en segments dont le rapport $\dfrac{\mathrm{G}g}{\mathrm{G}g'}$ est égal à l'inverse du rapport, $\dfrac{g\mathrm{M}}{g'\mathrm{M}}$, des poids appliqués respective-ment aux points g et g'.

On a donc

$$\frac{\mathrm{G}g}{\mathrm{G}g'} = \frac{g'\mathrm{M}}{g\mathrm{M}}.$$

Mais

$$\mathrm{G}g + \mathrm{G}g' = g'\mathrm{M} + g\mathrm{M} = gg';$$

donc enfin

$$\mathrm{G}g = g'\mathrm{M} \text{ et } \mathrm{G}g' = g\mathrm{M}.$$

Il suffit pour obtenir le point G de porter sur gg' à partir du point g une longueur $g\mathrm{G} = g'\mathrm{M}$, ce qui revient à retourner bout pour bout la droite gg' sur elle-même. Le point M, intersection de cette droite avec la diagonale BD, passe alors au point G cherché.

147. *Remarque.* — Le point g, centre de gravité du triangle ADB, est situé sur la droite DN qui joint le sommet D au milieu M de la base, et le segment gN est le tiers de la longueur totale DN de cette droite.

Nous pouvons partager le quadrilatère en deux triangles en menant l'autre diagonale AC ; nous obtiendrons de même deux centres de gravité g'', g''', aux tiers des droites Bi', DI', qui joignent les sommets B et D au milieu I' de cette diagonale. Le centre de gravité du quadrilatère sera situé sur la

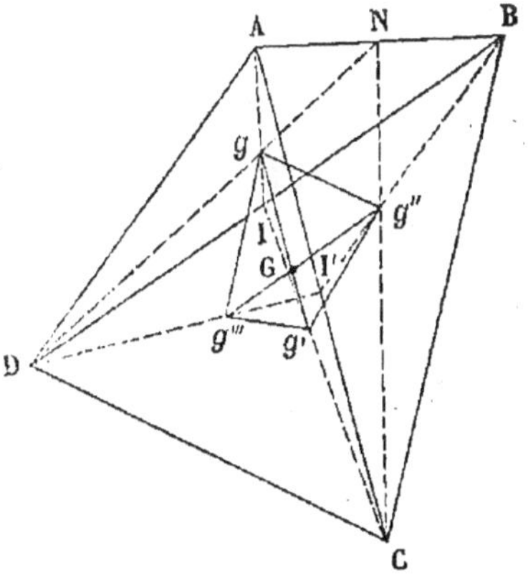

Fig. 130.

droite $g''g'''$, et par suite, il sera au point G, intersection des droites gg', $g''g'''$, ou intersection des diagonales du quadrilatère $gg''g'g'''$.

Mais le point g'' est situé sur la droite CN, qui joint le sommet C au milieu N de la base AB du triangle CAB, dont le point g' est le centre de gravité. Ng'' est le tiers de NC. La droite gg'', joignant les tiers des deux droites ND, NC, est parallèle à DC, et égale au tiers de DC. Par la même raison la droite $g'g''$ est parallèle à AD et égale au tiers de AD, $g'g'''$ est parallèle à AB et égal au tiers de AB, $g'''g$ est parallèle à BC et égal au tiers de BC.

Le quadrilatère $gg''g'g'''$ est donc semblable au quadrilatère ABCD, et semblablement placé ; la similitude est inverse, le rapport de similitude est $\frac{1}{3}$. Le centre de similitude sera le point de concours des quatre droites, qui joignent les points homologues Cg, Dg'', Bg''' Ag. Les diagonales du quadrilatère $gg''g'g'''$ se couperont mutuellement au centre de gravité du quadrilatère ABCD.

CENTRE DE GRAVITÉ D'UN POLYGONE PLAN HOMOGÈNE

148. Soit ABCDE un polygone plan homogène, d'autant de côtés qu'on voudra. Nous le supposerons convexe.

Par un sommet A, menons les diagonales AC, AD, qui partagent la surface du polygone en $n-2$ triangles, n étant le nombre des côtés. On peut mesurer la surface de chacun de ces $n-2$ triangles ; le centre de gravité de chacun d'eux s'obtient facilement, en joignant le point A aux milieux I, I', I'', ... des côtés qui n'aboutissent pas à ce sommet, et en prenant les points G, G', G'' ... aux deux tiers, à partir du point A, des longueurs AI, AI', AI''. Ces points G, G', G'', seront les centres de gravité des triangles. On peut observer qu'ils sont situés à la rencontre des droites AI, AI', AI'' ... avec un contour polygonal $bcde$ semblable au contour BCDE, et réduit dans le rapport

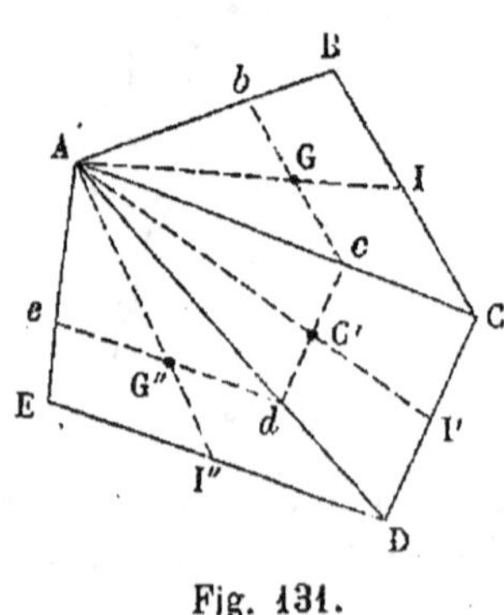

Fig. 131.

de 3 à 2, en prenant le point A comme centre de similitude.

On supposera donc aux points G, G', G'' ... des forces parallèles appliquées, proportionnelles respectivement aux surfaces des triangles ABC, ACD, ADE, et on composera ces forces. Pour cela, menons par le point A dans le plan du polygone deux axes rectangulaires AX, AY. Appelons $x_1, y_1,$ $x_2, y_2,$ $x_3, y_3,$ ... les coordonnées respectives des points I, I', I'', .., milieux des côtés qui n'aboutissent pas au point A; appelons $S_1, S_2, S_3,$ ... les surfaces de chacun des triangles ABC, ACD, ADE; et X, Y, les coordonnées du centre de gravité cherché. Les coordonnées des points G, G', G'', ... seront égales à

$$\frac{2}{3} x_1, \frac{2}{3} y_1; \qquad \frac{2}{3} x_2, \frac{2}{3} y_2; \qquad \frac{2}{3} x_3, \frac{2}{3} y_3, \dots;$$

et nous aurons par suite les équations :

$$X = \frac{2}{3} \frac{S_1 x_1 + S_2 x_2 + S_3 x_3 + \dots}{S_1 + S_2 + S_3 + \dots},$$

$$Y = \frac{2}{3} \frac{S_1 y_1 + S_2 y_2 + S_3 y_3 + \dots}{S_1 + S_2 + S_3 + \dots}.$$

CENTRE DE GRAVITÉ D'UNE LIGNE DROITE NON HOMOGÈNE

149. La recherche du centre de gravité d'une droite finie non homogène revient à la recherche de l'abscisse du centre de gravité d'une aire plane.

Si p est la quantité de matière, rapportée à l'unité de longueur, contenue dans la droite au point M, le centre de gravité de la droite s'obtiendra en faisant la somme des produits $p \times Mm$, et $p \times Mm \times AM$, et en divisant la seconde somme par la première. Elevons aux différents points de la droite des ordonnées AA', MM', BB', égales aux valeurs correspondantes du facteur p en ces points. Nous construirons ainsi une courbe A'M'B', qui pourra être continue ou

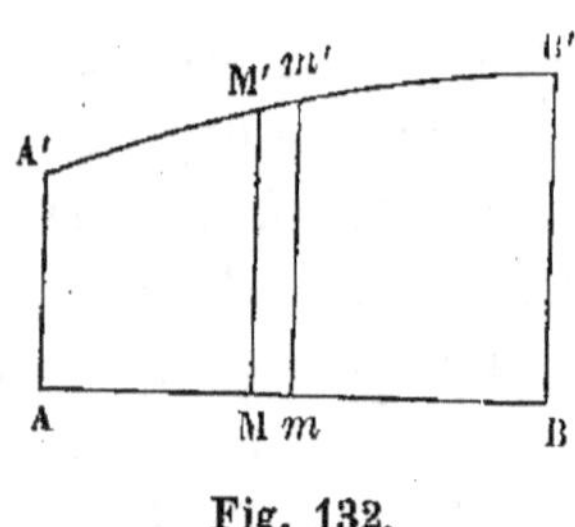

Fig. 132.

discontinue, et dont l'aire élémentaire Mmm'M' représentera le produit $p \times Mm$, ou la quantité de matière contenue dans l'élément Mm. La formule qui donne le centre de gravité de la droite AB, est donc identique à celle qui donne l'abscisse du centre de gravité de la surface homogène ABB'A'.

Supposons par exemple que le facteur p soit nul au point A, et varie du point A au point B, proportionnellement à la

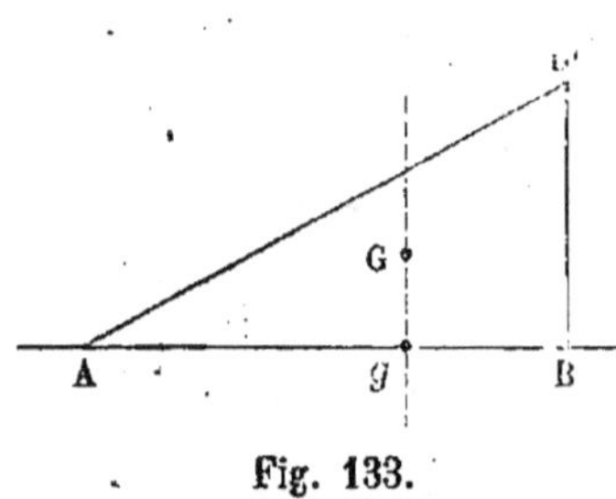

Fig. 133.

distance au point A ; alors la ligne dont les ordonnées représentent les valeurs successives de p est une droite AB', et le centre de gravité G de l'aire ABB' est situé aux deux tiers de la distance AB. Il en est donc de même du centre de gravité g de la droite AB.

Remarque. — Le centre de gravité d'un système de points ne change pas si on augmente ou qu'on diminue les poids de ces points dans un même rapport. Or, augmenter ou diminuer dans un certain rapport le poids p, qui varie d'un point à l'autre de la droite AB, cela revient à augmenter ou à diminuer dans le même rapport les ordonnées de la ligne A'B' ; par conséquent les centres de gravité de deux aires planes homogènes, dont les abscisses sont communes et les ordonnées proportionnelles, ont même abscisse. — La même proposition a lieu quand les coordonnées sont obliques.

CENTRE DE GRAVITÉ D'UNE SURFACE COURBE HOMOGÈNE

150. Comme exemple de la recherche du centre de gravité d'une surface courbe, proposons-nous de trouver le centre de gravité d'une zone sphérique homogène. Soit O le

centre de la sphère à laquelle appartient cette zone, et
$OF = OR = OE$, son rayon. La zone dont on demande le
centre de gravité est la zone
ABCD, comprise entre
deux plans parallèles, pro-
filés sur la figure en AB,
DC, et distants du centre O
de quantités OS, OR.

Par le centre O de la
sphère, menons un plan
EF parallèle aux bases
de la zone ; ce plan coupe
la surface sphérique sui-
vant un grand cercle ; cir-
conscrivons à la sphère un
cylindre qui lui soit tangent
tout le long de ce grand cer-

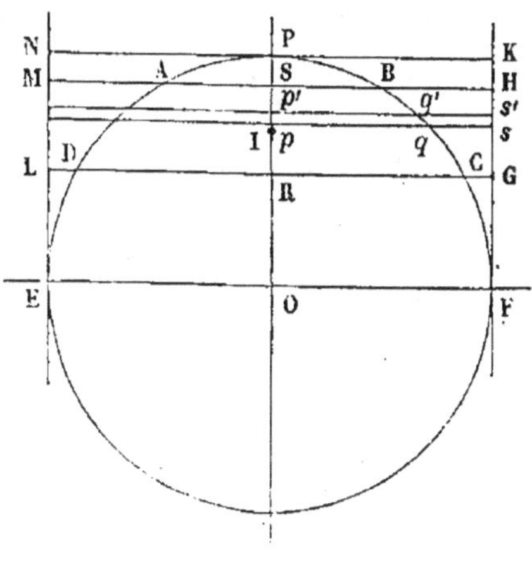

Fig. 134.

cle. Il suffira pour cela de mener au point F une tangente FK
au profil FPE de la sphère. et d'imaginer la surface cylindrique engendrée par la révolution de cette droite FK autour
de l'axe OR. Les plans AB, CD, coupent cette surface cylindrique suivant deux circonférences projetées en MH et LG,
et on sait que la surface de la zone sphérique ABCD est
égale à la surface convexe du cylindre HGLM, comprise
entre les mêmes plans. Partageons la hauteur RS de la zone
en un très-grand nombre de parties égales, et soit pp' l'une
de ces parties aliquotes. Par les points de division menons
des plans pq, $p'q'$ parallèles aux bases ; ces plans couperont
la zone donnée en zones élémentaires engendrées par les
arcs qq', et la surface cylindrique en tronçons engendrés
par les éléments correspondants ss'. Or les hauteurs pp' de
tous ces éléments étant les mêmes, toutes les zones qq', égales
aux surfaces ss', sont équivalentes. Chaque zone qq' a pour
centre de gravité un point situé sur l'axe RS, entre les
points p et p' ; à la limite, lorsque le nombre des parties aliquotes pp' est infiniment grand, le centre de gravité de la
zone élémentaire peut être confondu sans erreur avec le
point p ; il en est de même de la zone cylindrique ss' corres-

pondante. En définitive, on peut remplacer la zone sphérique CB par la zone cylindrique GH, sans changer les surfaces, et par suite les poids des zones élémentaires, et sans déplacer leurs centres de gravité respectifs. Le centre de gravité de la zone sphérique CB coïncide donc avec le centre de gravité de la surface cylindrique GH, c'est-à-dire, avec le milieu I de la hauteur RS.

Le centre de gravité d'une zone sphérique homogène, à une ou à deux bases, est donc situé sur son axe, au milieu de sa hauteur.

CENTRE DE GRAVITÉ DE LA SURFACE CONVEXE D'UN CÔNE
DROIT HOMOGÈNE.

151. Considérons la surface engendrée par la révolution de l'hypoténuse SA d'un triangle rectangle SOA, tournant autour d'un côté SO de l'angle droit. Cette surface est celle d'un cône droit, dont le sommet est en S, et dont la base est une circonférence située dans le plan mené par le point O normalement à l'axe SO et ayant pour rayon le second côté OA de l'angle droit. Soit le cercle *oa* le rabattement de cette base. On demande le centre de gravité de la surface homogène SAB.

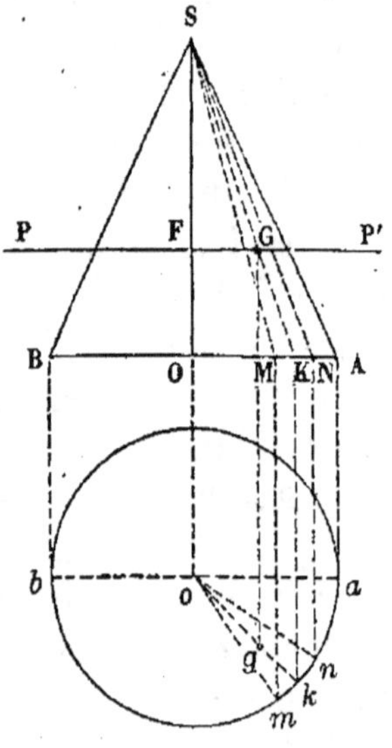

Cette surface étant de révolution autour de SO, tout plan conduit par SO la coupe en deux parties symétriques; par conséquent le centre de gravité est situé dans tout plan conduit par SO, ce qui montre

Fig. 135.

qu'il est situé sur SO. Il suffit donc de trouver un second plan qui contienne le centre, et qui coupe l'axe SO. Pour cela, partageons la circonférence de base en une infinité de parties égales ou inégales, et soit (mn, MN) une de ces parties. Joignons SM, SN ; ces deux génératrices forment sur la surface conique un triangle (SMN, omn) infiniment petit, dont le centre de gravité (G, g) est situé (§ 143) sur la médiane (SK, ok), aux deux tiers de sa longueur à partir du sommet (S, o). Les centres de gravité de tous les triangles élémentaires dans lesquels on a décomposé la surface du cône, sont donc situés dans un plan PP′ mené parallèlement à la base AB, à une distance du sommet S égale aux $\frac{2}{3}$ de la hauteur SO du cône. Le centre de gravité général est donc aussi dans ce plan, et par suite il est placé en un point F, aux $\frac{2}{3}$ de SO.

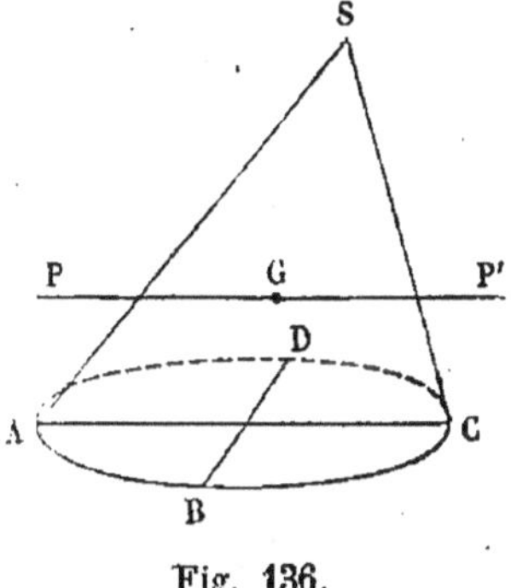

Fig. 136.

Si l'on demandait le centre de gravité d'une surface conique ayant pour base une ellipse ABCD, et pour sommet un point S, on reconnaîtrait de même que le point cherché est situé sur la droite qui joint le point S au centre de la base, et dans le plan PP′ mené parallèlement au plan de la base, aux $\frac{2}{3}$ de la distance du sommet à cette base.

CENTRE DE GRAVITÉ D'UN VOLUME HOMOGÈNE

152. Le centre de gravité d'un cylindre homogène à base circulaire ou elliptique, terminé à deux plans parallèles, est situé au milieu de l'axe du solide, ou de la droite qui joint les centres des bases.

153. Soit SAB un cône homogène ; S son sommet, AB sa base, et G le centre de gravité de sa base. Si nous menons une infinité de plans équidistants, parallèles à la base, entre le point S et le plan AB, ces plans couperont le cône suivant

des sections semblables et semblablement placées par rapport au point S ; les centres de gravité des sections étant
des points homologues, seront
tous situés sur la droite SG.

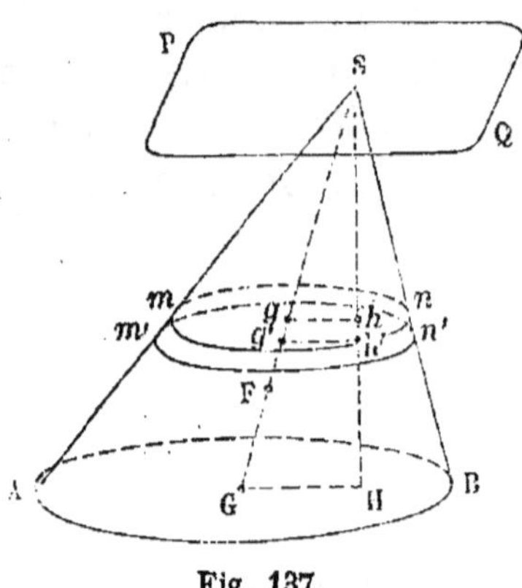

Fig. 137.

Considérons deux sections
successives mn, $m'n'$, et soient
g, g' leurs centres de gravité.
Du point S abaissons sur le
plan AB une perpendiculaire
SH, qui sera perpendiculaire
aux plans de toutes les sections.
Puis prenons les moments des
poids des volumes élémentaires
compris entre deux sections successives, par rapport à un plan
PQ, mené par le point S parallèlement à la base. Appelons B
la surface de la base AB, et H la hauteur totale SH. Appelons n le nombre des parties égales dans lesquelles on a
divisé la hauteur SH ; chacune sera égale à $\dfrac{H}{n}$ et la distance
des plans sécants successifs au point S seront :

$$\frac{H}{n}, \quad \frac{2H}{n}, \quad \frac{3H}{n}, \quad \ldots \quad \frac{n-1}{n}H.$$

Les surfaces des diverses sections mn sont proportionnelles
aux carrés de leurs distances au sommet ; on peut donc les
représenter par les expressions :

$$\frac{B}{n^2}, \quad \frac{4B}{n^2}, \quad \frac{9B}{n^2}, \quad \ldots \quad \frac{(n-1)^2}{n^2}.B.$$

D'où résulte que la somme des volumes élémentaires ou le
volume total du cône est égal à

$$\lim. \frac{H}{n} \times \left(\frac{B}{n^2} + \frac{4B}{n^2} + \frac{9B}{n^2} + \ldots + \frac{(n-1)^2}{n^2}B \right)$$

quand n croît indéfiniment, et que la somme des moments par rapport au plan PQ est égale à

$$\lim. \frac{H}{n} \times \left(\frac{B}{n^2} \times \frac{H}{n} + \frac{4B}{n^2} \times \frac{2H}{n} + \frac{9B}{n^2} \times \frac{3H}{n} + \dots \right.$$
$$\left. + \frac{(n-1)^2}{n^2} B \times \frac{(n-1)H}{n} \right).$$

La distance Z du centre de gravité au plan **PQ** est donc donnée par la formule

$$Z = \frac{\lim. \dfrac{H}{n}\left(\dfrac{BH}{n^3} + \dfrac{8BH}{n^3} + \dfrac{27BH}{n^3} + \dots + \dfrac{(n-1)^3}{n^3}BH\right)}{\lim. \dfrac{H}{n}\left(\dfrac{B}{n^2} + \dfrac{4B}{n^2} + \dfrac{9B}{n^2} + \dots + \dfrac{(n-1)^2}{n^2}B\right)}$$

$$= \frac{BH^2}{BH} \times \frac{\lim.\left(\dfrac{1 + 8 + 27 + \dots + (n-1)^3}{n^4}\right)}{\lim.\left(\dfrac{1 + 4 + 9 + \dots + (n-1)^2}{n^3}\right)}$$

$$= H \times \frac{\lim.\left(\dfrac{1 + 8 + \dots + (n-1)^3}{n^4}\right)}{\lim.\left(\dfrac{1 + 4 + 9 + \dots + (n-1)^2}{n^3}\right)}.$$

Nous avons déjà donné (§ 140) la somme des carrés des $n-1$ premiers nombres entiers. Nous sommes conduits à chercher la somme de leurs cubes ; or on démontre facilement que la somme des cubes des $n-1$ premiers nombres entiers est égale à

$$\frac{\left[n(n-1)\right]^2}{4}.$$

Substituant dans la formule, il vient :

$$Z = H \times \frac{\lim. \dfrac{\left[n(n-1) \right]^2}{4n^4}}{\lim. \dfrac{n(n-1)(2n-1)}{6n^3}} = \frac{3}{2} H \times \frac{\lim. \left(1 - \dfrac{1}{n} \right)^2}{\lim. \left(1 - \dfrac{1}{n} \right)\left(2 - \dfrac{1}{n} \right)}$$

quantité qui se réduit à $r = \dfrac{3}{4} H$ pour $n = \infty$.

Le centre de gravité du cône est donc situé dans un plan parallèle à la base **AB**, et mené à une distance du sommet égale aux trois quarts de la distance du sommet à la base.

D'un autre côté, le centre de gravité d'une tranche élémentaire $mnm'n'$, réduite à une épaisseur infiniment petite, est infiniment voisin du point g, centre de gravité de la section mn qui lui sert de base. Les centres de gravité des tranches dans lesquelles on a décomposé le cône sont tous sur la droite SG. Le centre de gravité de l'ensemble est donc aussi sur cette droite, et par suite, le point cherché est le point **F**, sur la droite SG, aux trois quarts de la distance SG à partir du point **S**.

154. Les mêmes raisonnements s'appliquent à la pyramide. Donc 1° *le centre de gravité d'une pyramide quelconque homogène est aux $\dfrac{3}{4}$, à partir du sommet, de la droite qui joint le sommet au centre de gravité de la base ;* 2° *les quatre droites qui, dans un tétraèdre, joignent les sommets aux centres de gravité des faces opposées, se coupent en un même point, qui est le centre de gravité du tétraèdre, et qui partage chaque ligne de jonction en deux segments dont le rapport est égal au nombre 3.*

Il est facile de démontrer aussi que *le centre de gravité d'un tétraèdre homogène coïncide avec le centre de gravité de quatre poids égaux, concentrés en ses sommets ;* comme corollaires de ce théorème, on peut déduire les propositions suivantes : *le centre de gravité d'un tétraèdre homogène est au milieu de la droite qui joint les milieux de deux arêtes opposées, et les trois droites qui joignent les milieux de deux arêtes opposées d'un tétraèdre concourent en un même point qui les divise chacune en deux parties égales.*

Remarquons que, de même, *le centre de gravité d'un triangle homogène coïncide avec le centre de gravité de trois poids égaux concentrés en ses sommets.*

CENTRE DE GRAVITÉ DU TRONC DE PYRAMIDE OU DE CÔNE

155. 1° Considérons d'abord un tronc de pyramide triangulaire, compris entre deux plans parallèles A B C, DEF ; les arêtes DC, BE, AF, prolongées vont se couper en un même point S, sommet de la pyramide entière.

Rappelons la méthode suivie dans la géométrie pour obtenir la mesure du volume du tronc de pyramide. Par un des sommets E de la petite base, on mène deux plans, l'un EAD. passant par la diagonale AD de la face latérale opposée l'autre EAC, passant par le côté de la grande base appartenant à la même face. Ces deux plans partagent le tronc de pyramide en trois pyramides triangulaires

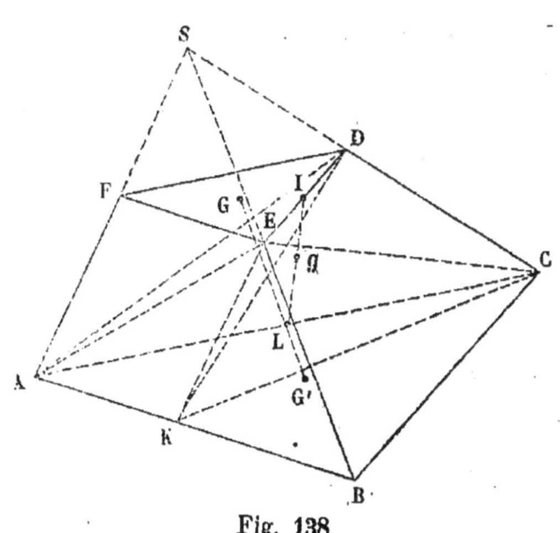

Fig. 138.

ADEF, EABC, EADC ; la première a pour base la petite base du tronc ; la seconde, la grande base ; elles ont toutes deux pour hauteur la hauteur même du tronc ; la troisième peut être transformée, sans altération de son volume, en une pyramide ayant pour base ADC, et pour sommet le point K, à l'intersection de l'arête AB avec une parallèle EK menée à l'arête AF ; on peut donc la considérer comme ayant pour sommet le point D, et pour base le triangle ACK, dont la surface est moyenne proportionnelle entre la grande base et la petite base ; cette troisième pyramide est donc ramenée à avoir la hauteur du tronc.

Appelons donc H la hauteur du tronc, ou la distance des plans ABC, DEF ; B la grande base, b la petite.

Les trois pyramides auront respectivement pour volumes, savoir :

la pyramide   ADEF, $\frac{1}{3} b H$,

la pyramide   EABC, $\frac{1}{3} B H$,

la pyramide   EADC, équivalente à DACK, $\frac{1}{3} H \sqrt{B b}$.

Les centres de gravité de ces pyramides partielles s'obtiennent en appliquant les propositions qu'on vient de démontrer. Le centre de la première est à une distance du plan EFD égale à $\frac{1}{4}$ H, et à une distance du plan ABC égale à $\frac{3}{4}$ H ; de même, le centre de la seconde est à des distances des mêmes plans respectivement égales à $\frac{3}{4}$ H et $\frac{1}{4}$ H. Pour le centre de gravité de la troisième, remarquons qu'en vertu d'un corollaire indiqué tout à l'heure, il est situé au milieu g de la droite IL qui joint les milieux I et L de deux arêtes opposées ED, AC du tétraèdre EADC ; il est donc dans le plan mené à égale distance des plans des deux bases, et par suite sa distance à chacun des deux plans est $\frac{1}{2}$ H.

La somme des moments des poids des trois pyramides par rapport au plan EFD est égale au produit du poids total du tronc par la distance x de son centre de gravité à ce plan ; nous avons donc l'équation :

$$x \times V = \frac{1}{3} bH \times \frac{1}{4} H + \frac{1}{3} BH \times \frac{3}{4} H + \frac{1}{3} H \sqrt{Bb} \times \frac{1}{2} H$$

$$= \frac{1}{12} H^2 (b + 3B + 2\sqrt{Bb}),$$

en appelant, pour abréger, V le volume du tronc, ou $\frac{1}{3}H (b + B + \sqrt{Bb})$. Le solide étant supposé homogène, nous pouvons en effet remplacer dans l'équation des moments les poids par les volumes qui leur sont proportionnels. Appelons y la distance du centre de gravité au plan de la base ABC ; nous aurons de même :

$$y \times V = \frac{1}{3} bH \times \frac{3}{4} H + \frac{1}{3} BH \times \frac{1}{4} H + \frac{1}{3} H \sqrt{Bb} \times \frac{1}{2} H$$

$$= \frac{1}{12} H^2 (B + 3b + 2\sqrt{Bb}).$$

Donc

$$\frac{x}{y} = \frac{b + 3B + 2\sqrt{Bb}}{B + 3b + 2\sqrt{Bb}}.$$

Cette équation fait connaître le rapport des distances du centre de gravité aux plans des bases, et permet par suite de conduire parallèlement à ceux-ci un plan qui contienne le point cherché ; il se trouvera à l'intersection de ce plan avec la droite qui joint les centres de gravité G, G' des deux bases.

2º La même formule s'applique à un tronc de pyramide à base quelconque.

Soit $ABCDEabcde$ le tronc de pyramide obtenu en coupant la pyramide $SABCDE$ par un plan $abcde$ parallèle à la base $ABCDE$.

Construisons dans le plan de la base un triangle MNP équivalent au polygone $ABCDE$; puis prenons un point S' dans le plan mené par le sommet S parallèlement au plan de la base. Nous formons ainsi la pyramide $S'MNP$, dans laquelle

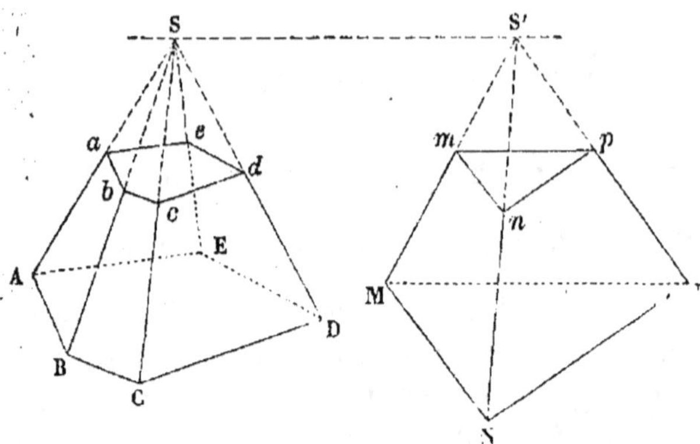

Fig. 139.

le plan $abcde$ prolongé détermine une section mnp ; le tronc triangulaire $MNPpmn$ est équivalent au tronc donné ; et les sections faites dans ces deux solides par des plans parallèles aux bases sont équivalentes. Donc, si l'on décompose les deux troncs en tranches infiniment minces, les volumes de ces tranches, et leurs distances aux points S et S', seront respectivement les mêmes ; les sommes des moments par rapport aux points S et S' seront aussi égales, et par suite, les centres de gravité des deux troncs sont situés dans un même plan parallèle aux bases. La formule démontrée pour le tronc de pyramide triangulaire $MNPpmn$, s'applique donc sans modification au tronc de pyramide équivalent $ABCDEeabcd$.

On remarquera que dans cette formule on peut remplacer les surfaces B et b des deux bases, par les carrés de deux arêtes homologues. Les sections $ABCDE$, $abcde$ étant semblables, on a en effet

$$\frac{b}{B} = \frac{\overline{ab}^2}{\overline{AB}^2}.$$

3º La formule s'applique enfin à un tronc de cône ; car le cône est la limite vers laquelle tend une pyramide inscrite à mesure qu'on multiplie le nombre de côtés de sa base.

CENTRE DE GRAVITÉ D'UN SEGMENT DE PARABOLOÏDE DE RÉVOLUTION

156. Dans la parabole rapportée à son axe et à son sommet, les carrés des ordonnées sont entre eux comme les abscisses. Soient donc S le sommet, SA l'axe de la courbe, pris pour axe des abscisses, SD l'axe des ordonnées, M et B deux points de la courbe ; on aura la proportion :

$$\frac{\overline{PM}^2}{\overline{AB}^2} = \frac{SP}{SA}.$$

Le *paraboloïde de révolution* s'obtient en faisant tourner autour de l'axe SA la parabole SMB. On coupe la surface par un plan CAB normal à l'axe, et on demande le centre de gravité du volume homogène compris entre ce plan et la surface CNSMB.

Le centre de gravité de ce volume étant situé sur l'axe SA, il suffit de déterminer sa distance au point S.

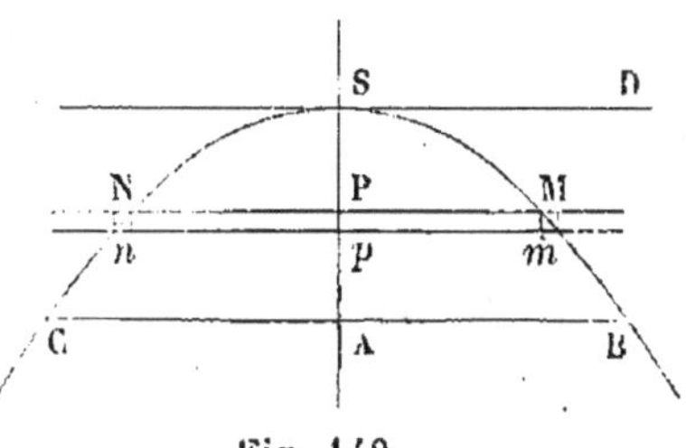

Fig. 140.

Menons deux plans infiniment voisins NPM, *npm*, qui interceptent dans ce volume un élément cylindrique dont la hauteur est P*p*, et dont la base est un cercle ayant pour rayon PM. Le volume de ce petit cylindre est donc $\pi \times \overline{PM}^2 \times P p$; nous pouvons, à cause de l'homogénéité, prendre ce volume pour la mesure du poids ; le moment, par rapport au point S, sera :

$$\pi \times \overline{PM}^2 \times P p \times S P.$$

Prenons dans un plan (fig. 141) une droite S'A' $=$ SA ; puis élevons au point A' une perpendiculaire indéfinie sur laquelle nous prendrons arbitrairement deux longueurs égales, A'B' $=$ A'C'. Joignons S'B', S'C' ; nous formons ainsi un triangle S'B'C', qu'on

peut considérer comme la base d'un prisme droit homogène dont
la hauteur H sera déterminée plus loin. Je dis que le centre de
gravité de ce prisme, lequel se projette au centre de gravité du
triangle, est à la même distance
du point S' que dans le paraboloïde le centre de gravité cherché du point S.

Considérons en effet la tranche formée dans le prisme par
deux plans parallèles à la base
M'N', m'n', menés à des distances S'P', S'p', respective-

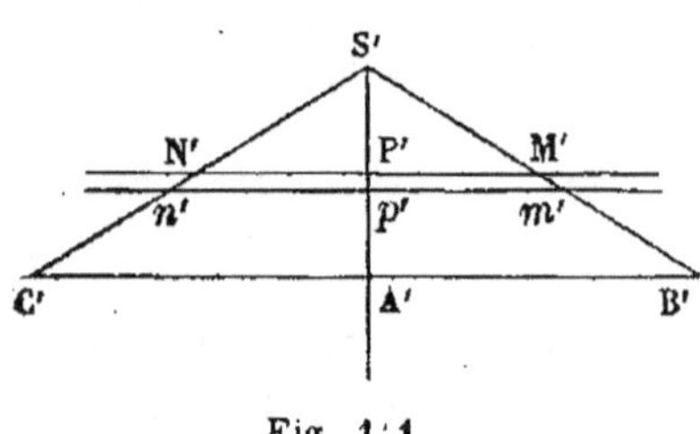

Fig. 141.

ment égales à SP, Sp. Le volume élémentaire compris entre ces
deux plans, a pour mesure

$$2H \times P'M' \times P'p',$$

et son moment, par rapport à l'arête S', est

$$2H \times P'M' \times P'p' \times S'P'.$$

Les triangles semblables S'P'M', S'A'B' donnent la proportion :

$$\frac{P'M'}{S'P'} = \frac{A'B'}{S'A'},$$

nous pouvons donc remplacer P'M' par

$$\frac{A'B'}{S'A'} \times S'P';$$

le volume élémentaire devient alors

$$2H \frac{A'B'}{S'A'} \times S'P' \times P'p',$$

et le moment,

$$2H \frac{A'B'}{S'A'} \times \overline{S'P'}^2 \times P'p'.$$

Dans la parabole, au contraire, on a

$$\frac{\overline{PM}^2}{SP} = \frac{AB^2}{SA},$$

de sorte que nous pouvons remplacer $\overline{PM}^2$ par

$$SP \times \frac{\overline{AB}^2}{\overline{SA}},$$

ce qui donne

$$\pi \times \frac{\overline{AB}^2}{SA} \times SP \times Pp$$

pour le volume élémentaire, et

$$\pi \times \frac{\overline{AB}^2}{SA} \times \overline{SP}^2 \times Pp$$

pour son moment par rapport au point S.

Nous avons pris

$$S'A' = SA, \quad SP = S'P', \quad P'p' = Pp;$$

quant à la hauteur H, que nous n'avons pas encore définie, nous pouvons la choisir de telle sorte que nous ayons l'égalité :

$$2H \times A'B' = \pi \overline{AB}^2.$$

Cette condition remplie, il y aura partout égalité entre les volumes des tranches dans le prisme et le paraboloïde, et égalité des moments de ces volumes par rapport à l'axe projeté en S ou en S' sur le plan de la figure.

Donc les centres de gravité des deux volumes sont à des distances égales du point S et du point S', et comme le centre de gravité du prisme est aux $\frac{2}{3}$ de la médiane S'A', à partir du point S', le centre de gravité du paraboloïde est aux $\frac{2}{3}$ de l'axe SA, à partir du sommet S.

Observons que le volume du segment de paraboloïde est égal au volume du prisme triangulaire, lequel est exprimé par

$$H \times A'B' \times \frac{1}{2} S'A',$$

ou par

$$\frac{\pi}{2} \times \overline{AB}^2 \times \frac{1}{2} SA,$$

ou enfin par

$$\frac{1}{4}\,\pi\,\overline{AB}^2 \times SA.$$

Le volume du segment de paraboloïde est donc le quart du volume d'un cylindre droit, ayant même hauteur SA, et même cercle de base, CB.

THÉORÈME DE GULDIN

157. Le *théorème de Guldin*, connu aussi sous le nom de *théorème de Pappus*, donne le volume engendré par une figure plane, tournant autour d'un axe fixe tracé dans son plan, en fonction du chemin décrit par le centre de gravité de cette figure, ou bien la superficie d'une surface de révolution engendrée par une ligne plane tournant autour d'une droite menée dans son plan, lorsqu'on connaît le chemin décrit par le centre de gravité de cette ligne.

Inversement le théorème de Guldin permet quelquefois de déterminer le centre de gravité d'une aire plane ou d'une ligne.

Voici l'énoncé de ce théorème :

1° *Le volume engendré par une figure plane* **A**, *faisant une révolution entière autour d'un axe* **CB**, *tracé dans son plan (en dehors de la figure) est égal au produit de l'aire* **A** *par la circonférence décrite par le centre de gravité* **G** *de cette aire.*

Si donc on appelle **A** l'aire de la figure, **V** le volume engendré par sa révolution, et **H** la distance $\overline{EG}$ du centre de gravité de l'aire plane **A** à l'axe CB, on aura :

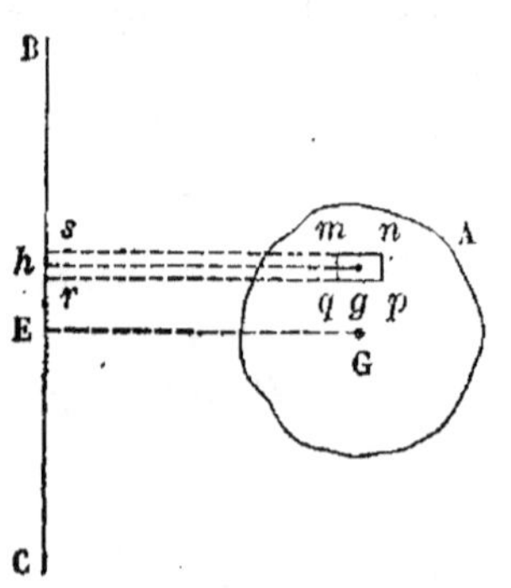

Fig. 142.

$$V = 2\,\pi\,H\,A.$$

Considérons en effet le volume engendré par l'élément rectangulaire *mnpq*, pris où l'on voudra dans la figure A, mais tracé de manière que les côtés *mn*, *pq* soient perpendiculaires à l'axe BC, et les deux autres côtés, mq, np, parallèles au même axe. Prolongeons les côtés mn, pq jusqu'à la rencontre de l'axe en r et s ; le volume engendré par le petit rectangle $mnpq$ sera la différence de deux cylindres droits, dont la hauteur commune est rs, et dont les rayons sont pr et qr ; le volume cherché est donc

$$\pi \left(\overline{pr}^2 - \overline{qr}^2 \right) \times rs,$$

expression qu'on peut mettre sous la forme

$$\pi \, (pr + qr)\,(pr - qr) \times rs.$$

ou encore

$$2\pi \left(\frac{pr + qr}{2} \right) \times qp \times qm.$$

Sous cette forme, il est facile de vérifier l'énoncé du théorème ; car $qp \times qm$ est l'aire ω de la surface $mnpq$, et $2\pi \times \left(\frac{pr + qr}{2} \right)$ est égal à $2\pi \times gh$, g étant le centre de gravité du rectangle, et gh la distance de ce centre à l'axe ; $2\pi \times gh$ est donc la circonférence décrite par le centre de gravité quand le rectangle fait une révolution entière autour de BC.

Pour passer de là au volume engendré par la figure totale A, il faudra décomposer cette figure en éléments rectangulaires infiniment petits ; faire pour chacun le produit

$$2\pi \times h\omega,$$

ω désignant l'aire du rectangle considéré, et h la distance de son centre de gravité à la droite BC ; et enfin faire la somme de tous ces produits. Or cette somme sera, à part le facteur constant 2π, la somme des moments des aires ω par rapport à l'axe BC ; elle sera donc égale au moment de la somme des aires, c'est-à-dire au produit de l'aire totale, A, par la distance, H, de son centre de gravité au même axe. Le volume engendré est donc

$$2\pi \mathrm{HA};$$

ce qui démontre le théorème.

Si au lieu de faire un tour entier autour de BC, la figure décrivait seulement autour de cet axe un angle mesuré par l'arc α, le volume engendré serait réduit dans le rapport de α à 2π, et serait exprimé par le produit α H A.

2º *La surface engendrée par une ligne plane finie* A A' *quand elle fait une révolution entière autour d'une droite* B C, *tracée dans son plan (de manière à ne pas la couper), est égale au produit de la longueur* L *de cette ligne par la circonférence décrite par son centre de gravité* G.

Soit $\mathrm{GE} = \mathrm{H}$, la distance du centre de gravité de la ligne à l'axe B C ; l'aire engendrée par la révolution entière de A A' sera exprimée par le produit

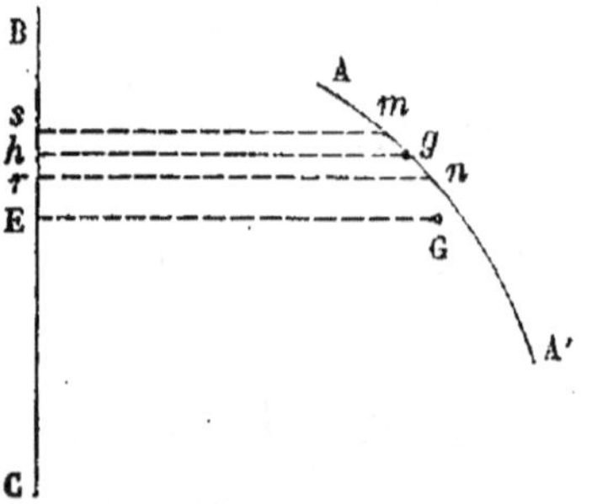

$$2\pi \mathrm{HL}.$$

En effet, cette aire est la somme des aires engendrées par les arcs élémentaires successifs mn, qui composent l'arc total A A'. Abaissons des points m et n des perpendiculaires ms, nr sur l'axe ; l'élément mn étant infiniment petit, peut être considéré comme rectiligne ; il engendre donc la surface convexe d'un tronc de cône qui a pour mesure la moyenne des circonférences des bases, multipliée par la génératrice mn, ou bien :

$$2\pi \times \left(\frac{rn + sm}{2} \right) \times mn,$$

Fig. 143.

soit g le milieu de mn ; la demi-somme $\dfrac{rn + sm}{2}$ est égale à la distance gh du milieu de mn à l'axe B C ; le produit précédent devient donc :

$$2\pi \times gh \times mn,$$

et il faut faire la somme de tous ces produits élémentaires ; ce qui revient à multiplier par 2π la somme des produits $mn \times gh$.

ou la somme des moments des arcs mn par rapport à l'axe BC ; car le point g, milieu de mn, est le centre de gravité de l'arc mn. La somme des moments des arcs élémentaires est égale au moment de la somme de ces arcs, ou au produit de la longueur totale L de l'arc AA', par la distance $H = GE$ du centre de gravité de cet arc à l'axe de révolution, ce qui donne en définitive

$$2\pi H L.$$

Si la ligne AA' ne faisait pas un tour entier, et qu'elle décrivît seulement un angle α autour de l'axe BC, α étant mesuré en parties du rayon, la surface engendrée serait seulement $\alpha H L$.

APPLICATION DU THÉORÈME DE GULDIN A L'ÉVALUATION DES VOLUMES, OU DES SURFACES.

158. Soit proposé de trouver le volume engendré par le triangle ABC, faisant une révolution entière autour d'une droite AP, menée par le sommet A en dehors de ce triangle. On dé-terminera le milieu I de la base BC du triangle, puis le point G, centre de gravité, en prenant $AG = \dfrac{2}{3} AI$.

Abaissant GH perpendiculaire-ment à l'axe AP, on aura pour mesure du volume cherché :

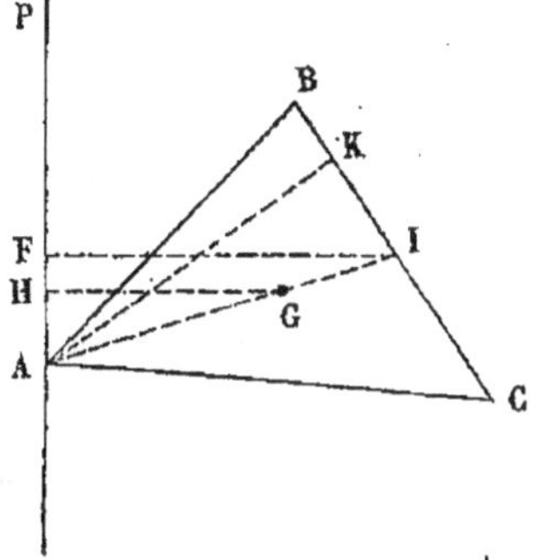

Fig. 144.

$$V = \text{aire } ABC \times 2\pi GH.$$

Du point I, abaissons IF perpendiculaire sur AP. La distance HG est les $\dfrac{2}{3}$ de IF ; substituant, il vient :

$$V = \frac{4}{3}\pi IF \times \text{aire } ABC.$$

Cherchons aussi l'aire engendrée dans le même mouvement par le côté BC ; cette aire S sera égale au produit du côté BC par la circonférence décrite par le centre de gravité I de ce côté :

$$S = 2\pi IF \times BC ;$$

par conséquent

$$V = S \times \frac{2}{3}\,\frac{\text{aire } ABC}{BC} = S \times \frac{1}{3}\,AK,$$

car l'aire du triangle ABC est la moitié du produit de la base BC par la hauteur AK, abaissée du point A, perpendiculairement sur BC.

159. *Volume du tronc de cône.* — Le tronc de cône peut être considéré comme engendré par la révolution entière

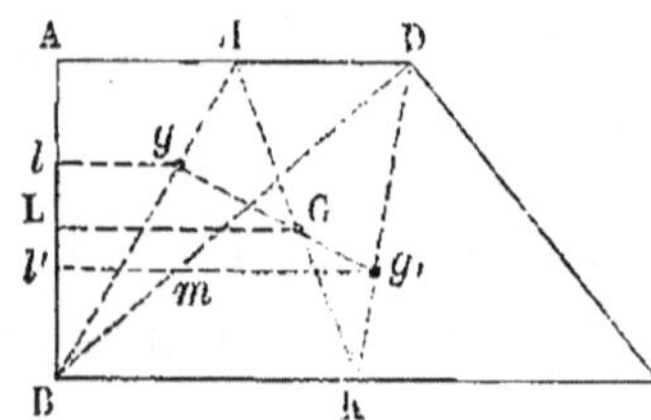

Fig. 145.

d'un trapèze ADCB, dont deux angles A et B sont droits, autour du côté AB. Le volume V du tronc de cône sera donc égal au produit

$$V = 2\pi GL \times \text{surf. } ABCD.$$

Soient $BC = R$, $AD = r$, les rayons des bases du tronc de cône, et $AB = H$ sa hauteur.

La distance $x = LG$ du centre de gravité du trapèze s'obtiendra en prenant par rapport à AB les moments des deux triangles ABD, DBC, ce qui donne l'équation :

$$\text{surf. } ABD \times gl + \text{surf. } DBC \times g'l' = \text{surf. } ABCD \times x.$$

Or

$$\text{surf. } ABD = \frac{1}{2}\,rH,$$

$$\text{surf. } DBC = \frac{1}{2}\,RH,$$

$$\text{surf. } ABCD = \frac{1}{2}\,(R + r)\,H.$$

$$gl = \frac{2}{3}\,AI = \frac{1}{3}\,AD = \frac{r}{3}.$$

Pour obtenir $g'l'$, observons que la diagonale BD du trapèze divise cette droite en deux segments, dont l'un $l'm$ est le tiers de AD, tandis que l'autre est égal aux deux tiers de BK, ou au tiers de BC ; donc

$$g'l' = \frac{1}{3}\,(AD + BC) = \frac{1}{3}\,(R + r).$$

Nous avons donc en résumé

$$x = \frac{\frac{1}{2}\,rH \times \frac{1}{3}\,r + \frac{1}{2}\,RH \times \frac{1}{3}\,(R + r)}{\frac{1}{2}\,(R + r)\,H} = \frac{1}{3}\,\frac{r^2 + R^2 + Rr}{R + r}.$$

Le volume V, égal à $2\pi x \times$ surf. $ABCD$, est donc donné par la formule

$$V = \frac{2\pi}{3}\left(\frac{r^2 + R^2 + Rr}{R + r}\right) \times \frac{1}{2}(R + r)H = \frac{1}{3}H \times \pi(R^2 + r^2 + Rr),$$

formule des éléments de géométrie.

160. Le volume d'un *tore*, engendré par la révolution du cercle O autour d'une droite AB tracée dans son plan en dehors du cercle, est le produit de l'aire du cercle O, par la circonférence dont le rayon est égal à la distance OH ; ou bien le produit

$$\pi R^2 \times 2\pi H, \quad \text{ou} \quad 2\pi^2 R^2 H,$$

R étant le rayon du cercle O, et H la distance OH.

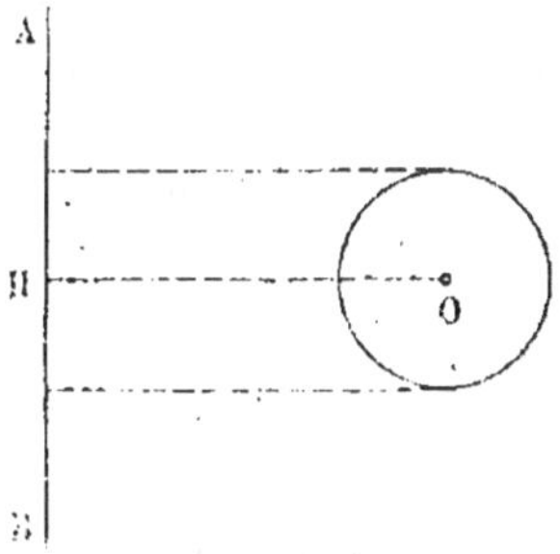

Fig. 146.

La surface engendrée par la circonférence a pour mesure

$$2\pi R \times 2\pi H = 4\pi^2 RH.$$

On trouverait de même le volume engendré par une ellipse tournant autour d'une droite tracée dans son plan.

APPLICATION DU THÉORÈME DE GULDIN A LA RECHERCHE DES CENTRES DE GRAVITÉ DES AIRES ET DES LIGNES PLANES.

161. Soit proposé de chercher le centre de gravité d'un arc de cercle homogène **AB**.

L'arc **AB** est symétrique par rapport à la droite **OC** menée du centre **O** au milieu de l'arc. Le centre de gravité **G** est donc situé sur cette droite, à une certaine distance x du point **O**.

Par le centre **O** menons une droite **OP**, perpendiculaire à **OC** ; puis, faisons tourner la figure autour de **OP** ; l'arc **AB**

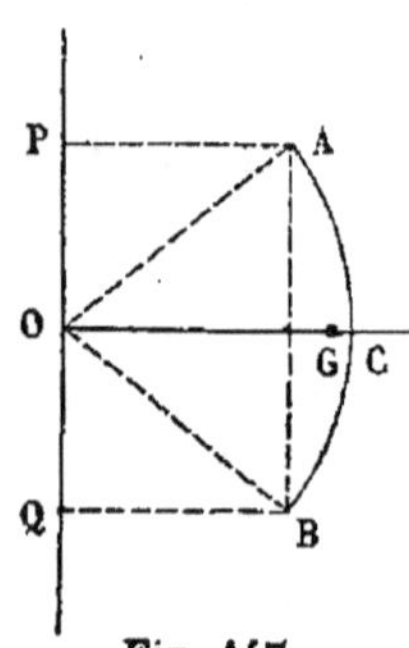

Fig. 147.

engendrera dans ce mouvement une zone sphérique dont la hauteur **PQ** est égale à la corde **AB** de l'arc donné. Cette zone a pour mesure le produit de sa hauteur, ou de la corde **AB**, par la circonférence d'un grand cercle de la sphère, c'est-à-dire par $2\pi \times$ **OC**. Le théorème de Guldin nous montre d'un autre côté que la surface engendrée par une révolution entière de l'arc **AB** est égale au produit de la longueur de l'arc par la circonférence décrite par le centre de gravité, ou à arc **AB** $\times 2\pi x$. On a donc

$$\text{corde } \mathbf{AB} \times 2\pi \mathbf{OC} = \text{arc } \mathbf{AB} \times 2\pi x,$$

d'où l'on tire

$$x = \mathbf{OC} \times \frac{\text{corde } \mathbf{AB}}{\text{arc } \mathbf{AB}}.$$

Le centre de gravité d'un arc de cercle est donc à une distance du centre de cet arc dont le rapport au rayon est égal au rapport de la corde à l'arc.

Lorsque l'arc est très-petit, le rapport $\dfrac{\text{corde } \mathbf{AB}}{\text{arc } \mathbf{AB}}$ est sensiblement égal à l'unité, et x est sensiblement égal au rayon **OC** ; le centre de gravité d'un arc très-petit se confond en effet sensiblement avec le milieu de cet arc, qui est très-près d'être rectiligne.

La formule donne le centre de gravité de la circonférence entière ; car la corde d'un tel arc est nulle ; on a donc $x = 0$, et le centre de gravité coïncide avec le centre du cercle.

Le centre de gravité de la demi-circonférence se déterminera en faisant :

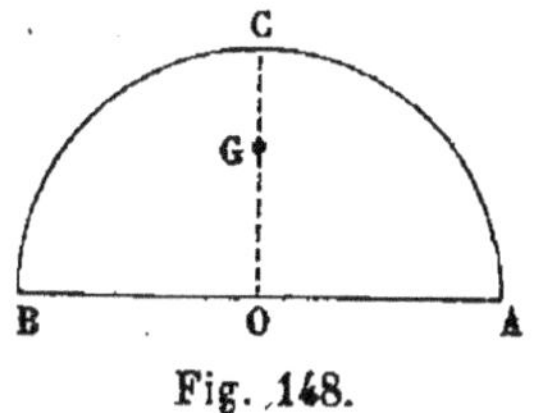

Fig. 148.

$$\text{arc } AB = \pi \times OC, \qquad \text{et} \qquad \text{corde } AB = 2 \times OC.$$

Donc $x = OC \times \dfrac{2}{\pi} = OC \times \dfrac{7}{11}$ environ, en remplaçant π par le rapport d'Archimède, $\dfrac{22}{7}$.

Pour le quart de la circonférence, on aurait de même :

$$x = OC \times \frac{OC\sqrt{2}}{\dfrac{\pi}{2} \times OC} = OC \times \frac{2\sqrt{2}}{\pi},$$

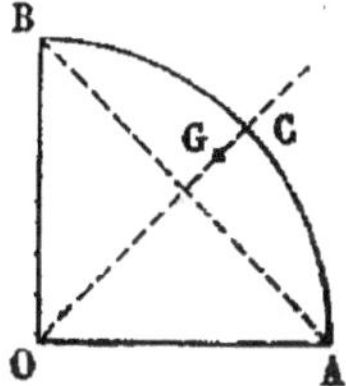

Fig. 149.

ou bien, en remplaçant $\sqrt{2}$ par $\dfrac{7}{5}$ et π par $\dfrac{22}{7}$,

$$x = OC \times \frac{\dfrac{2 \times 7}{5}}{\left(\dfrac{22}{7}\right)} = OC \times \frac{2 \times 7^2}{5 \times 22} = OC \times \frac{49}{55}.$$

Remarque. — Si l'on considère (fig. 150) une série d'arcs AB, commençant tous en un point fixe A, et terminés en un point B variable, on pourra construire le centre de gravité de chacun d'eux, lequel se trouvera sur la bissectrice OC de l'angle au centre correspondant, à une distance $OG = x$ donnée par la formule. On obtiendra ainsi un lieu géométrique qui passe au point A et au point O, et qui peut se prolonger indéfiniment en considérant les arcs plus grands que la circonférence. Si G est le centre de gravité de l'arc A B, il est facile de voir que la droite B G est tangente au lieu géométrique au

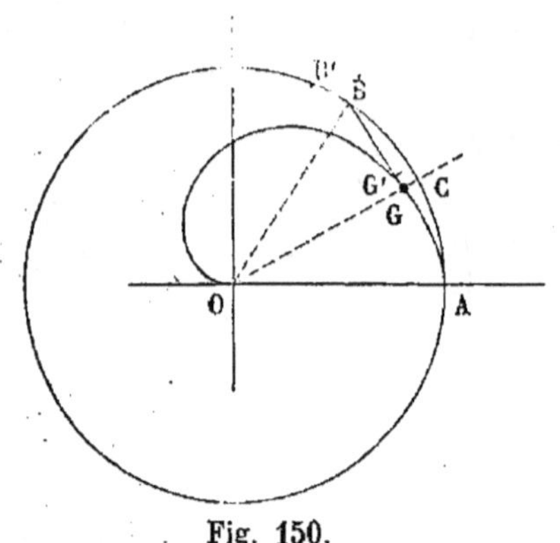

Fig. 150.

point G. En effet, pour passer du centre de gravité G de l'arc A B au centre de gravité G′ de l'arc A B′, infiniment peu différent de l'arc A B, il suffit de composer le poids de l'arc A B, appliqué en G, avec le poids de l'arc B B′ appliqué au milieu de l'arc B B′; le centre de gravité G′ est donc sur la droite qui joint le point G au milieu de l'arc infiniment petit B B′, c'est-à-dire à la limite, sur la droite G B. Cette propriété appartient à toutes les courbes analogues.

Le lieu géométrique des centres de gravité a donc pour tangente au point O le rayon O A ; car le point O est le centre de gravité de la circonférence entière qui se termine au point A.

162. Le centre de gravité du secteur circulaire homogène se déduit du centre de gravité de l'arc de cercle.

Décomposons le secteur A O B en une infinité de secteurs infiniment petits, par des rayons Om, On ; ces secteurs peuvent être assimilés à des triangles, car l'arc mn est un élément rectiligne, et leurs surfaces sont proportionnelles aux arcs mn qui leur servent de base. Le centre de gravité du triangle Omn est situé en g, sur la bissectrice de l'angle au centre, et aux $\frac{2}{3}$ du rayon à partir du point O. Tous les centres de gravité des éléments sont donc situés sur un arc de cercle, A′B, décrit du point O comme centre, avec les $\frac{2}{3}$ du rayon du

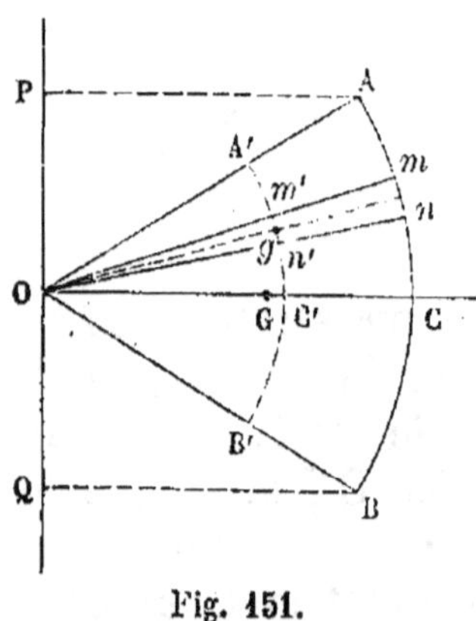

Fig. 151.

décrit du point O comme centre, avec les $\frac{2}{3}$ du rayon du secteur donné pour rayon, et le poids de chacun de ces secteurs est proportionnel à l'arc mn qui lui sert de base, ou à l'arc $m'n'$, qui est les $\frac{2}{3}$ de cet arc. En résumé, le centre de gravité cherché s'obtiendra en composant des poids appliqués en différents points de l'arc $A'B'$, proportionnels aux longueurs $m'n'$ des éléments de cet arc ; c'est donc le centre de gravité de l'arc $A'B'$ lui-même.

Le centre de gravité d'un secteur circulaire homogène, coïncidant avec le centre de gravité de l'arc décrit entre les côtés du secteur avec un rayon égal aux $\frac{2}{3}$ du rayon donné, est situé sur la droite OC, bissectrice du secteur, à une distance OG du centre, donnée par la formule :

$$OG = OC' \times \frac{\text{corde } A'B'}{\text{arc } A'B'} = OC' \times \frac{\text{corde } AB}{\text{arc } AB}$$

$$= \frac{2}{3} OC \times \frac{\text{corde } AB}{\text{arc } AB}.$$

Remarque. — Il est facile d'en déduire le volume engendré par une révolution entière du secteur AOB autour d'une droite OP, perpendiculaire à la bissectrice OC.

La surface du secteur est égale à $\frac{1}{2} OC \times \text{arc } AB$.

Le volume cherché est donc égal au produit :

$$\frac{1}{2} OC \times \text{arc } AB \times 2\pi \times \frac{2}{3} OC \times \frac{\text{corde } AB}{\text{arc } AB} = \frac{2\pi}{3} \overline{OC}^2 \times \text{corde } AB,$$

c'est-à-dire aux $\frac{2}{3}$ du volume du cylindre ayant pour base le cercle de rayon OC, et pour hauteur

$$PQ = \text{corde } AB.$$

163. Revenons au centre de gravité de l'arc de cercle AB.

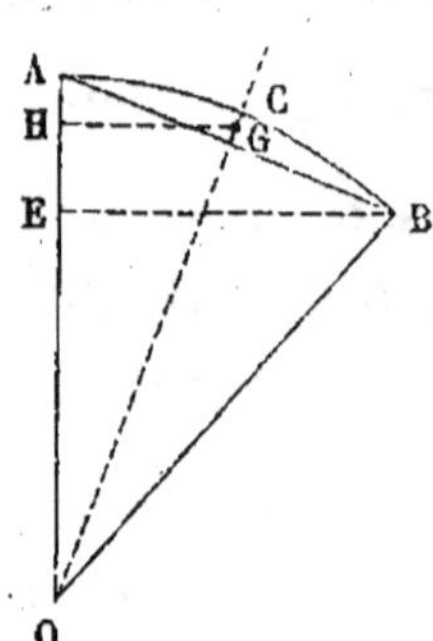

Fig. 152.

Si l'on veut sa distance à l'un des rayons OA, OB, menés du centre aux extrémités de l'arc, on n'aura qu'à imaginer que l'arc AB tourne autour du côté OA ; il engendre dans ce mouvement une zone sphérique à une base, dont la surface est

$$2\pi \times OA \times AE,$$

et qui est égale d'autre part à

$$2\pi \times HG \times \text{arc } AB.$$

Donc

$$HG = OA \times \frac{AE}{\text{arc } AB}.$$

On a d'ailleurs

$$OG = OA \times \frac{\text{corde } AB}{\text{arc } AB}.$$

Donc

$$\frac{HG}{OG} = \frac{AE}{\text{corde } AB},$$

égalité qu'on pouvait déduire de la comparaison des triangles semblables, GHO, AEB.

CENTRE DE GRAVITÉ DU SEGMENT DE CERCLE

164. Cherchons enfin le centre de gravité du segment

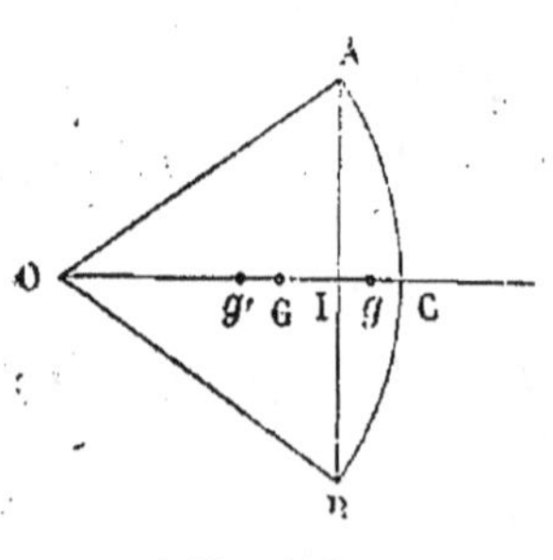

Fig. 153.

homogène compris entre l'arc ACB et la corde AB. Soit g le centre de gravité cherché. Si on compose le poids du segment, appliqué en g, avec le poids du triangle OAB, appliqué en g' aux deux tiers de la médiane OI, on obtiendra pour résultante le poids du secteur OACB, appliqué en son centre de gravité G, que nous connaissons.

Soit donc $Og = x$.

La surface du secteur est

$$\frac{1}{2}\,OA \times \text{arc } AB.$$

La surface du triangle est

$$\frac{1}{2}\,OI \times \text{corde } AB.$$

La surface du segment est la différence

$$\frac{1}{2}\,(OA \times \text{arc } AB - OI \times \text{corde } AB),$$

et l'équation des moments par rapport au poiht O nous donne :

$$\frac{1}{2}(OA \times \text{arc } AB - OI \times \text{corde } AB)x + \frac{1}{2}\,OI \times \text{corde } AB \times \frac{2}{3}\,OI$$

$$= \frac{1}{2}\,OA \times \text{arc } AB \times \frac{2}{3}\,OA \times \frac{\text{corde } AB}{\text{arc } AB} = \frac{1}{3}\,\overline{OA}^2 \times \text{corde } AB.$$

Donc

$$x = \frac{\dfrac{1}{3}\,(\overline{OA}^2 \times \text{corde } AB - \overline{OI}^2 \times \text{corde } AB)}{\dfrac{1}{2}\,(OA \times \text{arc } AB - OI \times \text{corde } AB)}$$

$$= \frac{2}{3}\,\frac{\overline{IA}^2 \times \text{corde } AB}{OA \times \text{arc } AB - OI \text{ corde } AB};$$

Mais

$$\text{corde } AB = 2IA.$$

En définitive, on a

$$x = \frac{4}{3}\,\frac{\overline{IA}^3}{OA \times \text{arc } AB - 2OI \times IA}.$$

EXTENSION DU THÉORÈME DE GULDIN

165. Supposons qu'on trace un contour A dans un plan P, qui *roule sans glisser* sur une surface développable, en tournant successivement d'un angle infiniment petit autour des arêtes rectilignes A B, A′ B′, A″ B″, …, de cette surface.

Dans ce mouvement, la figure A engendrera un volume, et le périmètre de cette figure engendrera une surface.

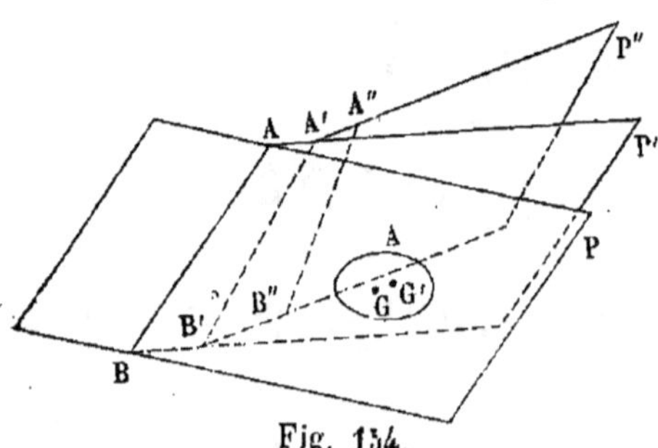

Fig. 134.

Cela posé, *le volume engendré par la surface A entre deux positions quelconques du plan mobile, est égal au produit de l'aire A, par le chemin décrit par son centre de gravité G.*

La surface engendrée par le périmètre de la surface A a pour mesure le produit du périmètre L, par le chemin décrit par son centre de gravité G′.

Pour démontrer ces théorèmes, il suffit en effet d'observer que pendant un instant infiniment court, le plan P tourne autour d'un axe fixe A B, et que la figure A engendre, pendant cet instant, un élément de solide de révolution. Le théorème de Guldin peut s'appliquer à cet instant très-court ; il ne reste plus qu'à faire la somme de tous les éléments décrits, ce qui donnera l'aire A, ou le périmètre L, facteurs constants, multipliés par le chemin total décrit par le centre de gravité.

166. L'axe de rotation, dans tout ce qui précède, est supposé extérieur à la figure mobile. Le théorème s'applique encore au cas où l'axe traverse la figure méridienne, sauf à prendre positivement les volumes et les superficies engendrées par les parties situées d'un côté de l'axe, et négativement les volumes et les superficies engendrées par les parties situées du côté opposé.

Si l'on adopte cette convention, on pourra dire que *le volume engendré par une aire fermée, tournant autour d'une droite tracée dans son plan et passant par son centre de gravité, est égal à zéro.* Car le chemin décrit par le centre de gravité est nul. Il ne faut pas oublier que dans cet énoncé on prend avec des signes contraires les volumes élémentaires engendrés par les deux parties de la figure séparées par l'axe de rotation.

VOLUME DU CYLINDRE TRONQUÉ

167. *Si l'on projette orthogonalement une figure plane F sur un plan fixe P, le centre de gravité de la projection F' est la projection orthogonale du centre de gravité de la figure.*

Cette proposition peut être considérée comme un cas particulier de la remarque II du § 137. Mais on peut aussi l'établir directement.

Supposons, pour fixer les idées, que le plan de projection P soit horizontal, et que le plan de la figure F le coupe, suivant la droite MN. Prenons pour axe OX dans le plan de la figure, une ligne de plus grande pente de ce plan, et pour axe OY la ligne

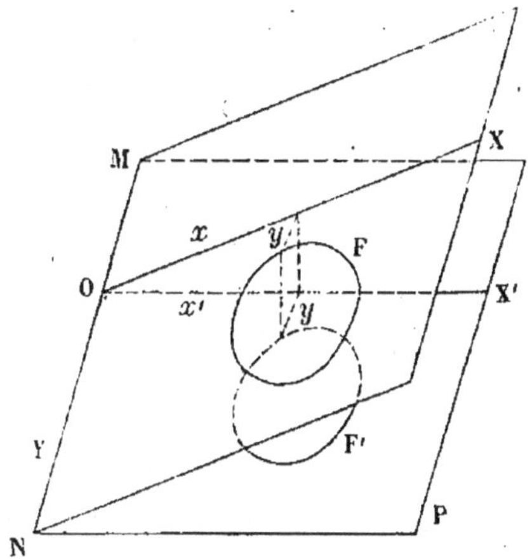

Fig. 155.

horizontale MN ; ces deux axes, projetés sur le plan de projection, donneront encore deux axes OX', OY rectangulaires. Les ordonnées des divers points de la figure seront donc conservées en vraie grandeur, tandis que les abscisses x seront réduites dans un certain rapport constant ; les aires élémentaires seront réduites dans le même rapport ; cela étant, appliquons les formules de la recherche du centre de gravité aux deux figures.

Soient $\omega_1, \omega_2, \dots \omega_n$ les aires élémentaires de la figure F ; les aires correspondantes de la figure F' seront les produits

$$K\omega_1, \; K\omega_2, \; .. \; K\omega_n.$$

les abscisses de ces aires seront :

$$x_1, \quad x_2, \quad \dots \quad x_n$$

pour l'une, et

$$Kx_1, \quad Kx_2, \quad \dots \quad Kx_n$$

pour l'autre. Elles ont enfin mêmes ordonnées y. Soient X et Y les ordonnées du centre de gravité de la figure P, rapportées aux axes OX, OY ; et X', Y' les coordonnées du centre de gravité de la figure F′, rapportées aux axes OX′, OY. Nous aurons les équations :

$$X = \frac{\omega_1 x_1 + \omega_2 x_2 + \ldots + \omega_n x_n}{\omega_1 + \omega_2 \ldots + \omega_n},$$

$$Y = \frac{\omega_1 y_1 + \omega_2 y_2 + \ldots + \omega_n y_n}{\omega_1 + \omega_2 + \ldots + \omega_n},$$

et

$$X' = \frac{K\omega_1 \times Kx_1 + K\omega_2 \times Kx_2 + \ldots + K\omega_n \times Kx_n}{K\omega_1 + K\omega_2 + \ldots + K\omega_n} = KX,$$

$$Y' = \frac{K\omega_1 \times y_1 + K\omega_2 \times y_2 + \ldots + K\omega_n \times y_n}{K\omega_1 + K\omega_2 + \ldots + K\omega_n} = Y.$$

Les équations $X' = KX$, $Y' = Y$, montrent que le point (X', Y') du plan P, est la projection du point (X, Y) pris dans le plan de la figure F.

Corollaire. La proposition subsiste encore pour les projections obliques, faites par des droites parallèles. Il suffit, pour l'établir, de couper les droites projetantes par un plan perpendiculaire à leur direction commune, et d'appliquer la proposition qu'on vient de démontrer.

168. Soit MN une surface cylindrique ou prismatique, coupée par un plan ABCD. Soit G le centre de gravité de cette section. Par ce point, menons une droite AB dans le plan de la section, et conduisons par cette droite un second plan AEBF, faisant un angle infiniment petit avec le premier. De cette manière, nous ajoutons d'un côté au volume du prisme ou du cylindre un onglet infiniment petit AFDB, et nous retranchons de l'autre le volume de l'onglet infiniment petit ACEB. Faisons tourner la figure ACDB autour de AB pour l'amener dans le plan AEBF. Dans ce mouvement, elle engendrera deux onglets de révolution opposés par le sommet, qui différeront des onglets cylindriques AFDB et ACEB, d'infiniment petits du second ordre; or ces deux onglets de révolution sont égaux en vertu du théorème de Guldin; car l'un est positif, l'autre négatif, et leur somme algébrique est nulle (§ 166). Il en est donc de même des onglets cylindriques, et par suite le volume du cylindre ou du prisme, compris entre une section quelconque MN et la section ACBD, n'est pas altéré par la substitu-

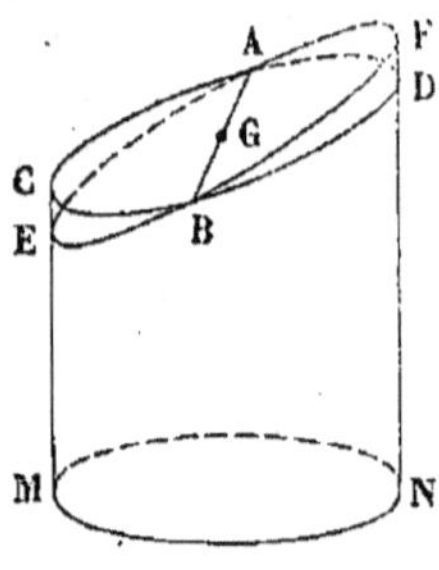

Fig. 156.

tion au plan ACBD, du plan infiniment voisin AEBF, pourvu que le second plan passe par le centre de gravité G de la section déterminée par le premier.

Le centre de gravité de la nouvelle section coïncide avec le centre de gravité G de l'ancienne, car la seconde section est la projection de la première, parallèlement aux arêtes du cylindre (§ 167). Par suite, on n'altère pas le volume du cylindre en faisant encore tourner le plan de la section EF d'un angle infiniment petit sans qu'il cesse de passer par le point G. En définitive, on peut modifier comme on voudra l'orientation du plan de la section ACBD, pourvu que ce plan passe toujours par le centre de gravité G de la section : le volume du cylindre n'en sera pas altéré.

169. Cette remarque conduit à la mesure du volume du cylindre ou du prisme tronqué. Soit ABCD un cylindre coupé par deux plans AB, CD, menés d'une manière quelconque. Prenons le centre de gravité G de la section AB : la section CD est la projection de la section AB sur le plan CD, faite parallèlement aux génératrices du cylindre. Donc, le centre de gravité G', de la section CD, est situé sur une parallèle aux génératrices GG', menée par le centre de gravité de l'autre section AB (§ 167). Par les points G et G', menons deux plans ab, cd, normaux aux génératrices. Ces sections n'altèrent pas le volume du cylindre (§ 168), de sorte que le volume $abcd$ est égal au volume ABCD; mais le cylindre $abcd$ est un cylindre droit, dont le volume s'obtient en multipliant la base, surface ab, par la hauteur GG' ; le produit surf. $ab \times$ GG' est donc aussi la mesure du volume ABCD, et l'on obtient ce théorème :

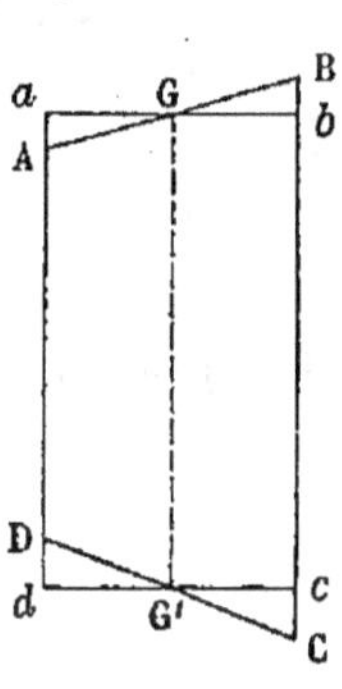

Fig. 157.

Le volume d'un cylindre ou d'un prisme tronqué est le produit de l'aire de sa section droite par la distance des centres de gravité de ses deux bases.

DÉTERMINATION EMPIRIQUE DU CENTRE DE GRAVITÉ POUR UN CORPS DE PETIT VOLUME.

170. Lorsqu'on veut déterminer le centre de gravité d'un corps A de petit volume, on peut suspendre ce corps à un fil CB, par un point quelconque de sa surface. Après une série d'oscillations, dont on peut à volonté réduire l'amplitude, le

corps et le fil prennent une position d'équilibre, dans laquelle
le fil CB est vertical, et le centre de gravité G du
corps se trouve sur la droite CB prolongée. Car le
poids du corps appliqué en G fait équilibre à la
tension du fil, dirigée suivant la droite B C. Cette
expérience fait donc connaître une droite B E, sur
laquelle est situé le point cherché.

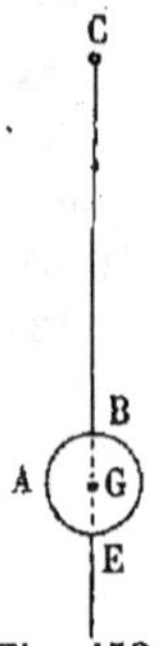

On obtiendra facilement une seconde droite sur
laquelle le point G se trouve aussi ; il suffit pour
cela de répéter l'expérience en attachant le corps A
par un autre point de sa surface. Le centre de
gravité du corps se trouvera à l'intersection des deux droites.

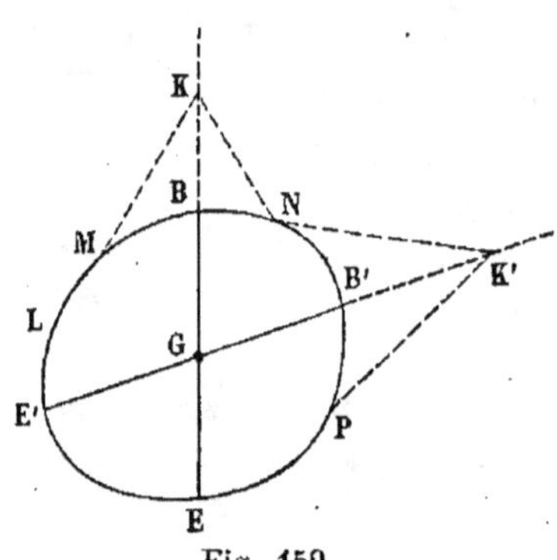

Fig. 158.

La construction du point d'intersection de ces deux lignes
serait en général peu commode, parce qu'on ne peut opérer
que sur la surface du corps, et que ces lignes n'ont, la plupart du temps, que deux points communs, B et E, avec
cette surface. On se fera une idée plus nette de la position
du centre de gravité en considérant le plan qu'on peut conduire par les deux droites.

Ce plan coupe la surface du corps suivant une ligne L
qu'il est aisé de construire sur le papier. On peut y reporter
les points B, B′, par lesquels
le corps a été successivement
suspendu. Pour avoir les directions correspondantes du
fil de suspension, on peut reporter sur la ligne L les
points E et E′ où les directions
cherchées rencontrent pour la
seconde fois le contour de la
section ; ou bien, si l'on ne
peut observer la position de
ces points E et E′, on fixera arbitrairement sur la section
trois points M, N, P, et on mesurera les distances KM, KR,
K′N, K′P, de ces points à deux points K, K′, pris sur les
directions du fil ; ce qui permettra de tracer sur le plan de
la section les droites KB, K′B, dont les prolongements se
coupent au point G.

Fig. 159.

FIL A PLOMB. — NIVEAU

171. On se sert beaucoup dans les arts de l'appareil formé d'un fil et d'un corps pesant attaché à son extrémité ; cet appareil, qu'on nomme *fil à plomb*, donne la direction de la verticale, une fois les oscillations éteintes et l'équilibre obtenu. Le fil à plomb sert aussi à vérifier qu'un plan est horizontal, ou à trouver sa ligne de plus grande pente et son inclinaison. On emploie pour cela l'instrument appelé *niveau de maçon*, parce que les maçons s'en servent pour régler horizontalement les assises d'un mur en construction.

Le niveau de maçon est un triangle isocèle en bois, ABC, formé de deux jambes BA, BC, dont les pieds sont coupés en A*a*, et C*c* suivant la direction de la base AC ; une traverse HK, placée un peu au-dessus de la base maintient l'angle ABC. Un fil à plomb DE est suspendu en un point D de la bissectrice de l'angle ABC ; les pieds du niveau

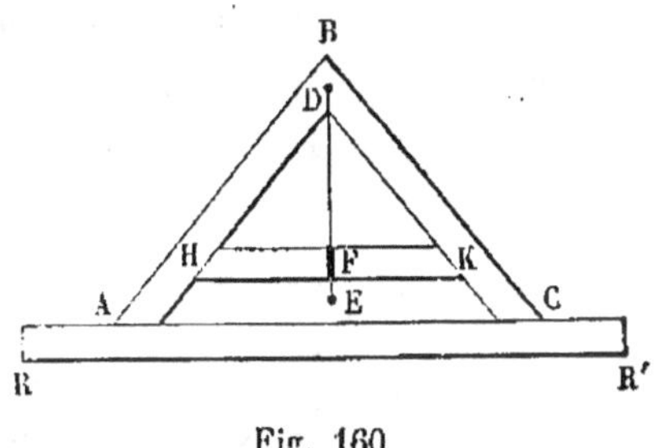

Fig. 160.

sont posés sur la surface supérieure d'une règle RR' qu'on pose sur le plan dont on veut constater l'horizontalité. Lorsque la règle est horizontale, le fil DE doit *battre* un trait dessiné en F sur la traverse. Pour placer ce trait, on a recours à une expérience préalable. On incline la règle d'un certain angle R'RN ; le niveau participe à cette inclinaison, et le fil à plomb qui reste toujours vertical, vient battre la traverse en un point F', qu'on marque. On retourne ensuite le niveau sans changer la posi-

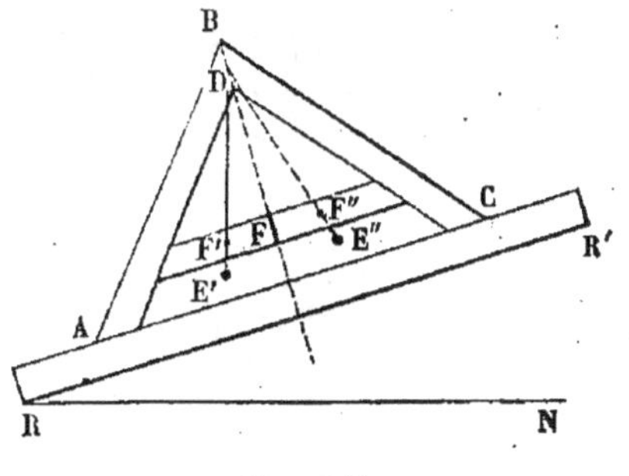

Fig. 161.

tion de la règle ; le fil à plomb prend alors la position DE'', et bat le point F'', qu'on marque aussi.

On a ainsi sur la traverse deux points F' et F'', qui, chacun, représentent l'écart pris par le fil à plomb, lorsque la règle reçoit une inclinaison égale à $R'RN$. On obtiendra la direction de la perpendiculaire abaissée du point D sur la direction de la règle, en menant la bissectrice, DF, de l'angle $F'DF''$. Car si l'on abaisse DF perpendiculaire sur RB, l'angle $F'DF$ et l'angle $R'RN$ sont égaux, comme ayant leurs côtés respectivement perpendiculaires.

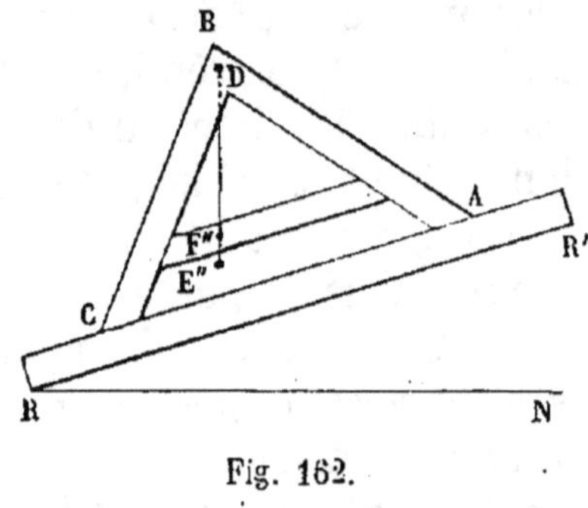

Fig. 162.

Il en est de même de FDF'' et $B'RN$, et par suite DF partage en deux parties égale l'angle $F'DF''$.

Pour mesurer avec le niveau de maçon l'inclinaison d'une droite à l'horizon, il faut tracer sur la traverse une droite MP perpendiculaire à DF, et sur laquelle on porte des longueurs égales à une partie aliquote de la distance DF, au centième par exemple. Lorsque le fil se met en équilibre dans une position DF', on lit sur l'échelle graduée PM le nombre de divisions comprises entre le point F et le point F' ; ce nombre exprimera en centièmes l'inclinaison de la ligne AC, mesurée par *le rapport de sa hauteur à sa base*.

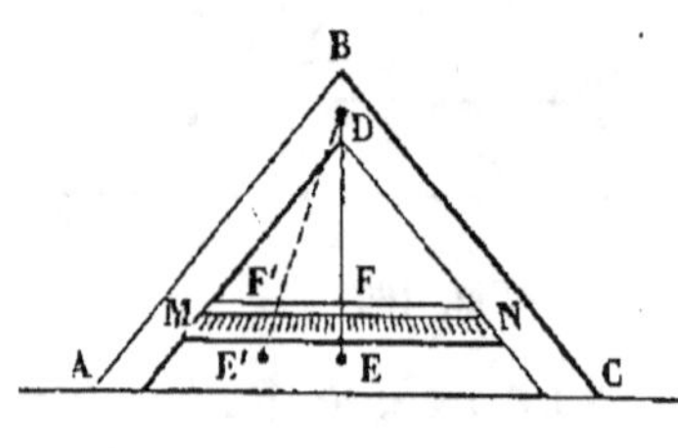

Fig. 163.

Pour mesurer l'inclinaison d'un plan à l'horizon, on cherche d'abord la ligne horizontale du plan ; cela peut se faire par tâtonnement en faisant tourner la règle sur le plan et en observant le fil à plomb. Une fois l'horizontale tracée, on lui élève dans le plan une perpendiculaire qui sera la *ligne de plus grande pente*, et on mesure l'inclinaison de cette ligne comme il vient d'être dit.

On peut éviter le tâtonnement qui a pour objet de déterminer la direction de l'horizontale du plan. Par un point O, traçons dans le plan deux droites quelconques OA, OB, et mesurons à l'aide du niveau les inclinaisons de ces deux lignes ; soit i l'inclinaison de la première, et i' l'inclinaison de la seconde. Prenons arbitrairement un point quelconque A sur la droite OA, et cherchons sur la droite OB un point B qui soit à la

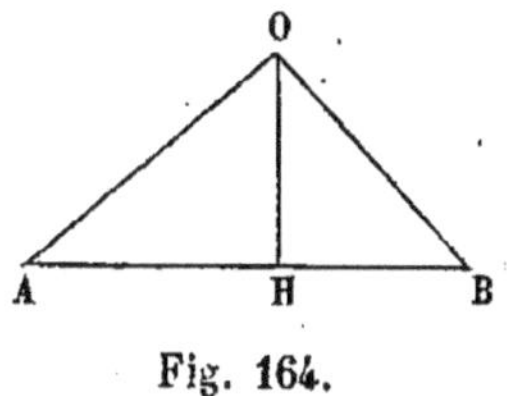

Fig. 164.

même hauteur que le point A. Puisque la droite OA a sur l'horizon une inclinaison égale à i, la longueur OA mesurée sur le plan a une projection horizontale égale à

$$OA \times \frac{1}{\sqrt{1 + i^2}},$$ et par suite la différence de niveau entre le

point O et le point A est égale à $OA \times \dfrac{i}{\sqrt{1 + i^2}}$. La différence de niveau doit être la même du point O au point B ; mais la longueur OB, mesurée sur le plan, a une projection horizontale égale à $OB \times \dfrac{1}{\sqrt{1 + i'^2}}$, de sorte que la différence de niveau entre les points O et B est $OB \times \dfrac{i'}{\sqrt{1 + i'^2}}$.

On a donc l'équation :

$$OB \times \frac{i'}{\sqrt{1 + i'^2}} = OA \times \frac{i}{\sqrt{1 + i^2}}$$

qui fait connaître la longueur OB et définit par conséquent l'horizontale AB. La ligne de plus grande pente OH est perpendiculaire à la droite AB.

THÉORÈMES SUR LE CENTRE DE GRAVITÉ D'UN SYSTÈME DE n POINTS

172. Soient A, B, C, ... D, n points matériels donnés de position dans l'espace ; soient p_1, p_2, p_3, ... leurs poids respectifs. Déterminons le centre de gravité G du système formé par ces n points.

Soit enfin M un point quelconque pris dans l'espace. Le théorème que nous allons démontrer consiste dans l'énoncé suivant :

La somme

$$\overline{MA}^2 \times p_1 + \overline{MB}^2 \times p_2 + \overline{MC}^2 \times p_3 + \ldots + \overline{MD}^2 \times p_n$$

des carrés des distances du point M *aux* n *points donnés, multipliés par les poids respectifs de ces points, est égale à la même somme prise pour le centre de gravité* G,

$$\overline{GA}^2 \times p_1 + \overline{GB}^2 \times p_2 + \overline{GC}^2 \times p_3 + \ldots + \overline{GD}^2 \times p_n,$$

augmentée du produit du carré de la distance des points M *et* G, *par le poids total* $(p_1 + p_2 + p_3 + \ldots + p_n)$ *du système.*

En d'autres termes on a l'équation :

$$\overline{MA}^2 \times p_1 + \ldots + \overline{MD}^2 \times p_n = (\overline{GA}^2 \times p_1 + \ldots + \overline{GD}^2 \times p_n)$$
$$+ \overline{MG}^2 \times (p_1 + \ldots + p_n).$$

Nous démontrerons d'abord ce théorème pour un système de deux points A, B. Nous ferons voir ensuite que s'il est vrai pour n points, il est vrai aussi pour $n + 1$; la proposition, démontrée pour 2 points, s'étendra donc à 3, à 4, ... à un nombre quelconque de points donnés.

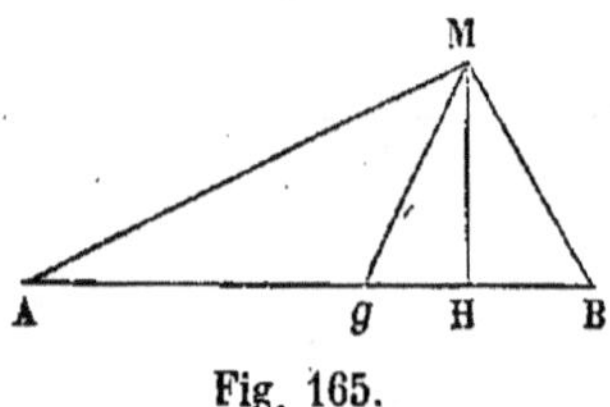

Fig. 165.

1º Soient A et B les deux points donnés, p_1 et p_2 leurs poids, le centre de gravité g de ces deux points sera sur la droite AB, et divisera la distance AB en segments réciproquement proportionnels aux poids p_1 et p_2 ; nous aurons donc :

$$(1) \qquad gA \times p_1 = gB \times p_2.$$

Soit M un point quelconque, et proposons-nous d'évaluer la somme $\overline{MA}^2 \times p_1 + \overline{MB}^2 \times p_2$.

Joignons Mg, et du point M abaissons MH perpendiculaire sur AB. Le triangle MAg dans lequel le côté Mg se projette en gH sur le prolongement du côté gA, nous donne la relation

$$(2) \qquad \overline{MA}^2 = \overline{gA}^2 + \overline{Mg}^2 + 2 gA \times gH.$$

Dans le triangle MBg, le côté Mg se projette sur le côté gB lui-même, de sorte qu'on a

$$(3) \qquad \overline{MB}^2 = \overline{gB}^2 + \overline{Mg}^2 - 2gB \times gH.$$

Multiplions l'équation (2) par p_1, l'équation (3) par p_2, et ajoutons; il viendra

$$\overline{MA}^2 \times p_1 + \overline{MB}^2 \times p_2 = \overline{gA}^2 \times p_1 + \overline{gB}^2 \times p_2 + \overline{Mg}^2 \times (p_1 + p_2)$$

en effaçant la somme

$$2gH \times (gA \times p_1 - gB \times p_2)$$

qui est nulle en vertu de l'équation (1).

Le théorème est donc démontré pour un système de deux points.

2° Supposons que la proposition ait été reconnue vraie pour un système de n points. Je dis qu'elle sera vraie aussi pour un système de $n + 1$. Soient A, B, C, ... D, un système de n points, dont les poids respectifs sont $p_1, p_2, p_3, \ldots p_n$; soit g le centre de gravité de ce système; on aura par hypothèse, pour un point quelconque M, l'équation

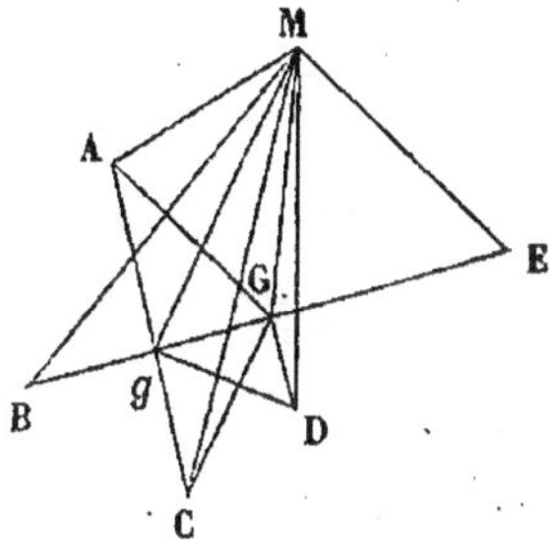

Fig. 166.

$$(4) \qquad \overline{MA}^2 \times p_1 + \overline{MB}^2 \times p_2 + \ldots + \overline{MD}^2 \times p_n$$
$$= (\overline{gA}^2 \times p_1 + \overline{gB}^2 \times p_2 + \ldots + \overline{gD}^2 \times p_n)$$
$$+ \overline{Mg}^2 \times (p_1 + p_2 + \ldots + p_n).$$

Soit E le $(n + 1)^e$ point que l'on ajoute au système, et soit p_{n+1} son poids. Pour avoir le centre de gravité G du système total, il suffira de joindre gE, et de partager cette droite au point G en deux segments inversement proportionnels aux poids p_{n+1} et $(p_1 + p_2 + \ldots + p_n)$. Le point G étant le centre de gravité du système formé par le point matériel E et par un point matériel placé en g et ayant pour poids la somme $(p_1 + p_2 + \ldots + p_n)$, on peut appliquer le théorème que nous venons d'établir pour deux points, ce qui donne l'équation

$$(5) \qquad \overline{Mg}^2 \times (p_1 + p_2 + \ldots + p_n) + \overline{ME}^2 \times p_{n+1}$$

$$= \left[\overline{Gg}^2 \times (p_1 + p_3 + \ldots + p_n) + \overline{GF}^2 \times p_{n+1} \right]$$

$$+ \overline{MG}^2 \times (p_1 + p_2 + \ldots + p_n + p_{n+1}).$$

Mais nous pouvons appliquer l'équation (4) au point G, comme au point M, ce qui nous donnera, en intervertissant les deux membres de l'équation :

$$(6) \quad (\overline{gA}^2 \times p_1 + \overline{gB}^2 \times p_2 + \ldots + \overline{gD}^2 \times p_n) + \overline{Gg}^2 \times (p_1 + p_2 + \ldots + p_n)$$

$$= \overline{GA}^2 \times p_1 + \overline{GB}^2 \times p_2 + \ldots + \overline{GD}^2 \times p_n.$$

Ajoutant membre à membre les trois équations (4), (5) et (6), il vient, après suppression des termes communs aux deux membres :

$$\overline{MA}^2 \times p_1 + \overline{MB}^2 \times p_2 + \ldots + \overline{MD}^2 \times p_n + \overline{ME}^2 \times p_{n+1}$$

$$= \overline{GA}^2 \times p_1 + \overline{GB}^2 \times p_2 + \ldots + \overline{GD}^2 \times p_n + \overline{GE}^2 \times p_{n+1}$$

$$+ \overline{MG}^2 \times (p_1 + p_2 + \ldots + p_n + p_{n+1}).$$

Si donc la proposition est vraie pour n points, elle est vraie aussi pour $n + 1$. Or elle est démontrée pour deux points. Donc elle est générale.

173. Corollaires. — 1º *Le lieu géométrique des points* M *tels que la somme*

$$\overline{MA}^2 \times p_1 + \overline{MB}^2 \times p_2 + \ldots + \overline{MD}^2 \times p_n$$

des carrés de leurs distances à n *points donnés, multipliés respectivement par les poids de ces points, soit constante, est une surface sphérique décrite du centre de gravité* G *des* n *points comme centre.*

En effet, la somme

$$(\overline{MA}^2 \times p_1 + \ldots + \overline{MD}^2 \times p_n)$$

se décompose en deux parties; l'une

$$(\overline{GA}^2 \times p_1 + \ldots + \overline{GD}^2 \times p_n),$$

est indépendante de la position du point M, et l'autre

$$\overline{MG}^2 \times (p_1 + p_2 \ldots + p_n)$$

ne dépend que de la distance MG. La somme est donc constante si MG est constant, ce qui a lieu pour tous les points de la sphère décrite du point G pour centre avec MG pour rayon.

Si l'on veut par exemple que

$$\overline{MA}^2 \times p_1 + \ldots + \overline{MD}^2 \times p_n$$

soit égale à une quantité donnée, P^2, on déterminera MG par l'équation :

$$\overline{GA}^2 \times p_1 + \ldots + \overline{GD}^2 \times p_n + \overline{MG}^2 \times (p_1 + \ldots + p_n) = P^2,$$

ce qui donne

$$MG = \sqrt{\frac{P^2 - (\overline{GA}^2 \times p_1 + \ldots + \overline{GD}^2 \times p_n)}{p_1 + p_2 + \ldots + p_n}}.$$

2° Le minimum de la somme

$$\overline{MA}^2 \times p_1 + \ldots + \overline{MD}^2 \times p_n$$

a lieu lorsque $MG = 0$, c'est-à-dire lorsque le point M coïncide avec le centre de gravité des n points donnés.

174. *Application.* — On inscrit dans un cercle O un polygone régulier de n côtés, ABCDEF. On demande la somme des carrés des distances d'un point M pris dans le plan du cercle aux sommets du polygone.

On fera

$$p_1 = p_2 = \ldots p_n = 1 ;$$

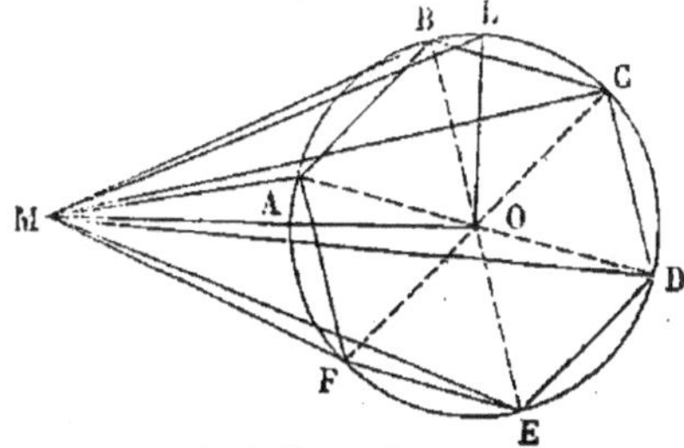

Fig. 167.

le centre de gravité de n poids égaux placés aux sommets du polygone est le centre du cercle circonscrit, O (§ 142, 5°). Donc on a l'équation :

$$\overline{MA}^2 + \overline{MB}^2 + \ldots + \overline{MF}^2 = (\overline{OA}^2 + \overline{OB}^2 + \ldots + \overline{OF}^2) + \overline{MO}^2 \times n$$

$$= n \times (\overline{OA}^2 + \overline{MO}^2).$$

Élevons au point O une perpendiculaire sur la droite MO, et joignons ML ; le carré $\overline{ML}^2$ sera égal à $\overline{OL}^2 + \overline{MO}^2$ ou à $\overline{OA}^2 + \overline{MO}^2$, et par suite la somme cherchée sera égale à $\overline{ML}^2 \times n$.

Le carré de la distance du point M au point L est donc la moyenne entre les carrés des distances du point M aux sommets du polygone.

175. Autre théorème. — *Étant donnés* n *points matériels* A, B, C, ... D, *dont les poids respectifs sont* p_1, p_2, ... p_n, *et une droite* LL', *on abaisse de tous les points sur la droite des perpendiculaires,* Aa, Bb, ... Dd, *et on forme la somme :*

$$I = \overline{Aa}^2 \times p_1 + \overline{Bb}^2 \times p_2 + ... + \overline{Dd}^2 \times p_n$$

des carrés des distances de chaque point à la droite, multipliée par le poids de ce point.

Par le centre de gravité, G, *du système des* n *points, on mène une parallèle* λλ' *à la droite* LL', *et on abaisse des points donnés des*

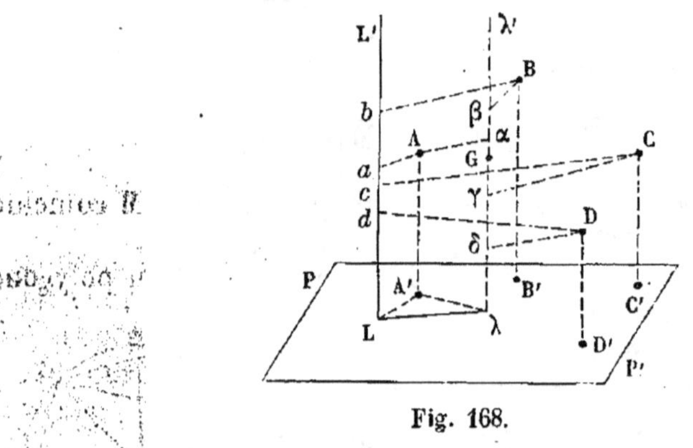

Fig. 168.

perpendiculaires Aα, Bβ, Cγ, ..., Dδ *sur cette nouvelle droite. On forme la somme* I_o *prise pour cette nouvelle droite*

$$I_o = \overline{A\alpha}^2 \times p_1 + \overline{B\beta}^2 \times p_2 + ... + \overline{D\delta}^2 \times p_n.$$

Cela posé, la somme I *est égale à la somme* I_o *augmentée du produit*

$$\overline{L\lambda}^2 \times (p_1 + p_2 + ... + p_n)$$

du carré de la distance des deux droites LL', λλ', *multiplié par le poids total du système.*

Menons un plan P P' perpendiculaire aux parallèles L L', $\lambda\lambda$, puis projetons orthogonalement sur ce plan tous les points donnés, A, B, ... D; nous obtenons ainsi les points A', B', ..., D', auxquels nous pouvons attribuer les poids p_1, p_2, ..., p_n. Le centre de gravité du système projeté sera la projection du centre de gravité G du système donné (§ 137, *Rem. II*); soit λ ce point, et soit L le pied de la droite L L'.

Nous pouvons appliquer le théorème précédent au système projeté; il viendra :

$$(\overline{A'L}^2 \times p_1 + \overline{B'L}^2 \times p_2 + ... + \overline{D'L}^2 \times p_n)$$
$$= (\overline{A'\lambda}^2 \times p_1 + \overline{B'\lambda}^2 \times p_2 + ... + \overline{D'\lambda}^2 \times p_n)$$
$$+ \overline{L\lambda}^2 \times (p_1 + p_2 + ... + p_n).$$

Or, les distances Aa, Bb, ... Dd, des points donnés à la droite L L' se projettent en vraie grandeur sur le plan P P', et ont pour projections les distances des points A', B', ..., D', au point L. On a donc : A'L = Aa, B'L = Bb, ..., D'L = Dd. De même, A'λ = Aα, B'λ = Bβ, ..., D'λ = Dδ; et par suite, l'équation précédente peut s'écrire :

$$\overline{Aa}^2 \times p_1 + \overline{Bb}^2 \times p_2 + ... + \overline{Dd}^2 \times p_n = \overline{A\alpha}^2 \times p_1 + \overline{B\beta}^2 \times p_2 + ...$$
$$+ \overline{D\delta}^2 \times p_n + \overline{L\lambda}^2 \times (p_1 + ... + p_n),$$

qui n'est autre chose que l'expression algébrique du théorème qu'il s'agissait de démontrer.

Corollaires. — 1° La somme des produits du poids de chaque point par le carré de sa distance à une droite L L' est la même pour toutes les positions de cette droite sur la surface d'un cylindre droit à base circulaire, décrit autour de la droite $\lambda\lambda'$ comme axe.

2° Elle est minimum pour l'axe $\lambda\lambda'$ lui-même.

TRAVAIL DE LA PESANTEUR

176. Le *travail élémentaire* d'une force s'obtient (§ 98) en multipliant la force par la projection sur sa direction du chemin infiniment petit décrit par le point matériel qu'elle

sollicite, et en attribuant au produit le signe $+$ ou le signe $-$,
suivant que la projection du chemin décrit a le même sens
que la force, ou le sens opposé. Appliquons cette règle à la
pesanteur. Soit M un point
matériel, p son poids, qui
s'exerce suivant la verticale
MH. Prenons trois axes rectangulaires OX, OY, OZ, dont
l'un, OZ, soit vertical. Si le
point M reçoit un déplacement
MM' infiniment petit, le travail élémentaire de la force p
sera égal au produit $p \times \mathrm{M}m$,
avec le signe $+$ si le point

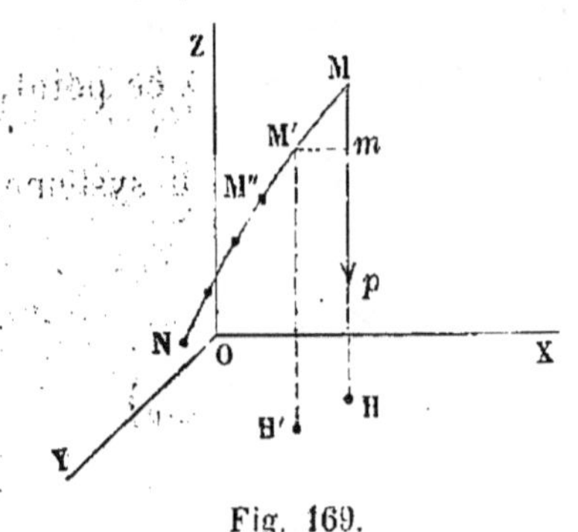

Fig. 169.

s'est abaissé, avec le signe $-$ s'il s'est élevé par suite de son
déplacement. Appelons z la *hauteur* MH du point M au-
dessus du plan horizontal XOY, et z' la hauteur M'H' au-
dessus du même plan de la nouvelle position prise par le
point mobile. Le travail élémentaire de la pesanteur correspondant au déplacement infiniment petit MM' sera égal en
grandeur et en signe au produit

$$p \times (z - z'),$$

produit positif si $z > z'$, c'est-à-dire si le point mobile
s'abaisse, et négatif si $z < z'$, c'est-à-dire s'il s'élève;
produit nul enfin si $z = z'$, c'est-à-dire si le mobile ne
change pas de hauteur.

Ceci suppose, d'après la définition, que la différence $z - z'$
est infiniment petite en valeur absolue. Mais la force p due
à la pesanteur ne variant pas sensiblement avec la hauteur
MH, du moins dans les limites restreintes où se font les
applications aux machines, on peut étendre cette mesure du
travail à un déplacement fini du point M. En effet, supposons
que le point matériel M parcoure une trajectoire quelconque
MN, et qu'on demande le *travail total* (§ 96) du poids p pour
le déplacement MN ; on partagera l'arc de trajectoire MN en
parties aussi petites qu'on voudra, pour chacune desquelles

on pourra déterminer le travail élémentaire de la force ; appelons donc z, z', z'', z''', ..., Z, les hauteurs des points M, M', M'', ..., N ; les travaux élémentaires du poids p pour chacun de ces déplacements infiniment petits seront exprimés par les produits

$$p \times (z - z'),$$
$$p \times (z' - z''),$$
$$p \times (z'' - z'''),$$
$$\cdots \cdots \cdots$$
$$p \times (z^{(n)} - Z).$$

Le travail total s'obtiendra en faisant la somme algébrique de ces produits ; or, cette somme se réduit à

$$p \times (z - Z),$$

c'est-à-dire au produit de la force p par la quantité $z - Z$ dont le point M s'est abaissé suivant la verticale, ou par la *perte de hauteur* du point M.

177. Au lieu d'un point unique, prenons-en plusieurs.

Soient M_1, M_2, ... M_n, un système de n points matériels, dont les poids sont respectivement p_1, p_2, ..., p_n, et qui reçoit un déplacement quelconque, fini ou infiniment petit. Appelons

$$z_1, z_2, \ldots, z_n$$

les hauteurs des points donnés au-dessus d'un même plan horizontal, dans la position initiale du système, et

$$Z_1, Z_2, \ldots, Z_n$$

les hauteurs des mêmes points, dans une seconde position. Pour trouver le travail de la pesanteur correspondant au passage du système de la première position à la seconde, il faudra former pour chaque point le produit $p \times (z - Z)$, et faire la somme algébrique de tous ces résultats ; le travail cherché, T, est donc donné par l'équation :

$$T = p_1 (z_1 - Z_1) + p_2 (z_2 - Z_2) + \ldots + p_n (z_n - Z_n),$$

équation qu'on peut écrire :

$$(1) \quad T = (p_1 z_1 + p_2 z_2 + \ldots + p_n z_n) - (p_1 Z_1 + p_2 Z_2 + \ldots + p_n Z_n)$$

Or, appelons z la hauteur, au-dessus du plan horizontal de comparaison, du centre de gravité du système dans sa première position (§ 123, *Rem.*), et Z la hauteur du centre de gravité du système dans sa seconde position ; nous aurons (§ 137) :

$$p_1 z_1 + p_2 z_2 + \ldots + p_n z_n = (p_1 + p_2 + \ldots + p_n) \times z,$$
$$p_1 Z_1 + p_2 Z_2 + \ldots + p_n Z_n = (p_1 + p_2 + \ldots + p_n) \times Z.$$

Introduisons ces valeurs dans l'équation (1), il viendra :

$$(2) \qquad T = (p_1 + p_2 + \ldots + p_n)(z - Z).$$

Le travail de la pesanteur sur un système matériel qui subit un déplacement fini ou infiniment petit, est égal au poids total du système, multiplié par la quantité (positive ou négative) dont est descendu son centre de gravité en passant de la première position à la seconde.

Le travail de la pesanteur est nul si, en passant de la première position à la seconde, le centre de gravité ne change pas de hauteur.

CONDITION D'ÉQUILIBRE D'UN SYSTÈME MATÉRIEL A LIAISONS COMPLÈTES, QUI N'EST SOLLICITÉ QUE PAR SON PROPRE POIDS.

178 Nous avons démontré (§§ 117-120) que pour qu'un système matériel soit en équilibre, il faut et il suffit que la somme des travaux virtuels des forces qui sont appliquées à

ce système soit nulle pour tout déplacement compatible avec ces liaisons.

Appliquons ce théorème à un système pesant, que nous supposerons d'abord *à liaisons complètes* ; l'équilibre de ce système sous l'action de la pesanteur et des forces qui tiennent lieu des liaisons, sera assuré dans une position particulière si le déplacement infiniment petit qu'on peut supposer imprimé au système à partir de cette position, n'altère pas la hauteur du centre de gravité. Car alors (§ 177) le travail de la pesanteur est nul. Le système étant à liaisons complètes, tous les points qui le composent, et par suite le centre de gravité de ces points décrivent des trajectoires définies ; le déplacement virtuel subi par le centre de gravité s'opère donc suivant un arc infiniment petit de sa trajectoire particulière, et pour que le travail de la pesanteur soit nul, il faut et il suffit que ce petit arc décrit soit horizontal. La position d'équilibre du système est donc définie par cette condition que le centre de gravité occupe sur sa trajectoire le point où la tangente est horizontale. Pour trouver les positions d'équilibre, on construira donc la trajectoire du centre de gravité ; on mènera à cette courbe des tangentes horizontales, et les points de contact seront les positions du centre de gravité lorsque l'équilibre existe ; à chacune de ces positions du centre de gravité correspond une position particulière du système qui sera l'une des positions demandées.

179. Prenons pour exemple une droite pesante homogène, AB, dont les deux extrémités A et B sont assujetties à glisser sans frottement le long de deux droites fixes, OX, OY, rectangulaires, tracées dans un plan vertical.

Le centre de gravité G du système donné est le milieu de la droite AB ; l'angle AOB étant droit, la distance GO est égale à la moitié de la longueur AB, et par conséquent, le lieu décrit par le centre de gravité est la circonférence GCMD,

décrite du point O comme centre avec un rayon égal à $\frac{1}{2}$ AB.

Par le point O, menons une verticale MN ; elle coupe la circonférence en deux points M et N, où les tangentes MT,

NT′ seront horizontales ; ce sont les positions d'équilibre ;
des points M et N comme centres, avec des rayons égaux
à $\frac{1}{2}$ AB, on décrira des arcs de cercle qui couperont la direction OY aux points A, et A′,, et les droites A,B,, A′,B′,

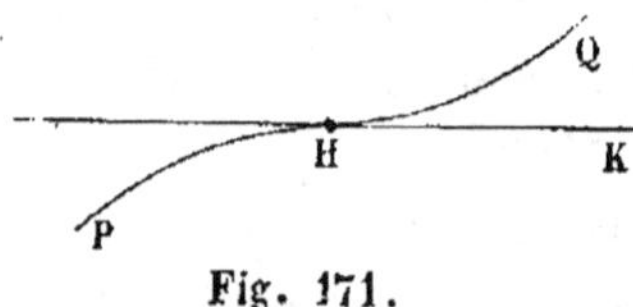

seront les deux positions
d'équilibre qu'on peut donner à la droite mobile AB.

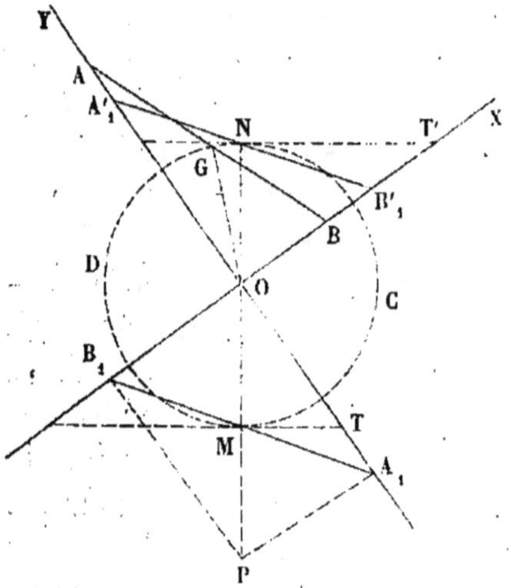

Ces deux positions se
distinguent l'une de l'autre
en ce que l'une, A,B,, est
une position d'équilibre
stable, tandis que l'autre,
A′,B′,, est une position
d'équilibre *instable*. En
effet, si on donne un petit
déplacement à la droite
A,B,, et qu'on l'aban-
donne ensuite, le poids
de cette droite tendra à la
ramener à sa position d'é-

Fig. 170.

quilibre, tandis que si l'on opère de même sur la droite
A′,B′,, le poids de la droite tendrait au contraire à l'écarter
de sa position première. En général, l'équilibre *stable* correspond à la position qui rend le centre de gravité le plus bas
possible. L'équilibre est instable, au contraire, si le centre de
gravité est situé le plus haut possible, comme au point N. Il

est également instable si la trajectoire PQ du centre de gravité présente dans le sens vertical une
inflexion au point H où la tangente
HK est horizontale ; car de quel-

Fig. 171.

que côté qu'on déplace le système, ou bien il tend à s'écarter
de sa position d'équilibre, ou bien il tendra à y revenir,
mais pour la dépasser et s'en écarter de plus en plus ensuite.

Enfin, il y a un cas singulier très-remarquable, c'est celui
où la trajectoire du centre de gravité est contenue dans un
plan horizontal. Dans ce cas, l'équilibre est possible dans

toutes les positions du système, et on dit qu'il est *indifférent*. Il en est de même lorsque le centre de gravité est immobile.

180. Pour achever la solution du problème que nous avons pris pour exemple, proposons-nous de trouver les réactions des droites fixes OA, OB, qui concourent avec le poids de la barre AB à tenir cette barre en équilibre dans la position $A_1 B_1$.

Le poids de cette barre peut être considéré comme appliqué en son milieu M; il agit suivant la verticale MP, prolongement de OM; on peut d'ailleurs le représenter par la longueur $A_1 B_1$ de la barre, en prenant l'échelle des forces en conséquence. Les réactions des points A_1 et B_1 sont normales à OA_1, OB_1, et contenues dans le plan vertical de la figure; leurs directions se coupent donc au centre instantané de rotation P, de la droite $A_1 B_1$, et ce point est situé sur la droite OM prolongée, puisque cette droite est normale à la trajectoire du point M. On peut donc regarder le poids de la barre comme appliqué au point P, et le décomposer en deux forces, suivant les directions PA_1 et PB_1; les composantes seront les réactions cherchées. Si l'on représente le poids de la barre par sa longueur $A_1 B_1 = OP$, la réaction du point A_1 sera représentée par la longueur $PA_1 = OB_1$, et la réaction du point B_1 sera de même représentée par la longueur OA_1.

CONDITIONS D'ÉQUILIBRE D'UN SYSTÈME PESANT A LIAISONS

NON COMPLÈTES.

181. Lorsqu'un système pesant n'est pas à liaisons complètes, il est possible que les liaisons soient suffisantes pour assujettir le centre de gravité de ce système à parcourir une surface fixe, S, quels que soient les déplacements, compatibles avec les liaisons, qu'on attribue aux points composant le système donné. Dans ce cas, le théorème du travail virtuel joint au théorème du travail de la pesanteur, indique encore les conditions d'équilibre; il faut et il suffit que pour tous

les déplacements virtuels imprimés au système à partir de
sa position d'équilibre, le travail de la pesanteur soit nul,
c'est-à-dire que le déplacement correspondant du centre de
gravité sur la surface S soit horizontal, c'est-à-dire enfin,
que le centre de gravité du système occupe un point P de
la surface S où le plan tangent soit horizontal. L'équilibre
peut d'ailleurs être *stable*, ou *instable*, ou *conditionnel* ; il
sera *conditionnel* si la forme de la surface S aux environs du
point P est telle que certains déplacements du système
fassent naître une tendance constante du système vers sa
position d'équilibre, tandis que d'autres déplacements déve-
loppent la tendance du corps à s'en écarter indéfiniment. La
dynamique seule permet de distinguer ces divers caractères.

On peut admettre, du moins comme règle générale, que
l'équilibre du système est stable quand son centre de gravité
est aux points les plus bas de la surface S.

L'équilibre est *indifférent* si la surface S se réduit à un
plan horizontal ; alors l'équilibre du système est assuré dans
toutes ses positions.

182. Pour que le centre de gravité du solide que nous
considérons soit assujetti à se mouvoir sur une surface fixe,
il faut et il suffit que quatre points du solide, A, B, C, D,
soient assujettis à parcourir des surfaces données, que nous
désignerons par les lettres (α), (β), (γ) et (δ), et sur lesquelles
les points seront supposés glisser sans frottement. Si, en
effet, on prend arbitrairement un point a de la surface (α)
pour y placer le point A, les points B, C et D se trouveront
sur les lignes d'intersection respectives des surfaces (β), (γ),
(δ), avec les sphères décrites du point a comme centre avec
les distances AB, AC, AD pour rayons. La position du système solide pourra donc être considérée comme définie par
le mouvement du triangle invariable BCD dont les sommets
B, C et D glisseraient sur ces trois lignes d'intersection ;
dans ce mouvement, le quatrième point A décrirait une

ligne qui passerait au point a; la position du tétraèdre ABCD, et par suite la position du solide invariable, est déterminée dès qu'on connaît la position a de l'un de ses sommets, A, sur l'une (α) des surfaces directrices.

La position correspondante g du centre de gravité G du système est donc aussi définie dès qu'on donne la position a de l'un des sommets A; et en faisant varier la position du sommet A sur la surface (α), on obtiendra pour le lieu du point G une surface que nous appellerons la surface S.

L'équilibre du corps correspondra à la position dans laquelle le centre de gravité G occupe sur la surface S un plan où le point tangent est horizontal.

Soit G ce point, GP la direction de la pesanteur, qui est normale en G à la surface S. Soient A, B, C, D les positions correspondantes des sommets du tétraèdre ABCD, et AN, BN', CN'', DN''' les directions des normales menées en ces points aux surfaces (α), (β), (γ), et (δ). Les réactions des surfaces seront dirigées suivant ces normales, dont la position est entièrement déterminée. On obtiendra donc les valeurs

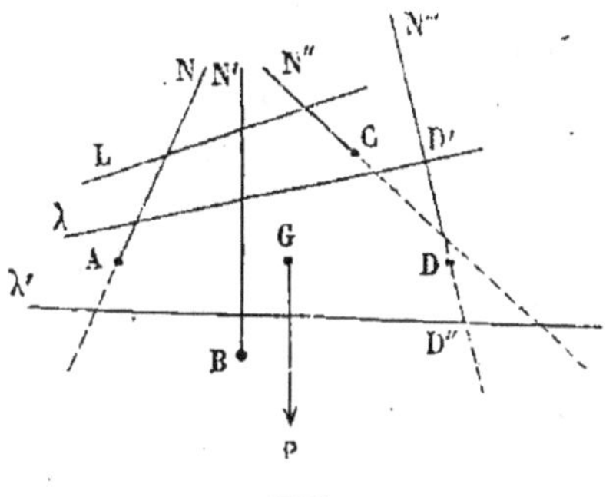

. 17Fig2.

des réactions en décomposant la force P, donnée de grandeur et de position, suivant les quatre directions données, AN, BN', CN'', DN'''.

Pour cela, menons une droite L, qui rencontre à la fois trois de ces directions, sans rencontrer la quatrième, DN'''; puis prenons les moments des forces par rapport à l'axe L. Les réactions des points A, B, C, rencontrant l'axe, ont des moments nuls. Donc les moments des forces P et N''' sont égaux en valeur absolue et de signes contraires. Connaissant le moment de P par rapport à la droite L, on déduira de cette relation la valeur de la force inconnue N'''. On obtiendrait les valeurs des autres réactions N, N', N'', par un procédé analogue.

183. Étant données trois droites, AN, BN′, CN″, qui ne se trouvent pas deux à deux dans un même plan, on peut mener une infinité de droites, L, qui les rencontrent toutes les trois; il suffit en effet de faire glisser la droite L sur les trois directrices AN, BN′, CN″; elle engendre dans ce mouvement une surface du second degré, appelée l'*hyperboloïde à une nappe*. La quatrième droite, DN‴, à moins qu'elle ne soit tout entière située sur cette surface, ne peut la rencontrer en plus de deux points; soient D′, D″ ces deux points, et λ, λ′ les positions correspondantes de la génératrice L. Si l'on prend les moments des forces P, N, N′, N″, N‴ par rapport à la ligne λ, ou à la ligne λ′, les moments des forces N, N′, N″, N‴ seront nuls puisque les directions des forces rencontrent l'axe. Donc il en est de même du moment de la cinquième force P; et par suite, la direction PG rencontre aussi les deux droites λ et λ′.

184. De là résulte un fort beau théorème de cinématique, dû à M. Mannheim, et démontré par lui au moyen de considérations différentes.

Les quatre points A, B, C, D *d'un corps solide sont assujettis à se mouvoir sur des surfaces fixes* (α), (β), (γ), (δ) ; *le lieu d'un point quelconque* E *du solide est alors une cinquième surface déterminée* (ε). *Considérons les normales* AA′, BB′, CC′, DD′, EE′ *menées à ces cinq surfaces par les positions occupées simultanément par les points* A, B, C, D, E. *Les deux droites* λ *et* λ′, *qui rencontrent les quatre premières normales, rencontreront aussi la cinquième.*

Nous pouvons regarder les quatre surfaces données comme des surfaces directrices matérielles sans frottement, et la cinquième (ε),

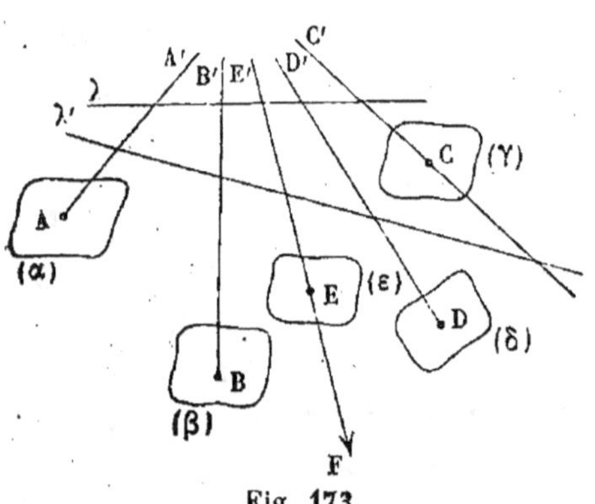

Fig. 173.

comme un lieu géométrique. En vertu du théorème du travail virtuel, le système sera en équilibre dans la position qu'on lui attribue, si nous lui appliquons, au point E, une force normale à la surface (ε) ; la force F est alors tenue en équilibre par les réactions normales des surfaces données. Donc la somme des moments de la force F et des quatre réactions est égale à zéro par rapport à un axe quelconque; et si l'on prend pour axe la ligne λ, ou la ligne λ′, pour lesquelles les moments des réactions sont nuls, le moment de la force F sera également nul pour toutes deux, et par suite la direction EE′ de cette force rencontre à la fois les droites λ et λ′.

Connaissant les normales en A, B, C, D aux quatre surfaces directrices, on aura la normale à la surface décrite par un cinquième point E, en menant par ce point une droite EE′, qui rencontre les deux droites λ et λ′.

THÉORIE DES BALANCES

185. *Balance à fléau* (fig. 174). — La balance à fléau, ou balance ordinaire, se compose essentiellement (fig. 175) d'une tige pesante AB, symétrique par rapport au plan moyen CD ; elle est mobile autour d'un axe horizontal H, situé

Fig. 174.

dans le plan moyen CD ; pour obtenir cette mobilité, il suffit de faire passer à travers le fléau un prisme triangulaire ou couteau H, qui repose par son arête inférieure, de chaque côté du fléau, sur un plan d'agathe bien poli et dressé horizontalement. Cette arête est ce qu'on appelle *l'axe de suspension du fléau*. Aux deux extrémités de la même pièce, on place, le dos en bas et le tranchant en dessus, deux autres couteaux E et F, dont les tranchants sont paral-

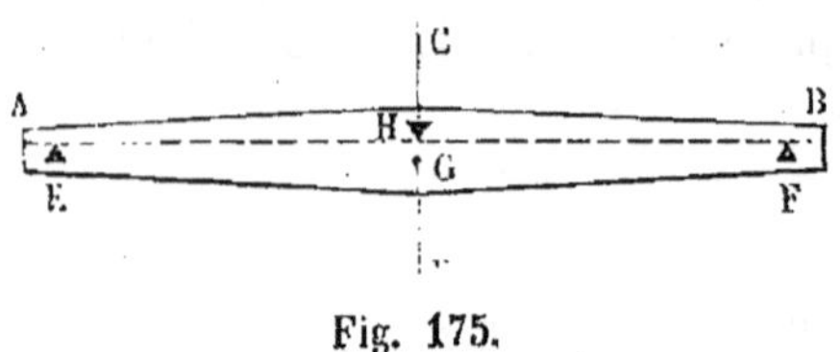

Fig. 175.

lèles à l'axe projeté en H ; ce sont les *axes de suspension* des plateaux dans lesquels on fait les pesées. On s'arrange pour que les trois points E, H et F soient rigoureusement en ligne droite , et que le point H soit le milieu de la distance EF. Enfin, le centre de gravité G du fléau doit être situé dans le plan de symétrie CD au-dessous du point H, et non au-dessus. Dans ces conditions, le fléau est en équilibre dans la position horizontale.

L'addition des deux plateaux que l'on suspend aux points E et F, et qui ont des poids égaux ne trouble pas cet équi-libre. L'équilibre du fléau est encore conservé si l'on charge les plateaux de poids égaux. On a alors en effet deux forces égales, verticales, appliquées l'une en E, l'autre en F, puis le poids du fléau, appliqué en G ; ces forces sont tenues en équilibre par une force unique, verticale appliquée en H, et

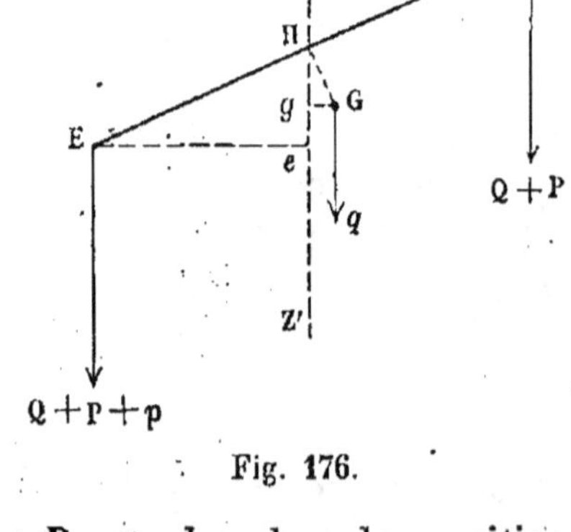

Fig. 176.

fournie par la réaction du plan d'appui.

Si au contraire, on met dans l'un des plateaux un poids P, et dans l'autre un poids $P + p$, l'équilibre ne peut subsister dans la posi-tion horizontale, car la ré-sultante des forces parallèles inégales, appliquées en E et en F, ne passe plus par le milieu H de la distance des points d'application.

Pour chercher la position d'équilibre, appelons *a* la dis-tance HE = HF, et *b* la distance HG ; Q, le poids de chacun des plateaux, y compris les chaînes et le crochet de suspension, enfin q le poids du fléau. Supposons que le fléau ait pris la position d'équilibre E F, dans laquelle il fait un angle avec l'horizon. Le point G est sorti du plan vertical Z Z′ conduit par l'axe H ; les forces qui agissent sur le plan sont la force $Q + P + p$, appliquée au point E suivant la verticale, la force $Q + P$, appliquée au point F, le poids du fléau q, appliqué en G, et enfin la réaction du plan d'agathe, appliquée en H. Toutes ces forces sont verticales ; elles se font équilibre, et par conséquent, la réaction de l'appui est égale à la somme des poids, on a

$$2Q + 2P + p + q.$$

Pour trouver la condition d'équilibre qui définit la position du fléau, appliquons le théorème des moments pris par rapport à l'axe projeté en H. Il viendra :

$$(1) \quad (Q + P + p) \times Ee = q \times Gg + (Q + P) \times Ff.$$

Mais la ligne E F étant droite, et le point H en étant le milieu, on a $Ff = Ee$; l'équation précédente se réduit donc à

$$p \times Ee = q \times Gg$$

ou a

$$\frac{Ee}{Gg} = \frac{q}{p}.$$

Or les triangles EeH, GHg sont rectangles en e et en g, et ont de plus les angles HEe, GHg égaux ; ils sont donc semblables, et donnent la proportion :

$$\frac{He}{Gg} = \frac{HE}{HG} = \frac{a}{b}.$$

Divisant membre à membre ces deux équations, il vient :

$$(2) \qquad \frac{Ee}{He} = \frac{q}{p} \times \frac{b}{a}.$$

Ce rapport définit l'angle E H *e* que doit faire le fléau avec la verticale, car il permet de construire un triangle rectangle semblable au triangle E *e* H.

On voit que pour un même poids *p*, l'angle E H *e* sera d'autant plus petit que le rapport *b* sera plus petit ; l'inclinaison prise par le fléau est donc d'autant plus grande, pour une même différence entre les poids placés dans les deux plateaux, que le centre de gravité du fléau est plus voisin de l'axe autour duquel il oscille ; et par suite, la *sensibilité* de la balance croît à mesure que cette distance diminue ; car la différence des poids s'accuse par l'inclinaison plus ou moins grande que prend le fléau. Aussi, pour faire varier à volonté la sensibilité d'une balance, on place souvent sur le fléau, au-dessus du point H, une tige filetée le long de laquelle

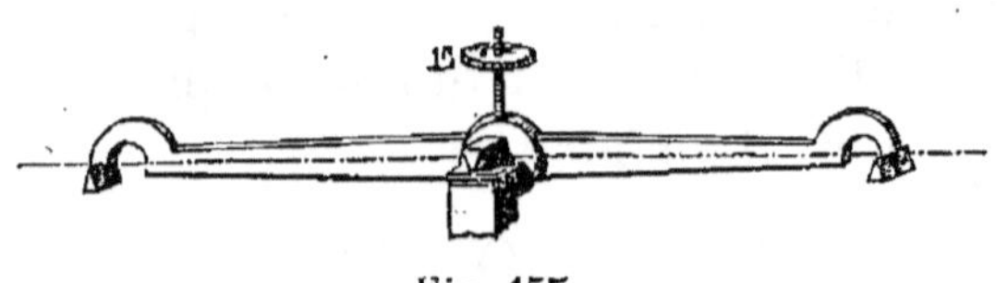

Fig. 177.

on peut faire mouvoir un écrou pesant, E, dont le poids s'ajoute au poids *q* du fléau. En faisant monter cet écrou, on rapproche du point H le centre de gravité G du système. On l'en éloigne au contraire en faisant descendre l'écrou.

186. Mais, si l'on augmente la sensibilité de la balance en diminuant la distance GH, il ne faut pas oublier qu'il y aurait un grave inconvénient à rendre cette distance tout à fait nulle ; si en effet, *b* était égal à zéro, l'équation (2) donnerait E *e* $= o$, pour la position d'équilibre ; le fléau EF devrait donc prendre une position verticale, c'est-à-dire qu'il *chavirerait* sous l'influence d'une erreur de pesée *p*, si petite qu'elle fût. La sensibilité de l'appareil serait infinie, mais l'appareil ne pourrait plus servir à rien, car c'est l'inclinaison variable que prend le fléau à mesure que l'excès de poids *p* varie lui-même, qui guide dans l'opération de la pesée : tandis que le fléau suspendu par son centre de gravité G, forme un système en équilibre indifférent sous l'action de poids égaux placés dans les deux bassins (§ 179), le centre de gravité G restant immobile dans toutes les positions successives de l'appareil. Il faut donc, pour que

là balance soit utile, que le centre de gravité G soit au-dessous du centre d'oscillation du fléau, d'une quantité qu'on règle suivant le degré d'exactitude qu'on veut apporter aux pesées.

On voit aussi que si l'on suspendait le fléau au-dessous de son centre de gravité, le fléau serait dans un état d'équilibre instable ; car le poids q du fléau contribuerait à accroître, et non à limiter, l'inclinaison prise par le fléau sous l'action de l'excès de poids p. On dit alors que la balance est *folle*.

Nous avons supposé les trois points E, H, F en ligne droite, et le point H au milieu de la distance EF. C'est sur ces deux suppositions qu'est fondée la réduction de l'équation (1). On pourrait faire des pesées avec une balance où les trois points E, H, F ne seraient pas en ligne droite ; mais cette disposition serait nuisible à la sensibilité de l'appareil. D'un autre côté, si les bras HE, HF étaient inégaux, les poids placés dans les deux plateaux, au lieu d'être égaux pour l'équilibre, devraient être dans le rapport inverse des bras auxquels ils sont appliqués. Nous décrirons tout à l'heure des appareils fondés sur ce principe et destinés à peser de lourds fardeaux avec des poids beaucoup plus petits.

MANIÈRE DE FAIRE LES PESÉES AVEC LA BALANCE ORDINAIRE.

BOITE A POIDS.

187. On met dans un des bassins la matière dont on veut évaluer le poids. Le fléau s'incline aussitôt et vient reposer sur l'un des deux arrêts destinés à limiter sa course. Une aiguille, attachée au centre du fléau, abandonne la verticale et prend une position inclinée ; son extrémité s'arrête en un point d'un arc gradué fixé sur le pied de l'instrument.

On charge alors graduellement de poids le second bassin, jusqu'à ce qu'il *enlève* le premier, c'est-à-dire jusqu'à ce qu'il détache le fléau de l'arrêt sur lequel il a trouvé un appui. Le fléau se met à osciller autour de chacune des positions d'équilibre qu'il tend successivement à prendre, et que modifie l'addition d'un nouveau poids sur le plateau. Ces oscillations sont assez lentes en général, et elles s'éteignent vite ; d'ailleurs, on a à peu près la position d'équilibre du fléau, à un instant quelconque, en attribuant à l'aiguille la position moyenne entre les extrémités de sa course, observées le long de l'arc gradué. La pesée est terminée, par conséquent, quand la position moyenne de l'aiguille coïncide avec la verticale ou avec le zéro de la graduation. Mais pour faire des pesées exactes, on doit attendre que les oscillations soient éteintes, et éviter à la balance les trépidations, les courants d'air, les oscillations des plateaux, qui peuvent fausser les résultats. Enfin, le résultat de l'opération doit parfois être corrigé de la poussée de l'air, qui s'exerce inégalement sur le corps à peser et sur les poids qui lui font équilibre.

188. La *double pesée*, imaginée par Borda, a pour objet d'éliminer les petites erreurs dues aux vices de construction de l'appareil. Si la balance était parfaite, on n'altérerait pas l'équilibre en changeant les charges de plateaux. Supposons que cette vérification ne réussisse pas avec une entière exactitude. Une quantité de matière dont on cherche le poids x, placée dans le plateau de droite de la balance, est équilibrée par un poids P, placé dans le plateau de gauche ; la même matière, placée dans le plateau de gauche, sera équilibrée par un autre poids P', peu différent de P. Cela indique que les distances HE, HF, ne sont pas rigoureusement égales. On aura donc pour le premier équilibre :

$$P \times HE = x \times HF,$$

et pour le second :

$$x \times HE = P' \times HF.$$

Divisant membre à membre, il vient :

$$\frac{P}{x} = \frac{x}{P'},$$

et par conséquent

$$x = \sqrt{PP'}.$$

Le poids cherché est une moyenne proportionnelle entre les deux poids trouvés. Ces poids étant très-peu différents si la balance est bien construite, on peut substituer sans erreur leur moyenne arithmétique, $\frac{P + P'}{2}$, à leur moyenne proportionnelle.

189. Les *boîtes à poids* qui sont jointes aux balances doivent contenir tous les poids nécessaires pour faire le genre de pesées auxquelles la balance est destinée. Si par exemple il s'agit d'une balance de précision employée par un chimiste, le minimum du poids à employer sera un milligramme, et le maximum pourra ne pas dépasser 500 grammes. La boîte devra fournir par conséquent tous les multiples d'un milligramme, depuis 1 jusqu'à 500,000, pour évaluer un poids à 1 milligramme près. Dans le commerce de détail, le minimum du poids à mesurer est en général le gramme, et le maximum peut atteindre 10 kilogrammes ; la boîte devra contenir assez de poids pour évaluer de 1 à 10,000 grammes, et les pesées se feront à un gramme près.

190. La composition d'une boîte à poids est possible de plusieurs manières. On peut par exemple introduire dans la boîte le plus petit poids à employer, puis un poids double, un poids quadruple, un poids huit fois plus grand, seize fois et ainsi de suite, suivant les puissances du nombre 2. Tout nombre entier étant une somme de puissances de 2, on pourra avec ces poids former tout multiple du poids le plus petit, inférieur à la puissance de 2 avant laquelle on s'arrête. Par exemple, avec les poids

$$1, \quad 2, \quad 4, \quad 8, \quad 16, \quad 32, \quad 64, \quad 128, \quad 256, \quad 512, \quad 1024,$$

on peut former un poids entier quelconque inférieur à 2,048 ; proposons-nous de former le poids 1529, qui n'excède pas cette limite. On divisera par 2 le nombre 1529, ce qui donne le reste 1 et le quotient 764 ; on divisera par 2 le quotient, ce qui donne le reste 0 et le quotient 382 ; et on continuera ainsi, jusqu'à ce que la division par 2 du quotient ne soit plus possible ; il vient en suivant cette marche la série d'égalités :

$$
\begin{aligned}
1529 &= 2 \times 764 + 1, \\
764 &= 2 \times 382 + 0, \\
382 &= 2 \times 191 + 0, \\
191 &= 2 \times 95 + 1, \\
95 &= 2 \times 47 + 1, \\
47 &= 2 \times 23 + 1, \\
23 &= 2 \times 11 + 1, \\
11 &= 2 \times 5 + 1, \\
5 &= 2 \times 2 + 1, \\
2 &= 2 \times 1.
\end{aligned}
$$

Multiplions la deuxième égalité par 2, la troisième par 4, la quatrième par 8, la cinquième par 16, la sixième par 32, la septième par 64, la huitième par 128, la neuvième par 256 et la dixième par 512, et ajoutons ; il viendra en réduisant les termes communs aux deux membres de l'équation finale :

$$1529 = 1 + 0 \times 2 + 0 \times 4 + 1 \times 8 + 1 \times 16 + 1 \times 32$$
$$+ 1 \times 64 + 1 \times 128 + 1 \times 256 + 1 \times 512 + 1 \times 1028.$$

Le poids 1529 se formera donc en réunissant les poids suivants :

$$1, \quad 8, \quad 16, \quad 32, \quad 64, \quad 128, \quad 256, \quad 512, \quad 1028.$$

191. L'usage du système décimal a conduit à une composition de boîte à poids un peu différente : on trouve dans les boîtes destinées à peser de 1 à 9999 grammes :

1	poids de	1	gramme	
2	— de	2	—	
1	— de	5	—	
1	— de	10	—	
2	— de	20	—	
1	— de	50	—	
1	— de	100	—	
2	— de	200	—	
1	— de	500	—	
1	— de	1000	—	ou de 1 kilogramme
2	— de	2000	—	ou de 2 —
1	— de	5000	—	ou de 5 —

On formera un poids quelconque, 7892 grammes, de la manière suivante :

Le poids de 5 kilogrammes......	5000	
Un des deux poids de 2 kil......	2000	7000
Le poids de 500 grammes.......	500	
Un poids de 200 —	200	800
Le poids de 100 —	100	
Le poids de 50 —	50	
Les deux poids de 20 —	40	90
Un poids de 2 —		2
Total.		7892

BALANCE ROMAINE

192. La balance romaine (fig. 180) permet de faire des pesées avec un poids unique, mobile le long d'un fléau gradué.

Le fléau BC (fig. 178) est mobile autour d'un axe H, que l'on tient à la main, ou que l'on suspend à un point fixe, A. D'un côté B, se trouve, à demeure, un crochet destiné à suspendre le corps dont on demande le poids Q. De l'autre, un poids P, accroché à un anneau, peut glisser le long de la tige graduée, HC. Le centre de gravité du fléau et de tous les accessoires qui y sont attachés, se trouve, lorsque la barre BC est horizontale, en un point G situé sur la verticale passant par le point H, et au-dessous de ce point.

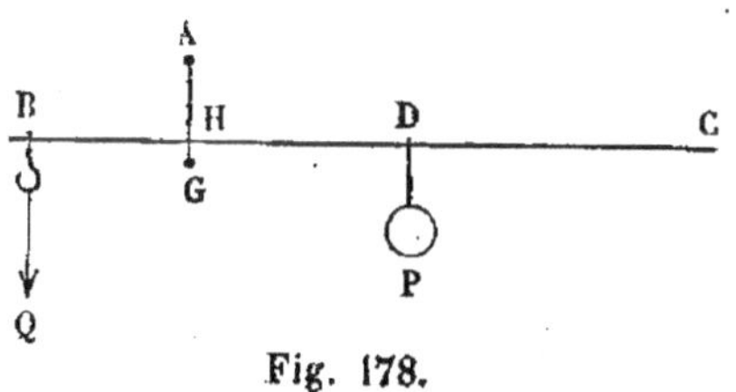

Fig. 178.

Lorsque l'équilibre est obtenu, et que la barre BC est horizontale, les forces P et Q, le poids q du fléau appliqué en G, et la tension T du lien AH qui suspend la balance, se font équilibre ; la tension T est donc verticale et égale à la somme $P + Q + q$ de tous ces poids ; de plus, on a, en prenant les moments par rapport au point H :

$$(1) \qquad P \times HD = Q \times BH.$$

D'où l'on tire

$$Q = HD \times \frac{P}{BH}.$$

Le poids P et la longueur BH sont des quantités constantes ; le poids cherché Q est donc proportionnel à la distance variable HD. En faisant sur la barre HC une graduation convenable, on pourra donc *lire* le poids cherché sur l'échelle. Pour opérer cette division de la droite HC, on mettra le zéro de l'échelle au point H ; puis on fera

$Q = 1$ kilogramme ; et l'équation (1) donnera la valeur correspondante de la distance HD, ou plutôt du rapport de HD à BH. Mais cette manière de procéder exige la connaissance du poids P. On évite la détermination préalable de ce poids, en cherchant empiriquement la position qu'il convient de lui donner pour équilibrer un poids Q déterminé, d'un kilogramme par exemple. On connaît alors deux points de l'échelle, et rien n'est plus simple que d'achever de la construire.

Si le centre de gravité G du fléau ne se trouvait pas sur la

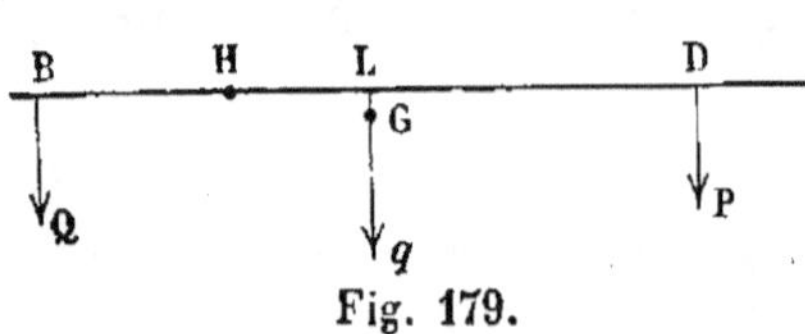

Fig. 179.

verticale du point H, l'appareil pourrait encore servir à mesurer les poids, mais il faudrait introduire un nouveau terme dans l'équation (1), pour tenir compte du moment du poids q du fléau.

On aurait

$$Q \times BH = q \times HL + P \times HD,$$

et par suite

$$Q = q \times \frac{HL}{BH} + P \times \frac{HD}{BH}.$$

Le terme $q \times \dfrac{HL}{BH}$ est constant ; le second terme $P \times \dfrac{HD}{BH}$ est proportionnel à HD. Le poids cherché est donc encore une *fonction linéaire* de la distance HD. La graduation de la barre se fera par les mêmes principes que tout à l'heure, mais le zéro de l'échelle ne sera pas au point H.

On peut remarquer que la disposition qui amène le point G au-dessous du point H, augmente la sensibilité de l'appareil tout en assurant la stabilité de son équilibre. On accroîtra encore la sensibilité de la balance, c'est-à-dire l'inclinaison prise par le fléau sous l'action d'une petite différence entre le poids cherché et le poids lu sur l'échelle, en rapprochant le point G du point H.

Les romaines dont on se sert dans le commerce, ont en
général deux crochets de suspension et deux graduations

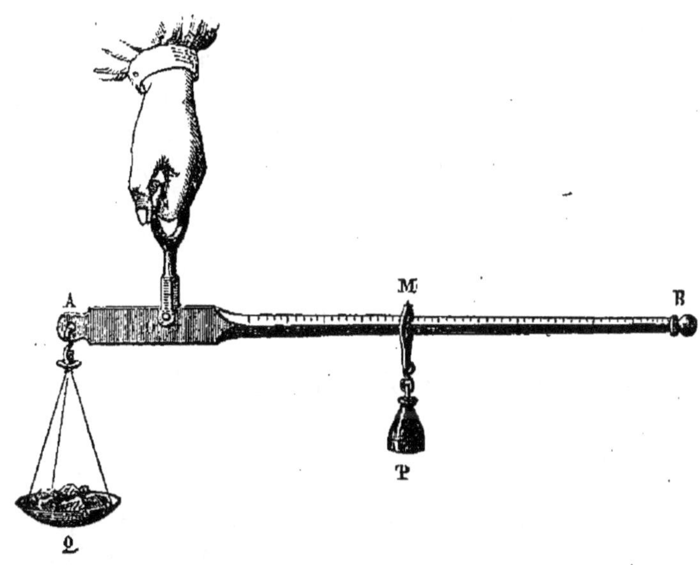

Fig. 180.

différentes qui correspondent chacune à un crochet, de sorte
qu'on peut à volonté évaluer des poids plus petits ou des
poids plus forts.

BALANCE DE QUINTENZ

193. La *balance de Quintenz*, est un appareil dans lequel
le poids cherché est tenu en équilibre par un poids plus
petit, 10 fois plus petit par exemple. Elle se compose
d'une plate-forme mobile, qui peut monter et descendre
sans cesser d'être horizontale, et qui est destinée à recevoir le corps dont on cherche le poids ; d'un plateau
suspendu à la façon des bassins des balances ordinaires,
et destiné à recevoir les poids ; enfin d'un système de
deux leviers qui rattachent l'une à l'autre ces deux parties
de la machine, et qui tournent autour d'axes fixes horizontaux et parallèles entre eux. Le système entier est

à liaisons complètes ; un déplacement vertical infiniment petit communiqué à la plate-forme produit sur le plateau un déplacement vertical proportionnel. Soit donc P le poids déposé dans le plateau, qui équilibre le poids cherché, Q, posé sur la plate-forme. Si on imprime à la plate-forme suivant la verticale un déplacement virtuel infiniment petit, ε, le plateau recevra un déplacement vertical en sens inverse, ε', et l'on aura pour l'équilibre l'équation du travail virtuel :

$$Q\varepsilon - P\varepsilon' = 0.$$

De sorte que le poids cherché, Q, sera égal à la fraction $\dfrac{\varepsilon'}{\varepsilon}$ du poids connu, P, qui lui fait équilibre. Il reste donc à évaluer le rapport $\dfrac{\varepsilon'}{\varepsilon}$.

Voici la disposition de l'appareil, que nous représentons coupé longitudinalement par un plan perpendiculaire aux axes de rotation des leviers mobiles.

L D est la plate-forme et R le plateau ; C A est le premier levier, mobile autour de l'axe H, et FE le second levier, mobile

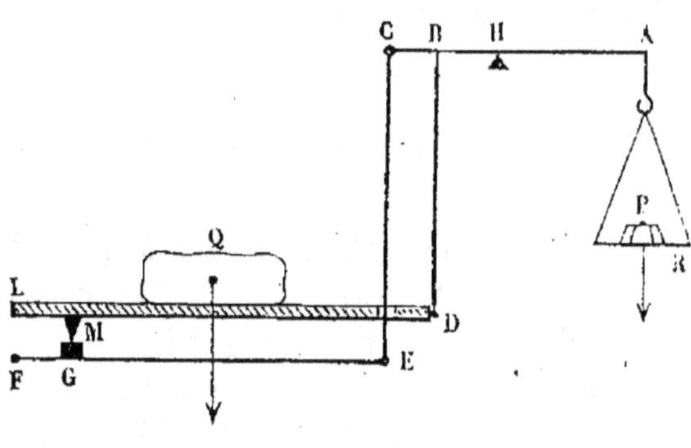

Fig. 181.

autour de l'axe F. Le plateau R est suspendu au point A du levier A C. La plate-forme est soutenue par deux points D et M ; l'un de ces points, D, est réuni au premier levier par une tige verticale rigide, articulée en D et en B. L'autre repose en un point G du second levier, par une arête de contact, normale au plan de la figure. Enfin une tige rigide, verticale, articulée en E et en C, rattache l'un des deux leviers à l'autre.

Supposons que l'équilibre soit établi entre les poids P et Q, et que dans cette position les deux leviers A C, F E soient horizontaux. Imprimons à la plate-forme, suivant la verticale, un déplacement infiniment petit ε, que nous supposerons s'effectuer de haut en bas. Pour cela, il faut que tous les points de la plate-forme descendent à la fois de quantités égales. Il faut donc que les points D et M s'abaissent ensemble de la même quantité, ce qui impose une condition à la construction de l'appareil. En effet le point D s'abaissant de la quantité ε, le point B, lié invariablement au point D par la tige rigide BD, s'abaisse de la même quantité ; le point M s'abaissant de ε, communique ce même abaissement au point G du levier F E ; le levier va donc tourner autour du point fixe F, et l'abaissement ε de son point G entraînera un abaissement $\varepsilon \times \dfrac{FE}{FG}$ de son extrémité E. Cet abaissement se transmet intégralement au point C du levier CH, par l'intermédiaire de la tige rigide CE ; les points B et C du même levier CH s'abaissent à la fois de quantités ε et $\varepsilon \times \dfrac{FE}{FG}$; ces deux abaissements simultanés sont donc proportionnels aux distances BH, CH au point fixe H, et par suite la construction de la balance doit satisfaire à la relation

$$\frac{\varepsilon \times \dfrac{FE}{FG}}{\varepsilon} = \frac{CH}{BH}$$

ou bien

$$(1) \qquad \frac{FE}{FG} = \frac{CH}{BH}.$$

Lorsque cette condition est remplie, les abaissements simultanés des points D et M de la plate-forme sont égaux, et par suite les déplacements de la plate-forme à partir de sa position d'équilibre se réduisent à une translation verticale.

Le poids Q s'abaissant verticalement de la quantité ε, produit un travail positif Qε. Mais le poids P monte en même temps d'une quantité ε' qu'il est facile de calculer, car c'est la quantité dont s'élève le point A quand le point B du premier levier s'abaisse de ε ; donc

$$\frac{\varepsilon'}{\varepsilon} = \frac{HA}{HB},$$

et par suite

$$\varepsilon' = \varepsilon \times \frac{HA}{HB}.$$

Le poids P produit donc un travail négatif égal en valeur absolue à Pε', et l'équilibre exige que l'on ait

$$P\varepsilon' = Q\varepsilon.$$

Donc

$$(2) \qquad Q = P \times \frac{\varepsilon'}{\varepsilon} = P \times \frac{HA}{HC},$$

c'est-à-dire que tout se passe comme si le poids Q était tout entier suspendu au point B du levier.

Si l'on veut équilibrer le poids Q avec un poids P dix fois moindre, il suffira donc de faire $HA = HB \times 10$.

Au lieu d'un plateau R, suspendu en un point fixe A du premier levier, et chargé de poids variables, on pourrait n'employer qu'un poids unique, P qu'on déplacerait le long de la tige HA, comme on le fait pour la balance romaine ; on peut aussi adopter une combinaison de ces deux procédés.

La stabilité et la sensibilité de l'appareil exigent encore que lorsque le levier CA est horizontal, son centre de gravité soit situé sur la verticale passant par le point H, à peu de distance au-dessous de ce point.

Le déplacement vertical de la plate-forme LD rend indifférente à l'équilibre la position du poids Q sur cette plate-forme.

Dans la balance telle qu'on s'en sert, on ajoute à l'appareil que nous venons de décrire une poignée pour arrêter le mouvement quand la balance ne doit pas fonctionner, et

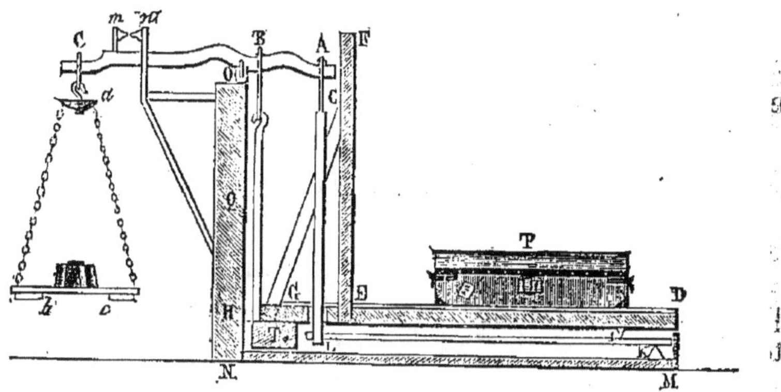

Fig. 182.

un repère n, n', qui permette de juger de l'horizontalité du levier CA. La figure 182 représente l'appareil ainsi complété.

194. Nous venons de traiter au moyen du théorème du travail virtuel la question de l'équilibre de la balance de Quintenz. Nous allons traiter la même question par les décompositions de force ; nous retrouverons les conditions trouvées, et de plus, nous déterminerons les tensions des tiges C E, B D, et les réactions des points fixes F et H.

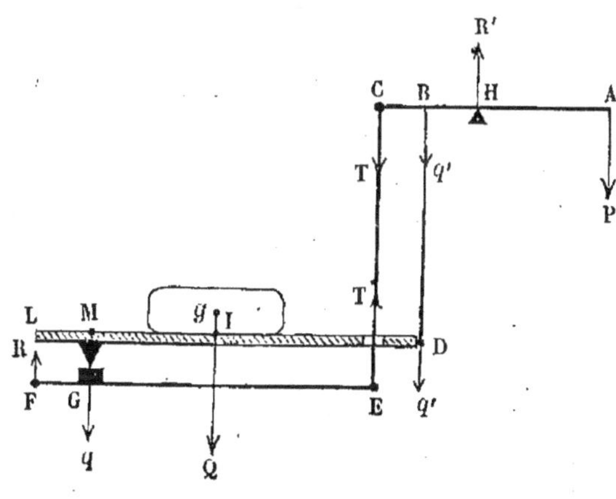

Fig. 183.

Le poids Q du fardeau à peser est appliqué en son centre de gravité g ; décomposons-le en deux forces parallèles,

q et q', appliquées l'une en M, l'autre en D. La première q sera égale à

$$Q \times \frac{DI}{MD},$$

et la seconde, q', à

$$Q \times \frac{MI}{MD}.$$

La force q se transmet au point G du second levier, qui est par suite en équilibre sous l'action de cette force q, de la tension T de la tige CE, et de la réaction R du point F. Donc la réaction du point F est verticale, et égale en grandeur et en signe à $q - T$; et la tension T sera donnée par l'équation des moments, pris par rapport au point F :

$$q \times FG = T \times EF.$$

La force q' se transmet directement à la tige DC, et est égale à la tension de cette tige.

Donc le levier A C est sollicité par les forces q', appliquée en B, T appliquée en C, P appliquée en A, et enfin, par la réaction R' du point H ; on a donc

$$R' = q' + T + P$$

et

$$q' \times BH + T \times CH = P \times HA.$$

Remplaçons q' par sa valeur

$$Q \times \frac{MI}{MD}$$

et T par sa valeur

$$q \times \frac{FG}{EF} = Q \times \frac{DI}{MD} \times \frac{FG}{EF}$$

et il viendra

$$Q \times \left(\frac{MI \times BH}{MD} + \frac{DI}{MD} \times \frac{FG}{EF} \times CH \right) = P \times HA,$$

ou bien

$$(3) \quad Q \times \frac{MI \times BH \times EF + DI \times FG \times CH}{MD \times EF} = P \times HA,$$

équation qui donne le rapport de Q à P. Les équations précédentes font connaître les tensions des tiges, et les charges R et R' des points fixes. L'équation (3) est plus générale que l'équation (2). On remarquera en effet qu'elle contient les quantités MI, 1D, qui définissent la position du centre de gravité du fardeau sur la plate-forme, et que, par contre, nous n'avons nulle part rencontré dans cette analyse la condition exprimée par l'équation (1). Effectivement, l'équation (1) exprime que le seul mouvement possible de la plate-forme est une translation verticale, et nous savons que ce mouvement rend indifférente à l'équilibre la position donnée au fardeau. Si nous tenons compte de l'équation (1), les quantités MI, DI doivent donc disparaître de l'équation (3). En effet, l'équation (1) nous montre que les produits $BH \times EF$, $FG \times CH$ sont égaux entre eux ; on peut donc remplacer la fraction

$$\frac{MI \times BH \times EF + DI \times FG \times CH}{MD \times EF}$$

par cette autre

$$\frac{(MI + DI) \times (BH \times EF)}{MD \times EF},$$

laquelle se réduit à BH, en supprimant le facteur commun EF, et en observant que $MI + DI = MD$. L'équation (3) devient alors

$$Q \times BH = P \times HA,$$

qui n'est autre que l'équation (2).

Les changements de position du fardeau Q ne modifient pas l'équilibre une fois établi quand la condition (1) est satisfaite ; mais ils ont une influence sur les efforts intérieurs développés dans les tiges BD, et CE ; si on rapproche par exemple le fardeau du point D, on augmente la tension q' de la tige BD, on diminue la charge q du point G, et par suite on diminue la tension T de la tige BE. On peut par exemple placer le fardeau de telle sorte que les tensions T et q' soient égales ; il suffit pour cela qu'on ait la relation

$$Q \times \frac{MI}{MD} = Q \times \frac{DI}{MD} \times \frac{FG}{EF}.$$

D'où l'on tire, en supprimant les facteurs communs,

$$\frac{MI}{ID} = \frac{FG}{EF}.$$

Plus on rapproche du point M le centre de gravité du fardeau, g, plus on augmente q, plus on diminue T, et par suite plus la charge, $R = q - T$, du point fixe F augmente. Quant à la charge R' du point fixe H, elle est égale à

$$P + q' + T ;$$

à mesure qu'on rapproche le fardeau du point M, q' diminue et T augmente, et l'on ne voit pas tout de suite si la somme $P + q' + T$ varie ni dans quel sens. Or cette somme est constante si la condition (1) est remplie ; car nous avons vu que tout se passe alors comme si le fardeau Q était tout entier suspendu au point C ; dans ce cas, la charge du point A est donc constante et égale à $P + Q$, quelle que soit la position du fardeau.

BALANCE DE ROBERVAL

195. La *balance de Roberval*, réduite à ses parties essentielles, se compose d'un paraléllogramme articulé ABCD, dont les côtés AD, BC sont verticaux, et dont les côtés AB

et CD sont libres de tourner autour de deux points fixes O et
O', placés aussi sur une verticale. Dans la déformation de la
figure, les droites AD et BC restent parallèles à la droite
fixe OO'.

En des points M et N, pris arbitrairement sur les côtés
verticaux AD, BE, on attache à ces côtés des bras horizontaux ME, NF, auxquels on suspend, en des points quel-

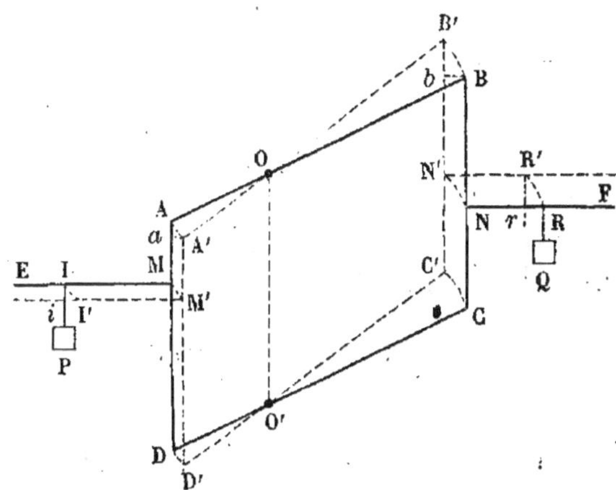

Fig. 184.

conques I et R, des poids P et Q. On demande la condition
d'équilibre du système occupant la situation que nous lui
avons attribuée dans la figure.

Appliquons le théorème du travail virtuel. Imprimons au
parallélogramme une déformation infiniment petite ; cette
déformation s'opérera en faisant tourner d'un même angle
infiniment petit AOA', DO'D', les droites AB, DC, autour
des points O et O', et en déplaçant parallèlement à elles-
mêmes les droites AD, BC, qui entraînent dans ce déplace-
ment les poids P et Q. La quantité $\varepsilon = \mathrm{I}\,i$ dont descend
verticalement le poids P dans ce mouvement de translation
est égale à la projection, Aa, sur la verticale, du chemin AA'
décrit par l'extrémité A de la droite AB ; de même la quan-
tité $\varepsilon' = \mathrm{R}'r$ dont s'élève verticalement le poids Q, est égale
à la projection verticale, B'b, du chemin BB' décrit par le
point B. Or les chemins AA', BB' décrits simultanément par

les points A et B de la droite AB, mobile autour de l'axe projeté en O, sont proportionnels aux distances AO, BO ; d'ailleurs, ils font des angles égaux avec la verticale, et par suite, leurs projections sur cette direction leur sont proportionnelles ; on a donc en définitive

$$\frac{\varepsilon}{\varepsilon'} = \frac{AO}{BO}.$$

Mais le théorème du travail virtuel donne pour équation d'équilibre

$$P\varepsilon = Q\varepsilon'.$$

Donc enfin, éliminant les quantités auxiliaires $\varepsilon, \varepsilon'$, on obtient pour condition d'équilibre l'équation

$$P \times AO = Q \times BO.$$

Cette relation ne renferme que le rapport $\frac{AO}{BO}$ des segments dans lesquels le côté AB est divisé. Par conséquent, si les poids P et Q satisfont à la condition qu'elle exprime, l'équilibre subsistera quelle que soit la forme qu'on donne au parallélogramme articulé, quels que soient les points M et N auxquels on implante les bras sur les côtés verticaux, quels que soient enfin les points I et N auxquels on suspende à ces bras les poids P et Q.

L'équilibre est donc indifférent, puisqu'il subsiste dans toutes les positions de la figure mobile. On peut observer que le centre de gravité des poids P et Q ne change pas de hauteur par suite de la déformation du parallélogramme, et qu'il ne change pas de hauteur non plus quand on déplace les poids P et Q le long des droites horizontales ME, NF.

196. Nous traiterons aussi cette question par la méthode de la composition des forces. L'emploi des couples rend les opérations faciles. Nous considérerons séparément l'équilibre des quatre côtés du parallélogramme, en remplaçant les articulations par les forces équivalentes.

Au point M, appliquons deux forces verticales, en sens contraire l'une de l'autre, et toutes deux égales à P. Nous pouvons substituer à la force P, agissant en I sur le système rigide formée des barres IM et AD, une force P, égale et parallèle, agissant en M, et un couple (P, — P) dont le moment est égal à P $\times$ IM, et qui tend à faire tourner de

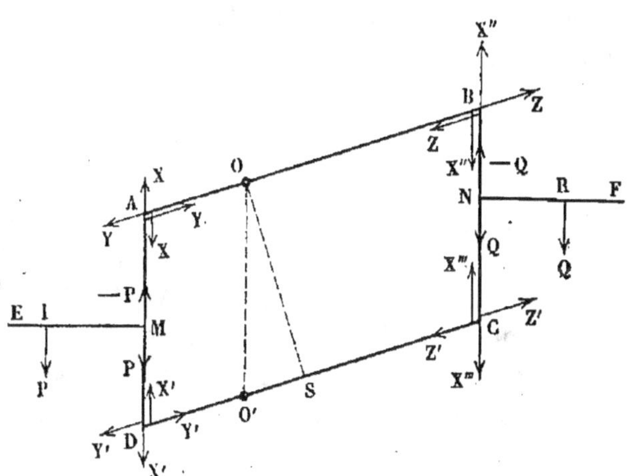

Fig. 185.

droite à gauche son bras de levier IM. Ce couple et cette force sont équilibrés par les actions exercées par les barres AB, DC sur les points A et D du même système. Nous pouvons décomposer chacune de ces réactions en deux forces, l'une, X et X', dirigée suivant le côté AD, l'autre, Y et Y', dans les directions parallèles AO, DO'. Les deux composantes X et X' appliquées en A et D dans la direction du côté AD, se composent en une seule, X $+$ X'; qui équilibre la force P ; et les composantes Y, Y', parallèles, formeront un couple qui doit tenir en équilibre le couple P, — P. Donc Y = Y' et de plus les moments des deux couples devant être égaux, on a, en abaissant du point O une perpendiculaire OS sur le côté CD, l'équation

$$Y \times OS = P \times IM,$$

qui détermine Y.

On connaît donc les composantes Y, Y′, des actions exercées par les barres A O, D O′ sur le côté vertical A D et la somme X + X′ des composantes verticales des mêmes actions.

On peut opérer de même pour le poids Q ; on trouvera la somme X″ + X‴ = Q des composantes verticales des actions des barres obliques sur les barres verticales, et les composantes égales et contraires, Z, Z′, exercées dans les directions des côtés obliques, et données par l'équation des couples ou des moments :

$$Z \times OS = Q \times NR.$$

Considérons maintenant l'équilibre de la pièce A B, sous l'action des forces X, Y, X″, Z, changées de sens, et l'équilibre de la pièce D C sous l'action des forces X′, Y′, X‴, Z′, également changées de sens. Pour la première, les deux forces Z et Y, agissant dans la direction du point fixe O, sont détruites par la fixité du point, sur lequel elles exercent une pression Z — Y, dans la direction du côté A B. Les forces X et X″, parallèles, doivent se composer en une seule, appliquée au point O. Donc elles exercent sur le point O, parallèlement aux côtés verticaux, une action égale à X + X″, et de plus on a entre elles la relation

$$X \times AO = X'' \times BO.$$

C'est la condition d'équilibre de la pièce A B.

De même, la seconde pièce D C est en équilibre si l'on a

$$X' \times DO' = X''' \times CO'$$

et le point O est alors sollicité, suivant le côté D C, par une force Z — Y, et suivant la verticale, par une force X′ + X‴.

On a donc à la fois les quatre équations :

$$X + X' = P,$$
$$X \times AO = X'' \times BO,$$
$$X'' + X''' = Q,$$
$$X \times DO' = X''' \times CO', \quad \text{ou bien} \quad X' \times AO = X''' \times CO.$$

Ajoutant la deuxième et la quatrième, il vient

$$(X + X') \times AO = (X'' + X''') \times CO,$$

ou bien

$$P \times AO = Q \times CO,$$

condition d'équilibre qui doit être remplie pour que les quatre équations soient compatibles. Ces équations ne sont donc pas distinctes, et ne peuvent servir à déterminer entièrement les inconnues ; l'une d'elles reste arbitraire. La statique seule ne permet pas en effet d'opérer le partage de la force P entre les deux points A et D ; ce partage, ainsi que celui de la force Q entre les deux points B et C, dépend de la flexibilité plus ou moins grande des barres AB, CD, et doit rester inconnu tant qu'on ne fait pas intervenir la loi de la flexion de ces pièces.

Le déplacement des poids P et Q, et la déformation du parallélogramme, s'ils ne produisent aucune altération de l'équilibre une fois obtenu, modifient du moins les efforts développés dans les barres AB, CD et les réactions des points fixes O et O'.

197. Dans la balance de Roberval ordinaire, employée aujourd'hui sur presque tous les comptoirs, on prend les points O et O' au milieu des côtés AB, CD, et au lieu de suspendre les poids P et Q à des bras ME, NF, on les place dans des plateaux faisant corps avec les tiges verticales AD et BC. L'équilibre exige alors l'égalité des poids P et Q.

L'appareil ainsi construit serait un appareil indifférent ; pour lui donner la sensibilité qui lui est nécessaire (§ 185), on fait en sorte que le centre de gravité des fléaux AB, CD, placés horizontalement, soit situé dans chacun, sur la verticale des points O et O', et un peu au-dessous de ces points. Alors le poids des fléaux tend à les ramener dans la position horizontale s'ils s'en écartent, et à limiter la déformation prise par le parallélogramme sous l'action de poids inégaux placés dans les deux plateaux. On a soin aussi de réduire autant que possible les frottements dans les quatre articulations du parallélogramme, et aux points fixes O et O' ; on y parvient en substituant des arêtes vives aux axes de rotation. Les figures suivantes représentent ce mode d'assemblage, lequel n'est admissible que lorsque les charges sont très-limitées. La figure 189 représente la balance complète.

Détails de l'articulation A′.

Pièce O′A′.　　　　　　　Pièce AA′.　　　　Plan de l'assemblage.

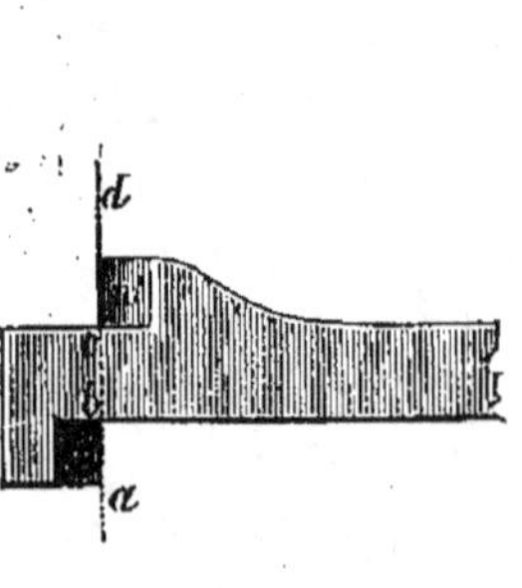

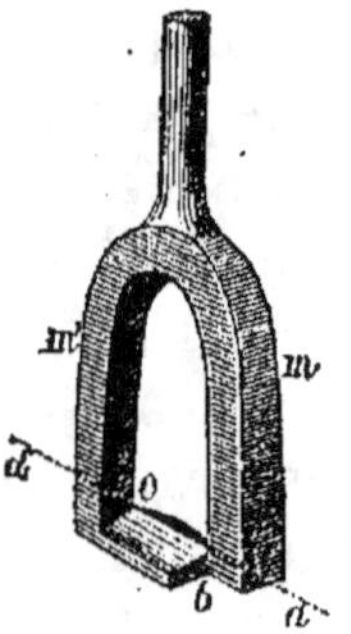

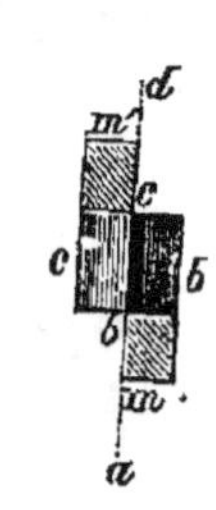

Fig. 186.　　　　　　　Fig. 187.　　　　　　Fig. 188.

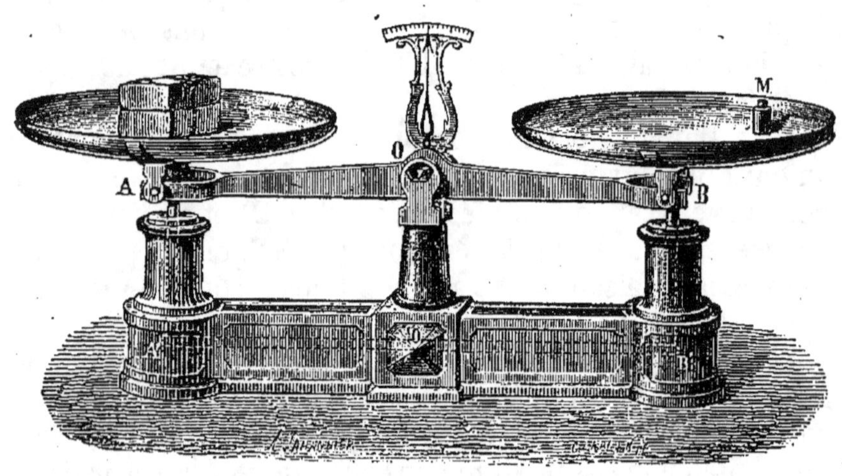

Fig. 189.

ÉQUILIBRE DES PONTS-LEVIS

198. Pont-levis à flèche. — Le pont-levis à flèche se compose de deux parties : un *tablier* OA, qui est mobile autour d'une charnière horizontale projetée en O, et qui s'appuie à son autre extrémité A sur une feuillure C, pratiquée dans le couronnement du mur M ;

Et une *flèche* BD, mobile autour d'un axe fixe projeté en O', parallèle à la charnière O ; cette flèche porte un contre-poids Q, dont nous déterminerons plus loin le poids et la position.

La flèche est réunie au tablier au moyen d'une double chaîne projetée en AB ; on dispose les points d'attache, A et B, de cette chaîne, de manière que les droites O A , O'B soient égales et paral

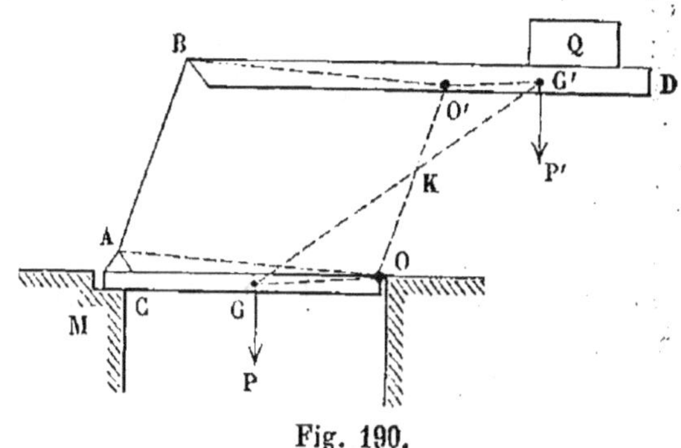

Fig. 190.

lèles ; la chaîne a alors une longueur AB égale à la distance OO' des centres de rotation des deux parties mobiles, de sorte que dans toutes les positions qu'elle prend quand on relève le tablier, la figure OO'BA reste un parallélogramme.

On peut placer le contre-poids de manière que le centre de gravité de tout le système soit immobile, et que par suite le pont-levis soit en équilibre dans toutes ses positions.

Soit G le centre de gravité du tablier, y compris la moitié inférieure des deux chaînes projetées en AB, et soit P le poids de cette partie du système. Soit de même G' le centre de gravité de la flèche, y compris le contre-poids Q et la moitié supérieure des deux chaînes ; soit P' le poids correspondant.

Supposons que nous ayons donné au contre-poids Q un poids et une position tels que le centre de gravité G' de la flèche soit situé sur une droite O'G' parallèle à OG, et qu'en outre on ait la proportion

$$\frac{P}{P'} = \frac{O'G'}{OG}.$$

Joignons GG', et soit K le point où cette droite coupe la droite OO'. Les triangles GKO, G'KO' sont semblables, et resteront semblables dans toutes les positions du système ; ils donnent la proportion

$$\frac{O'G'}{GO} = \frac{KG'}{KG}.$$

Donc

$$\frac{P}{P'} = \frac{KG'}{KG},$$

et par suite le point K est le centre de gravité du système total composé des poids P et P'. Ce point K est d'ailleurs immobile, car les mêmes triangles donnent la proportion

$$\frac{O'K}{OK} = \frac{O'G'}{OG},$$

rapport constant qui définit un seul point K sur la droite OO'. Le centre de gravité général est donc immobile, et l'équilibre de l'appareil est indifférent.

199. Nous avons supposé que le poids Q satisfaisait à certaines conditions. Il est facile de voir comment elles pourront être remplies.

Nous voulons, par exemple, que le centre de gravité G' de

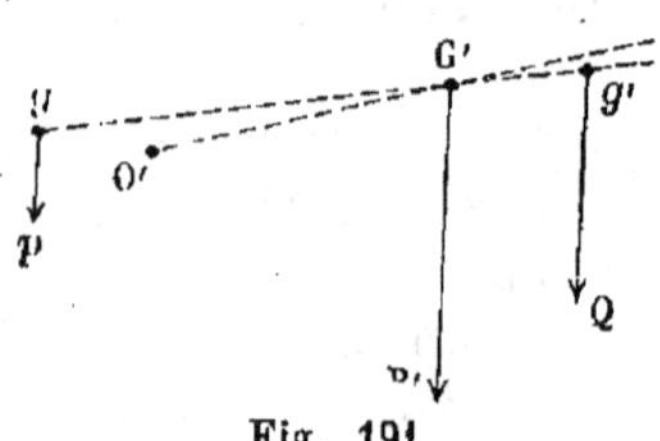
Fig. 191.

l'ensemble de la flèche et du contre-poids soit un point défini, G', de la droite $O'G'$ menée parallèlement à OG. Soit g le centre de gravité de la flèche prise seule, abstraction faite du contre-poids ; soit p son poids. Joignons gG' ; le centre de gravité g' du contre-poids Q sera situé en un point du prolongement de cette droite. De plus, nous savons que P' doit être égal à $P \times \dfrac{OG}{O'G'}$; ce qui définit le poids P' Mais $p + Q = P'$; donc $Q = P' - p$; connaissant Q, on déterminera la position du point g' par l'équation

$$p \times gG' = Q \times g'G',$$

où tout est connu, excepté $g'G'$. On saura donc ce que doit peser le contre-poids, et en quel point doit être situé son centre de gravité, ce qui suffit pour régler l'appareil.

200. On peut se proposer de déterminer, dans une position quelconque de la figure, la tension de la chaîne AB, et les charges des points fixes O et O'.

Pour y parvenir, considérons à part l'équilibre du tablier et de la flèche.

Le tablier, dans la position O A, est en équilibre sous l'action de son poids P, de la tension T, et de la réaction O de la charnière.

La tension T sera donnée par l'équation des moments autour de l'axe O :

$$P \times OF = T \times OH.$$

La charge R de l'axe O se déterminera ensuite en transportant au point O, parallèlement à elles-mêmes, les forces P et T, et en les composant ensemble. La réaction de l'axe sur le tablier est la force — R, égale et contraire à l'action R du tablier sur sa charnière.

L'équation des moments des forces appliquée à la flèche donnerait la même valeur T ; la charge de l'axe O′ s'obtiendrait en appliquant au point O des forces T_2 et $P′_1$, égales et parallèles à la tension BT et au poids P′ ; ce qui donnerait à la fois la pression R′ de la flèche sur l'axe O′, et la réaction — R′ de l'axe O′ sur la flèche.

La force P fait équilibre aux deux forces — R et AT ; par conséquent, les trois directions OR, GP, AB concourent

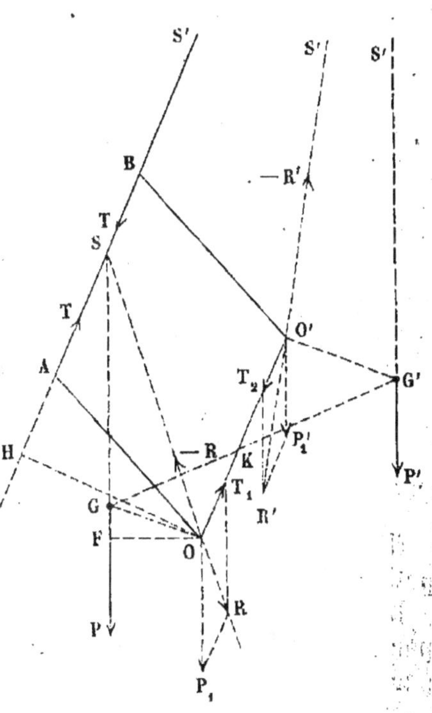

Fig. 192.

en un même point S. De même, les trois directions AB, G′P′, OR′, concourent en un même point S′.

PONT-LEVIS A CONTRE-POIDS MOBILE

201. On emploie aussi dans les places de guerre la disposition suivante, due à Bélidor ; elle a l'avantage des upprimer la flèche, dont les bras se dressent en l'air quand le pont est relevé, et sont exposés par là à être brisés par les projectiles ennemis.

Le tablier AO est équilibré dans toutes ses positions par un contre-poids cylindrique, E, qui roule sur une courbe FK; le tablier y est rattaché par une chaîne ABCE, qui passe sur une

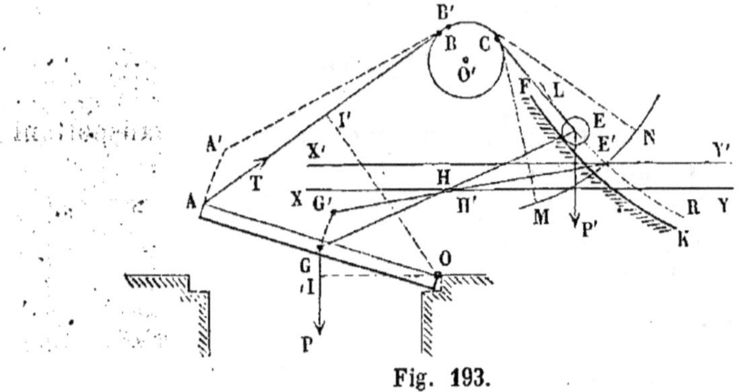

Fig. 193.

poulie O'. La courbe FK doit être tracée de telle sorte que, dans toutes les positions de la figure, le centre de gravité du tablier et du contre-poids E soit situé sur un même plan horizontal, XY.

Soit G le centre de gravité du tablier;

      P, son poids;

      A, le point d'attache de la chaîne;

      E, la position correspondante du centre du rouleau,

      P' son poids.

Nous négligerons le poids de la chaîne, qui est en général très-petit par rapport au poids du rouleau et du tablier.

Le centre de gravité du système, dans la position représentée par la figure, est un point H, situé sur la droite GE, et défini par la proportion :

$$\frac{P'}{P} = \frac{GH}{EH}.$$

Menons par ce point H l'horizontale XY.

Donnons au tablier un déplacement angulaire quelconque, qui amènera le point G en G', et le point A en A'. La chaîne, qui avait la position ABCE, quitte cette position, pour en prendre une autre, A'B'C'E', composée, comme la première, de trois parties : 1º une partie rectiligne A'B', menée du point A' tangentiellement à la poulie O' : celle-là a une longueur bien déterminée; 2º une partie circulaire, appliquée à partir du point B' sur le pourtour de la poulie; 3º enfin une seconde partie rectiligne qui se détache tangentiellement à la poulie. L'ensemble de ces deux dernières parties a une longueur connue d'avance, égale à la longueur L de la chaîne, diminuée de la première partie, A'B' ; mais on ne connaît pas le partage de cette longueur totale, L — A'B', entre les deux parties qui la composent. L'extrémité de la chaîne, quand on fait varier la longueur de l'arc embrassé sur la poulie, décrit une courbe MN qu'on peut tracer, et qui est une développante du cercle O'. Il reste à déterminer le point E' de cette courbe où l'on doit placer l'extrémité de la chaîne, ou le centre du rouleau. Nous ferons usage pour cela de la condition relative au centre de gravité. Au point G', connu de position, nous avons un poids P appliqué ; au point E', encore inconnu, nous avons un poids P'. Enfin, le centre de gravité H' de ces deux poids doit être situé sur la droite donnée X Y. Nous avons donc la proportion

$$\frac{P'}{P} = \frac{G'H'}{E'H'},$$

ou bien

$$\frac{P'}{P + P'} = \frac{G'H'}{E'H' + G'H'} = \frac{G'H'}{E'G'}.$$

Le point E' appartient donc à une droite X'Y', parallèle à X Y, et construite en amplifiant les distances des points de X Y au point G', dans le rapport connu $\frac{P'}{P + P'}$.

Le point E' cherché est l'intersection de cette droite X' Y' avec la développante de cercle, MN.

On pourra construire ainsi par points la courbe LR, qu'on doit faire suivre au centre du rouleau. On en déduira la courbe FK sur laquelle le contre-poids doit rouler, en traçant une courbe parallèle à LR, à une distance égale au rayon du contre-poids.

La tension T de la chaîne, dans une position quelconque AB, se déterminera en prenant les moments par rapport au point O :

$$T \times OI' = P \times OI,$$

OI et OI' étant les perpendiculaires abaissées du point O sur les directions des forces.

SUPPLÉMENT AU CHAPITRE VI

NOTE

SUR LA SOMME DES CARRÉS ET DES CUBES DES n
PREMIERS NOMBRES ENTIERS.

202. Les n premiers nombres entiers

$$1, \quad 2, \quad 3, \quad \ldots, \quad n$$

forment une progression arithmétique dont la somme S_1 s'obtient en multipliant la moyenne $\dfrac{n+1}{2}$ des termes extrêmes par le nombre n des termes.

Nous aurons donc

$$S_1 = \frac{n\,(n+1)}{2}.$$

Proposons-nous de trouver une formule donnant la somme des carrés, S_2 :

$$S_2 = 1 + 2^2 + 3^2 + \ldots + n^2.$$

Pour y parvenir, observons qu'on a l'identité

$$(n+1)^3 = n^3 + 3n^2 + 3n + 1.$$

Remplaçons dans cette identité, n par $n-1$, puis par $n-2$, puis par $n-3$, et ainsi de suite jusqu'à l'unité ; il viendra la suite d'équations :

$$n^3 = (n-1)^3 + 3\,(n-1)^2 + 3\,(n-1) + 1,$$

$$(n-1)^3 = (n-2)^3 + 3\,(n-2)^2 + 3\,(n-2) + 1,$$

$$\cdots \cdots \cdots \cdots \cdots \cdots \cdots \cdots \cdots$$

$$2^3 = \quad 1^3 + \quad 3 \times 1^2 + 3 \times 1 + 1.$$

Faisons la somme des n équations que nous venons d'écrire, et supprimons les termes n^3, $(n-1)^3$, ..., 2^3 communs aux deux membres de l'équation résultante. Il viendra

$$(n+1)^3 = 1^3 = 1^3 + 3\left(n^2 + (n-1)^2 + (n-2)^2 + ... + 1^2\right)$$
$$+ 3\left(n + (n-1) + (n-2) + ... + 1\right)$$
$$+ n,$$

ou bien

$$(n+1)^3 = 1 + 3\,S_2 + 3\,S_1 + n.$$

Mais

$$S_1 = \frac{n\,(n+1)}{2}.$$

Donc

$$S_2 = \frac{1}{3}\left\{ (n+1)^3 - 1 - n - \frac{3}{2}\,n\,(n+1) \right\} = \frac{n\,(n+1)\,(2n+1)}{6}.$$

La somme des carrés des $(n-1)$ premiers nombres s'obtiendra en changeant dans cette formule n en $n-1$; ce qui donne

$$\frac{n\,(n-1)\,(2n-1)}{6},$$

expression dont nous avons fait usage dans les §§ 140 et 153.

Pour obtenir la somme S_3 des cubes des n premiers nombres entiers, on procédera de même, en partant de l'identité

$$(n+1)^4 = n^4 + 4\,n^3 + 6\,n^2 + 4\,n + 1,$$

et après avoir remplacé n par $n-1$, par $n-2$, ... par 3, par 2, par 1, et fait la somme, on obtiendra une équation où les termes en n^4, $(n-1)^4$, ..., 3^4, 2^4 disparaîtront, et qui contiendra les sommes S_3, S_2, S_1. Comme nous connaissons déjà S_1 et S_2, cette équation nous donnera S_3 ; on trouve ainsi :

$$S_3 = \frac{\left(n\,(n+1)\right)^2}{4} = \left(\frac{n\,(n+1)}{2}\right)^2 = S_1^{\,2}.$$

La somme des cubes des n premiers entiers est le carré de la somme de ces nombres.

La formule dont nous nous sommes servis, § 153, se déduit de la précédente en remplaçant n par $n-1$, ce qui donne

$$\frac{\left(n\,(n-1)\right)^2}{4}.$$

CHAPITRE VII

DE L'ÉQUILIBRE DES MACHINES SIMPLES

203. Par *machines simples*, on entend en statique le *levier*, le *treuil*, le *plan incliné*, le *polygone funiculaire*, et leurs combinaisons les plus élémentaires, telles que la *vis*, la *poulie*, les *moufles*, la *grue*, le *coin*. Nous allons passer en revue ces diverses machines, et appliquer à chacune les principes généraux posés dans les chapitres précédents.

ÉQUILIBRE DU LEVIER

204. Le *levier* est une barre solide, **AB**, droite ou courbe, assujettie à tourner autour d'un point fixe, O. On applique une force **P** à l'une des extrémités **A** de cette barre, et une force **R** à l'autre extrémité **B** ; l'une de ces forces, la force **P** par exemple, prend le nom de *puissance*, l'autre, la force **R**, le nom de *résistance*. On demande les conditions d'équilibre du système solide **AB**.

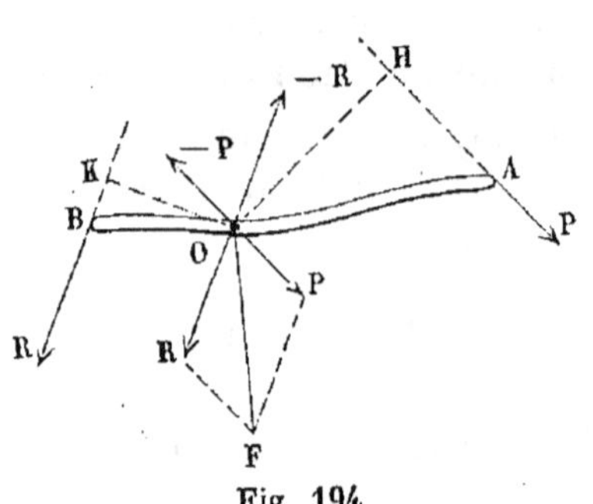

Fig. 194.

Cette question a été résolue au § 77, lorsque nous avons traité le problème de l'équilibre d'un solide qui a un point fixe. Il faut, pour l'équilibre, que la somme algébrique des moments des forces P et R, par rapport à trois axes coordonnés menés par le point O, soit nulle ; et la charge du point O est la résultante des forces P et R, transportées parallèlement à elles-mêmes en ce point.

Nous pouvons opérer autrement. Au point O, appliquons

deux forces, P et —P parallèles et égales à la force A P ; appliquons au même point deux forces R et —R, égales et parallèles à la force BR. Nous ne changeons rien à l'équilibre du système par cette addition de forces qui se détruisent deux à deux. Les forces O R, O P, composées ensemble, donnent pour résultante une force O F, qui est détruite par la réaction du point O, et qui mesure la charge subie par ce point. Restent les deux couples (P, —P), (R, —R) qui doivent se faire équilibre. Les axes de ces couples sont l'un perpendiculaire au plan (O, A P), l'autre au plan (O, BR); ils sont d'ailleurs proportionels aux moments $P \times O H$, $R \times O K$, de ces couples. Enfin ils se composent à la manière des forces. Pour qu'il y ait équilibre, il faut et il suffit que ces deux axes soient égaux et qu'ils soient dirigés en prolongement l'un de l'autre.

La condition d'équilibre exige donc que *les forces* BR, AP, *et le point O soient situés dans un seul et même plan; que les forces* P *et* R *tendent à faire tourner le levier en sens contraires; et que leurs moments par rapport au point* O *soient égaux en valeur absolue.* Cette dernière condition peut s'exprimer d'une autre manière en disant que *la somme algébrique des moments des forces* P *et* A *doit être nulle par rapport à un axe élevé au point* O *perpendiculairement au plan contenant les forces et le point fixe.*

Ordinairement le levier est une barre droite, et les forces P et R sont parallèles (fig. 195). Alors la charge F du point fixe est égale à la somme (algébrique) des forces P et R. L'équilibre du levier se réduit à la composition des forces parallèles.

FORCES MOUVANTES. — FORCES RÉSISTANTES

205. Les machines ne sont pas destinées en général à équilibrer une ou plusieurs forces, mais bien à *vaincre* des forces données, c'est-à-dire à déplacer leurs points d'application dans un sens opposé au sens des actions propres de ces forces.

Par exemple, lorsqu'on emploie une machine pour *soule-*

ver un fardeau, on ne se propose rien autre chose que de faire parcourir à ce fardeau un chemin vertical, de bas en haut, c'est-à-dire en sens contraire du sens dans lequel la pesanteur tend à l'entraîner. La machine n'est là qu'un intermédiaire entre la *résistance* à vaincre, qui est la pesanteur, et la force qu'on doit appliquer à la machine pour produire

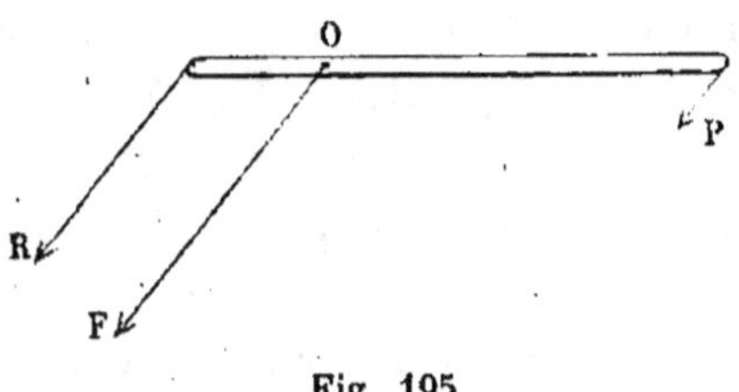

Fig. 195.

l'effet voulu. Cette force est appelée *puissance* ou *force mouvante*. Lorsqu'une machine est en mouvement, la puissance déplace son point d'application dans le sens de sa direction propre, tandis que le point d'application de la résistance se déplace en sens contraire de sa direction. En d'autres termes une force mouvante est celle qui a un travail élémentaire positif ou moteur, et une force résistante est celle dont le travail élémentaire est négatif ou résistant.

A l'état d'équilibre, lorsque la machine est en repos, il n'y a d'autres travaux à considérer que les travaux virtuels qui correspondent à des déplacements fictifs. La distinction entre la puissance et la résistance est alors arbitraire. Dans l'exemple que nous venons de donner (§ 204), on pourrait appeler R la puissance, et P la résistance; car un déplacement angulaire du levier de droite à gauche autour du point O justifierait ces désignations, en rendant positif le travail de la force R, et négatif le travail de la force P. Le déplacement contraire justifie les désignations dont nous nous sommes servis.

Mais comme une machine est presque toujours destinée à recevoir un mouvement particulier, dans un sens défini, il n'y a pas d'indécision sur le partage des forces qui y sont appliquées en forces mouvantes et forces résistantes. Nous verrons de plus que l'équilibre entre ces forces peut avoir lieu pendant le mouvement aussi bien qu'à l'état de repos, et qu'il en est toujours ainsi lorsque la machine possède un mouvement uniforme. L'étude des conditions d'équilibre des machines a donc de l'intérêt, non-seulement au point de vue de la statique, mais encore au point de vue de la dynamique.

LES TROIS GENRES DE LEVIER

206. On distingue trois genres de levier suivant la position relative de la puissance, de la résistance et du point d'appui.

Le *levier du premier genre* (fig. 196) est celui dans lequel le point d'appui O est situé entre la puissance P et la résistance R. Les deux forces agissent alors dans le même sens, et le point d'appui subit une charge égale à leur somme.

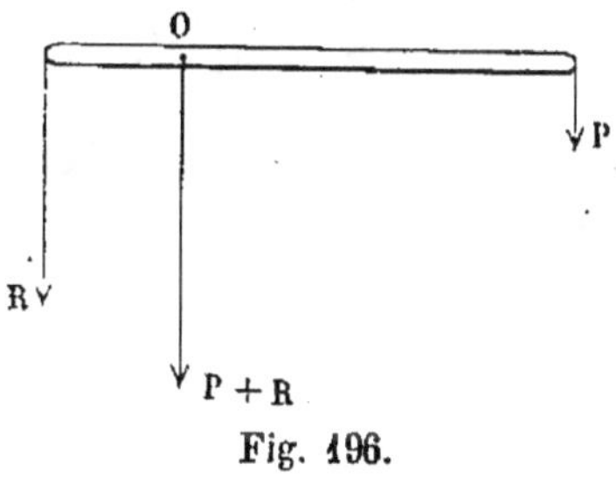
Fig. 196.

Le *levier du second genre* (fig. 197) est celui dans lequel la résistance R est située entre le point d'appui O et la puissance P. Alors la résistance est plus grande que la puissance ; elles sont d'ailleurs dirigées en sens contraires, et la charge de l'appui est égale à leur différence.

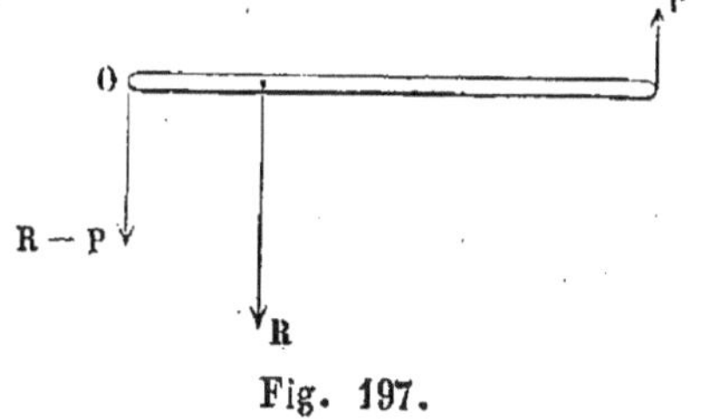
Fig. 197.

Le *levier du troisième genre* est celui dans lequel (fig. 198) la puissance P est située entre la résistance R et le point d'appui O. Il faut pour l'équilibre de ce levier que la puissance soit plus grande que la résistance, et dirigée en sens contraire ; le point d'appui a une charge dirigée dans le sens de la puissance et égale à P—R.

Le levier du troisième genre est peu usité, parce qu'il exige l'emploi d'une puissance P plus grande que la résistance R qu'on veut

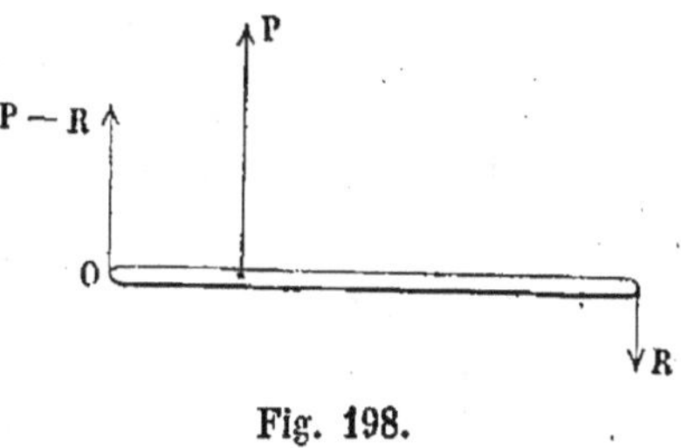
Fig. 198.

vaincre [1]. Les machines ont plutôt pour but d'employer des

---

1. Au point de vue de la statique, il n'y a pas de différence entre les deux derniers genres de levier.

forces moindres à vaincre des forces plus grandes ; un levier, par exemple, doit permettre à un homme de soulever un poids qui excède la limite de l'effort dont cet homme est capable. Le levier du troisième genre serait à cet égard sans utilité.

207. Soit A B (fig. 199) un levier du premier genre, dans lequel la distance O B soit un centième de la distance O A ; on aura pour l'équilibre les forces P et R l'équation

$$P \times OA = R \times OB,$$

ou bien

$$P = \frac{R}{100},$$

c'est-à-dire qu'avec une force R on pourra faire équilibre à une force 100 fois plus grande. Au lieu de tenir sim-

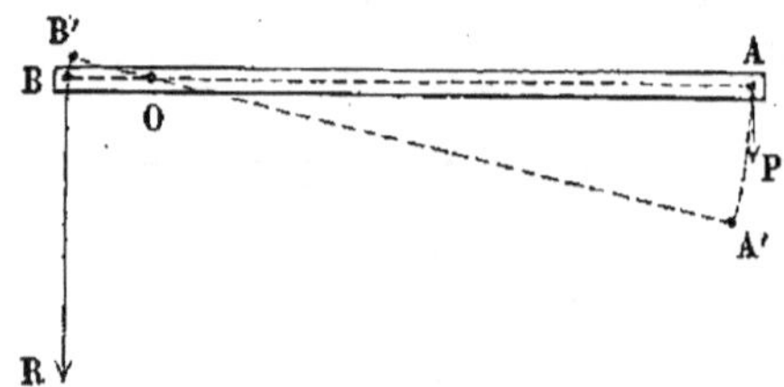

Fig. 199.

plement en équilibre la force R, admettons qu'il s'agisse de déplacer son point d'application, B, d'une certaine quantité très-petite, BB', en sens contraire de la direction de cette force ; c'est là, nous le savons, ce que l'on se propose dans toute machine en mouvement. En même temps que le point B parcourt l'arc BB', le point A se déplace de la quantité AA', laquelle est 100 fois plus grande que BB' ; le travail moteur ou positif, $P \times AA'$ de la puissance, se trouvera donc égal au travail de la résistance, $R \times BB'$, pris en valeur absolue. Si donc la machine permet de réduire la force P au centième de la force R, par contre elle exige que le point d'application de la force P reçoive un déplacement 100 fois plus grand que le déplacement du point d'application de la force R, de sorte que la réduction de l'effort moteur est rachetée par une augmentation du chemin que son point d'application doit décrire.

Remarquons que l'intervention du levier se résume dans

la division de la force R en un certain nombre, 100, de parties égales. Supposons qu'un moteur, un manœuvre par exemple, soit susceptible de développer sans fatigue un effort constant égal au centième de la force R. Si la force R est effectivement décomposable en 100 forces égales, si par exemple la force R est le poids d'un système matériel homogène qu'on puisse partager effectivement en 100 morceaux d'égal volume, le manœuvre, une fois ce partage accompli, pourra prendre le premier morceau qui pèse $\dfrac{R}{100}$, et le déplacer verticalement de la quantité BB′, sans excéder la limite de ses efforts ; cela fait il passera au second, au troisième, au quatrième..., et ainsi de suite jusqu'au centième. Il aura ainsi, partie par partie, effectué le transport du système entier. Mais au point de vue des efforts développés et du travail accompli, le déplacement vertical BB′ du second morceau, du troisième ..., du centième, équivaut au transport vertical BB′ du premier. Le travail du manœuvre équivaut donc en définitive au transport vertical d'un morceau unique, du poids de $\dfrac{R}{100}$, à une distance égale à 100 fois BB′. Or c'est précisément ce qu'il fait d'un seul coup, au moyen du levier, sans division préalable de la charge. Car il applique au point A un effort P égal à $\dfrac{R}{100}$, et fait décrire à ce point un chemin AA′, égal à 100 fois BB′. Son *travail dépensé* P $\times$ AA′ est donc égal au *travail produit*, R $\times$ BB′.

On voit par là quelle est l'erreur de ceux qui vantent la *puissance du levier*, comme si un levier avait par lui-même une puissance. Le levier n'agit sur une résistance que quand une force mouvante lui est appliquée. Il permet d'équilibrer cette résistance avec une force moindre, mais comme à l'état de mouvement les chemins décrits par les points d'application des deux forces, estimés suivant les directions respectives de ces forces, sont inversement proportionnels aux forces elles-mêmes, le travail de la force mouvante est égal au travail de la force résistante, de sorte que le levier transforme le travail sans en créer. Il en est de même de toutes les machines. Nous développerons ces premiers aperçus plus tard, dans le cours de dynamique.

PROBLÈMES SUR LE LEVIER

208. Deux personnes d'inégale force portent les extrémités d'une barre rigide A B, horizontale, en un point, C, de laquelle est attaché un fardeau de poids P. En quel point de la barre ce fardeau doit-il être suspendu pour que la personne qui porte l'extrémité B n'ait à exercer que le quart de l'effort exercé par la personne qui porte l'extrémité A.

On peut regarder la barre A B comme un levier du second genre, dans lequel le poids P est la résistance, le point A est le point d'appui, et l'effort X exercé en B de bas en haut est la puissance.

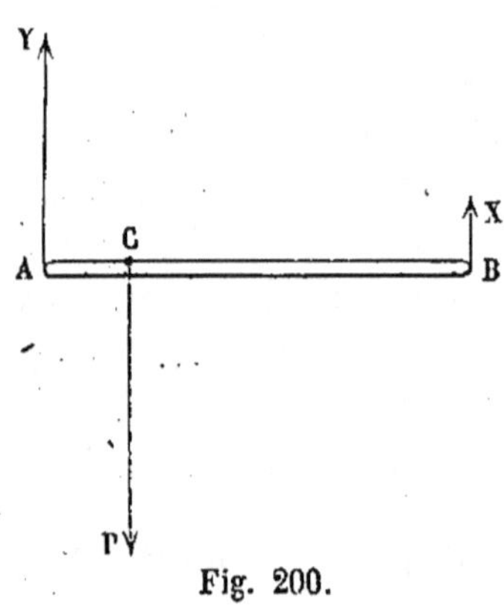

Fig. 200.

On aura donc

$$X \times AB = P \times AC;$$

d'où résulte

$$X = P \times \frac{AC}{AB}.$$

L'effort Y, exercé en A, est égal et contraire à la charge P — X de l'appui A, c'est-à-dire égal à $P \times \dfrac{CB}{AB}$.

Par conséquent $\dfrac{X}{Y}$ est égal à $\dfrac{AC}{CB}$, et puisqu'on veut que X soit le quart de Y, il faut que AC soit le quart de CB, ou le cinquième de AB.

Le fardeau doit donc être suspendu au cinquième de la longueur du levier, à partir du point A le plus chargé.

La décomposition de la force P en deux forces parallèles appliquées en A et B, conduit directement à la solution cherchée.

DOUBLE LEVIER A SOULEVER LES VOITURES

209. On se sert, pour soulever une voiture, de manière à rendre l'une des roues mobile, d'un double levier que la

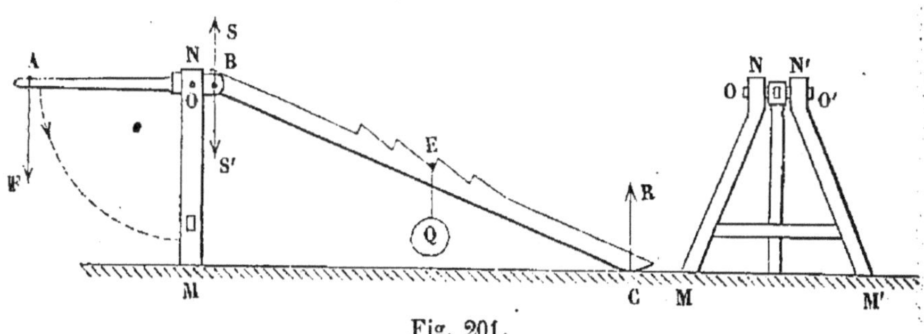

Fig. 201.

figure 201 représente. Cet appareil comprend un *chevalet* MN, qui repose verticalement sur le sol ; un levier du premier genre, AB, mobile autour d'un axe projeté en O, traversant la charpente du chevalet ; et un levier du second genre BC, articulé en B avec le premier levier, et portant à son autre extrémité C sur le sol. On passe le levier sous la voiture, de manière à faire porter l'essieu en un point E de sa longueur. Puis on exerce en A un effort qui fait basculer le levier AB, ramène la branche OA contre le chevalet, et soulève par conséquent le point B, et par suite le point E. Dans ce mouvement le chevalet MN s'incline un peu vers le second levier, et l'extrémité C de ce levier, qui porte par terre, glisse légèrement sur le sol, de manière à maintenir invariable la longueur BC. On fixe l'appareil dans sa nouvelle position en accrochant le levier AO à la traverse du chevalet.

Cherchons quel effort F il faut exercer en A, au commencement du soulèvement, pour tenir en équilibre un poids donné, Q, placé en E, en supposant qu'il n'y ait aucun frottement dans l'appareil.

Le poids Q se partage entre les deux appuis, C et B, du levier BC; en C, la réaction du sol, R, est égale à $Q \times \dfrac{BE}{BC}$; en B. la réaction du premier levier sur le second est une force verticale S, égale à $Q \times \dfrac{EC}{BC}$. L'action du second levier sur le premier est donc une force égale et contraire, S′, et l'équilibre exige par conséquent qu'on ait l'équation :

$$F \times OA = \left(Q \times \frac{EC}{BC} \right) \times OB.$$

L'effort cherché est donc

$$F = Q \times \frac{EC \times OB}{BC \times OA}.$$

Si, par exemple, le point E est le milieu du levier BC, et que OA soit égal à 10 fois OB. on aura :

$$F = Q \times \frac{1 \times 1}{2 \times 10} = Q \times \frac{1}{20}.$$

Pour équilibrer un poids de 300 kilogrammes, placé en E, il faudra donc un effort de 15 kilogrammes exercé en A. Mais le soulèvement du point E est alors le vingtième de l'abaissement donné au point A.

FERMES EN CHARPENTE

210. L'équilibre des fermes que l'on emploie dans les toitures donne un exemple de la théorie du levier.

Considérons une ferme du système le plus simple. Deux *arbalétriers* égaux, et également inclinés à l'horizon, AB, A′B, viennent s'assembler au sommet B; leurs pieds A, A′, sont engagés dans un *entrait* AA′, qui achève le triangle isocèle ABA'. L'entrait est posé sur deux murs verticaux, dont

les coupes sont indi-
quées en M et M'. On
suppose enfin que cha-
que arbalétrier ait à
supporter une charge
uniformément répartie
sur toute sa longueur,
à raison de p kilogram-
mes par mètre ; cette
charge comprend outre

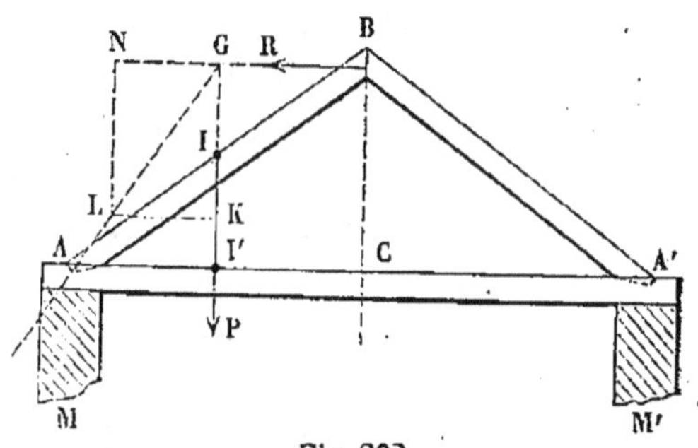

Fig. 202.

le poids propre de l'arbalétrier, le poids des *pannes*, des che-
vrons, des tuiles, des ardoises, de la tôle ou du zinc, que l'on
emploie pour rendre la couverture étanche, enfin les charges
additionnelles que la toiture peut avoir à subir, par exemple
le poids des neiges. Chaque arbalétrier sera en équilibre sous
l'action du poids uniformément réparti, et égal à $p \times AB$, qui
le sollicite, et des réactions exercées par les pièces avec lesquelles il est en contact, à son pied et à son sommet. Au
sommet B, les deux arbalétriers exercent l'un sur l'autre des
actions mutuelles et égales ; la symétrie de la figure et des
charges, par rapport au plan vertical moyen BC, exige donc
que la réaction des deux arbalétriers au point B soit horizontale. Appelons R cette réaction. Considérons à part l'un
des arbalétriers, AB. Il est sollicité par un poids total $p \times AB$,
que l'on peut supposer, puisqu'il est également réparti,
appliqué au milieu I de la longueur AB. Il est en outre sollicité par la force R, horizontale et appliquée en B. Cette
force a une intensité inconnue. Pour la déterminer, compo-
sons-la avec la force verticale $P = p \times AB$, en transportant
ces deux forces au point G où se rencontrent leurs directions.
La résultante, devant être équilibrée par la réaction du
point A, doit passer par ce point ; elle a donc la direction
GA. Prenant sur la verticale GI une longueur GK pour
représenter le poids donné P, on trouvera, en achevant
le parallélogramme GKLNG, la longueur GN qui représente la réaction R au sommet, et la longueur GL qui représente une force égale et contraire à la réaction de l'appui

inférieur A. Cette force, appliquée en A suivant AG, peut être décomposée suivant la verticale et l'horizontale ; la composante verticale sera égale à G K, ou à P ; l'horizontale est égale à G N, ou à R, c'est la tension développée dans l'entrait.

Pour calculer la force R, qui représente à la fois la tension de l'entrait et la pression mutuelle des deux arbalétriers au point B où ils s'assemblent l'un à l'autre, on peut appliquer le théorème des moments, en prenant le point A pour centre.

La force horizontale R, appliquée en B, la force verticale P appliquée en I, et la réaction du point A se faisant équilibre, la somme de leurs moments est nulle par rapport à un axe quelconque. Prenons pour axe la perpendiculaire élevée au point A sur le plan de la figure. Le moment de la réaction appliquée en A sera nul ; et par suite l'équation des moments se réduit à l'égalité suivante

$$P \times AI' - R \times BC = 0.$$

Cette équation fait connaître la réaction R, car tout y est connu, sauf cette réaction.

Elle donne

$$R = P \times \frac{AI'}{BC}.$$

Nous pouvons construire géométriquement cette expression. Remplaçons P par sa valeur $p \times AB$, et AI' par $\frac{1}{2}$ AC. Il viendra :

$$R = \frac{1}{2} p \times \frac{AB \times AC}{BC}$$

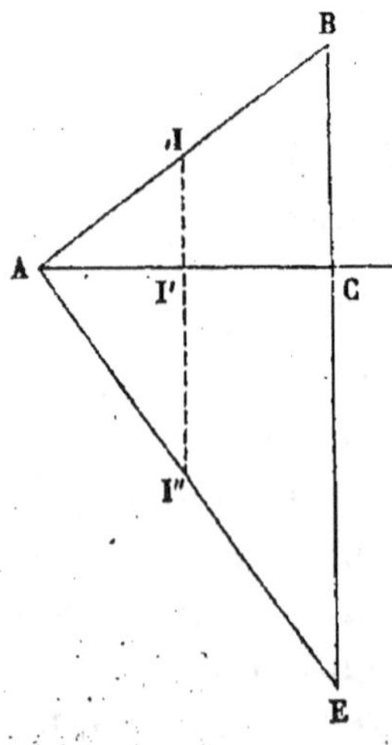

Fig. 203.

Au point A, élevons sur AB une perpendiculaire AE, qui rencontrera en E la verticale BC prolongée.

Le triangle rectangle ACE est semblable au triangle ABC, et nous avons la proportion :

$$\frac{AB}{BC} = \frac{AE}{AC}.$$

Donc

$$\frac{AB \times AC}{BC} = AE,$$

et enfin

$$R = \frac{1}{2}\, p \times AE.$$

La réaction R équivaut donc au poids d'une charge égale par unité de longueur à celle que porte l'arbalétrier, répartie sur la longueur AI″. On voit qu'à égalité de poids p, la réaction mutuelle R et la tension de l'entrait sont d'autant moindres que AE est plus petit, ou que l'arbalétrier AB est plus incliné à l'horizon.

211. Cherchons la solution du même problème en supposant que la ferme ne soit pas symétrique ou qu'elle soit non symétriquement chargée; nous supposerons toujours que chaque arbalétrier AB, A′B, soit chargé uniformément, à

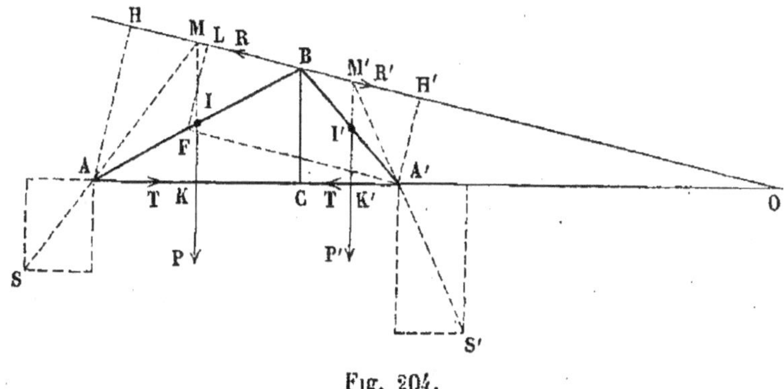

Fig. 204.

raison de p kilogrammes par mètre de longueur, pour l'un, et de p' kilogrammes pour l'autre. La résultante des poids ainsi répartis sur chaque arbalétrier sera verticale, appliquée aux milieux I, I′ de chacun, et égale à $P = p \times AB$ pour le premier et à $P' = p' \times A'B$ pour le second.

La réaction mutuelle, R, des deux arbalétriers au point B ne sera plus horizontale; mais en vertu du principe de l'action égale à la réaction, la force BR, exercée par l'arbalétrier B A' sur l'arbalétrier B A, sera égale et contraire à la force B R' exercée par l'arbalétrier B A sur l'arbalétrier B A'.

La tension T développée dans l'entrait A A' aura la même valeur aux points A et A'; mais elle sera dirigée de A vers A' au point A, de A' vers A au point A'.

Exprimons l'équilibre des deux arbalétriers pris séparément; pour cela, prenons les moments par rapport aux points A et A', ce qui élimine la tension inconnue T. Nous aurons, en abaissant les perpendiculaires A H, A'H' sur la direction de la réaction R,

$$P \times AK = R \times AH,$$
$$R \times A'H' = P' \times A'K'.$$

Multipliant et supprimant le facteur commun R, il vient :

$$\frac{A'H'}{AH} = \frac{P'}{P} \times \frac{A'K'}{AK}.$$

Cette dernière équation fait connaître le rapport $\dfrac{A'H'}{AH}$; or prolongeons la droite H H' jusqu'à la rencontre, au point O, avec la droite A A' prolongée. Les triangles O A'H', O A H donnent la proportion :

$$\frac{A'H'}{AH} = \frac{O A'}{O A}.$$

Le rapport $\dfrac{O A'}{O A}$ est donc égal à un nombre donné; on pourra par conséquent trouver le point O sur le prolongement de A A', et joignant O B, on aura la direction de la réaction mutuelle.

On pourra alors déterminer la valeur R de cette réaction au moyen de l'une des équations des moments.

Comme le point O peut être très-éloigné, il est plus commode de déterminer sur le côté B A du triangle A B A', un point F tel que l'on ait la proportion

$$\frac{BF}{BA} = \frac{P' \times A'K'}{P \times AK}.$$

Si du point F nous abaissons FL, perpendiculaire à BH, les triangles semblables BAH, BFL, donnent la proportion

$$\frac{FL}{AH} = \frac{BF}{BA},$$

et par suite

$$\frac{P' \times A'K'}{P \times AK} = \frac{A'H'}{AH}.$$

Donc

$$FL = A'H'.$$

La direction cherchée BH s'obtiendra en menant par le point B une parallèle à la droite A'F.

212. Proposons-nous encore de construire la force R. Elle est donnée par l'équation

$$R = \frac{P \times AK}{AH} = \frac{p \times AB \times AC}{2\,AH}.$$

Or, les triangles OBC, OAH sont semblables, car ils ont un angle en O commun, et les angles H et C égaux comme droits. Donc

$$\frac{AH}{BC} = \frac{OA}{OB}.$$

Remplaçons AH par sa valeur $\dfrac{BC \times OA}{OB}$, et nous aurons :

$$R = \frac{p \times AB \times AC \times OB}{2\,BC \times OA}.$$

Au point A (fig. 205) élevons AE perpendiculaire à AB. Nous avons vu tout à l'heure que $\dfrac{AB \times AC}{BC}$ est égal à AE. Nous pouvons donc poser

$$R = \frac{1}{2}\,p \times \frac{AE \times OB}{OA}.$$

Rabattons par un arc de cercle la longueur OB en OB′ sur la direction OA ; puis joignons OE, et par le point B′

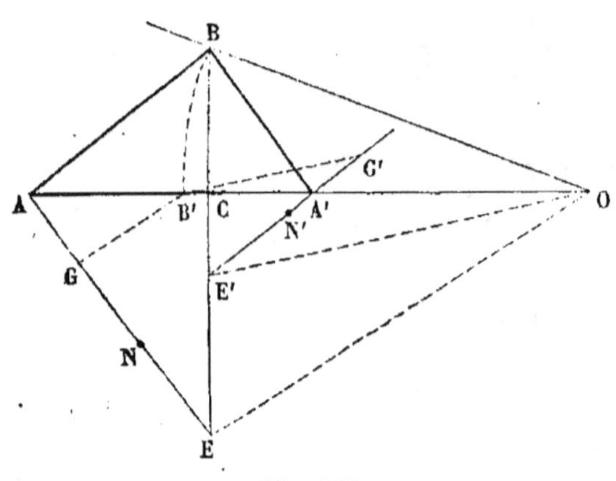
Fig. 205.

menons B′G parallèle à OE, jusqu'à la rencontre de AE. Les parallèles B′G, OE donnent la proportion :

$$\frac{AE}{AO} = \frac{EG}{OB'}.$$

Donc

$$EG = \frac{AE \times OB}{OA},$$

Et, si l'on prend le milieu N de la distance EG, la réaction R sera égale au produit $p \times EN$.

On prouverait de même que R est égale au produit $p' \times E'N'$, N′ étant le milieu de la distance E′G′, déterminée en menant par le point B′ une parallèle à la droite OE′.

Pour déterminer la tension T de l'entrait, on peut prendre la projection de la force R sur l'horizontale (fig. 204); car l'arbalétrier AB étant en équilibre sous l'action des forces R, P et T, la somme algébrique des projections de ces forces sur un axe quelconque est nulle; en prenant cet axe horizontal, on élimine la force verticale P, dont la projection est nulle, et la force T se projette en vraie grandeur. On peut aussi composer les forces P et R, au point M où leurs directions se rencontrent. La résultante S passera par le point A, et en la décomposant en ce point suivant l'horizontale et la verticale, on aura à la fois la force T, et la pression verticale exercée par la ferme au point A sur le mur qui lui sert d'appui.

ÉQUILIBRE DU TREUIL

213. Le *treuil* est un cylindre horizontal, tournant sur deux tourillons; une corde partiellement enroulée à la surface de ce cylindre, porte un poids à son extrémité libre. Pour

faire équilibre à ce poids, on applique une force tangentiellement à la circonférence d'une roue concentrique au
cylindre, et montée dans un plan perpendiculaire à son axe.

Soient O, O', les tourillons, D le cylindre, A A', le plan de
la roue ; BC, la portion libre de la corde, qui porte au point

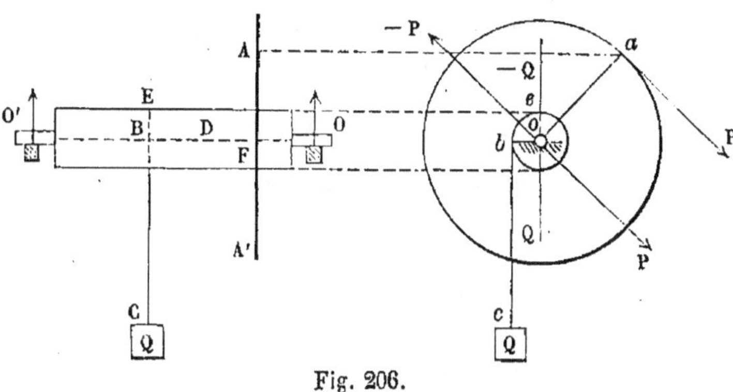

Fig. 206.

C le poids Q, et qui se prolonge de B en E, et au delà, par
une portion appliquée sur le cylindre. Nous supposerons
que la corde y soit arrêtée en un point peu éloigné du point
E, de telle sorte que l'arc EB soit un arc de la section
droite de la surface cylindrique. Si la corde avait un diamètre infiniment petit, cette restriction serait inutile ; quelle
que fût la longueur enroulée, la corde, qui se détache du
cylindre au point B suivant la verticale BC, s'enroulerait à
sa surface suivant le pourtour de la section droite tangente
à la direction BC. Dans la pratique, la corde a un certain
diamètre, et quand elle fait plusieurs fois le tour du cylindre,
chaque spire vient se placer à côté de la spire voisine, de
sorte que la ligne moyenne de la corde dessine sur la surface cylindrique une hélice de faible pas, qui ne se raccorde
pas d'elle-même avec la verticale BC. Le raccordement se
fait cependant au moyen d'une courbe plus compliquée,
qui dépend de la *roideur* plus ou moins grande de la corde.
Nous supposerons ici que la corde soit sans roideur, et
qu'elle s'applique sur le cylindre suivant l'arc de cercle qui
prolonge la tangente verticale BC.

Sur l'élévation latérale, nous voyons la corde projetée

en *bc*, et la puissance P, appliquée au point *a* de la roue, tangentiellement à sa circonférence. Le petit cercle *o* représente la projection des deux tourillons, et les distances *ob*, *oa*, sont les rayons du cylindre et de la roue.

Le treuil est un solide assujetti à tourner autour de l'axe fixe O O'; la condition d'équilibre se réduit donc à l'équation des moments des forces extérieures pris par rapport à cet axe (§ 78), ce qui donne

$$P \times oa = Q \times ob.$$

214. Proposons-nous ensuite de trouver les réactions des appuis O et O'.

L'équilibre ayant lieu, nous pouvons, sans le troubler, regarder la portion BE de la corde comme fixée invariablement à la surface du cylindre; la tension de la corde BC est égale au poids Q; nous pouvons donc regarder la force Q comme appliquée en B au système invariable formé par le treuil.

Dans le plan normal de l'axe O O' conduit par la droite BC, appliquons à l'axe, l'une en sens contraire de l'autre, deux forces égales et parallèles à la force Q. Nous pouvons substituer, sans altérer l'équilibre, à la force Q appliquée en B, la force Q appliquée à l'axe, et le couple (Q, — Q), dont le moment est égal à $Q \times ob$.

De même, dans le plan de la roue, transportons la force P parallèlement à elle-même, ce qui nous donnera, à la place de la force P appliquée en *a*, la force P appliquée en un point de l'axe, et le couple (P, — P), dont le moment est $P \times oa$.

Les deux couples se faisant équilibre, il reste à considérer les forces, qui sont équilibrées par les réactions des tourillons O, O'.

Pour trouver ces réactions, décomposons la force Q, verticale et appliquée à l'axe dans la section BE, en deux forces Q' et Q'', parallèles, appliquées au centre des sections moyennes des tourillons O, O'. La force Q', appliquée en O, sera égale à $Q \times \dfrac{O'B}{OO'}$; la force Q'', appliquée en O', sera égale à $Q \times \dfrac{O\,B}{O\,O'}$. Nous pouvons de même remplacer la force P, appliquée à l'axe dans le plan de la roue, par deux forces parallèles P' et P'', appliquées l'une en O, l'autre en O', et égales respectivement à $P \times \dfrac{O'\,F}{O\,O'}$ et $P \times \dfrac{O\,F}{O\,O'}$. Composant ensuite les forces Q' et P', appliquées en O, nous aurons pour résultante la pression R exercée par le tourillon O sur son coussinet, et de même, la composition des forces Q'' et P'', appliquée en O', nous donnera la pression R', exercée sur le coussinet O'. Les forces R et R' ne sont pas parallèles, mais elles sont toutes deux normales à l'axe du cylindre.

215. On voit qu'avec une force P donnée, on peut faire équilibre à un poids Q aussi grand qu'on voudra, en se servant d'un treuil dans lequel le rayon *ob* du cylindre serait suffisamment petit par rapport au rayon de la roue *oa*. Mais il faut remarquer que pour le treuil, comme pour le levier et comme pour toutes les machines analogues, les déplacements des points d'application des forces P et Q qui se font équilibre, sont en raison inverse de ces forces elles-mêmes, de sorte que pour élever d'une petite quantité le poids Q en employant une force P, il faudra faire parcourir au point *a* d'application de cette force un chemin d'autant plus grand que la force P est plus petite. Le rôle du treuil, comme celui du levier, équivaut à la division du poids Q en parties dont chacune puisse être déplacée par la force mouvante P.

216. Le *treuil différentiel* (fig. 207), dont nous avons donné la description dans la cinématique (§ 170) permet d'équilibrer un poids Q avec une petite force P, sans réduire le diamètre du cylindre, et sans diminuer la solidité ¦de l'appareil. Le cylindre est double ; la corde porte le poids Q par l'intermédiaire d'une poulie M ; les brins *cb*, *c'b'* sont parallèles, et leur tension commune est égale à la moitié du poids Q. Quand le brin *cb* s'enroule sur le cylindre de rayon O*b*, le brin *b'c'* se déroule du cylindre de rayon O*b'*. Pour un angle très-petit α, dont on fait tourner la roue et

les cylindres, le poids Q s'élève de la moitié de la différence $Ob \times \alpha - Ob' \times \alpha$, entre la longueur de corde enroulée et la longueur déroulée.

Le travail résistant est donc égal en valeur absolue à

$$\frac{1}{2} Q \times (Ob \times \alpha - Ob' \times \alpha) = \frac{1}{2} Q \times \alpha \times (Ob - Ob').$$

L'équation d'équilibre est

$$\frac{1}{2} Q \times \alpha (Ob - Ob') = P \times Oa \times \alpha,$$

ou bien

$$\frac{1}{2} Q \times (Ob - Ob') = P \times Oa.$$

Tout se passe comme si l'on employait un treuil dont la roue aurait le même rayon oa, mais dont le cylindre aurait pour diamètre la différence bb'' des rayons des deux cylindres.

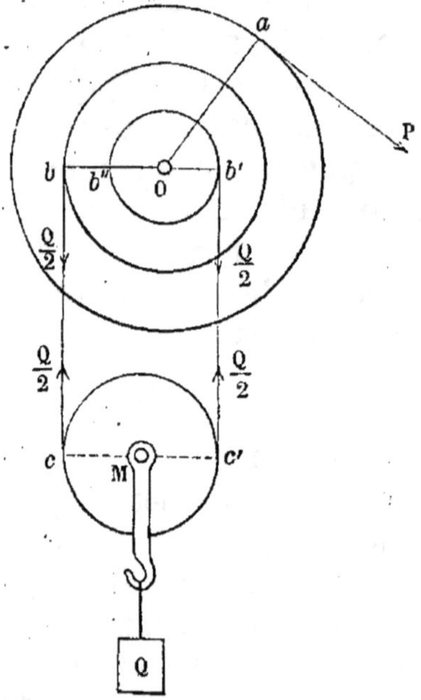

La recherche des pressions sur les tourillons peut se faire par la méthode que nous avons suivie pour le treuil simple. On remarquera que les deux tensions $\frac{Q}{2}$, appliquées d'abord en b et en b', se transportent parallèlement à elles-mêmes aux points de l'axe où se projettent les points b et b'; puisqu'on peut les composer en une seule égale à Q, appliquée à l'axe, au milieu de l'intervalle compris entre les deux sections droites où se font l'enroulement et le déroulement du fil.

Fig. 207.

ÉQUILIBRE DU TREUIL EN TENANT COMPTE DU FROTTEMENT

217. Revenons au treuil ordinaire, et cherchons-en les conditions d'équilibre en tenant compte du frottement des tourillons dans leurs paliers. Nous avons vu (§ 88) que le problème n'est pas déterminé lorsque le treuil est à l'état de repos ; il suffit en effet que la résultante des forces qui pressent le tourillon sur la surface de glissement, fasse un angle moindre que *l'angle du frottement* avec la normale à cette surface. La solution est donnée alors par une inégalité, ce qui permet de faire varier les forces extérieures entre certaines limites sans troubler l'équilibre. Pour rendre le problème déterminé, on peut supposer que le treuil, tout en restant encore en repos, est sur le point de prendre un mouvement sous l'action des forces qui le sollicitent, hypothèse qui revient à admettre que la résultante de ces forces fait avec la normale à la surface de glissement, un angle égal à *l'angle du frottement au départ;* on peut aussi supposer que le treuil est animé autour de son axe d'un mouvement uniforme ; dans ce cas les forces extérieures se font équilibre comme si le système était en repos, ainsi qu'on le démontrera dans la dynamique ; de plus le frottement est égal à sa limite, puisque le glissement des corps en contact a effectivement lieu, et la résultante des forces extérieures fait par conséquent avec la normale aux surfaces frottantes un angle égal à *l'angle du frottement pendant le mouvement.*

Soit O A (fig. 208) le rayon de la roue, tangentiellement à laquelle est appliquée la force P ;

O B, le rayon du cylindre, tangentiellement auquel est suspendu le poids Q ;

O C, le rayon du tourillon, qui touche au point C la surface M N du palier.

Le mouvement du treuil se faisant ou allant se faire dans le sens de la puissance, la roue peut être supposée tourner dans le sens de la flèche ; le frottement subi par le treuil est dirigé en sens contraire ; c'est donc une force F, appliquée au point C, tangentiellement à la circonférence du tourillon.

Outre cette action tangentielle, la surface d'appui MN exerce sur le tourillon une action normale S; et il résulte de notre hypothèse que nous avons la relation :

$$F = Sf,$$

en désignant par f le *coefficient du frottement*.

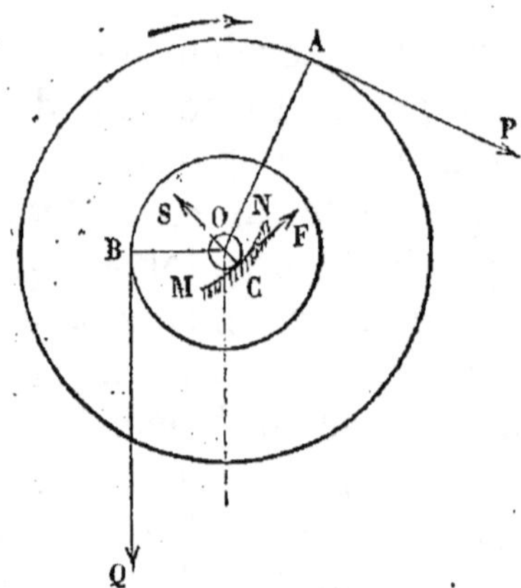

Fig. 208.

Sur l'autre tourillon, nous aurons de même à considérer une réaction normale S', et une réaction tangentielle ou frottement, F', égale à S'f.

Il y a donc équilibre entre les forces P, Q, et les forces inconnues, S, S' et F $=$ Sf, F' $=$ S'f.

Prenons les moments par rapport à l'axe projeté en O ; il viendra l'équation :

$$(1) \qquad P \times OA = Q \times OB + (F + F') \times OC$$
$$= Q \times OB + (S + S') \times f \times OC,$$

équation où entre la somme inconnue S $+$ S'.

Pour déterminer séparément S et S', et pour trouver la condition d'équilibre entre les forces P et Q, nous procéderons comme nous l'avons fait dans le § 214 ; nous substituerons aux forces P et Q des couples P $\times$ OA, Q $\times$ OB, et deux forces parallèles P' et P'', Q' et Q'', appliquées à l'axe O, dans les plans moyens des tourillons. Nous pouvons de même substituer aux forces F et F'', des couples F $\times$ OC, F' $\times$ OC, et ces forces elles-mêmes, appliquées à l'axe O.

Nous obtenons par là dans des plans parallèles, 4 couples qui se font équilibre en vertu de l'équation des moments (1); et deux groupes de quatre forces, savoir les forces

$$P', \quad Q', \quad S \quad et \quad F,$$

appliquées au centre du premier tourillon, et les forces

$$P'', \quad Q'', \quad S' \quad et \quad F',$$

au centre du second tourillon : ces huit forces se font donc aussi équilibre.

Je dis que chaque groupe considéré séparément est en équilibre. S'il en était autrement, les quatre forces P′, Q′, S et F, qui sont appliquées en un même point O, auraient une résultante, qui devrait faire équilibre à la résultante des quatre autres forces P″, Q″, S′ et F, appliquées de même en un point. Or cela est impossible, car les quatre premières forces sont situées dans un plan normal à l'axe du treuil, et leur résultante, située dans ce plan, ne peut être égale et opposée à la résultante des quatre forces du second groupe situées dans un plan parallèle. Donc enfin, la résultante des forces S et F est égale et opposée à la résultante des forces P′ et Q′ ; et de même la résultante des forces S′ et F′ est égale et opposée à la résultante des forces P″ et Q″.

Composant les forces OP′, OQ′ (fig. 209), on obtiendra la résultante OR. Puis, par le point O on mènera une droite indéfinie OI, faisant un angle, IOR′, égal à l'angle φ du frottement, avec le prolongement OR′ de OR. On décomposera ensuite la force OR′, égale et opposée à OR, en deux forces, dont l'une OS sera la réaction normale et l'autre, OF, le frottement cherché. On procédera de même pour l'autre tourillon.

Si c'est la force Q qui est donnée, et qu'il s'agisse de déterminer la puissance P, on fera une hypothèse arbitraire sur la valeur de cette inconnue ;

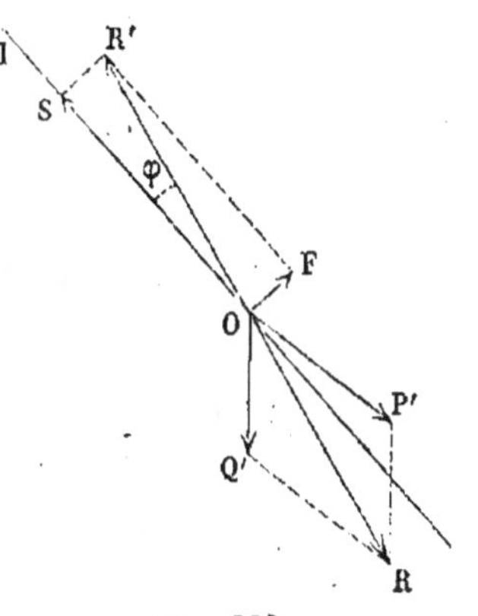

Fig. 209.

il convient de lui attribuer une valeur un peu supérieure à celle qu'elle aurait s'il n'y avait aucun frottement, c'est-à-dire, un peu supérieure à $Q \times \dfrac{OB}{OA}$. Les constructions indiquées feront connaître F et F′, et l'on pourra vérifier si l'équation d'équilibre (1) est satisfaite. On pourra ainsi obtenir la valeur de P par une série de tâtonnements.

TREUIL DES CARRIERS

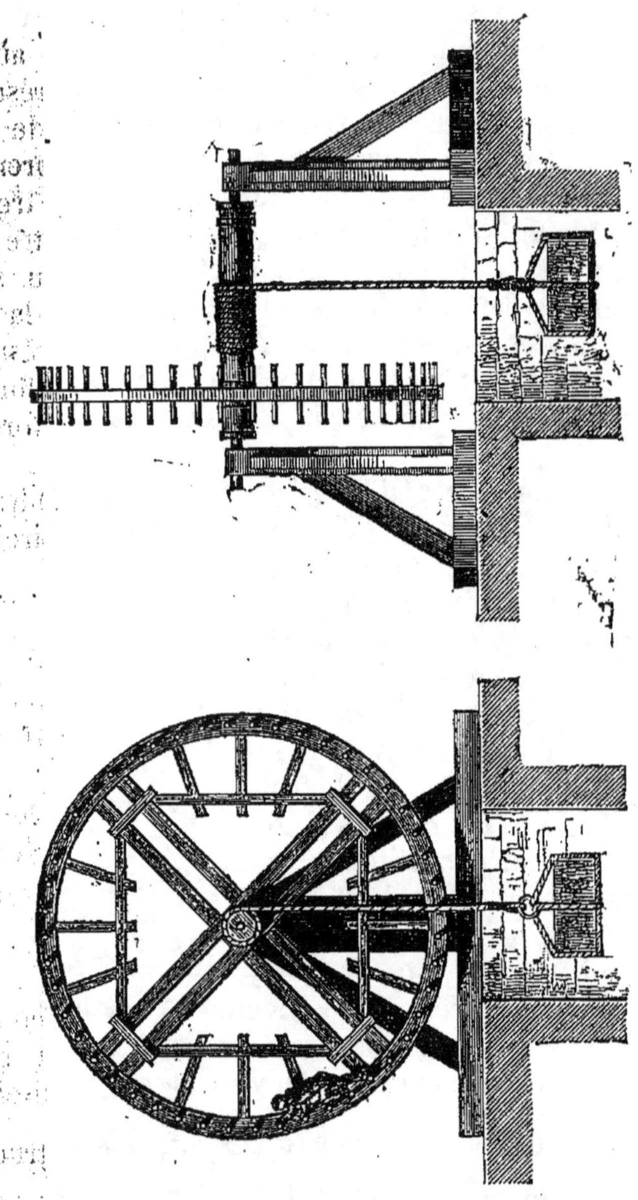

Fig. 210.

218. Le *treuil* employé pour extraire les pierres des carrières des environs de Paris, est mis en mouvement par des hommes, dont le travail consiste à marcher à l'intérieur d'une *roue à chevilles*. Soit P, le poids des hommes qui sont montés dans la roue, et qu'on suppose placés au point A ;

Q, le poids de la pierre à élever ; O A, le rayon de la roue ; O B, le rayon du cylindre sur lequel s'enroule la corde du treuil.

Du point O, abaissons une perpendiculaire O C sur la direction AP de la puissance P.

L'équilibre des poids P et Q exigera la relation

$$P \times OC = Q \times OB,$$

équation qui fait connaître le point A, où les hommes doivent se placer pour équilibrer le poids Q. Il est facile de voir que cette position d'équilibre est stable. Si les hommes font un pas, et se placent en A′, leur poids l'emportera sur celui de la pierre, et la roue tournera de l'angle A′O A, pour les ramener à leur position A. Il en résultera pour le poids Q, une élévation égale à O B $\times$ angle A′O A.

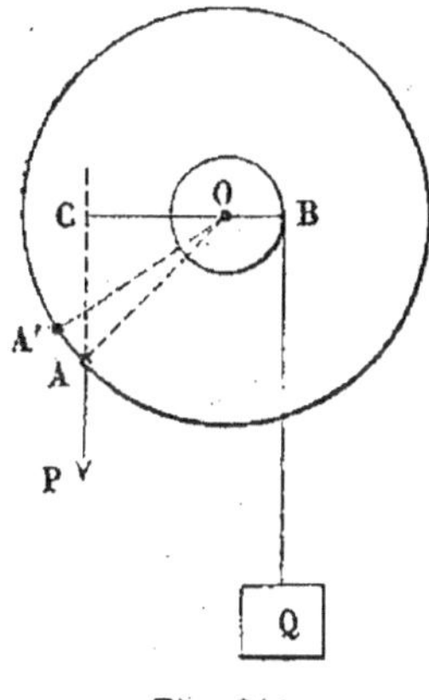

Fig. 211.

Le travail moteur est égal au moment de la force P, par rapport à l'axe O, multiplié par l'angle décrit (§ 104) ; c'est-à-dire à P $\times$ OC $\times$ (A′OA), ou à Q $\times$ OB $\times$ angle A′O A, ou enfin, au travail résistant, abstraction faite des résistances passives, telles que le frottement et la roideur des cordes.

Il s'agit, par exemple, d'élever une pierre d'un mètre cube, pesant 2500 kilogrammes ; le rayon du cylindre est de 0^m,18, et le rayon de la roue à chevilles de 3^m ; enfin, on suppose que les hommes se placent à une distance moyenne de l'axe OC égale aux $\frac{2}{3}$ du rayon ; le poids moteur P sera donné par l'équation :

$$P \times \frac{2}{3} \times 3^m = 2,500 \times 0,18.$$

Donc
$$P = 225.$$

Un homme pèse environ 70 kilogrammes ; on voit qu'avec 3 hommes on aurait un poids de 210 kilogrammes, qui suffit presque, à la distance de 2 mètres où on l'a supposé appliqué. Les 3 hommes obtiendront donc l'effet voulu en s'éloignant un peu plus de l'axe, à une distance x donnée par l'équation :

$$210 \times x = 2,500 \times 0,18.$$

On trouvera
$$x = 2^{m},143.$$

CABESTAN, CRIC

219. Un *cabestan* est un treuil à axe vertical.

La figure 212 représente un appareil de cette espèce employé dans les ports. Le cylindre du treuil est maintenu dans la position verticale par une charpente ABCD, qui est fixée

Fig. 212.

au sol au moyen de cordes attachées à des piquets. La tête E du cabestan est traversée par la barre FF, aux extrémités de laquelle on applique l'effort moteur. La corde TT' s'enroule d'un côté sur le cylindre, et se déroule de l'autre côté. Il suffit, comme nous le verrons plus loin, d'un petit effort exercé en T', pour équilibrer une très-grande tension T, développée dans l'autre partie de la corde; la différence des deux tensions est équilibrée par le frottement entre la corde et le cylindre.

La théorie du cabestan est la même que celle du treuil.

220. Le *cric* employé pour soulever les voitures, peut être aussi assimilé au treuil; seulement, au lieu d'une corde qui s'enroule à la surface du cylindre, le cric emploie une crémaillère qui engrène avec un pignon. Le pignon pourrait être mis en mouvement par une manivelle; mais

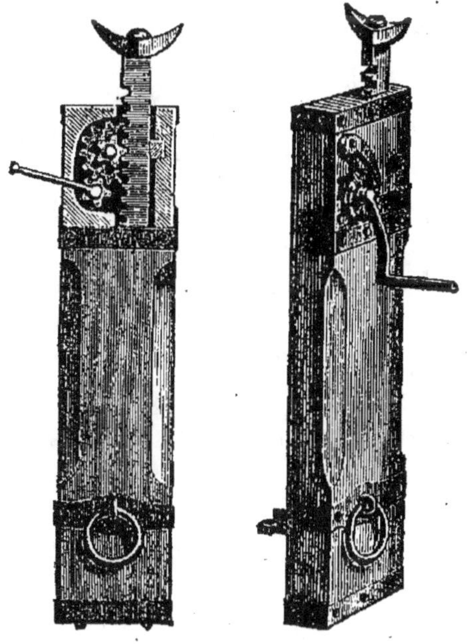

Fig. 213.

ordinairement, il fait corps avec une roue dentée de plus grand diamètre, qui engrène avec un second pignon, auquel on applique l'effort moteur. Une *roue à rochet*, placée en dehors de l'appareil, a pour objet d'arrêter le mouvement ascensionnel de la crémaillère à telle dent qu'on voudra, sans empêcher la continuation de ce mouvement, si on veut

élever le fardeau davantage. Pour faire descendre le fardeau,
on soulève le *doigt* de l'encliquetage, et les roues dentées deviennent libres de tourner dans les deux sens ; mais il faut
alors faire équilibre au fardeau par un effort exercé sur la
manivelle.

Appelons F la force qu'il faut appliquer à l'extrémité A de
la manivelle, perpendiculairement à sa direction O A, pour
faire équilibre au poids Q qui pèse sur la crémaillère MN.

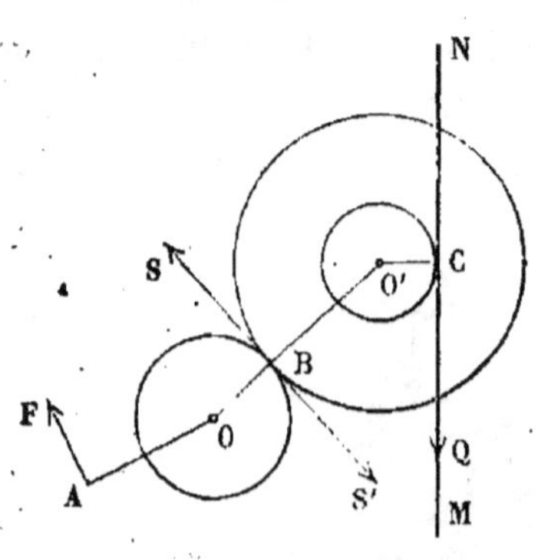

Fig. 214.

Soit $OA = l$; $OB = r$, rayon
du pignon de la manivelle,
$O'B = R$, rayon de la roue
dentée, $O'C = r'$, rayon du
pignon de la crémaillère. Cherchons le rapport des forces F et
Q, en faisant abstraction du
frottement.

La force Q est transmise intégralement par la crémaillère
à la dent située au point C.
De même, au point B où les
roues OB et O'B engrènent l'une avec l'autre, s'exerce une
pression mutuelle S, que nous supposerons normale à la
ligne des centres, et dirigée suivant BS pour la roue O, et
suivant BS' pour la roue O'. La pression S est la composante
perpendiculaire à la direction OO', de l'action mutuelle des
deux roues au point B.

L'équilibre de la roue O sera exprimé par l'équation des
moments pris par rapport à l'axe O :

$$F \times OA = S \times OB,$$

et l'équilibre du système O' par l'équation :

$$S \times O'B = Q \times O'C.$$

D'où l'on tire en multipliant

$$F \times OA \times O'B = Q \times OB \times O'C,$$

et par suite

$$F = Q \times \frac{OB}{OA} \times \frac{O'C}{O'B} = Q \times \frac{r}{l} \times \frac{r'}{R}.$$

Telle est la force qu'il faut appliquer perpendiculairement à l'extrémité de la manivelle pour équilibrer le poids Q.

Les dents du pignon O' et de la crémaillère doivent être assez résistantes pour supporter chacune le poids Q tout entier; la force S, déterminée par l'une des équations que nous venons de poser, tend aussi à rompre les dents de l'engrenage O, O'. Enfin, les axes de rotation O, O', doivent être assez résistants pour supporter, l'un, la résultante des forces F, S, et des frottements que nous avons négligés, l'autre, a. résultante des forces S, Q, et des frottements.

On calculera de même la pression P développée dans le doigt O''D de l'encliquetage, quand le cric est au repos.

Cette pression P remplace la force F appliquée à la manivelle; seulement elle est appliquée tangentiellement à la circonférence intérieure OD de la roue à rochet.

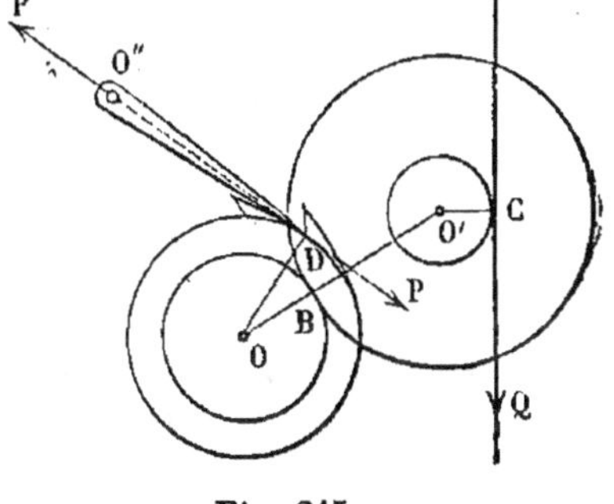

Fig. 215.

On a donc

$$P = Q \times \frac{OB}{OD} \times \frac{O'C}{O'B}.$$

La pression P s'exerce sur l'axe O'' du rochet, dans le sens O''P.

Le théorème du travail virtuel donnerait immédiatement le rapport des forces F et Q.

224. Nous avons déjà traité la question de l'équilibre d'un corps solide placé sur un plan fixe (§ 80). Ici, nous ferons l'application de cette théorie à un corps pesant posé sur un plan incliné, et nous chercherons quelle force il faut appliquer à ce corps pour qu'il soit en équilibre. On peut traiter ce

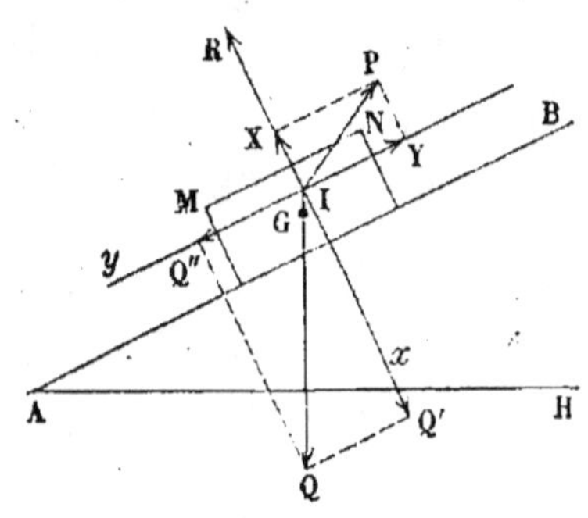

Fig. 216.

problème à deux points de vue : en négligeant le frottement, ou en en tenant compte.

Supposons d'abord qu'il n'y ait aucun frottement.

Soit **AB** la ligne de plus grande pente du plan, qui fait avec l'horizon **AH** un angle donné **BAH**.

Le corps solide **MN** repose sur le plan par une face plane ; il a un poids **Q**, appliqué en son centre de gravité, **G**.

On demande quelle nouvelle force il faut lui appliquer pour qu'il soit en équilibre.

La résultante des actions élémentaires exercées par le plan sur le corps est une force **R**, normale au plan, puisqu'on suppose le frottement nul ; cette force **R** rencontre la direction **GQ** en un certain point **I**, où l'on peut considérer les forces **Q** et **R** comme appliquées. De ces deux forces, toutes deux connues en direction, l'une, **Q**, est en outre donnée de grandeur, l'autre, **R**, est encore inconnue. Le plan **RIQ** coïncide avec le plan de la figure.

La force à appliquer au système pour compléter l'équilibre est une force **P**, appliquée au point **I**, et dont la direction et la grandeur sont également inconnues. Pour déterminer les inconnues, par le point **I**, menons dans le plan de la figure deux axes rectangulaires, **IX**, **IY**, l'un, **IX**, normal au plan, l'autre, **IY**, parallèle. Décomposons la force inconnue P en deux composantes, suivant ces deux axes, et appelons X et Y ces deux composantes ; décomposons de même la force Q en deux composantes, Q′ et Q″, suivant les mêmes axes.

Les trois forces P, Q, R, se faisant équilibre, la somme algébrique de leurs projections sur une droite quelconque est nulle, donc

$$Y = Q'',$$

$$X + R = Q'.$$

La première équation fait connaître la composante Y. La seconde fait connaître la somme des deux inconnues X + R ; l'une d'elles reste donc arbitraire.

Si l'on veut trouver la moindre valeur possible pour la force P, il faut faire X = 0 ; car l'équation

$$P^2 = X^2 + Y^2,$$

dans laquelle Y est égale à une force donnée Q″, montre que le minimum de P correspond à la moindre valeur de X, ou à X = 0. Dans ce cas, R = Q′.

On équilibrera donc le poids Q du corps avec une force P, parallèle au plan incliné, et dirigée de bas en haut, suivant la ligne de plus grande pente ; cette force sera égale à la projection IQ″ du poids Q sur la ligne de plus grande pente, c'est-à-dire, à cause de la similitude des triangles IQQ″, ABH, égale au produit du poids Q par le rapport $\dfrac{BH}{AB}$ de la *hau-*

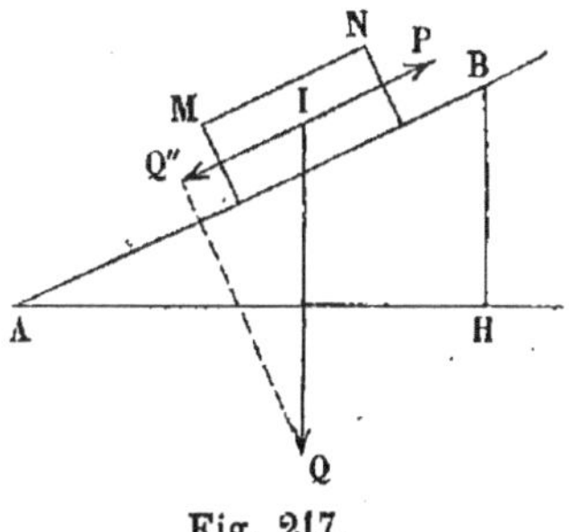

Fig. 217.

teur, BH, du plan incliné à sa *longueur*, AB.

222. Proposons-nous le même problème en tenant compte du frottement ; pour que la question soit déterminée, il faut

supposer que le glissement du corps sur le plan est sur le point de se produire dans un sens défini, ou même qu'il se produit réellement, le corps étant animé d'un mouvement uniforme le long de la ligne de plus grande pente A B.

Admettons que le corps glisse ou va glisser de A vers B, c'est-à-dire en montant. Le frottement exercé par le plan sur le corps est alors une force F, parallèle au plan et dirigée de B vers A. La résultante des actions du plan sur le corps est donc dirigée suivant une droite IR, faisant avec la normale IS, dans le plan de la figure, un angle RIS égal à l'angle du frottement. Cette réaction totale R se décompose en deux forces, une force normale S, et une force F, qui est le frottement.

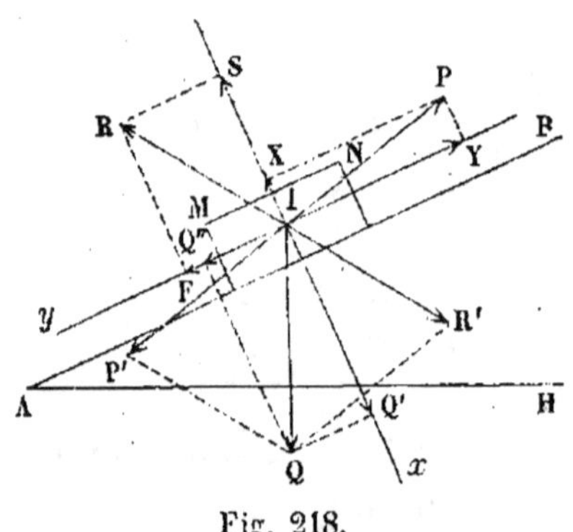

Fig. 218.

Menons encore les axes IX, IY ; décomposons le poids Q suivant ces deux directions, ce qui nous donnera les forces Q' et Q'', et décomposons de même la force inconnue P. Nous aurons pour l'équilibre les deux équations :

$$(1) \qquad Y = F + Q''.$$

$$(2) \qquad X + S = Q'.$$

A ces deux équations il faut ajouter la relation entre F et S :

$$(3) \qquad F = Sf.$$

Il y a donc trois équations pour déterminer quatre inconnues X, Y, S et F. L'une des quatre inconnues est donc arbitraire, et l'on peut imposer au problème une nouvelle condition ; nous chercherons, par exemple, à rendre la force P la plus petite possible.

Le problème se résout géométriquement d'une manière très-simple. Le poids Q et les forces P et R se faisant équilibre au point I, le poids Q est la résultante de deux forces IP′, IR′, égales et opposées aux forces P et R ; la droite IQ est donc la diagonale du parallélogramme IR′QP′ construit sur ces deux forces. Dans ce parallélogramme, le côté IR′ a une direction connue, et la force P est représentée en grandeur par la droite QR′, qui joint le point donné Q au point R′, extrémité de la droite IR′. La moindre valeur de la force P correspond donc à la perpendiculaire abaissée du point Q sur la droite IR′, c'est-à-dire le minimum cherché a lieu quand on donne à la puissance P une direction perpendiculaire à la droite IR, ou enfin une direction faisant avec la ligne de plus grande pente AB un angle PIY égal à l'angle du frottement.

La solution algébrique du problème s'achèvera donc en posant

$$(4) \qquad X = Yf.$$

Des équations (1), (2), (3) et (4), on tire :

$$S = \frac{Q' - Q''f}{1 + f^2},$$

$$F = f \times \frac{Q' - Q''f}{1 + f^2},$$

$$Y = \frac{Q'' + Q'f}{1 + f^2},$$

$$X = f \times \frac{Q'' + Q'f}{1 + f^2}.$$

Remarque. Nous avons supposé que le corps glissait en

montant. S'il glissait en descendant, il n'y aurait qu'à changer la direction du frottement F, ce qui revient à mener la
droite IR de l'autre côté de la normale IS.

1° Si le prolongement de la verticale IQ passe dans l'angle SIR (fig. 220), on aura les équations :

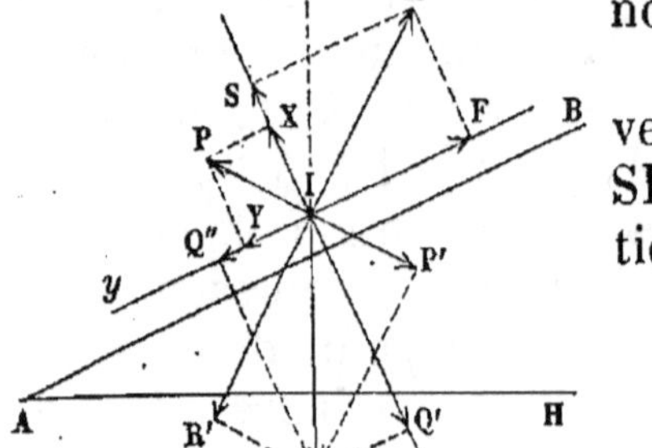

Fig. 219.

$$Y + Q'' = F,$$
$$X + S = Q',$$
$$F = Sf,$$

et le minimum de P correspondra à la direction normale à IR, ou à la condition $X = Yf$. La force P tend à la fois à entraîner le corps le long de la ligne de plus grande pente, et à le détacher du plan.

On déduit de ces quatre équations :

$$S = \frac{Q' + Q'' f}{1 + f^2},$$

$$F = f \times \frac{Q' + Q'' f}{1 + f^2},$$

$$Y = \frac{f Q' - Q''}{1 + f},$$

$$X = f \times \frac{f Q' - Q''}{1 + f^2}.$$

2° Si, au contraire (fig. 220), la verticale IQ prolongée est en dehors de l'angle SIR, on aura les équations :

$$Y + F = Q'',$$
$$S = Q' + X,$$
$$F = Sf.$$

Le minimum de P correspond à une direction IP normale à IR, ou à :

$$X = Yf.$$

On en déduit :

$$S = \frac{Q' + Q''f}{1 + f^2},$$

$$F = f \times \frac{Q' + Q''f}{1 + f^2},$$

$$Y = \frac{Q'' - fQ'}{1 + f^2},$$

$$X = f \times \frac{Q'' - fQ'}{1 + f^2}.$$

La force P tend ici à retenir le corps et à l'appuyer contre le plan.

3° Enfin, dans le cas intermédiaire où le poids Q est en prolongement de la réaction R, la force P est nulle, et le corps glisse d'un mouvement uniforme le long du plan incliné. L'inclinaison du plan sur l'horizon est alors égale à l'angle du frottement.

223. *Application aux traîneaux*. On emploie, dans certains pays, pour effectuer les transports sur la neige, des traîneaux MN, glissant sur le sol AB (fig. 221). Le cheval qui mène le traîneau est attelé à un *brancard* incliné O A, articulé en un point O, au milieu à peu près de la portée du patin ; d'après ce qui vient d'être démontré, l'inclinaison la plus avantageuse à donner

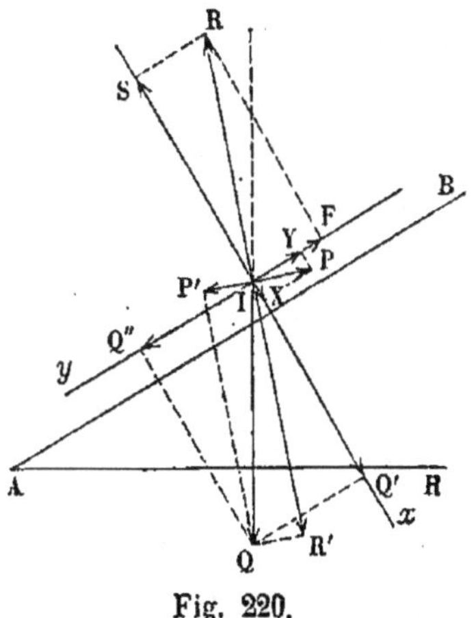

Fig. 220.

au brancard et aux traits par rapport à la ligne AB
est l'angle du frottement. C'est dans cette direction que

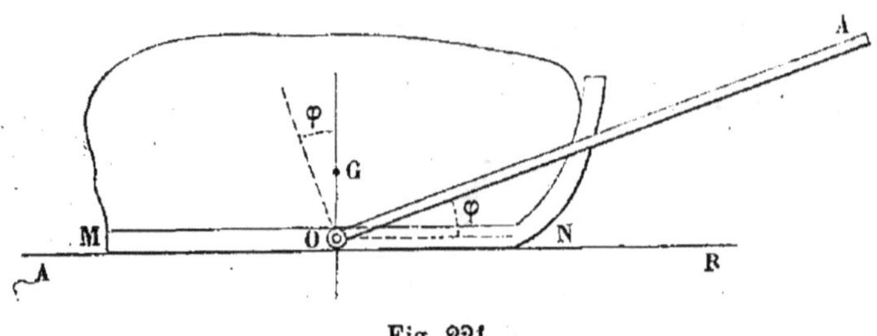

Fig. 221.

le cheval dépensera la moindre force en agissant sur le
traîneau, soit pour lui faire gravir une rampe (§ 222),
soit pour lui faire descendre une pente peu inclinée (§ 222,
Rem. 1°), soit pour le retenir sur une pente forte (§ 222,
Rem. 2°). La réaction étant égale et contraire à l'action, le
cheval est sollicité obliquement par le brancard ou les traits,
suivant qu'il tire ou qu'il retient. Cette force oblique se décompose en deux forces ; l'une, horizontale, s'exerce sur le
poitrail, par l'intermédiaire du collier, quand le cheval tire ;
sur l'arrière-train, par l'intermédiaire du *reculoir*, quand le
cheval retient ; dans les deux cas, cette force horizontale est
équilibrée par le frottement développé au contact des pieds
du cheval avec le sol. L'autre force, verticale, s'exerce tantôt
de haut en bas, tantôt de bas en haut ; dans le premier cas,
elle appuie la *sellette* du cheval sur son dos et se transmet de
là par les jambes jusqu'au sol ; dans le second cas, elle tend
à soulever le cheval au moyen de la *sous-ventrière*, et est
contre-balancée par le poids de l'animal. C'est ce qui arrive
toutes les fois que le cheval descend une côte où il est forcé
de retenir.

Si le frottement du traîneau sur le sol est très-faible,
l'inclinaison du brancard doit être elle-même très-
petite ; ce qui conduit à relever le point d'attache, O, du
brancard.

TRAVAIL DU FROTTEMENT SUR LE PLAN INCLINÉ

224. Reprenons la question générale traitée au § 222. Dans tous les cas que nous avons examinés, il y a équilibre entre les trois forces P, Q et R, et par suite la somme algébrique des travaux de ces forces, pour un déplacement élémentaire quelconque, est égale à zéro. Prenons pour déplacement élémentaire le glissement que subit effectivement le corps le long de la ligne de plus grande pente du plan incliné, quand il est animé le long de cette ligne d'un mouvement uniforme. La somme algébrique des travaux des

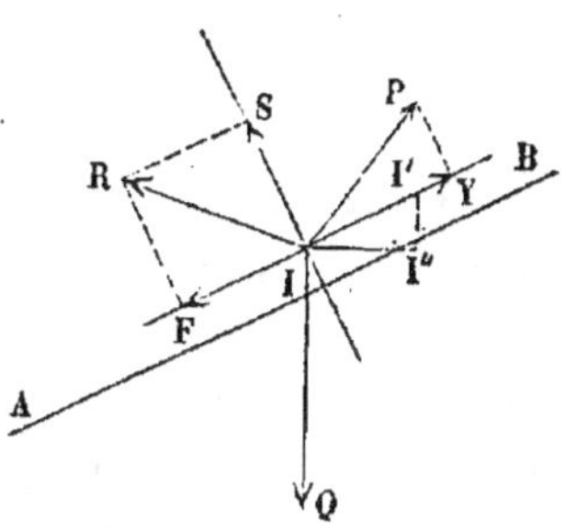

Fig. 222.

trois forces qui correspondent au déplacement II' est donc nulle. Examinons d'abord le cas où le corps monte. Le travail de la puissance P est égal au produit du déplacement II' par la composante Y parallèle au chemin, ou à $Y \times II'$. Le travail de la réaction R est de même égal au produit négatif $- F \times II'$. Enfin le travail de la pesanteur est égal au produit négatif $- Q \times I'I''$, du poids Q par la quantité dont s'est élevé le centre de gravité du corps mobile. On a donc l'équation :

$$Y \times II' - F \times II' - Q \times I'I'' = 0.$$

Si le corps descend, on a l'équation :

$$Y \times II' - F \times II' + Q \times I'I'' = 0$$

quand la force P est mouvante, et l'équation

$$- Y \times II' - F \times II' + Q \times I'I'' = 0$$

quand la force P est employée à retenir le corps. Dans ces trois équations, le *travail du frottement* est négatif parce que le frottement est une résistance au glissement du corps ; le travail de la pesanteur est positif si le corps descend, négatif s'il monte ; le travail de la force P est positif ou négatif, suivant que cette force est dirigée dans le sens du mouvement ou en sens contraire.

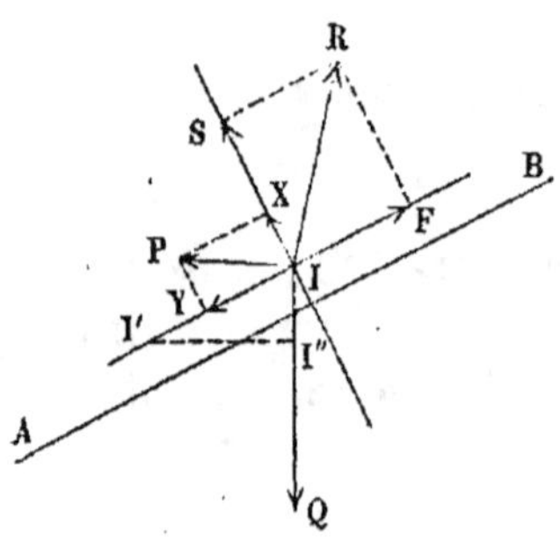

Fig. 223.

Le cheval qui mène un traîneau le long d'une route, avec une vitesse constante, exerce sur ce traîneau une force P, dont la composante Y produit seule un travail ; l'autre composante, X, est perpendiculaire au chemin décrit, et son travail est constamment nul. Le cheval se trouve, à l'égard de cette composante, dans la situation d'un support chargé du poids X.

Le travail du cheval dû à la composante Y se partage ensuite en deux parties : l'une qui correspond au travail de la pesanteur, et l'autre au travail du frottement. Si la route que le traîneau parcourt est horizontale, le travail développé par le cheval est entièrement absorbé par le frottement.

Remarquons, en passant, que la force X, bien qu'elle ne produise pas de travail, contribue aussi bien que la force Y à fatiguer le cheval, et qu'il y a lieu de réduire cette charge au-dessous d'une certaine limite, pour laisser à l'animal la liberté de développer dans de bonnes conditions l'effort utile Y qu'on lui demande. Théoriquement, on pourrait réduire à zéro le travail à fournir sur une route horizontale, en plaçant sur le dos du cheval la totalité du fardeau à transporter ; car cette disposition rendrait nulle la composante Y ; mais elle augmenterait la force X et imposerait au cheval une charge qui pourrait excéder ses forces.

En d'autres termes, un cheval, considéré comme *bête de somme*, ne peut transporter qu'une très-petite fraction du poids qu'il traînerait sur une bonne route, sur laquelle le coefficient de frottement est très-petit.

ÉQUILIBRE DU COIN

225. Le *coin* est un prisme triangulaire, ABC, qu'une force P enfonce entre les deux corps E et F, qu'il s'agit de séparer. On demande la condition d'équilibre entre la puissance P, et les réactions que les corps E et F exercent sur les faces latérales AC, BC, du coin.

Généralement la base ABC du coin est un triangle isocèle, et les corps E et F sont de même nature. Nous adopterons ces hypothèses qui simplifient le problème.

La force P est appliquée dans

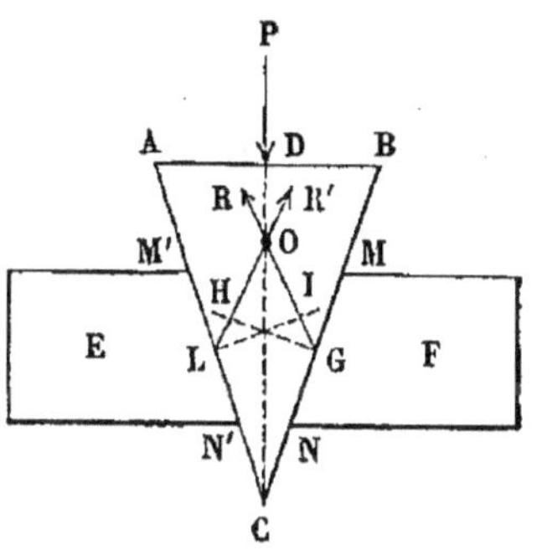

Fig. 224.

le plan moyen CD du prisme, perpendiculairement à la face AB.

Cherchons les conditions d'équilibre au moment où le glissement du coin va se produire sur les corps voisins. Alors, la réaction du corps F sur le coin sera une force R, dont on peut assigner la direction ; elle fait en effet, avec la perpendiculaire GH à la face BC, dans le sens opposé au mouvement, un angle HGR égal à l'angle φ du frottement. Le frottement étant le même sur la face AC, la réaction R' sur cette face fait dans le même sens, avec la normale LI au plan AC, un angle égal à φ. On ne connaît pas les points d'application, G et L, de ces réactions, qui ne sont en réalité que les résultantes des actions élémentaires développées au contact des corps frottants, de M en N, et de M' en N'. Tout ce qu'on sait, c'est que la résultante des deux forces R et R' est égale et contraire à la force P. Les trois forces passent donc par un même point O ; et par suite, on aura les valeurs des forces R et R' en prenant sur la médiane CD du triangle ABC, direction de la force donnée P, un point O quelconque, en menant par ce point deux droites OL, OG, faisant avec les faces

A C, B C des angles égaux à 90° — φ, et en décomposant la force **P**, transportée au point O, suivant les directions O G, O L.

Pour que le problème soit possible, il faut et il suffit que l'angle 90° — φ soit plus grand que la moitié de l'angle C, au sommet du coin, ou qu'on ait $\varphi + \dfrac{C}{2} < 90°$.

Le théorème du travail virtuel fait connaître le rapport des forces P et R.

Imprimons au coin **A B C** un déplacement **D D'** infiniment petit, qui l'amène en A'B'C'.

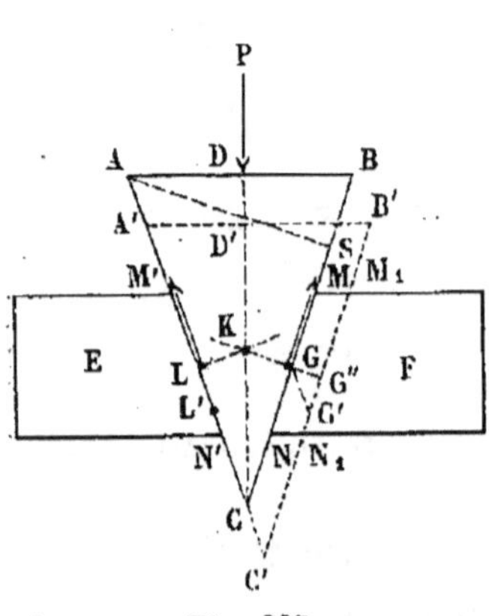

Fig. 225.

Nous pouvons admettre que le corps E reste fixe, et que le corps F subisse seul le déplacement dû à l'enfoncement du coin. Décomposons les forces R et R' en deux composantes, l'une normale à la face du coin, l'autre située dans cette face; f étant le coefficient du frottement, la composante normale de R et de R' sera $\dfrac{R}{\sqrt{1 + f^2}}$

et la composante tangentielle, $\dfrac{fR}{\sqrt{1 + f^2}}$. Le point L se transporte en **L'**, par suite du déplacement du coin, à une distance $LL' = AA'$ de sa position primitive. Le point **G** se transporte en **G'**, à une pareille distance; mais nous pouvons décomposer le chemin G G' en deux chemins G'G'', G''G', l'un normal, l'autre parallèle à la face B C du coin.

Le travail de la force P est positif et égal à $P \times DD'$;

Le travail de la force R', appliquée en L, se réduit au travail négatif de sa composante tangentielle $\dfrac{fR}{\sqrt{1 + f^2}}$, ou à

$-\dfrac{fR}{\sqrt{1 + f^2}} \times LL'$; l'autre composante est en effet normale à la direction du déplacement;

Le travail de là force R, appliquée en G, est égal à la somme des travaux négatifs de ses deux composantes, ou bien à

$$- \frac{R}{\sqrt{1+f^2}} \times GG'' - \frac{fR}{\sqrt{1+f^2}} \times G''G'.$$

L'équation d'équilibre est donc

$$P \times DD' - \frac{fR}{\sqrt{1+f^2}} \times LL'$$

$$- \frac{R}{\sqrt{1+f^2}} \times GG'' - \frac{fR}{\sqrt{1+f^2}} \times G''G' = 0$$

ou bien

$$\frac{R}{P} = \frac{DD' \sqrt{1+f^2}}{LL' \times f + GG'' + G''G' \times f}.$$

Divisons les deux termes de la fraction par AA'; et observons que

$$\frac{DD'}{AA'} = \frac{CD}{AC},$$

que

$$\frac{LL'}{AA'} = 1,$$

qu'enfin

$$\frac{GG''}{AA'} = \frac{GG''}{GG'} = \frac{AS}{AC}$$

et

$$\frac{G''G'}{AA'} = \frac{G''G'}{GG'} = \frac{CS}{AC},$$

S étant le pied de la perpendiculaire abaissée du point A sur le côté B C; il viendra l'équation suivante, où il n'y a plus que des rapports de quantités finies :

$$\frac{R}{P} = \frac{\frac{CD}{AC} \sqrt{1+f^2}}{f + \frac{AS}{AC} + f \times \frac{CS}{AC}} = \frac{CD \sqrt{1+f^2}}{AS + f(AC + CS)}.$$

Si le frottement était assez petit pour qu'on puisse le négliger, on ferait $f=0$ dans la formule, qui donnerait

$$\frac{R}{P} = \frac{CD}{AS}$$

Or

$$CD \times AB = AS \times CB,$$

car ces produits mesurent tous deux le double de l'aire du triangle A B C.

Donc

$$\frac{R}{P} = \frac{CB}{AB},$$

et la réaction commune des deux corps E et F, supposés sans frottement, est à la puissance, comme le côté du coin C B est à sa base A B. Plus l'angle C du coin est aigu, plus la puissance P est petite par rapport à la réaction.

226. Le coin peut être employé pour produire de grandes pressions : c'est ce qui a lieu dans la *presse à coin*, représentée ci-dessous.

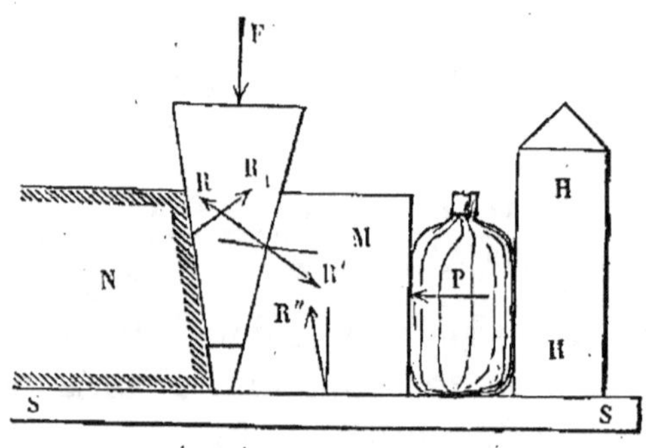

Fig. 226.

La force F, appliquée sur la tête du coin, le fait descendre entre le bloc fixe N, et le bloc M, mobile le long de la semelle S S ; dans ce mouvement, le bloc M comprime un corps placé en P contre l'obstacle fixe HH. Dans l'état de repos ou de mouvement uniforme, les forces R et R_1, réactions obliques développées sur les joues du coin, font équilibre à la force F; puis, la force R', égale et contraire à R_1, et la force R'', réaction oblique de la semelle sur la base du bloc mobile, font équilibre à la force P, réaction développée par la compression du corps.

ÉQUILIBRE DE LA VIS

227. La *vis* est un cylindre droit à base circulaire, dont la surface convexe est revêtue d'une saillie continue de forme hélicoïdale. On emploie des vis à *filets carrés*, et des vis à *filets triangulaires*.

La saillie des vis à filets carrés est engendrée par un rectangle de forme constante *abdc*, placé dans l'un des plans diamétraux du cylindre formant noyau, de telle sorte que le côté *ac* soit situé le long de la génératrice MN. On suppose qu'à partir de cette position, le rectangle reçoive un mouvement hélicoïdal, résultant de la composition d'une rotation uniforme autour de l'axe du cylindre, et d'une translation uniforme, parallèle au même axe.

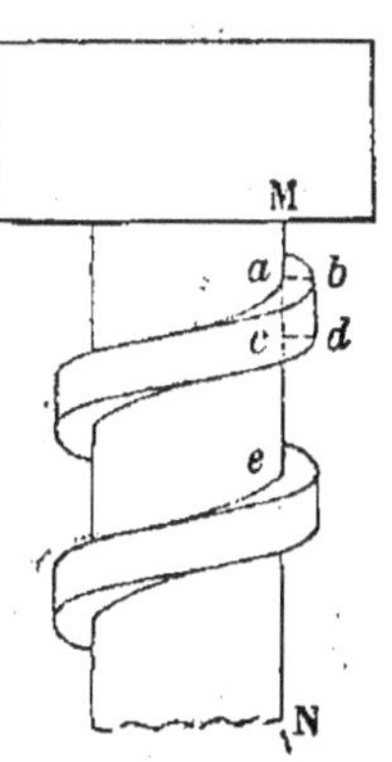

Tous les points du rectangle générateur décrivent dans ce mouvement des hélices de même pas. En général, le rectangle *abdc* a ses deux dimensions égales, et le pas *ae* des hélices décrites est double de sa hauteur *ac*.

Les filets triangulaires sont engendrés de la même manière, mais un triangle isocèle, ordinairement équilatéral,

Fig. 227.

y remplace le rectangle des filets carrés et le pas des hélices est égal à la base du triangle générateur, de sorte que la surface entière du noyau est recouverte des spires successives du filet.

La vis s'engage dans un *écrou* EE', taraudé intérieurement

de manière à offrir en creux la même forme que le filet de la vis ; l'écrou est donc traversé par un cylindre vide, dont la surface est refouillée par un sillon engendré de la même manière que le filet saillant de la vis, c'est-à-dire par la même figure génératrice, animée du même mouvement hélicoïdal. Si l'écrou est fixe, et qu'on tourne la vis, la vis se déplace le long des spires de l'écrou, et reçoit par conséquent un mouvement hélicoïdal, qui la fait avancer d'un pas pour chaque tour ; si au contraire, la vis est assujettie à tourner sur des tourillons fixes, sans pouvoir se déplacer longitudinalement, si en même

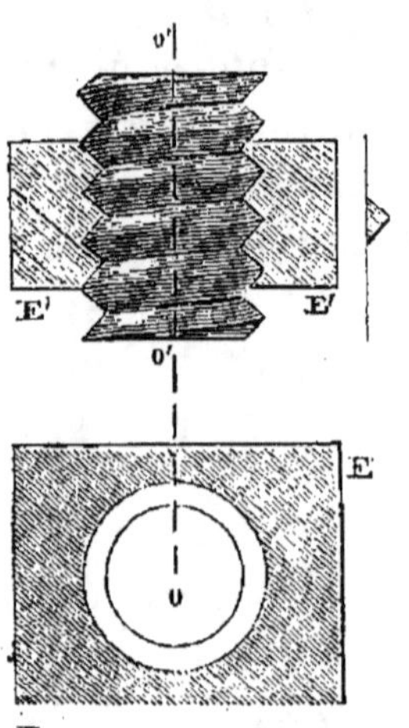

Fig. 228.

temps la rotation de l'écrou autour de l'axe de la vis est empêchée par des obstacles, la rotation de la vis déterminera la translation de l'écrou, à raison d'un pas pour un tour.

Supposons que l'écrou soit fixe ; soit F, F', un couple de forces appliquées, dans un plan normal à l'axe de l'appareil, aux extrémités d'une barre A B traversant la *tête* de la vis et à angle droit sur cette barre ; soit P l'effort résultant développé contre un obstacle, dans le sens de l'axe O O' ; il y aura ainsi équilibre entre les forces P, F, F', et les réactions développées au contact du filet et de l'écrou. Nous pouvons déterminer la valeur de la force P. Faisons d'abord abstraction

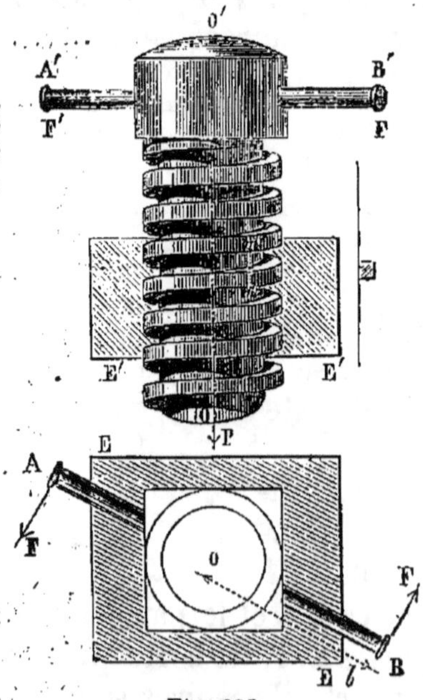

Fig. 229.

du frottement entre l'écrou et le filet, et appliquons le théorème du travail. Un déplacement angulaire très-petit, θ, de la vis, entraîne un déplacement longitudinal ε. Les travaux virtuels des forces F, F', qui correspondent à la rotation θ de la vis, seront égaux aux produits de ces forces par l'angle θ ; si donc on suppose les forces F et F' appliquées à des distances égales O B, O A, de l'axe de la vis, et qu'on représente ces distances par la lettre b, la somme des travaux des forces F et F' sera $2F\,b \times \theta$. Le travail de la résistance P est négatif et égal à $-\,P\varepsilon$; l'équation d'équilibre est donc

$$2Fb\theta = P\varepsilon.$$

et par suite

$$P = 2Fb \times \frac{\theta}{\varepsilon}\,.$$

Or, soit h le pas de la vis ; pour un tour, c'est-à-dire pour une rotation égale à 2π, la translation de la vis est égale à h ; le déplacement angulaire θ est au déplacement linéaire ε dans le même rapport, et l'on peut, par suite, remplacer le rapport $\frac{\theta}{\varepsilon}$ par le rapport $\frac{2\pi}{h}$, d'où résulte l'équation définitive :

$$P = 2Fb \times \frac{2\pi}{h}\,.$$

La force P est donc inversement proportionnelle au pas de la vis h, et en prenant un pas suffisamment petit, on pourra exercer un effort aussi grand qu'on voudra, avec un couple, $2Fb$, d'intensité donnée. Cette remarque montre l'utilité de la disposition que nous avons décrite dans la cinématique (§ 170), sous le nom de *vis différentielle de Prony*. Il est impossible, en pratique, de réduire le pas d'une vis au-dessous d'une certaine limite. Mais si l'on place bout à bout sur le même cylindre deux filets de vis, de pas h et h' ; que l'on fasse passer le premier filet dans un écrou fixe, et que le second passe dans un écrou susceptible seulement de re-

cevoir un déplacement longitudinal, la vis, en tournant,
produira une translation de l'écrou mobile ; et cet écrou s'a-
vancera de la différence $h - h'$ des deux pas pour chaque
tour de vis. La pression P, développée contre un obstacle
par l'écrou mobile, sera donc donnée par la formule

$$P = 2Fb \times \frac{2\pi}{h - h'}$$

et elle pourra être rendue aussi grande qu'on voudra, en
réduisant en conséquence la différence $h - h'$.

228. Proposons-nous, en second lieu, de trouver la relation
entre la résistance P et le couple moteur $F \times 2b$, en tenant
compte du frottement déve-
loppé au contact du filet de la
vis avec la surface interne de
l'écrou.

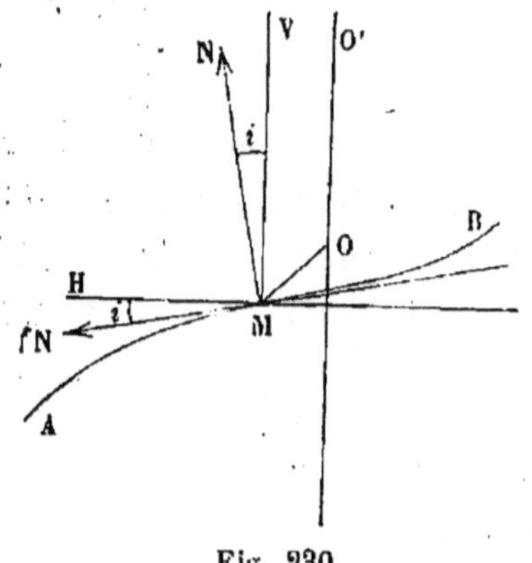

Fig. 230.

Nous simplifierons le problème en admettant que le
contact de ces deux parties est
concentré tout le long d'une
hélice moyenne, tracée par
exemple à égale distance entre
le cylindre formant le noyau
et le cylindre tangent au bord
extrême des filets. Soit $r = OM$, le rayon de cette hélice
moyenne, que nous représenterons par la courbe AB. En un
point M de cette hélice, menons une normale MN à la surface hélicoïdale, et supposons, pour plus de simplicité, qu'il
s'agisse de la vis à filet carré, auquel cas la normale MN sera
contenue dans un plan NMV tangent au cylindre sur lequel
est tracée l'hélice AB. Menons aussi la tangente à l'hélice
au point M. Au moment où le glissement va se produire, la
réaction totale, exercée sur le point M par l'écrou, se décompose suivant les deux directions que nous venons de définir, et
nous donne une composante normale, N, et une composante
tangentielle ou frottement, fN. Ces deux forces font le

même angle i avec les droites MV, MH, menées par le point M dans le plan tangent au cylindre contenant l'hélice AB, l'une parallèlement à l'axe OO', l'autre perpendiculairement à la première. Nous pouvons les décomposer chacune suivant ces deux directions ; appelons N', N'' les composantes de la force N ; les composantes de la force fN seront égales en valeur absolue à fN', fN'', de telle sorte que nous aurons, suivant la direction MV, les composantes N' et $- fN''$; et suivant la direction MH, les composantes N'' et fN'.

Nous pouvons faire la même décomposition en tous les points de l'hélice AB ; en chacun de ces points, nous trouverons de même deux composantes parallèles à l'axe OO', dont la somme est $N' - fN''$, et des composantes perpendiculaires à l'axe OO' et ayant, par rapport à cet axe, un moment total égal à $(N'' + fN') \times r$. Faisons la somme de toutes ces forces longitudinales et de tous ces moments pour toute la portion d'hélice engagée dans l'écrou ; nous trouverons, pour la somme de toutes les composantes parallèles à OO', l'expression

$$N'_1 - fN''_1,$$

en appelant N'_1 et N''_1 les sommes des composantes N' et N'', et pour somme des moments des réactions par rapport à l'axe,

$$(N''_1 + fN'_1)\, r.$$

Nous pouvons, par suite, écrire les équations de l'équilibre de la vis, qui sont au nombre de deux : l'équation des forces estimées suivant l'axe, et l'équation des moments autour de l'axe ; les quatre autres équations sont satisfaites d'elles-mêmes en vertu de nos suppositions. Nous avons donc, en omettant les indices,

$$P = N' - fN'';$$
$$2Fb = (N'' + fN')\, r.$$

Or, on connaît le rapport de N' à N'' ; car l'angle i est donné, et par suite on peut construire un triangle semblable au triangle rectangle NN'M, où le rapport des côtés $\dfrac{MN'}{NN'}$ est égal au rapport des forces $\dfrac{N'}{N''}$.

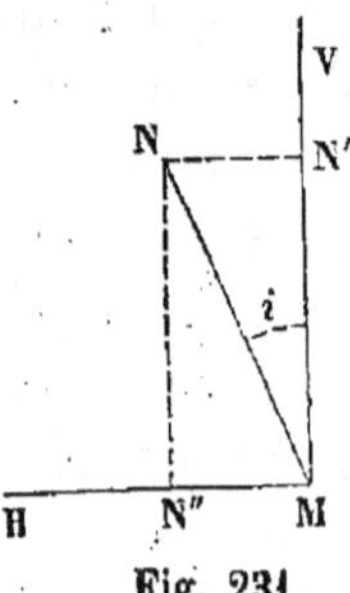
Fig. 231.

Divisons la seconde équation par la première, il viendra :

$$\frac{2Fb}{P} = r \times \frac{N'' + fN'}{N' - fN''} = r \times \frac{\left(1 + f\,\dfrac{N'}{N''}\right)}{\left(\dfrac{N'}{N''} - f\right)} ;$$

cette équation donne le rapport $\dfrac{2Fb}{Pr}$, en fonction du rapport $\dfrac{N'}{N''}$, qui ne dépend que de l'angle i et du coefficient de frottement f. Le rapport contenu dans le second membre n'est positif que si $f < \dfrac{N'}{N''}$.

Remarquons que si $f = \dfrac{N'}{N''}$, le dénominateur du second membre devient nul ; il faut donc aussi que $P = 0$, ce qui indique qu'une vis dans laquelle l'angle i serait tel que f fût égal à $\dfrac{N'}{N''}$, ne pourrait servir à exercer un effort P, quelque grand que fût le couple moteur $2Fb$.

229. Supposons que la force P devienne la puissance et que le couple $F \times 2b$ soit au contraire résistant. Le calcul que nous avons fait pourra s'appliquer, sauf une seule modification ; il faudra changer le signe du coefficient f, ce qui correspond à un déplacement contraire de la vis dans l'écrou, et à un renversement de la direction du frottement. On aura donc alors :

$$\frac{2Fb}{P} = r \times \frac{1 - f\,\dfrac{N'}{N''}}{\dfrac{N}{N''} + f} ;$$

le numérateur du second membre s'annule pour $f = \dfrac{N''}{N'}$; ce qui indique que $2Fb$ serait nul dans ce cas, quelle que fût la force P. La vis ne permet donc pas de transmettre l'effort P aux extrémités de la barre , si $f\,\dfrac{N'}{N''}$ est supérieur à l'unité. Nous avons déjà vu qu'elle ne permet pas de transmettre à l'extrémité de l'axe l'effort développé par le couple $F \times 2b$, si f n'est pas moindre que $\dfrac{N'}{N''}$. La condition nécessaire et suffisante pour que la vis soit *réciproque* est donc que f soit moindre que la moindre des deux fractions

$$\frac{N'}{N''} \quad \text{et} \quad \frac{N''}{N'}$$

Si f est compris entre les deux fractions, si par exemple f est moindre que $\dfrac{N'}{N''}$, tout en étant plus grand que $\dfrac{N''}{N'}$, et cela aura lieu pour une petite valeur de l'angle i, on pourra faire tourner la vis et développer la pression P au moyen du couple des forces F, mais la réaction du corps pressé sur la vis ne pourra pas produire la rotation inverse, et par suite la pression exercée sur le corps se conservera sans altération, même après suppression du couple moteur. C'est sur ce principe qu'est fondée la *presse à vis*.

RÉSISTANCE AU ROULEMENT

230. La *résistance au roulement*, appelée aussi, mais improprement, *frottement de roulement* ou *frottement du second ordre*, est un résultat de la déformation qui se produit toujours au contact du corps roulant et de la surface sur laquelle il se meut. Cette déformation suit le point ou l'arête de contact des deux systèmes matériels, s'effaçant en partie aux points

pour lesquels le contact a cessé. Si, par exemple, le cylindre O se meut dans le sens de la flèche f, en roulant sur le plan MM' autour de l'arête géométrique projetée en A, le contact du cylindre avec le plan, au lieu d'être, comme on le suppose en géométrie, concentré sur cette arête sans épaisseur, s'étend à une surface de largeur finie, AB, située tout entière en avant du point géométrique de contact A, dans le sens où le mouvément du cylindre tend à comprimer le terrain sur lequel il roule ; en arrière du point A, le plan a conservé une partie au moins du tassement qu'il avait éprouvé au moment du passage du cylindre ; de sorte que le contact n'a plus lieu de ce côté. C'est ainsi que le passage d'une roue de voiture sur une chaussée empierrée laisse

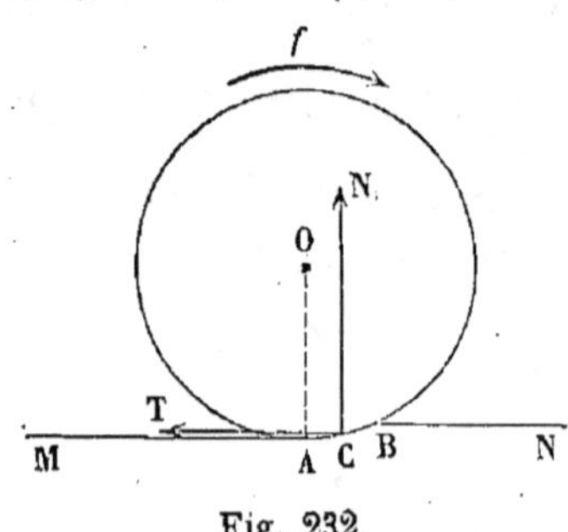

Fig. 232.

une trace visible, qui se forme en avant du point de contact géométrique de la roue et du sol par la compression des matériaux de la chaussée.

La réaction du plan MM' sur le cylindre, résultante des pressions développées de A en B, ne passe donc pas par le point A, mais en un point C situé un peu en avant du point A ; elle se décompose d'ailleurs généralement en deux forces, l'une CN, normale au plan, l'autre CT, parallèle au plan ; cette dernière représente le frottement de glissement. Pour tenir compte de la résistance au roulement, il suffit de faire passer la réaction normale CN à une distance δ, toujours très-petite, en avant du point A.

Cette quantité δ a été déterminée par les expériences de Coulomb, confirmées depuis par celles de M. Morin. Elle dépend de la nature des corps en contact, et est indépendante du rayon du cylindre. Pour le bois de gaïac roulant sur un plan de bois chêne, on l'a trouvée égale à $0^m,00048$.

En général, il n'y a pas lieu d'en tenir compte dans les applications.

ÉQUILIBRE DE LA BROUETTE

231. La brouette porte, par son extrémité antérieure, sur une roue qui est destinée à rouler sur le sol ; à l'autre extrémité, elle est terminée par des manches que l'ouvrier *rouleur* tient dans ses mains et pousse en avant. Le rouleur porte ainsi une partie de la charge contenue dans la caisse de la brouette, et de plus il développe un travail moteur pour faire avancer la brouette le long du chemin qu'il doit lui faire décrire.

Cherchons les conditions d'équilibre de l'appareil, lorsque l'ouvrier gravit une rampe d'un mouvement uniforme.

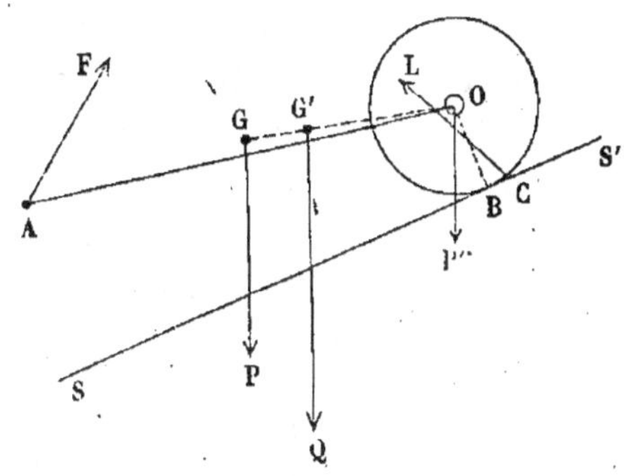

Fig. 233.

Soit S S', le profil de la rampe ;

O B, la roue de la brouette ;

B, le point de contact géométrique de la roue avec le sol ;

C, le point de contact réel, reporté un peu en avant, à la distance δ, pour tenir compte de la résistance au roulement ;

A O, les longerons de la brouette ;

A, le point que tient l'ouvrier rouleur et auquel il applique une force A F ;

G, le centre de gravité, et P le poids de la brouette, y compris la charge qu'elle contient, mais non compris la roue ;

P′, le poids de la roue, qu'on peut supposer appliqué en son centre O ;

G′, le centre de gravité des poids P et P′, et Q, le poids total, P + P′, du système.

La réaction du sol sur la roue passe par hypothèse au point C; on peut donc la représenter par une droite CL, dont la direction et la grandeur restent encore à déterminer. La force CL, composée avec le poids G′Q, doit être égale et contraire à la force AF, mais cette force AF est elle-même inconnue en direction et en grandeur, et on ne connaît jusqu'ici que son point d'application A.

Pour achever de déterminer les inconnues, nous chercherons séparément les conditions d'équilibre du corps de la brouette et de la roue. Ces deux systèmes sont en contact sur une arête des tourillons de la roue, et là, comme il y a glissement de l'un des systèmes sur l'autre, la réaction totale des deux systèmes fait avec la normale commune aux surfaces en contact, en sens contraire du mouvement relatif, un angle égal à l'angle φ du frottement. Les tourillons de la roue sont mobiles dans l'œil du longeron.

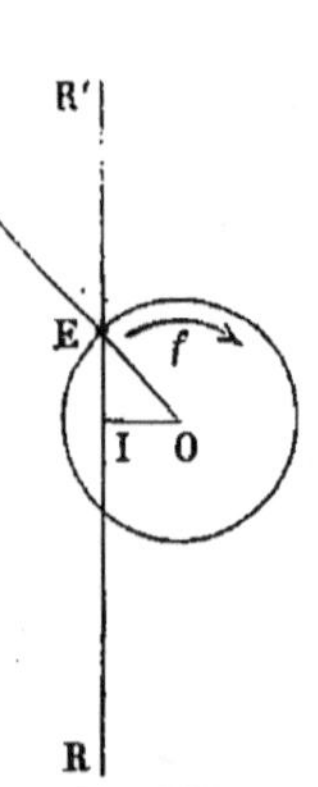

Fig. 234.

Soit OE le tourillon (*fig.* 234), et E le point de contact avec l'œil; la roue tournant dans le sens de la flèche *f*, la réaction subie par la roue de la part du longeron a pour direction une droite ER faisant avec la normale EO un angle OER=φ. La réaction de la roue sur le corps de la brouette est une force R′, égale et contraire à la force R. Abaissons du point O une perpendiculaire OI sur la direction commune des forces R, R′. On connaît dans le triangle rectangle OIE l'angle E, égal à l'angle du frottement, et l'hypoténuse OE, égale au rayon du tourillon de la brouette. Donc on peut construire ce triangle, et en déduire la longueur du côté OI. Si du point O comme centre, avec cette longueur pour rayon, on décrit un cercle, on saura donc que la direction commune des réactions mutuelles de la roue et du corps de la brouette est une tangente à ce cercle (*fig.*235). On sait de plus que la force R' fait équilibre aux forces GP et AF, tandis que la force R fait équilibre aux forces OP' et CL; ce qui exige, d'une part, que les trois droites RR', GP, AF, concourent en un même point, de l'autre que les trois droites RR', CL, OP', concourent en un même point.

Les droites GP, OP' sont connues de position; quant aux droites AF, CL, on n'en connaît qu'un point, A et C;

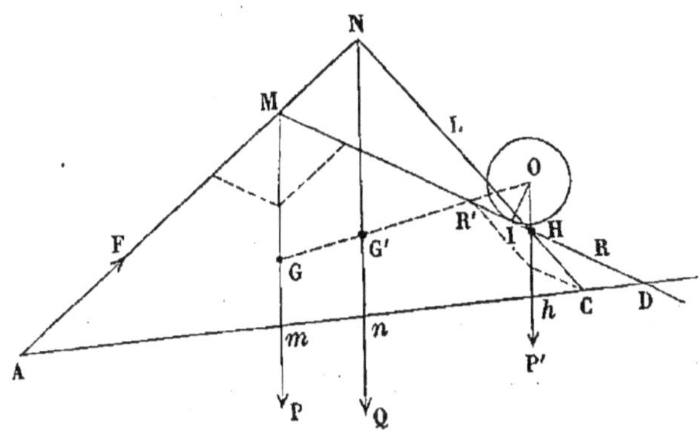

Fig. 235.

enfin pour la droite RR', on sait seulement qu'elle est tangente à un cercle donné décrit du point O comme centre avec OI pour rayon.

Le problème est donc ramené à tracer par des points donnés A et C, deux droites AF, CL, telles qu'en joignant les points M et H où ces droites coupent respectivement les droites données GP, OP', la droite MH soit tangente au cercle donné OI.

Supposons le problème résolu; joignons les points donnés A et C, et prolongeons cette droite jusqu'à la rencontre D de la droite MH. Prolongeons, d'ailleurs, CL et AF jusqu'à leur rencontre en N; le point N est, comme nous l'avons observé, sur la direction connue de la force G'Q, résultante des forces GP et OP'. On connaît donc une droite G'Q sur laquelle se trouve le point N. Or, dans le triangle ANC, la transversale rectiligne M H D donne la relation (§ 35) :

$$\frac{AM}{MN} \times \frac{NH}{HC} \times \frac{DC}{DA} = 1.$$

Le rapport $\dfrac{AM}{MN}$ est égal à $\dfrac{Am}{mn}$, à cause des parallèles M P, N Q ; de même $\dfrac{NH}{HC} = \dfrac{nh}{hC}$; ces rapports sont connus. La relation précédente fait donc connaître le rapport $\dfrac{DC}{DA}$,

$$\frac{DC}{DA} = \frac{mn \times hC}{Am \times nh},$$

et, par suite, définit la position du point D sur le prolongement de A C. Il suffira de mener par le point D une droite DM tangente au cercle donné O I. Cette droite sera la direction commune des réactions R, R', de la roue et du corps de la brouette.

Elle coupe les directions G P, O P', aux points M et H, qu'on joindra aux points A et C. La force P', décomposée suivant les directions HC, HM, aura pour composantes la réaction R et la réaction CL du sol sur la roue. La force P, décomposée suivant les directions MA, MD, aura pour composantes la réaction R, déjà connue, et la force AF que doit développer l'ouvrier.

On remarquera qu'on peut mener par le point D deux tangentes au cercle O1 ; mais ces deux tangentes ne donnent pas deux solutions du problème, car l'une, celle que nous avons tracée, correspond au cas où la brouette remonte la pente, ce que nous avions admis, tandis que l'autre correspond au cas où la brouette descend : la force R doit toujours, en effet, être dirigée en sens contraire de la rotation de la roue.

ÉQUILIBRE D'UN FIL

232. Dans la mécanique rationnelle, on admet qu'un fil est un système matériel affectant la forme d'une ligne, c'est-à-dire n'ayant ni largeur, ni épaisseur ; le fil idéal est, en général, considéré comme *inextensible* et sans *roideur*, c'est-à-dire que sa longueur est regardée comme invariable, quelles que soient les forces qui agissent sur lui pour l'étendre, et qu'on peut le courber, l'infléchir, lui faire dessiner telle ligne qu'on voudra, courbe ou brisée, sans éprouver de résistance. Les fils, les cordes, que l'on rencontre dans les applications, sont loin d'avoir ces propriétés ; ils s'étendent sous l'action des forces qu'on leur applique, ils ne peuvent être courbés sans effort, et la *roideur* s'y manifeste par la courbure qu'ils prennent aux environs des points où on veut changer leur direction d'une manière brusque. Les lois de l'équilibre des fils parfaits s'étendent néanmoins aux fils réels, de la même manière que les lois de l'équilibre des solides géométriques s'étendent à l'équilibre de tous les systèmes.

Le problème que nous nous proposons consiste à déterminer la forme d'équilibre d'un fil parfait soumis à des forces données, et de trouver les *tensions* développées en ses différents points.

La *tension* d'un fil en un point donné, est la réaction mutuelle des deux portions de fil qui se réunissent l'une à l'autre en ce point. Si l'on coupe un fil en équilibre en un certain point, il faudra, pour rétablir l'équilibre de chaque portion , supposer que deux forces égales et contraires soient appliquées aux extrémités des tronçons séparés par la coupure ; ces forces ne sont autre chose que la *tension* du fil au point considéré.

233. Il résulte de là que toute portion d'un fil en équilibre est en équilibre sous l'action des forces directement appliquées à cette portion et des deux tensions qu'elle subit à ses extrémités. On peut démontrer , en s'appuyant sur cette remarque, que *dans un fil parfait soumis à des forces*

réparties d'une manière continue sur sa longueur (comme la pesanteur, par exemple), la tension est en chaque point tangente à la ligne dessinée par le fil. Soit, en effet, un fil MN en équilibre sous l'action de forces ainsi réparties. Considérons isolément un élément infiniment petit, AB; cet élément est en équilibre sous l'action des tensions T et T', qui sont des forces finies appliquées à ses extrémités, et des forces infiniment petites réparties de A en B; ces forces sont, par hypothèse, sensiblement parallèles, et leur résultante est proportionnelle à la longueur de l'élément; elle peut, par suite, être exprimée par le produit $p \times AB$, où p représente un nombre fini, et elle est

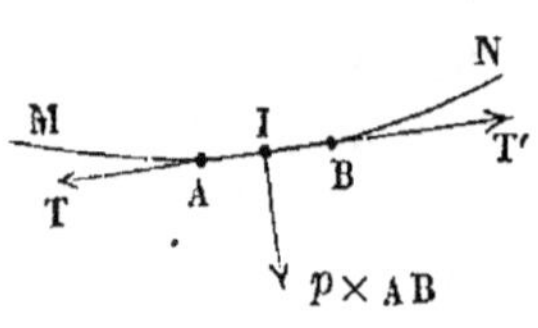

Fig. 236.

appliquée en un point I, intermédiaire entre A et B. Puisqu'il y a équilibre entre les forces T, T' et $p \times AB$, nous pouvons écrire l'équation des moments par rapport à un point quelconque, et prenant le point A pour centre des moments, il vient

$$T' \times h = p \times AB \times h',$$

h étant la distance du point A à la direction de la force T', et h' la distance du même point à la direction de la force $p \times AB$.

Or h' est nécessairement moindre que AB, et, par suite, $p \times AB \times h'$ est plus petit que $p \times \overline{AB}^2$, quantité infiniment petite du second ordre; le produit égal, $T' \times h$, est donc aussi infiniment petit du second ordre : et comme T' est une force finie, h est un infiniment petit du second ordre, ou du même ordre de grandeur que le carré de la longueur AB. La direction de la tension en B est donc telle qu'un point A, infiniment voisin du point B, pris sur la courbe MN, soit à une distance infiniment petite du second ordre de cette direction; elle est donc tangente à la courbe MN au point B[1].

----

1. Cette démonstration suppose expressément que le fil soit sans raideur; autrement il y aurait à considérer au point A, non-seulement une tension T, mais encore un couple dû à la courbure du fil en ce point.

Si, outre les forces infiniment petites réparties d'une manière continue le long du fil MN, on appliquait au fil une force finie isolée F, le raisonnement précédent ne serait plus admissible pour un élément qui comprendrait le point d'application A de cette force ; la forme d'équilibre du fil présenterait en ce point un point anguleux ; la tension varierait d'une manière brusque en grandeur et en direction, d'un côté à l'autre du point A ; dans chaque branche AM, AN, les tensions seraient encore tangentes à la courbe d'équilibre ; et au point A on aurait deux tensions, l'une T_1, tangente à la branche AM, l'autre T_2, tangente à la branche AN ; ces deux tensions feraient équilibre à la force F. On obtiendrait donc ces deux tensions en décomposant la force F, suivant les directions des tangentes aux branches qui se réunissent au point A.

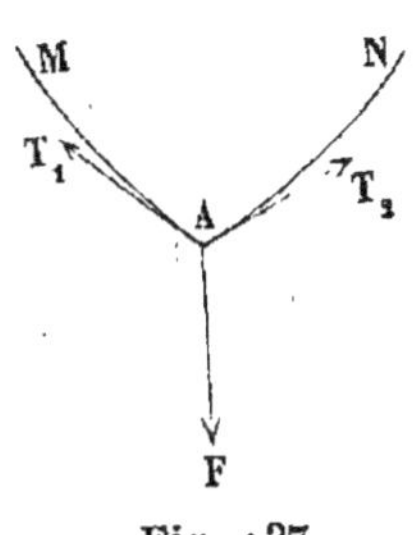

Fig. :37.

POLYGONE FUNICULAIRE

234. On appelle *polygone funiculaire* la figure d'équilibre d'un fil idéal, non pesant, sollicité en différents points de sa longueur par des forces de grandeur et de direction connues.

Un fil sans poids, soumis à deux forces F_1,

Fig. 238.

F_2, appliquées à ses deux extrémités A et B, est en équilibre si ces deux forces tendent à allonger le fil, et si elles sont égales. La tension du fil est en tout point égale à la valeur commune de ces deux forces.

Si, en effet, on coupe le fil en un point C, il faudra pour rétablir l'équilibre, appliquer comme force extérieure à l'extrémité C du tronçon A C, considéré seul, une force T_1, égale et contraire à F_1, et à l'extrémité C du tronçon CB, une force T_2 égale et contraire à F_2.

On a donc

$$T_1 = T_2 = F_1 = F_2.$$

235. En un point C du fil sans poids A B, appliquons une force F de direction connue, et cherchons quelles forces F_1, F_2, il faut appliquer suivant les directions des *cordons* C A, C B, pour qu'il y ait équilibre.

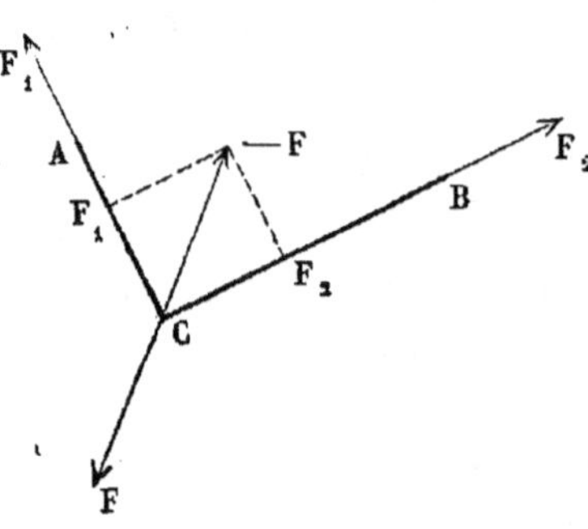

Fig. 239.

Du point A au point C, le fil n'est soumis, par hypothèse, à aucune autre force extérieure que la force F_1 ; donc la tension en tous les points de ce cordon est égale à F ; de même la tension est égale à F_2, en tous les points du cordon B C.

Nous pouvons donc considérer le point C du fil comme un point matériel isolé, en équilibre sous l'action de la force F, et des tensions F_1 et F_2, appliquées suivant les directions C A, C B, et par suite la force F est égale et contraire à la résultante des forces F_1 et F_2 ; on trouvera donc les tensions des deux cordons, et les forces qu'il faut appliquer dans leur prolongement, en décomposant une force égale et opposée à la force F suivant les directions données C A, C B.

Les tensions sont généralement inégales dans les deux brins C A, C B ; elles ne sont égales que quand la direction C F est bissectrice de l'angle A C B.

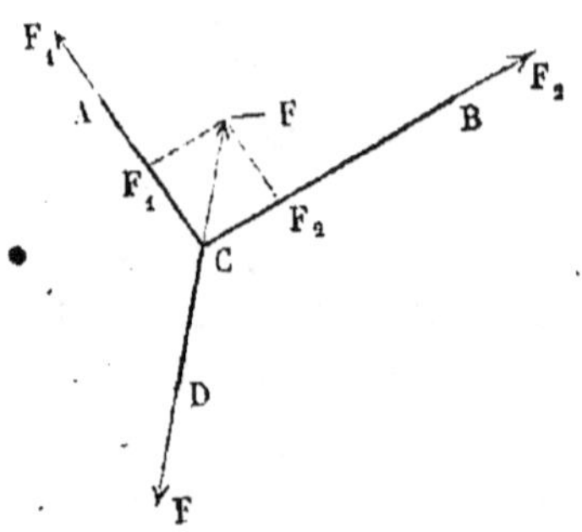

Fig. 240.

Supposons encore que la force F, au lieu de solliciter directement le point C, soit appliquée dans le prolongement d'un cordon C D, attaché au point C (fig. 240). La solution sera la même, car le point C, considéré isolément, se trouve sollicité à la fois par les tensions des cordons C A, C B, CD, égales respectivement aux forces F_1, F_2, F. Chacune de ces forces est donc égale et contraire à la résultante des deux autres.

236. Si le cordon CD était attaché à un anneau, libre de glisser sans frottement le long du fil A C B, l'équilibre exigerait que les forces F_1 et F_2 fussent égales : autrement le fil A CB serait entraîné à glisser dans l'anneau du côté où le sollicite la plus grande des deux forces F_1, F_2 ; le frottement de l'anneau contre le fil est en effet la seule résistance qui pût contre-balancer cette tendance, et nous supposons qu'il est nul. Dans ce cas F_1 et F_2 étant égales, la direction du cordon CD est bissectrice de l'angle A CB.

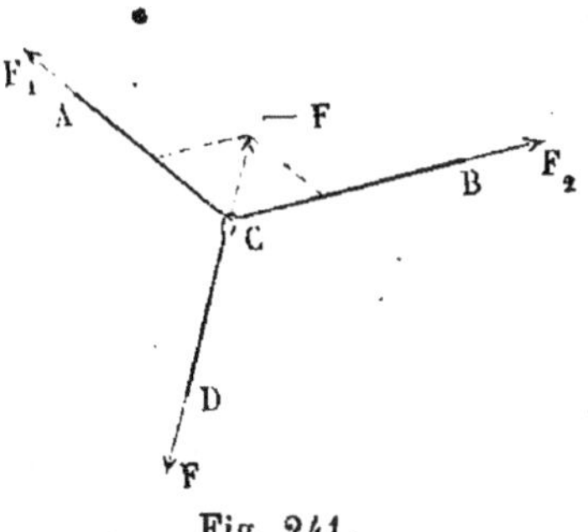

Fig. 241.

Soit A CB un fil inextensible, attaché aux points fixes A et B (fig. 242) ; soit C un anneau libre de glisser sans frottement sur le fil, et F une force appliquée à l'anneau de manière à tendre à la fois les deux portions du fil. L'anneau sera en équilibre dès que la direction de la force F sera bissectrice de l'angle A CB. Or, le lieu des positions de l'anneau dans le plan de la figure est l'ellipse qui a pour foyers les points A et B, et pour grand axe la somme constante C A $+$ CB, égale à la longueur du fil. L'équilibre du point mobile C sur cette courbe a lieu quand la force qui le sol-licite est normale à la courbe. On re-trouve ainsi ce théorème de géométrie : *la normale en un point de l'ellipse*

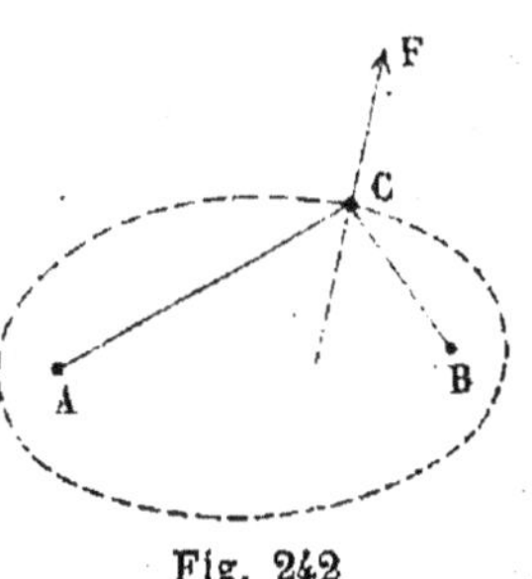

Fig. 242.

partage en deux parties égales l'angle formé par les droites menées de ce point aux deux foyers de la courbe.

237. Occupons-nous enfin du cas général, c'est-à-dire de l'équilibre d'un fil sans pesanteur, A B C D E, sollicité aux points B, C, D, par des forces F, F', F'', et à ses extrémités A

et E par les forces R et S. Appelons T_1, T_2, T_3, T_4, les tensions des cordons successifs AB, BC, CD, DE.

L'équilibre du cordon AB, considéré isolément, exige que la force R agisse dans la direction de ce cordon; la tension T_1, qui y est développée, fait équilibre à cette force, et par suite on aura : $T_1 = R$.

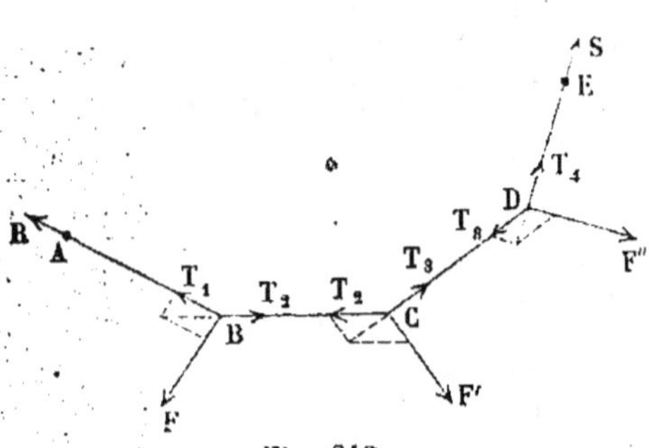

Fig. 243.

Le point B est sollicité à la fois par trois forces, savoir les tensions T_1 et T_2 des cordons BA, BC, et la force F. Chacune de ces trois forces est donc égale et opposée à la résultante des deux autres; et par suite on trouvera la tension inconnue T_2, en composant la force F avec la force R transportée au point B. On peut observer que les trois directions BA, BC, BF, sont contenues dans un même plan.

La tension T_2, ainsi déterminée, règne en tous points du cordon BC; il faut et il suffit pour l'équilibre de l'extrémité C de ce cordon, qu'il y ait équilibre entre les trois forces T_2, F' et T_3; la tension T_3 est donc égale à la résultante des deux forces connues T_2 et F', et les trois directions CB, CD, CF', sont contenues dans un même plan.

On reconnaîtrait de même que la tension T_4 du quatrième cordon est égale à la résultante de la force F'' et de la tension T_3 du troisième cordon; elle est d'ailleurs égale à la force S, qui sollicite le dernier cordon dans sa propre direction. On peut donc, pour définir le polygone, donner en grandeur et en direction les forces R, F, F', F''; on devra donner aussi les longueurs AB, BC, CD, DE, des cordons successifs qui séparent les points d'application des forces. La construction du contour polygonal ABCDE fera connaître la grandeur et la direction de la force S qui est restée indéterminée.

Il est plus simple, pour trouver la grandeur de cette force, d'observer que S est égale et contraire à la résultante des forces extérieures R, F, F', F'', qui sollicitent le système matériel ABCDE; on aura donc sa valeur en transportant toutes ces forces en un même point, et en les composant par la règle du polygone des forces. La résultante sera égale et parallèle à la force cherchée.

La construction de ce polygone auxiliaire a l'avantage de faire connaître du même coup les tensions des divers côtés du polygone funiculaire, et les directions de ces côtés; on lui donne le nom de *polygone de Varignon.*

Par un point O quelconque (fig. 244), menons une droite Or, parallèle à la force R et au premier côté AC, et prenons sur cette droite à une échelle arbitraire une longueur Or égale à la force R. Par le point r ainsi obtenu menons une droite rf, parallèle et égale à la force F. La droite Of est la résultante des forces Or et rf appliquées au point O ; cette droite Of est donc parallèle et égale à la tension T_2 du second côté BC du polygone funiculaire, et par suite, elle est parallèle à ce second côté. Menons ensuite ff' égale et parallèle à la force F'; la droite Of' sera de même parallèle au côté CD, et égale à la tension T_3 ; enfin, menons $f'f''$ égale et parallèle à F''; la droite Of'' qui ferme le polygone sera égale et parallèle à T_4, c'est-à-dire à la force S, et déterminera cette force en grandeur et en direction.

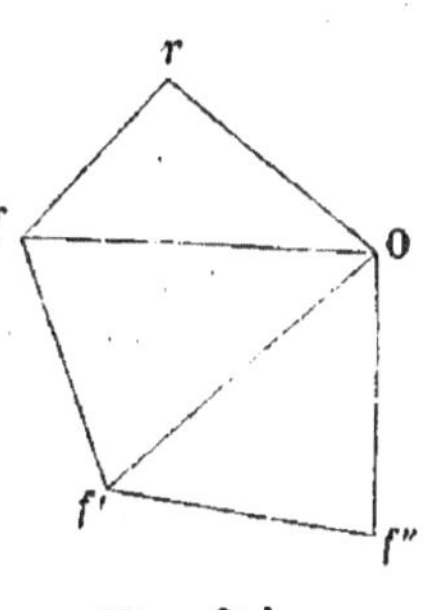

Fig. 244.

On peut observer que dans le polygone de Varignon, les deux côtés Or, Of'', qui aboutissent au point O, et les diagonales menées de ce point aux autres sommets, représentent les directions des côtés successifs du polygone, et les valeurs des tensions qui y sont développées.

Remarquons encore que si on considère une portion quelconque du polygone funiculaire, les tensions dans les côtés extrêmes qui limitent cette portion, font équilibre aux forces extérieures appliquées aux sommets intermédiaires ; ainsi, les tensions T_2 et T_4 font équilibre aux forces F' et F'', et les tensions T_1 et T_3 aux forces F et F'.

238. De là résulte un moyen de trouver la résultante de forces situées dans un même plan et données en grandeur et en position.

Soient F, F', F'' (fig. 245), les forces données. En un point A de la direction de l'une d'elles, on appliquera une force quelconque AR; on composera cette force R avec la force F transportée en A, ce qui donnera une résultante Am. La direction de cette résultante, prolongée si cela est nécessaire, rencontre en B la direction de la force F'. Transportons en B les forces Am et F'; puis composons-les, ce qui nous donnera la résultante Bu; prolongeons de même la direction de cette résultante, qui coupe la direction de F'' en C; transportons en ce point les forces F'' et Bu, et composons-les pour avoir leur résultante Cp; considérons enfin une force S, appliquée en C, égale et contraire à Cp. Nous pouvons imaginer un polygone funiculaire RABCS, qui sera en équilibre, en vertu de notre construction, sous l'action des forces R, F, F', F'', S; les forces extrêmes R et S représentent les tensions des côtés extrêmes du polygone.

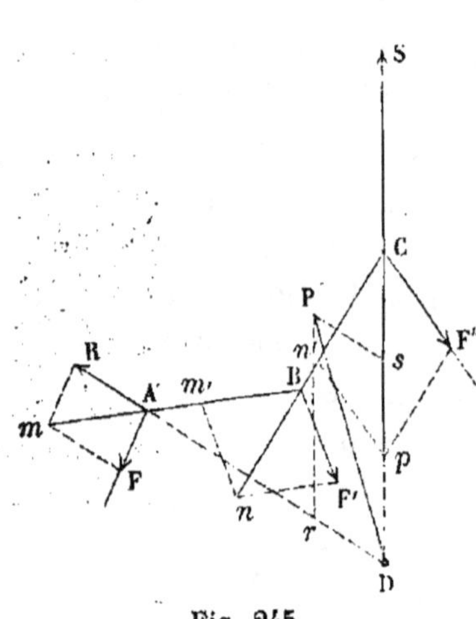

Fig. 245.

Donc ces forces font équilibre aux forces F, F', F'', et par suite leur résultante est égale et contraire à la résultante cherchée. Prolongeons donc les directions AB, CS, jusqu'à leur rencontre en D; transportons en ce point les forces R et S, et achevons le parallélogramme DrPs; la diagonale DP sera égale et opposée à la résultante des forces données. La droite finie PD représentera donc en grandeur, en position et en sens, la résultante cherchée.

POLYGONE DES PONTS SUSPENDUS

239. Le tablier des ponts suspendus est attaché, par des tiges verticales équidistantes, aux sommets successifs d'un polygone funiculaire. Proposons-nous de trouver la forme d'équilibre de ce polygone et les valeurs des tensions développées dans ses divers côtés, en supposant que chaque tige ait à supporter un poids égal.

Soit ABCDEF, un fragment de polygone ; les poids égaux, P, P', P'', ... sont suspendus aux sommets B, C, D, ... dont les distances horizontales sont constantes et connues. Soient T_0, T_1, T_2, ... les tensions développées dans les côtés successifs

Construisons le polygone de Varignon. Pour cela, par un point O quelconque, menons une droite Oa parallèle au côté AB, et égale en longueur à la tension T_0 de ce côté. Menons par le point a une droite verticale az, sur laquelle nous prendrons des longueurs successives ab, bc, cd, de, ... égales entre elles et au poids P suspendu à chacune des barres. Joignons ensuite Ob, Oc, Od, Oe, ...; ces droites seront parallèles aux côtés BC, CD, DE, ... du polygone, et leurs longueurs respectives représenteront les valeurs des tensions T_1, T_2, T_3, ... des mêmes côtés.

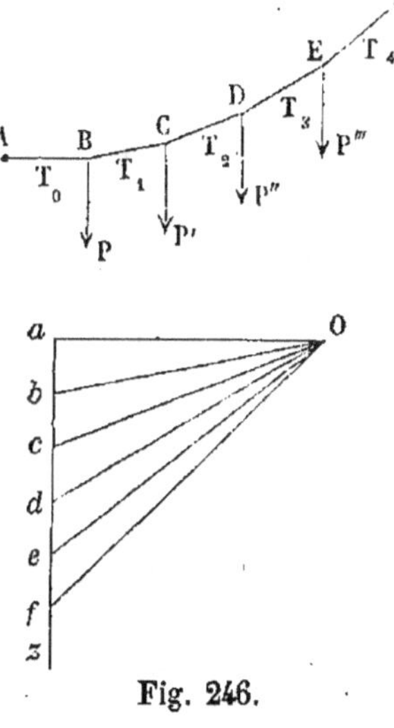

Fig. 246.

Étant données la direction AB du premier côté, et la valeur T_0 de la tension qui y est développée, la figure auxiliaire $Oabcd$ ... permettra de construire le polygone ; car on sait que les sommets de ce polygone se trouvent sur les droites équidistantes PB, P'C, P''D, ...; on trouvera, par conséquent, la position du sommet C sur la droite P'C en menant

par le sommet B une parallèle BC à la droite *Ob*; par le
point C ainsi obtenu, on mènera à *Oc* une parallèle CD, qui
déterminera le point D sur la droite P″D, et ainsi de suite.

Supposons, pour fixer les idées, que la chaîne polygonale
du pont suspendu ait un côté horizontal AB, réunissant
deux parties symétriques; on aura, par exemple, à droite
du côté AB, les trois côtés inclinés BC, CD, DE, et à
gauche les trois côtés AC′, C′D′, D′E′, symétriques des premiers par rapport à la verticale IY, menée par le milieu du
côté central. Les points E et E′ sont les points d'attache de la

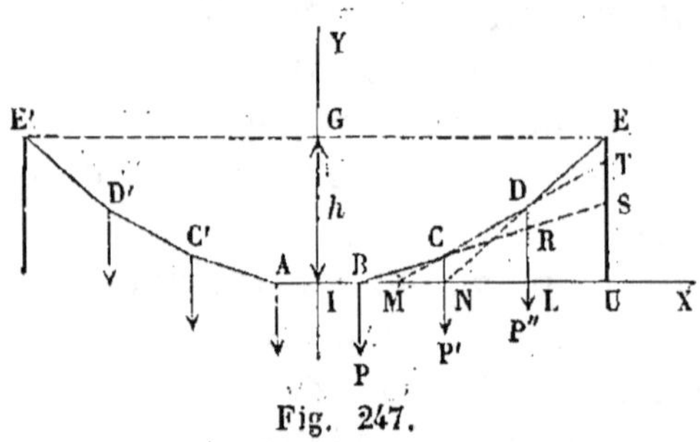

Fig. 247.

chaîne aux culées du pont. Désignons encore par la lettre P
le poids suspendu à l'un quelconque des sommets du polygone, jusqu'aux sommets E et E′, qui ne portent pas de
poids semblables. Le poids total porté par la chaîne sera
égal à 6 P, puisqu'il y a six sommets chargés, et ce poids
se partage également, à cause de la symétrie de la figure
et des charges, entre les deux appuis, E et E′. Cherchons la
valeur de la tension T_0 du côté AB; pour cela, il suffit d'exprimer que cette tension fait équilibre, à l'aide de la réaction
du point E, aux poids appliqués à la moitié de la chaîne;
prenons donc les moments par rapport au point E, ce qui
élimine la réaction de ce point. Soit *h* la distance IG du
côté AB à la droite horizontale EE′; et soit *a* la distance
horizontale entre deux tiges consécutives; distance que
nous supposerons aussi entre le dernier sommet chargé D,
et la verticale du point d'appui. Le moment de T_0, par rapport au point A, est $T_0 \times h$; il fait équilibre à la somme des
moments des poids P, c'est-à-dire à

$$P \times na + P \times (n-1)a + P \times (n-2)a + \ldots + P \times a.$$

n étant d'une manière générale le nombre de sommets chargés dans la moitié de la chaîne. Cette somme des moments est égale à

$$Pa \times (1 + 2 + 3 + \dots + n) = Pa \times \frac{n.(n+1)}{2}.$$

et par suite on aura l'égalité

$$T_0 \times h = Pa \times \frac{n(n+1)}{2},$$

ou bien

$$T_0 = \frac{Pa}{h} \times \frac{n(n+1)}{2}.$$

On connaîtra donc T_0, et on pourra construire le polygone de Varignon, qui permettra ensuite de tracer la forme à donner à la chaîne.

En appliquant la remarque faite précédemment (§ 238), on voit que les côtés CD, AB, prolongés, se couperont en un point M, qui appartiendra à la résultante des forces BP, CP', et qui, par suite, sera au milieu de la distance horizontale des points B et C; de même DE, prolongé, coupera la direction AB au point N, sur la résultante des trois forces égales P, P', P''; et l'on pourra prolonger, aussi loin qu'on le voudra, le tracé du polygone par cette considération; il suffira pour obtenir un nouveau côté de joindre le dernier sommet obtenu au milieu de l'intervalle compris, sur l'horizontale AX, entre le point B et la projection de ce dernier sommet.

240. On peut aussi calculer les coordonnées des sommets successifs. Prenons pour axes coordonnés les droites IX, IY. Le point B aura pour coordonnées

$$x = \frac{a}{2}, \qquad y = 0.$$

Le point C a pour abscisse $x = 2a$, et pour ordonnée une quantité CN, que l'on peut construire au moyen du polygone de Varignon, ou bien directement, en composant la force P avec la tension T_0, et en prolongeant la direction de la résultante jusqu'à la rencontre de la verticale CP'. Représentons par b cette quantité CN. Nous aurons pour les coordonnées du point C,

$$x = \frac{3\,a}{2}, \qquad y = b.$$

Les coordonnées du point D seront, d'une part, $x = \frac{5\,a}{2}$, de l'autre $y = DL$; prolongeons le côté BC jusqu'à sa rencontre en R avec DL; la quantité DL sera la somme des deux parties RL et DR; or RL est double de CN, ou égale à $2b$; quant à DR, le polygone de Varignon, ou la composition des forces, montre qu'elle est égale à CN ou à b. Donc $y = 2b + b$.

Le quatrième sommet E aura pour coordonnées

$$x = \frac{7a}{2}, \qquad \text{et} \qquad y = 3b + 2b + b,$$

car en prolongeant CD, BC, jusqu'aux points S et T, on a $TS = DR \times 2$, et $SU = CN \times 3$. Enfin, on reconnaîtrait toujours de la même manière que TE est égal à CN ou à b.

Cette loi est générale, et si l'on veut les coordonnées du $n^{ième}$ sommet, à partir du sommet B inclusivement, elles seront données par les formules :

$$x = \frac{(2n - 1)\,a}{2},$$

$$y = (n - 1)\,b + (n - 2)\,b + (n - 3)\,b$$
$$+ \ldots + 3b + 2b + b$$
$$= b \times \big(1 + 2 + \ldots + (n - 1)\big)$$
$$= b \times \frac{n\,(n - 1)}{2}.$$

On peut démontrer, au moyen de ces formules, que le polygone BCDE, ... est inscriptible dans une parabole.

241. *Remarque.* — Si, passant à la limite, on suppose les poids P, P′, P″, … infiniment rapprochés, le polygone se change en une courbe continue, et cette courbe est une parabole.

Soit A B C le fil attaché à des points fixes A et C, situés à égale hauteur ; soit B son point le plus bas. Les poids qui sollicitent le fil sont supposés uniformément répartis suivant l'horizontale ; soit p le poids porté par le fil par unité de longueur horizontale ; soit $2a$ la portée A C du fil, partagée au point B en deux parties égales. La résultante des poids appliqués à une moitié, B C, sera égale à pa, et cette force passera en un point I, milieu de Bc. Appelons T_0 la tension du fil au point B ; la force

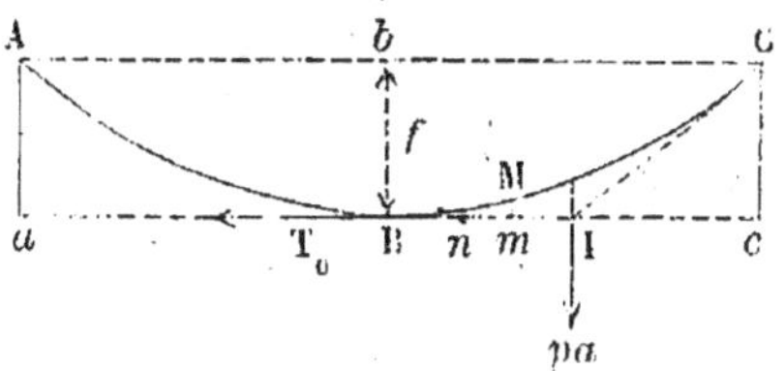

Fig. 248.

horizontale T_0 et la force verticale pa font équilibre à la tension du fil au point C ; prenons donc les moments par rapport à ce point ; nous aurons pour déterminer T_0 l'équation :

$$T_0 \times f = pa \times \frac{a}{2},$$

ou bien

$$T_0 = \frac{pa^2}{2f},$$

f étant la flèche Bb, égale à la hauteur Cc du point d'appui au-dessus du point le plus bas. La tension au point C est tangente à la courbe formée par le fil ; et comme elle fait équilibre aux forces T_0 et pa, les trois directions se coupent en un même point, c'est-à-dire au point I ; on obtient donc la tangente à la parabole en un point C quelconque en joignant ce point au milieu de la projection Bc de l'arc BC sur la tangente au sommet B. Plus généralement deux tangentes quelconques, menées à la parabole, se coupent en un point de la droite menée, parallèlement à l'axe, par le milieu de la corde qui joint les points de contact.

La composante horizontale de la tension en un point quelconque du fil en équilibre est constante et égale à T_0.

Il est facile de reconnaître que dans la courbe d'équilibre ABC, la distance Mm d'un point M quelconque à la tangente au point le plus bas, est proportionnelle au carré de la distance Bm du même point à la verticale Bb ; en effet, il y a équilibre pour l'arc BM entre la force horizontale T_0, le poids $Bm \times p$, vertical et appliqué au milieu n de la distance Bm, et enfin la tension au point M. Prenant donc les moments par rapport à ce point, on aura l'équation

$$T_0 \times Mm = (Bm \times p) \times Bn.$$

ou bien

$$T_0 \times Mm = \frac{1}{2} p \times \overline{Bm}^2.$$

et par suite

$$\frac{\overline{Bm}^2}{Mm} = \frac{2T_0}{p},$$

quantité constante.

CHAINETTE

242. La *chaînette* est la courbe d'équilibre d'un fil homogène pesant. Elle diffère de la parabole en ce que le poids p, au lieu d'être uniformément réparti sur l'horizontale, est uniformément réparti suivant la courbe elle-même. Il résulte de là qu'il y a très peu de différence entre la chaînette et une parabole dans la région voisine du sommet B des deux courbes ; car dans cette région, il y a peu de différence entre la longueur de l'arc de courbe et la longueur de sa projection.

Nous supposerons que la forme de la chaînette ait été déterminée, soit empiriquement, soit par une méthode analytique, et nous allons chercher ses principales propriétés géométriques, en exprimant qu'un arc quelconque de courbe est en équilibre sous l'action de son poids et des tensions qui s'exercent tangentiellement à ses deux extrémités.

Soit ABC la forme d'équilibre à laquelle nous donnons le nom de chaînette. A et C sont par exemple les points où s'attache le fil, B est son point le plus bas.

Prenons un arc quelconque de courbe MN, et menons en ces points les tangentes MT, NT', qui seront les directions des tensions T et T'. Les deux directions MT, NT', se coupent en un point S, et ce point se trouvera sur la verticale menée par le centre de gravité de l'arc MN, car les deux forces T et T' font équilibre au poids $MN \times p$

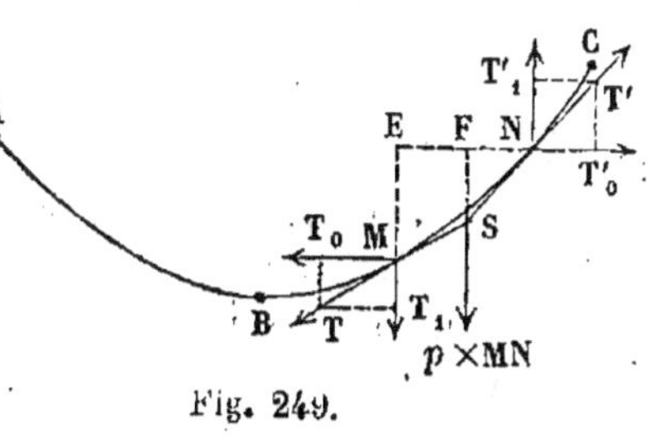

Fig. 249.

de l'arc, qu'on peut regarder comme appliqué en son centre de gravité.

Décomposons les forces T et T' en deux composantes, l'une horizontale T_0, l'autre verticale, $T_{\prime}$, et $T'_{\prime}$. Les deux composantes horizontales seront égales ; quant aux composantes verticales on aura entre elles la relation

$$T'_{\prime} = T_{\prime} + p \times MN.$$

On a enfin à exprimer l'équilibre du couple $(T_0, -T_0)$ et du couple auquel on peut réduire les forces parallèles $T'_{\prime}$, $T_{\prime}$, et $p \times MN$; ce qui conduit à l'équation des moments

$$T_{\prime} \times EN + (p \times MN) \times FN = T_0 \times ME.$$

Nous pouvons trouver très-facilement une relation entre les tensions T et T'. En effet, prenons un arc infiniment petit MN, et projetons les trois forces T, T' et $p \times MN$, qui sont en équilibre, sur une même direction, à savoir, sur la direction de la tangente au point M ou de la force T ; la direction de la force T' faisant avec l'axe de projection un angle infiniment petit, s'y projette en vraie grandeur aux infiniment petits du second ordre près. Donc, la force T' excède la force T de la projection sur la tangente de la force verticale $p \times MN$; mais projeter sur la tangente une longueur proportionnelle à MN, prise sur la verticale, cela revient à

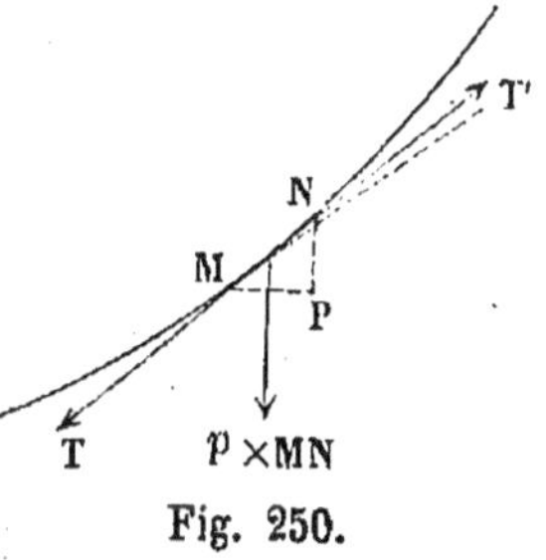

Fig. 250.

prendre cette quantité sur la tangente, ou sur l'arc lui-même, et à la projeter sur la verticale ; la projection cherchée est donc égale au produit de p par la projection NP de l'arc MN sur la verticale, ou par la différence de hauteur, h, des deux extrémités, M et N, de l'arc.

On a donc en définitive

$$T' = T + p\,h.$$

Cette relation peut s'appliquer à un arc MN quelconque, car on peut toujours décomposer cet arc en éléments aussi petits qu'on voudra, à chacun desquels l'équation sera applicable, et il n'y aura qu'à faire la somme de toutes ces équations pour obtenir l'équation relative à un arc quelconque :

$$T' = T + p \times ME.$$

La tension au point le plus bas, B, est horizontale, et par suite égale à T_0, puisque la composante horizontale de la tension est partout la même. Appelons donc H la hauteur d'un point quelconque, M, au-dessus du point le plus bas : la tension T en ce point sera donnée par l'équation

$$T = T_0 + p\,H.$$

On peut représenter les tensions par le poids d'une certaine longueur de fil ; la tension T_0 sera par exemple représentée par une longueur a de fil fournie par l'équation $pa = T_0$; dans cette hypothèse, la tension T en un point M quelconque est représentée par la longueur de fil $a + H$, car on a toujours

$$T = T_0 + p\,H = p \times (a + H).$$

Menons au-dessous de la courbe, à une distance $Bb = a$ de son point le plus bas, une horizontale bm.

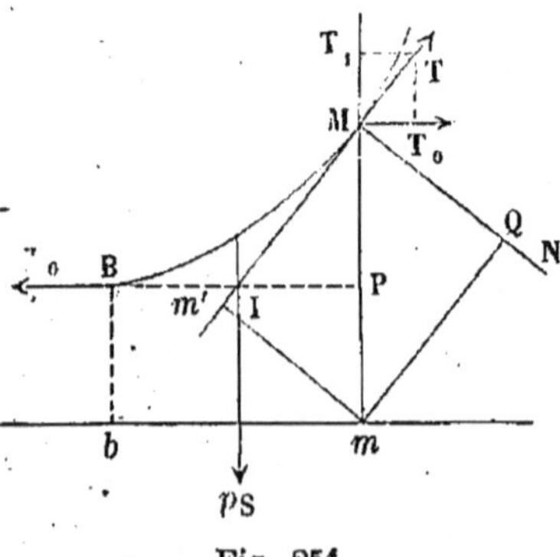

Le point M de la courbe sera à la distance MP $+$ Pm, ou H$+a$, de cette droite, et par conséquent, Mm représente, en longueur de fil, la tension T au point M. On voit que si l'on place en M une poulie infiniment petite, et qu'on fasse passer le fil sur cette poulie, l'équilibre sera assuré par le poids du brin Mm, pourvu qu'on donne à ce brin une longueur telle qu'il atteigne sans la dépasser l'horizontale $b\,m$.

Fig. 251.

Nous avons vu tout à l'heure que la composante verticale, $T_{,}$, de la tension au point M surpasse la même composante en un autre point B, de tout le poids de l'arc BM ; soit S cet arc, compté à partir du point le plus bas ; la composante verticale étant nulle en B, on aura simplement

$$T_{,} = p\,S.$$

La tension totale T est la résultante des deux forces rectangulaires T_0 et $T_{,}$; donc

$$T^2 = T_{,}^{\,2} + T_0^{\,2},$$

ou bien

$$p^2\,(a + H)^2 = p^2\,S^2 + p^2\,a^2.$$

Appelons y, pour abréger, la distance totale Mm ; il viendra, en supprimant le facteur commun p,

$$S^2 = y^2 - a^2\,;$$

équation qui permet de construire géométriquement la longueur rectifiée de l'arc S. Cet arc est en effet le second côté de l'angle droit d'un triangle rectangle, dont le premier côté est égal à a, ou à Bb, et l'hypoténuse égale à y ou à Mm.

Du point m abaissons mm' perpendiculaire sur la tangente Mm' ; le triangle mm'M sera semblable au triangle MT_0 T, et par conséquent

$$\frac{mm'}{\mathrm{M}\,m} = \frac{T_0}{T} = \frac{p\,a}{p\,(a + H)} = \frac{a}{a + H.}$$

Or M $m = a + H$, donc $mm' = a$.

Le triangle mm'M est rectangle en m' ; il a l'hypoténuse M$m = y$, et le côté de l'angle droit $mm' = a$; donc le second côté de l'angle droit, Mm, est égal à l'arc S.

Le point m' est un point de la *développante de chaînette* qui part du point B. On obtient ainsi ces deux théorèmes remarquables :

La distance du pied m *de l'ordonnée* Mm *à la tangente est constante* ;

La projection Mm' *de l'ordonnée sur la tangente est égale à l'arc* Bm.

La droite mm' est tangente à la courbe lieu des points m' ;

on voit que *la portion de la tangente menée à cette courbe, comprise entre le point de contact et la droite* bm, *a une longueur constante.* La développante de chaînette qui part du sommet, est pour cette raison appelée *tractrice*; c'est la courbe décrite sur un plan horizontal par un point matériel qui serait tiré à chaque instant par un fil sans poids, de longueur constante $m'm$, dont la seconde extrémité parcourrait la droite fixe $b\,m$.

Les droites M m' et BP se coupent en un point I qui appartient à la verticale passant par le centre de gravité de l'arc BM. Les triangles IPM, MT₀T sont semblables et donnent la proportion

$$\frac{IP}{PM} = \frac{T_0}{T_{\!,}} = \frac{pa}{pS} = \frac{a}{S} = \frac{a}{\sqrt{y^2 - a^2}},$$

équation qui permet de calculer la distance I P.

Si du point m on abaisse une perpendiculaire mQ sur la droite M N, normale à la chaînette au point M, on aura dans le rectangle MQmm', MQ $= mm' = a$. Donc le lieu du point Q est une courbe parallèle à la chaînette, équidistante et passant au point b.

243. Nous avons fait usage, pour établir toutes ces propriétés, de l'équation que l'on obtient en projetant sur la tangente à la courbe les deux tensions du fil en deux points infiniment voisins. Cherchons encore ce que nous apprend la projection des mêmes forces sur la normale MN.

Soit C le centre de courbure d'un arc infiniment petit M′M″; menons la normale CM qui passe par le milieu de cet arc, et appelons ω l'angle M″CM′. L'équilibre a lieu entre le poids ps de l'arc M″M′, qui s'exerce verticalement suivant MP et les tensions T et T′.

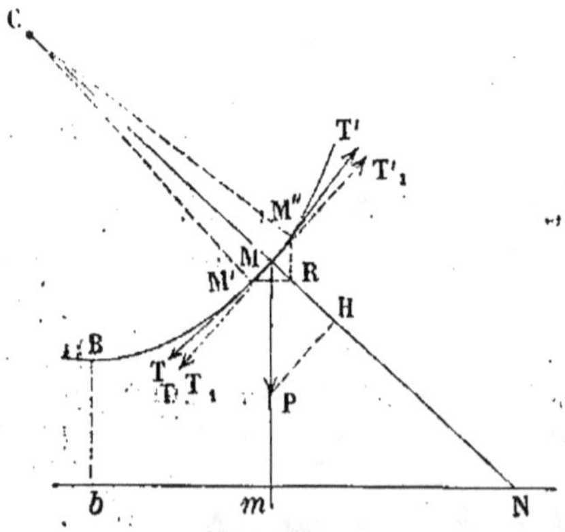

Projetons ces trois forces sur la droite CN. La projection du poids MP $= ps$ nous donnera d'abord une certaine droite MH, égale au produit de p par la projection sur MN d'une longueur s prise sur MP; or M′M″

Fig. 252.

fait avec l'horizontale M′R le même angle que la verticale MP avec la normale MN, et par suite la projection de $p \times s$ sur la normale est égale au produit $p \times M'R$.

La force T fait avec la tangente à la courbe en M un angle égal à $\frac{\omega}{2}$; la projection de T sur la normale est représentée sur la figure par le côté $TT_{,}$ du triangle rectangle $TT_{,}M'$, obtenu en menant par M' une perpendiculaire à la direction CN, et par T une parallèle à la même direction. L'angle $TM'T_{,}$ est égal à l'angle $\frac{\omega}{2}$. Or, $TT_{,}$ diffère infiniment peu de l'arc décrit du point M' comme centre avec M'T pour rayon, et cet arc pour longueur $T \times \frac{\omega}{2}$. De même la projection de T' sur CN a pour valeur $T' \times \frac{\omega}{2}$, et la somme de ces deux composantes est égale à $(T + T') \times \frac{\omega}{2}$.

On a donc pour l'équilibre

$$(T + T') \times \frac{\omega}{2} = p \times M'R,$$

ou bien, en observant que les tensions T ou T' sont infiniment peu différentes l'une de l'autre, et que l'on peut substituer par conséquent à leur somme le double de l'une d'elles, 2 T,

$$T \omega = p \times M'R.$$

Dans cette équation, remplaçons ω par le rapport $\frac{M'M'}{\rho}$ de l'arc M'M'' au rayon de courbure CM ; remplaçons de même T par sa valeur py, ou $p \times Mm$, il viendra

$$p \times Mm \times \frac{M'M''}{\rho} = p \times M'R.$$

Donc

$$\frac{\rho}{Mm} = \frac{M'M''}{M'R}.$$

Prolongeons la normale jusqu'au point N où elle coupe la droite bm ; les triangles M m N, M'R M'' ont leurs côtés respectivement perpendiculaires, et sont par suite semblables : nous avons donc la proportion

$$\frac{\text{M N}}{\text{M} m} = \frac{\text{M' M''}}{\text{M' R}}.$$

Donc $\rho = $ M M.

Dans la chaînette, le rayon de courbure en un point donné M *est égal à la portion de normale comprise entre le point* M *et la droite* bm.

244. Nous obtiendrions encore des propriétés de la chaînette en appliquant d'autres théorèmes de statique. Par exemple, nous savons que la position d'équilibre d'un système pesant à liaisons

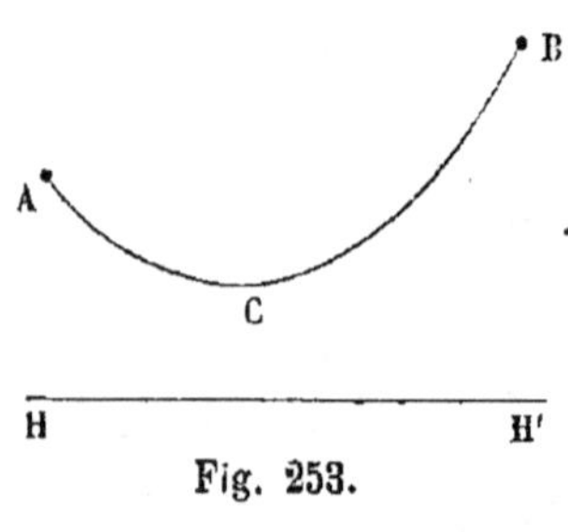

Fig. 253.

est celle dans laquelle le centre de gravité est le plus bas possible. On peut en conclure sur-le-champ que *de toutes les courbes* ACB *joignant deux points donnés dans un plan vertical, et ayant une même longueur, la chaînette est celle qui a son centre de gravité le plus bas possible* ; appliquant ensuite le théorème de Guldin, on reconnaîtra que *de toutes les surfaces engendrées en faisant tourner autour d'une horizontale HH', les diverses courbes ACB qui ont une même longueur et qui joignent les deux points donnés,* A *et* B, *celle qui a la moindre superficie est engendrée par la chaînette.*

ÉQUILIBRE D'UN FIL APPLIQUÉ SUR UNE SURFACE

245. Supposons qu'un fil sans pesanteur soit appliqué sur une surface qui n'exerce sur lui aucun frottement. Les seules forces qui agiront sur une portion quelconque de fil seront les tensions en ses deux extrémités, et les réactions normales de la surface. Prenons sur le fil un arc infiniment petit AB ; cet arc pourra, sans

erreur, être confondu avec un arc de cercle, dont le centre C sera le centre de courbure de la courbe dans l'intervalle des points A et B. Les réactions de la surface sur l'élément AB se composent en une force unique IN, normale à la surface, et par suite normale à la courbe, et qui fait équilibre aux tensions T et T'. Donc les trois forces T_I, T' et N sont dans un même plan; la normale IN à la surface est située par conséquent dans le plan des deux tangentes infiniment voisines AT et BT', ou dans le plan osculateur; c'est donc la *normale principale* de la courbe, et elle passe par suite par le centre de courbure C. En d'autres termes, *la normale à la surface coïncide avec la normale principale à la courbe.*

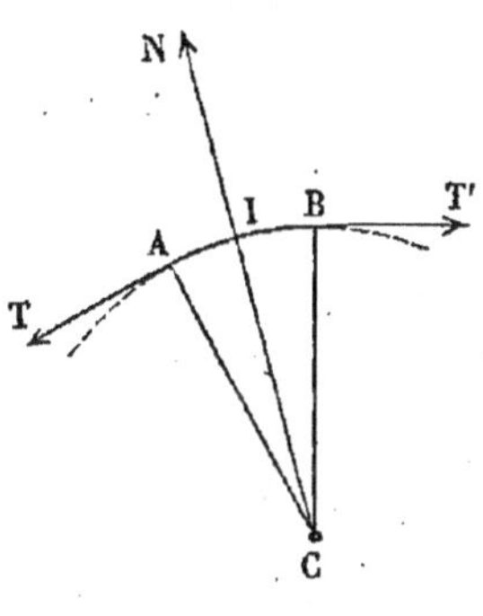

Fig. 254.

Projetons les trois forces N, T et T' sur la tangente à la courbe au point I. Les forces T et T' faisant des angles infiniment petits avec cette tangente, se projettent en vraie grandeur, tandis que la force N, normale à l'axe de projection, a une composante nulle. Donc T = T'; et par conséquent *la tension est la même en tous les points du fil.*

Le théorème du travail virtuel conduit au même résultat. Prenons une portion finie quelconque de fil; elle est en équilibre sous l'action des deux tensions extrêmes, T et T', et de toutes les réactions de la surface, qui sont normales; cela posé, imprimons au fil un déplacement longitudinal, ε, commun à tous ses points et infiniment petit. La somme des travaux des tensions T et T' sera égale à Tε — T'ε, ou à (T — T')ε, et cette somme doit être égale à zéro, car les travaux des réactions sont nuls; donc enfin T = T'.

Cherchons la réaction de la surface.

Soit ω l'angle de contingence ACB, égal au rapport $\dfrac{s}{\rho}$ de l'arc AB au rayon de courbure CA. La projection des trois forces N, T, T', dont les deux dernières sont égales, sur la direction de la force N, donne la valeur de la réaction. Nous avons obtenu, dans un cas tout semblable (§ 244), l'équation suivante

$$N = (T + T')\,\frac{\omega}{2} = T \times \omega$$

ou bien

$$N = T \times \frac{S}{\rho}$$

$\frac{N}{S}$ est la réaction de la surface rapportée à l'unité de longueur du fil ; on voit qu'elle est égale à la tension T divisée par le rayon de courbure ρ de la courbe affectée par le fil ; mais T est partout le même ; donc *la réaction de la surface rapportée à l'unité de longueur est inversement proportionnelle au rayon de courbure.*

246. La courbe dessinée sur une surface par un fil en équilibre qui y est appliqué, jouit de cette propriété, qu'elle a entre deux quelconques de ses points la plus petite longueur possible. Car le fil, d'abord placé de manière à passer par les deux points, sera amené par la tension à occuper la position où il ne peut plus subir de raccourcissement. On appelle *lignes géodésiques* les lignes qui, sur une surface donnée, ont la longueur minimum. Elles ont ce caractère géométrique que leur plan osculateur en un point quelconque est normal à la surface. Par exemple, les lignes géodésiques de la sphère sont des arcs de grand cercle ; sur le cylindre droit à base circulaire, ce sont des arcs d'hélice, et comme cas particulier, les cercles de section droite ou les génératrices rectilignes. Sur le plan, les lignes géodésiques sont des droites ; pour toute autre ligne, le plan osculateur coïncide avec la surface au lieu de lui être perpendiculaire.

Lorsqu'on applique sans déchirure ni duplicature une surface sur une autre, des lignes quelconques tracées sur la première conservent leurs longueurs sur la seconde, et les angles sous lesquels leurs directions se coupaient restent aussi les mêmes après la déformation. Les lignes géodésiques de la première surface se transforment donc en des lignes géodésiques sur la seconde.

On voit par là que la sphère n'est pas applicable sur le plan. Car un triangle sphérique formé par trois arcs de grand cercle, ou par trois lignes géodésiques, se transformerait sur le plan en un triangle rectiligne, et les angles des deux triangles seraient respectivement égaux, ce qui est impossible, puisque la somme des angles du triangle rectiligne est égale à deux droits, tandis que la somme des angles du triangle sphérique surpasse deux droits de la quantité appelée *excès sphérique.*

247. Étant donnée dans l'espace une courbe quelconque, L, on peut faire passer par cette courbe une surface développable dont cette courbe soit une ligne géodésique.

En effet, menons par les tangentes à la courbe en des points très-rapprochés, A, B, C, des plans normaux aux normales principales, ou ce qui revient au même, normaux aux plans osculateurs. Ces plans se couperont deux à deux suivant des droites, et à la limite, lorsque les points A, B, C, se seront indéfiniment rapprochés, la surface S qui contient ces droites sera l'enveloppe des positions du plan mobile ; ce sera donc une surface développable. Ses plans tangents successifs sont normaux aux plans osculateurs de la ligne donnée ; donc cette ligne est une ligne géodésique de la surface S.

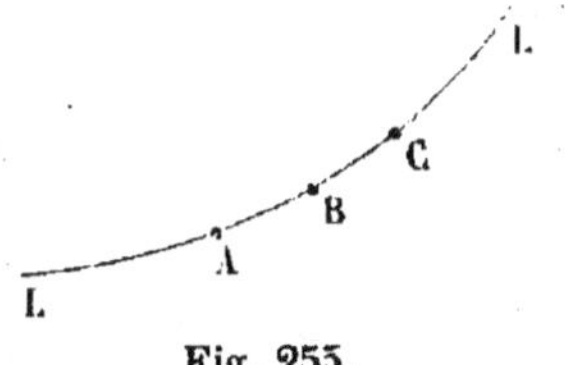

Fig. 255.

<h2 align="center">DE LA POULIE ET DES MOUFLES</h2>

248. Une poulie est une roue A assujettie à tourner autour d'un axe B qui traverse une chape mobile C, destinée soit à suspendre la poulie à un point fixe O (fig. 256), soit à supporter un poids Q (fig. 257).

La surface convexe de la roue est généralement creusée en forme de gorge, de manière à recevoir un fil qui l'enveloppe sur un arc plus ou moins grand ; une puissance P, et une résistance R, sont appliquées aux deux extrémités de ce fil. On demande dans quel rapport doivent être les forces P et R, et quelle force Q il faut appliquer à la chape pour qu'il y ait équilibre.

Supposons d'abord que l'axe B soit fixe, en sorte que la poulie ne puisse que tourner autour de cet axe ; fixons par la pensée le fil à la surface de la gorge ; alors tout se passe comme si les forces P et R, qui mesurent les tensions du fil, étaient directement appliquées aux points a et b tangentiellement à la surface de la roue. La roue se trouve donc dans

les mêmes conditions qu'un treuil sollicité par deux forces
P et R, appliquées à des distances égales
Ba, Bb de son axe ; l'équilibre du treuil
exige donc que les deux forces P et R
soient égales.

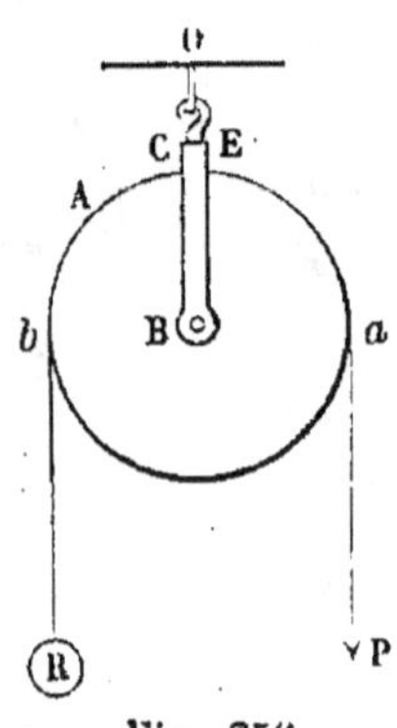

Fig. 256.

Cette condition satisfaite, on peut
rendre au fil la liberté de glisser sur la
gorge de la poulie ; car les forces P et R,
qui le sollicitent en sens opposés, étant
égales, le glissement ne pourra pas se
produire.

Considérons ensuite l'équilibre de l'ensemble de la poulie et de la chape. La
chape est sollicitée dans la direction
B E, soit par la force donnée Q soit par la
réaction inconnue du point fixe O, que
nous pouvons aussi appeler Q. Il en résulte que les trois forces P, Q, R, se font
équilibre, et par suite, elles sont dans un
même plan et elles concourent en un
même point, ou bien elles sont toutes
trois parallèles ; dans les deux cas l'une

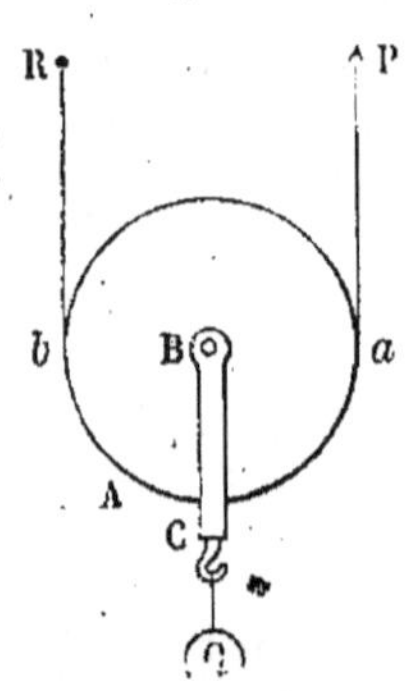

Fig. 257.

est la résultante des deux autres.

Si elles sont toutes trois parallèles, comme cela a lieu dans
les figures 256 et 257, la force Q
est égale à la somme des deux
autres P et R, et comme ces
deux dernières forces sont
égales, la tension de la chape
est double de la puissance P.

Si les forces P, Q, R ne sont
pas parallèles (fig. 258), elles
concourent en un même
point L, et la force Q, dont la
direction passe par le centre
O, tesla bissectrice de l'angle

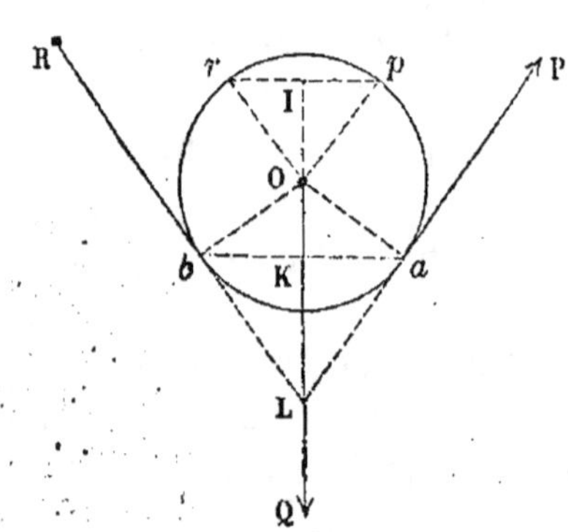

Fig. 258.

RLP des deux autres forces. Pour trouver la valeur de Q,
menons par le point O deux rayons Op, Or, parallèles aux

forces P et R ; joignons rp, et prolongeons la droite L O, qui rencontrera la corde rp en son milieu I. Nous pouvons prendre Or, Op comme les mesures des deux forces égales P et R ; la distance OI est la moitié de la diagonale du parallèlogramme construit sur ces deux droites, et par suite 2 OI sera la mesure de la force Q. Nous aurons donc

$$\frac{Q}{P} = \frac{2\,OI}{Or}.$$

Mais le triangle OrI est égal au triangle O aK ; car ces deux triangles, rectangles, l'un en K, l'autre en I, ont les hypoténuses Oa, Or, égales, et l'angle I Or est égal à I Op, lequel est égal à l'angle OaK, leurs côtés étant respectivement perpendiculaires. Donc OI $=$ Ka, et par suite

$$\frac{Q}{P} = \frac{2\mathrm{K}a}{Or} = \frac{ab}{Or}.$$

Cette équation contient comme cas particulier la relation $Q = 2\,P$, qui a lieu lorsque les forces P, Q, R sont parallèles.

249. Lorsqu'on veut se servir de la poulie pour élever un poids, il y a avantage à rendre les deux brins du fil qui passe sur la poulie parallèles et par suite verticaux. Car cette disposition est celle qui correspond à la moindre tension du fil. On peut d'ailleurs adopter soit l'une, soit l'autre, des dispositions représentées dans les figures 256 et 257. Dans la première, la poulie est fixe, et le poids à soulever est attaché à l'extrémité du fil bR ; la puissance P est alors égale à ce poids. Dans la seconde, le fil bR est attaché en un point fixe R, qui supporte une charge égale à la puissance P, et le poids à soulever, Q, est attaché à la chape mobile de la poulie ; on a dans ce cas $P = \frac{1}{2} Q$. Ainsi la première disposition exige l'emploi d'une puissance égale au poids à soulever, la seconde exige l'emploi d'une puissance moitié

moindre. Le théorème du travail virtuel confirme ce résultat. Dans le premier cas, la poulie est fixe ; si l'on fait parcourir au fil une longueur ε dans le sens de la force P, le poids R monte de toute la quantité ε ; donc $P\varepsilon = R\varepsilon$, et par suite $P = R$. Dans le second cas, le parcours ε effectué par le point d'application de la force P dans le sens de sa direction, équivaut à un raccourcissement du fil égal à ε ; ce raccourcissement se partage par moitié entre les deux brins aP, bR ; il en résulte pour chacun un raccourcissement de $\dfrac{\varepsilon}{2}$, et c'est de cette quantité que se relèvent la poulie, la chape, et le poids Q ; l'équation d'équilibre est donc

$$Q \times \frac{\varepsilon}{2} = P \times \varepsilon,$$

ou bien

$$P = \frac{1}{2} Q.$$

250. On peut, en combinant ensemble plusieurs poulies, réduire autant qu'on le voudra le rapport de la puissance au poids soulevé. La combinaison connue sous le nom de *moufles* consiste à réunir sur l'axe traversant une chape, un certain nombre de poulies ; on fait usage de deux moufles semblables ; l'une, A (fig. 259), est attachée à un point fixe O ; l'autre, B, soutient le poids Q qu'il s'agit de tenir en équilibre. Un même fil réunit les deux moufles en passant successivement et alternativement sur toutes les poulies qui les composent. La figure 259 représente deux moufles de 3 poulies chacune. Le fil, attaché au point C de la première chape, passe sur la poulie 1, revient de là à la poulie 2, puis passe sur la poulie 3, d'où il remonte à la poulie 4, redescend ensuite à la poulie 5, qui le renvoie à la poulie 6 ; la puissance P est appliquée au brin qui quitte cette dernière poulie. On suppose d'ailleurs, pour plus de simplicité, les deux moufles assez éloignées l'une de l'autre, pour que tous les cordons compris dans leur intervalle soient sensiblement parallèles. La force P peut être ou n'être pas parallèle aux autres cordons ; sa direction influe sur la charge de la chape supérieure et du point O, sans rien changer à la tension des six cordons qui soutiennent la chape inférieure et le poids Q. Ces tensions sont partout égales à la force P, si toutefois on fait abstraction du frottement des poulies sur leurs axes. Coupons les six cordons par un même plan intermédiaire aux deux moufles ; nous obtiendrons dans chacun une tension égale à P, et l'ensemble de ces six tensions verticales fait équilibre au poids Q. On a donc

$$P = \frac{1}{6} Q.$$

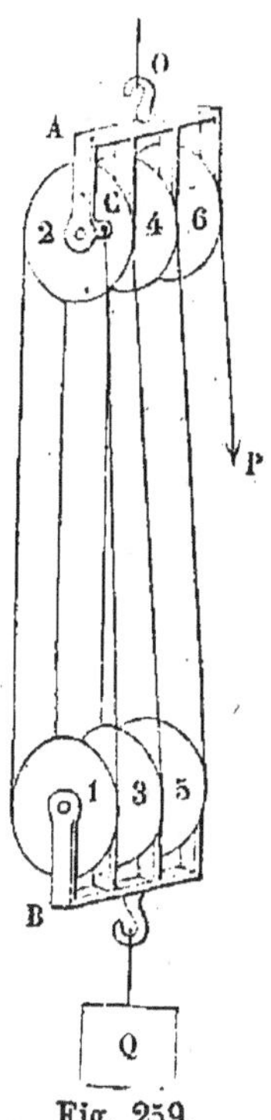

Fig. 259.

Le théorème du travail virtuel conduit à la même relation ; si l'on imprime au fil dans la direction de P un déplacement ε, ce déplacement produit un raccourcissement égal sur les six cordons qui réunissent les deux moufles, et fait monter par conséquent le poids Q de la quantité $\frac{\varepsilon}{6}$. Donc

$$P\varepsilon = Q \times \frac{\varepsilon}{6}, \text{ ou bien } P = \frac{Q}{6}, \text{ en supprimant le facteur } \varepsilon.$$

251. On appelle *palan différentiel* (fig. 260) un système de deux poulies, l'une attachée à un point fixe O, l'autre mobile et portant le poids Q qu'il s'agit de soulever ; la poulie supérieure A comprend en réalité deux roues *ag*, *cd*, solidaires l'une de l'autre, et de diamètres inégaux ; un fil sans fin passe sur ce système de 3 poulies en suivant le chemin *abcdefga*. Concevons qu'en un point C du brin *ab*, on applique une force P verticale ; et supposons que le fil ne puisse glisser à la surface des gorges des diverses poulies ; cherchons les tensions dans les différents brins du fil. Les tensions dans les brins

ed, *fg* seront égales, car il est nécessaire qu'il en soit ainsi pour l'équilibre de la poulie B autour de son axe N ; les brins étant d'ailleurs supposés parallèles, il en résulte que la tension T dans ces deux brins est égale à $\frac{Q}{2}$. Coupons le fil par un plan CD ; nous trouverons dans les deux brins qui aboutissent en *d* et en *g* sur la poulie supérieure, ces tensions égales à T ou à $\frac{Q}{2}$. Il n'y a pas de tension dans le brin *cb*, qui tombe librement du point *c*, et dont le poids est supposé négligeable.

L'équilibre du treuil A, sous l'action des troi forces P, $\frac{Q}{2}$, $\frac{Q}{2}$, nous donnera l'équation

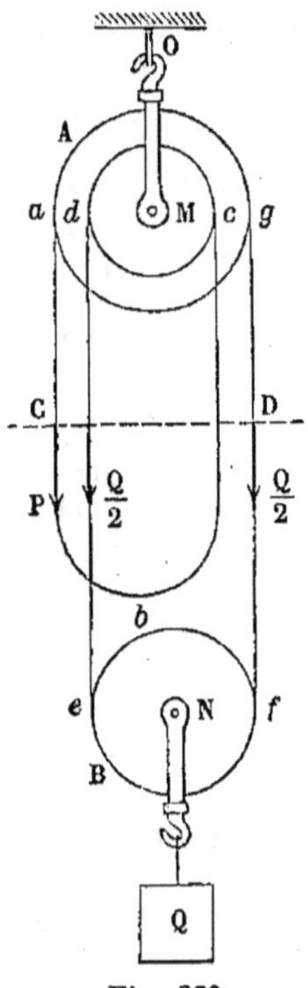

Fig. 260.

$$P \times Ma + \frac{Q}{2} \times Md = \frac{Q}{2} \times Mg.$$

Donc

$$P = Q \times \frac{Mg - Md}{2Ma},$$

quantité qu'on peut rendre aussi petite qu'on le voudra en diminuant la différence des rayons des deux poulies accolées.

Pour traiter la même question par le théorème du travail virtuel, faisons descendre le point C de la quantité ε ; le point *g* du fil montera de la même quantité ; le point *c* du fil montera donc de la quantité $\varepsilon \times \frac{Mc}{Mg}$, et cette quantité mesurera la descente du point *d* ; donc le fil qui embrasse l'arc *ef*, s'élève de ε du côté *f*, et s'abaisse de $\varepsilon \times \frac{Mc}{Mg}$ du côté *e* ; il se raccourcit donc de $\varepsilon\left(1 - \frac{Mc}{Mg}\right)$, et par suite la poulie B se relève de la moitié, $\frac{1}{2}\,\varepsilon\left(1 - \dfrac{Mc}{Mg}\right)$; telle est la quantité dont s'élève le poids Q. Donc l'équation d'équilibre est

$$P\varepsilon = Q \times \frac{1}{2}\,\varepsilon\left(1 - \frac{Mc}{Mg}\right),$$

ou bien

$$P = Q \times \frac{Mg - Mc}{2Mg},$$

équation identique à la précédente, puisque $Ma = Mg$, et $Mc = Md$.

On néglige le poids du fil, sans quoi il faudrait introduire un terme pour représenter le travail correspondant.

Les tensions du fil étant inégales dans les brins qui aboutissent à la poulie supérieure, on voit qu'il est nécessaire d'empêcher le glissement du fil le long des arcs embrassés sur cette poulie, si le frottement ne suffit pas pour assurer ce résultat.

OBSERVATION SUR LA THÉORIE DES MOUFLES

252. Considérons un système matériel en équilibre sous l'action de forces F, F', F''... respectivement appliquées en des points A, A', A'' ...

Supposons que les forces F, F', F''... soient proportionnelles à des nombres entiers, m, m', m'',... et soit T, la valeur commune des quotients $\dfrac{F}{m},\ \dfrac{F'}{m'},\ \dfrac{F''}{m''}\cdots$ Il sera toujours possible de trouver des nombres entiers qui soient proportionnels aux forces données, sinon rigoureusement, du moins avec une approximation aussi grande qu'on voudra.

Remplaçons la force F (fig. 264) par une paire de moufles dont l'une, la supérieure B, sera attachée au point A, et

dont l'autre, l'inférieure, C, sera traversée en son centre
par un axe fixe O choisi de telle sorte que la droite A O
coïncide avec la direction de la force F. Nous composerons
cette moufle d'un nombre de poulies égal au nombre m,
de manière qu'une section faite dans les fils entre les deux
chapes B et C nous donne m fils tendus.

Nous pourrons de même remplacer la force F' appliquée
en 'A par une moufle présentant m'
cordons, et nous pourrons faire passer
sur les poulies de la seconde moufle
le fil CD qui quitte la première au
point C.

De même, pour produire au point
A″ la traction F″, nous appliquerons
en ce point une troisième moufle à
m'' cordons, sur laquelle nous ferons
encore passer le même fil à sa sortie
des poulies de la moufle précédente.

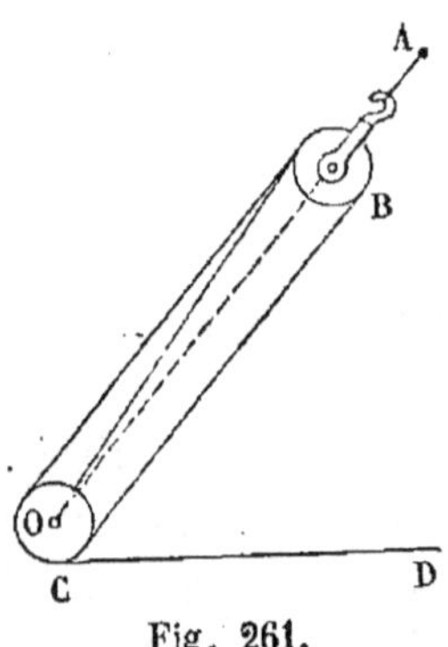

Fig. 261.

Si l'on opère ainsi pour toutes les forces, il suffira d'appliquer au bout du fil un poids égal à T, pour y produire
partout une tension T, et pour développer par suite dans les
liens qui attachent les chapes supérieures aux points A, A',
A″... des tensions mT, $m'T$, $m''T$ ..., égales aux forces
F, F', F″ ...

Cela posé, donnons au système matériel un déplacement
infiniment petit quelconque, compatible avec ses liaisons; ce
déplacement va faire varier les distances respectives des
points A, A' A″, ... aux points fixes O, O' O″, ... auxquels ils
sont réunis par les moufles; soient ε, ε', ε'', ... les variations
des distances O A, O A', O A″, ..., positives quand la distance
diminue, négatives, quand elle augmente. Cette variation va
produire un déplacement du fil à la surface des poulies;
pour une diminution de ε dans la distance des points B et C,
il se déroulera de la paire de moufles B C qui est à m cor-
dons, une longueur de fil égale à $m\varepsilon$; les variations ε', ε'', ...
des autres distances produiront le déroulement (positif ou
négatif) de longueurs de fil respectivement égales à $m'\varepsilon'$, à
$m''\varepsilon''$, ...; donc en définitive, le déplacement imprimé au

système produira sur le poids tenseur T une descente totale égale à

$$m\varepsilon + m'\varepsilon' + m''\varepsilon + \ldots$$

Or ce poids tenseur est la seule force qui, étant donnée la nouvelle constitution du système, puisse y produire un déplacement effectif; et comme il tend à descendre, et non à monter, on est certain que le déplacement fictif que nous avons imprimé au système ne peut se produire, si la somme

$$m\varepsilon + m'\varepsilon' + m''\varepsilon'' + \ldots$$

est nulle ou négative.

Mais si les déplacements du système sont possibles dans les deux sens, on pourra, dans le cas où cette somme serait négative, la rendre positive en considérant le déplacement contraire au premier (§ 107). Il faut donc qu'elle soit nulle pour que le poids T ne puisse descendre ni par l'un ni par l'autre de ces deux déplacements contraires. Donc enfin, pour que le système soit en équilibre, c'est-à-dire pour qu'aucun déplacement ne puisse y résulter de l'action simultanée des forces, il faut et il suffit que la somme $m\varepsilon + m'\varepsilon' + m''\varepsilon'' + \ldots$ soit nulle pour tout déplacement compatible avec les liaisons, ou ce qui revient au même, que la somme

$$\mathrm{T}m\varepsilon + \mathrm{T}m'\varepsilon' + \mathrm{T}m''\varepsilon'' + \ldots$$

ou encore

$$\mathrm{F}\varepsilon + \mathrm{F}'\varepsilon' + \mathrm{F}''\varepsilon'' + \ldots$$

soit égale à zéro, quel que soit le déplacement fictif que l'on considère.

Cette proposition n'est autre chose que le théorème du travail virtuel. La démonstration très-simple que nous venons de donner est tirée de la *Mécanique analytique* de Lagrange.

253. La *grue tournante* représentée par la figure 262 est un appareil destiné au chargement et au déchargement des voitures et des navires.

Il comprend un arbre vertical O B, posé sur une crapaudine O, et appuyé latéralement, dans la région A, sur un col-

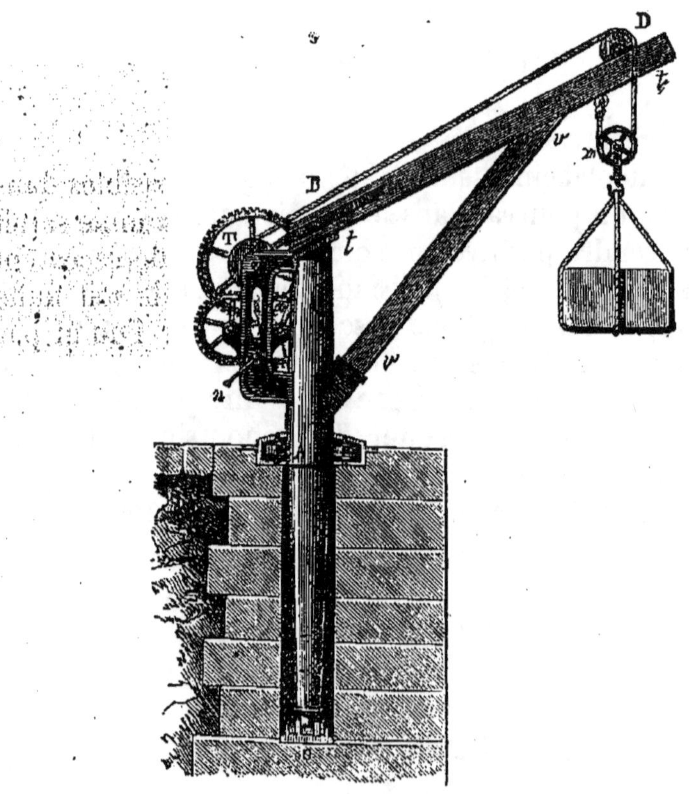

Fig. 262.

lier de galets ; la partie O A s'enfonce dans un puits réservé au milieu d'un massif de maçonnerie, et la partie A B fait saillie au-dessus du sol. L'axe O B porte une charpente formée de deux pièces obliques, l'une *tt′*, appelée *tirant*, l'autre *vv′*, appelée *volée*, qui se réunissent en un point situé en dehors de l'axe; le tirant, formé de deux poutres jumelles, dépasse la volée d'une certaine quantité; on y attache une poulie fixe, D, sur laquelle on fait passer une corde dont l'extrémité est fixée au tirant, et qui porte une poulie mobile m, à la chape de laquelle on suspend le fardeau. L'autre extrémité de la corde s'enroule sur un treuil T, dont l'axe, supporté par l'axe vertical OB, emprunte son mouvement à une manivelle n par un équipage de roues dentées.

Soit P le poids soulevé par la grue (fig. 263). La tension de la corde qui passe sur la poulie mobile sera égale à $\frac{1}{2}$ P; le tirant tt' est donc sollicité par deux forces, dont l'une est verti-

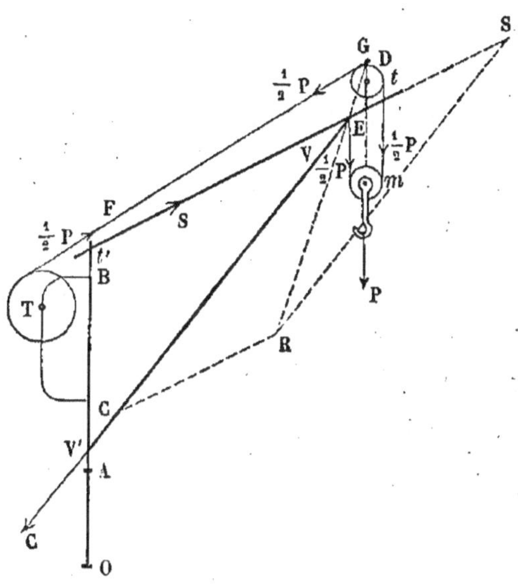

Fig. 263.

cale, appliquée en E au point d'attache de la corde, et égale à $\frac{1}{2}$ P; l'autre est la résultante de deux forces égales à $\frac{1}{2}$ P, agissant toutes deux sur la poulie D, suivant les deux brins qui passent sur cette poulie; elle est bissectrice de l'angle des deux brins. La résultante R de toutes ces forces s'obtiendra plus simplement en composant le poids P transporté au point G avec une force $\frac{1}{2}$ P appliquée suivant le cordon D F. La volée VV' doit soutenir le tirant le plus près possible du point de passage de cette force R ; décomposant la force R suivant les directions VV', et tt', on aura la tension S du tirant, et la compression C de la jambe de force.

L'arbre vertical est donc sollicité par une force t'S, agissant dans la direction du tirant ; par une force V'C, agissant dans la direction du prolongement de la volée; enfin par les actions exercées sur le treuil et les manivelles, tant par la puissance que par la force $\frac{1}{2}$ P, tension de la corde qui joue le rôle de résistance sur cette partie de la machine.

Pour calculer l'effort nécessaire pour soulever le poids P, il suffira d'exprimer l'équilibre du système formé par le treuil, les manivelles et les roues dentées intermédiaires. Appelons f la force, ou la somme des forces appliquées aux manivelles, dans la direction du mouvement produit, λ la longueur des manivelles, ε la *raison* de l'équipage de roues dentées (*Ciném.*, § 128), r le rayon du treuil ; un déplacement angulaire α imprimé aux manivelles produit un déplacement angulaire $\alpha\varepsilon$ sur le treuil; les déplacements linéaires des points d'application des forces sont respectivement $\lambda\alpha$ et $r\alpha\varepsilon$; l'équation d'équilibre est donc

$$f \times \lambda\alpha = \frac{1}{2} P \times r\alpha\varepsilon,$$

d'où l'on déduit

$$f = \frac{1}{2} P \times \frac{r}{\lambda} \times \varepsilon.$$

Prenons pour exemple une grue dans laquelle les manivelles ont une longueur λ triple du rayon r du treuil, et dans laquelle l'engrenage se compose des roues dentées suivantes :

Sur l'axe des manivelles, un pignon de 9 dents engrenant avec une roue de 54 ;

Sur l'axe de cette roue, un second pignon de 9 dents, engrenant avec une seconde roue de 54 dents ;

Sur son axe, un pignon de 11 dents, engrenant avec une roue de 66, faisant corps avec le treuil.

On aura :

$$\varepsilon = \frac{9}{44} \times \frac{9}{54} \times \frac{11}{66},$$

$$\frac{r}{\lambda} = \frac{1}{3}.$$

Donc, pour soulever un poids de 30,000 kilogrammes, il suffira d'un effort f de

$$\frac{1}{2} \times 30000 \times \frac{1}{3} \times \frac{9^2 \times 11}{54^2 \times 66} = \frac{5000}{6^3} = 23\,\text{kil.}, 15.$$

On obtiendra l'effort voulu en faisant agir trois manœuvres sur les manivelles ; chacun aura à développer un effort d'environ 8 kilogrammes.

On dispose l'équipage de roues dentées de manière à pouvoir introduire à volonté tous les engrenages dans la transmission, ou en laisser un en dehors ; en opérant ainsi on pourra accélérer le déplacement des poids faibles, et réduire, au contraire, la vitesse ascensionnelle des poids plus lourds qui exigent de plus grands efforts.

SUPPLÉMENT AU CHAPITRE VII

PROBLÈMES SUR LE FROTTEMENT

—

VALET DE MENUISIER

254. Soit AB la coupe de l'*établi* d'un menuisier ; CD, la coupe
d'une pièce de bois posée sur l'établi. On emploie pour la fixer
un *valet* en fer, EFG, dont on introduit la branche droite FE dans
l'ouverture O, et dont la branche courbe, FG, vient presser la
surface de la pièce de bois. On frappe sur la tête F quelques

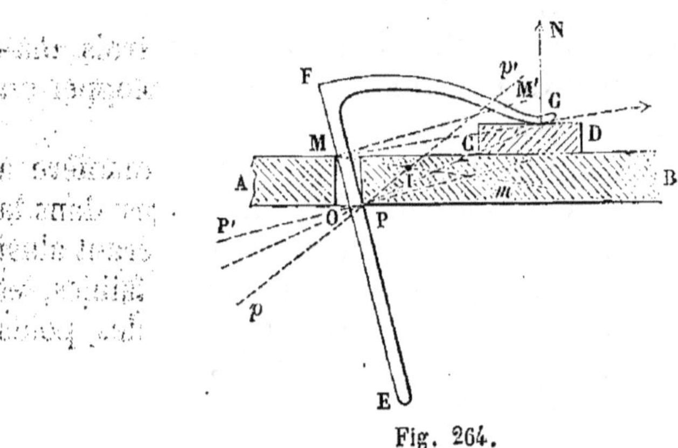

Fig. 264.

légers coups de maillet. Le valet se coince dans l'ouverture O,
en s'appuyant sur les arêtes M et P de l'établi ; en même temps
il se développe en G une réaction verticale N, qui tend à soulever le valet, et un frottement qui s'oppose au déplacement de
la pièce CD. Il est facile de voir à quelle condition l'appareil doit
satisfaire pour que la réaction N ne puisse pas faire glisser le
valet dans l'ouverture O à travers laquelle on l'a fait passer.

Pour que le glissement ait lieu au point M, il faut que la réaction mutuelle du valet et de la table fasse avec la normale à la surface de contact, un angle égal à l'angle du frottement de fer sur bois ; élevons donc au point M une perpendiculaire MM′ à la surface de contact, c'est-à-dire au plan tangent au cylindre du valet suivant l'arête FE, puis menons la droite M*m* faisant avec MM′ un angle M′M*m* égal à l'angle du frottement; cette droite M*m* représentera la direction de la pression de la table sur le valet, au moment où le glissement commence.

Menons de même PP′ normale à la surface du contact en P, et P*p* faisant avec cette normale l'angle P′P*p* égal à l'angle du frottement. Lorsque le glissement commencera au point P, la droite P*p* sera la direction de la pression exercée au point P par la table sur le valet.

Le glissement ne peut donc se produire sous l'action de la force N, qu'autant que cette force est décomposable en deux forces suivant les directions M*m* et P*p*, ou en deux forces extérieures aux angles *m*MM′, *p*PP′. Or ces deux directions se coupent en un point I, situé entre le valet et la force N. Le point G est à la fois dans les deux angles *m*MM′, P′P*p* ; donc la décomposition de la force N en deux forces appliquées en M et en P ne peut produire le glissement du valet à travers l'établi.

Il en serait autrement si le point I était au delà de la verticale passant par le point G. Le coinçage du valet ne suffirait pas alors pour assujettir la pièce à la surface de la table.

Pour décoincer, il suffit de frapper quelques coups de maillet, soit en M sur le dos du valet, le long de l'établi, soit en E, sur l'extrémité du valet, de bas en haut.

ENCLIQUETAGE DOBO

255. Un arbre tournant, O (fig. 265), porte quatre ailes égales AB, A′B″, A″B″, A‴B‴, mobiles autour des points A, A′, A″, A‴, voisins du centre ; elles sont soutenues dans leur position par des ressorts fixés à l'arbre et figurés en A, A′, A″, A‴. Sur ces ailes, est centrée une poulie folle CD, qui en touche le pourtour extérieur, et qui est destinée à transmettre à l'arbre O le mouvement qu'elle reçoit. Si la poulie tourne de gauche à droite dans le sens de la flèche *f*, elle glisse à frottement doux sur les ailes, les ressorts fléchissent légèrement, et l'arbre n'est pas entraîné. Si, au contraire, la poulie tourne dans le sens de la flèche f', la poulie tend à entraîner les ailes dans l'autre sens, c'est-à-dire à accroître la distance des points B au centre O ; cet accroissement de distance n'étant pas possible, il se produit un *arc-boutement* aux extrémités B des quatre ailes (§ 93), et l'arbre O est entraîné.

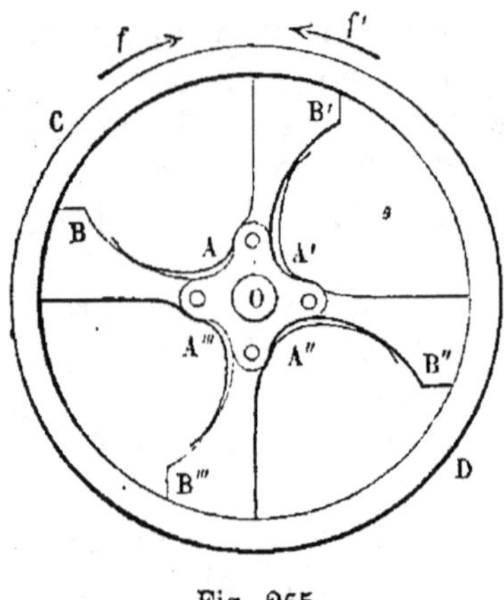

Fig. 265.

Cet appareil permet donc de produire une transmission de mouvement dans un sens, sans produire la transmission en sens contraire.

FROTTEMENT D'UNE CORDE QUI GLISSE SUR UN CYLINDRE FIXE

256. Soit **MN** une corde tendue à la surface d'un cylindre droit à base circulaire, le long d'un arc infiniment petit **A B** de la section droite de ce cylindre. Supposons que la courroie glisse, ou soit sur le point de glisser, dans le sens de la flèche ; la tension t', qui agit au point **B**, dans le sens du mouvement, surpassera la tension t, qui agit en sens contraire au point **A**, de tout le frottement développé au contact de la corde et du cylindre. Ce frottement est infiniment

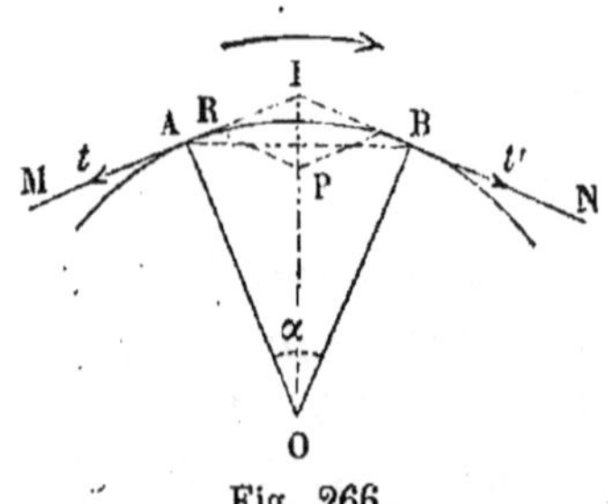

Fig. 266.

petit. Pour le calculer, transportons les forces t et t' au point **I**, point de concours des deux tangentes **BN**, **AM** ; ces deux forces sont égales à un infiniment petit près, elles se composent donc en une force unique IP, qui est dirigée suivant la bissectrice de leur angle, et qui va, par suite, passer au point O, centre de l'arc AB. La résultante IP est la pression totale exercée par la corde sur le cylindre et, par suite, le frottement mutuel des deux systèmes en contact est, au lmoment du glissement, égal au produit $IP \times f$, dans lequel e facteur f est le coefficient du frottement de la çorde sur le cylindre.

Le triangle IPR a ses côtés respectivement perpendiculaires aux côtés du triangle AOB; ces deux triangles sont donc semblables, et donnent la proportion :

$$\frac{IP}{IR} = \frac{AB}{AO},$$

ou bien

$$\frac{IP}{t} = \alpha,$$

en appelant α l'angle au centre infiniment petit AOB, ou plutôt le rapport de l'arc AB au rayon.

La pression de la corde sur le cylindre est, par suite, égale à αt, et le frottement à $f\alpha t$. On a donc entre t' et t la relation :

$$t' = t + f\alpha t = t\,(1 + f\alpha),$$

ou bien

$$\frac{t'}{t} = 1 + f\alpha.$$

Cette formule suppose expressément le nombre α infiniment petit.

Passons au cas où l'arc de contact, AB, de la corde et du cylindre a une longueur finie. Partageons l'angle au centre

AOB en un très-grand nombre, n, de parties égales, et appelons α le rapport de la $n^{ième}$ partie de cet angle au rayon.

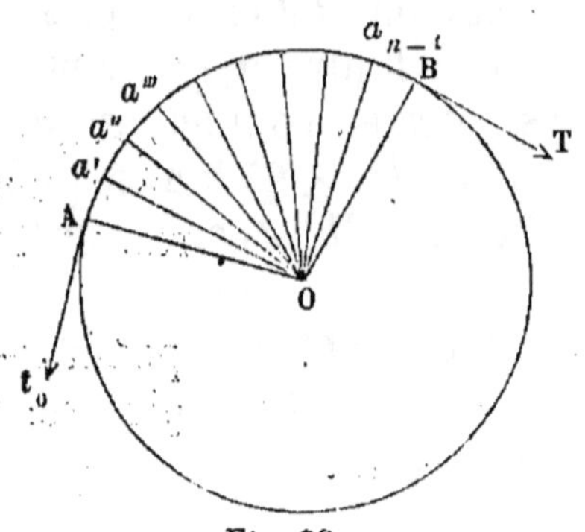

Fig. 267.

Soient t_0, t_1, t_2, ... t_{n-1}, T, les tensions de la corde aux points A, a', a'', a''', ..., a_{n-1}, B; les arcs Aa', $a'a''$, ... a_{n-1} B, étant infiniment petits, nous pourrons appliquer à chacun d'eux l'équation précédente, ce qui donne la série d'équations :

$$\frac{t_1}{t_0} = 1 + f\alpha,$$

$$\frac{t_2}{t_1} = 1 + f\alpha,$$

$$\frac{t_3}{t_2} = 1 + f\alpha,$$

$$\vdots$$

$$\frac{T}{t_n} = 1 + f\alpha.$$

Multiplions ces équations membre à membre; les tensions intermédiaires disparaissent comme facteurs communs, et il vient en définitive

$$\frac{T}{t_0} = (1 + f\alpha)^{n},$$

équation où α est la $n^{ième}$ partie de l'angle AOB, et où n est supposé infiniment grand. Soit donc A la mesure en arc de l'angle au centre AOB; nous pourrons poser l'équation rigoureuse :

$$T = t_0 \times \lim. \left(1 + \frac{fA}{n}\right)^{n}$$

pour n infini.

L'analyse conduit à la détermination de la limite de $\left(1 + \dfrac{f\mathrm{A}}{n}\right)^{n}$ lorsque le nombre n croît au delà de toute grandeur donnée. Si d'abord on remplace $f\mathrm{A}$ par l'unité, on trouvera pour cette limite un nombre qu'on représente par la lettre e dans les calculs, et qui a pour valeur $2{,}71828\ 18284\ 59045\ldots$

La limite de $\left(1 + \dfrac{f\mathrm{A}}{n}\right)^{n}$ est ensuite égale à ce nombre e élevé à la puissance dont l'exposant est $f\mathrm{A}$ [1].

---

[1]. Il suffit, pour le faire voir, de démontrer que la limite de $\left(1 + \dfrac{a}{n}\right)^{n}$ quand n grandit indéfiniment, est égale à la limite de $\left(1 + \dfrac{1}{n}\right)^{n}$ élevée à la puissance dont l'exposant est a. Or cette égalité est facile à vérifier. En effet la puissance $a^{\text{ième}}$ de $\left(1 + \dfrac{1}{n}\right)^{n}$ est $\left(1 + \dfrac{1}{n}\right)^{an}$, et l'exposant an grandit indéfiniment avec n. Posons $an = n'$, et remplaçons dans la parenthèse n par $\dfrac{n'}{a}$; il viendra

$$\left(1 + \dfrac{1}{n}\right)^{an} = \left(1 + \dfrac{a}{n'}\right)^{n'}$$

et par suite, faisant croître indéfiniment n et n', et passant à la limite :

$$\lim.\left(1 + \dfrac{1}{n}\right)^{an} = \left(\lim.\left(1 + \dfrac{1}{n}\right)^{n}\right)^{a} = \lim.\left(1 + \dfrac{a}{n'}\right)^{n'}$$
$$= \lim.\left(1 + \dfrac{a}{n}\right)^{n},$$

car le changement de n' en n est indifférent dès qu'on fait à la fois n et n' infinis.

Si donc le nombre e est la limite de $\left(1 + \dfrac{1}{n}\right)^{n}$, e^{a} est aussi la limite de $\left(1 + \dfrac{a}{n}\right)^{n}$, ainsi que nous l'avions annoncé.

On a donc en définitive :

$$T = t_0 \times e^{fA}.$$

L'emploi des logarithmes facilite le calcul des puissances fractionnaires du nombre e.

Pour montrer quel usage on peut faire de la formule, supposons qu'une corde MN (fig. 268) passe sur un cylindre horizontal en bois, à la surface duquel elle glisse dans le sens AB, en embrassant une demi-circonférence ; on fera :

$$A = \pi = 3,1415.$$

Le coefficient du frottement de la corde sur le bois du cylindre est 0,50.

On aura donc entre les tensions T et t_0, l'équation

$$T = t_0 \times e^{0,50 \times 3,1415} = t_0 \times e^{1,57} = t_0 \times 4,80.$$

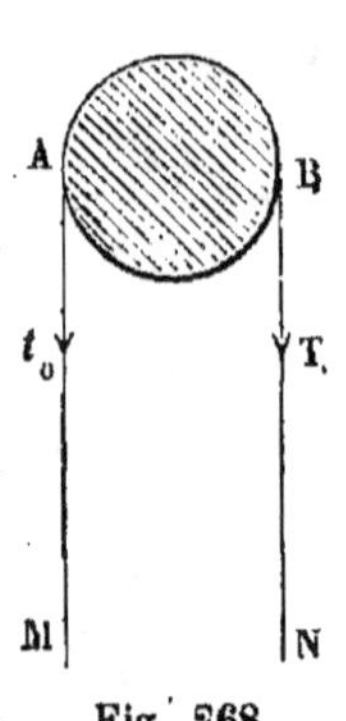

Fig. 268.

Par exemple, une personne attachée à l'extrémité N de la corde, tient dans ses mains l'autre brin AM, qu'elle laisse filer peu à peu, de manière à se laisser descendre. La somme $T + t_0$ des tensions fait équilibre au poids de cette personne ; supposons qu'elle pèse 65 kilogrammes : les tensions t_0 et T se détermineront par les équations :

$$T + t_0 = 65,$$
$$T = t_0 \times 4.80,$$

d'où résulte

$$t_0 = \frac{65}{5,8} = 11 \text{ kil. } 21.$$

Cette tension est l'effort que la personne doit exercer constamment sur la corde pour rester maîtresse de la vitesse avec laquelle elle descend.

Si la corde faisait un tour entier autour du cylindre, il faudrait faire $A = 2\pi$; si elle faisait deux tours entiers, $A = 4\pi$, ... On peut facilement reconnaître que le rapport $\dfrac{T}{t_0}$ grandit très-rapidement avec la valeur de A, ou avec la grandeur de l'arc embrassé.

Cette loi explique qu'un seul homme puisse, à l'aide d'un câble enroulé plusieurs fois autour d'un poteau fixe, arrêter une masse très-considérable animée d'une faible vitesse, un navire par exemple : une tension même très-petite, t_0, multipliée par le facteur e^{fA}, qui augmente très-rapidement avec l'arc A, produit dans le brin du câble qui va du poteau au navire, une tension T assez considérable pour détruire la vitesse du bâtiment.

DU FROTTEMENT DANS LES ENGRENAGES

257. Soient O, O′, deux arbres tournants parallèles, entre lesquels un engrenage établit une transmission de mouvement.

Soient OA et O′A les rayons des circonférences primitives, et BE, CD, les profils en prise au point P. La droite AP est normale à la fois aux deux courbes BE, CD (*Ciném.*, § 124). Appliquons en m, tangentiellement à la circonférence OA, une force

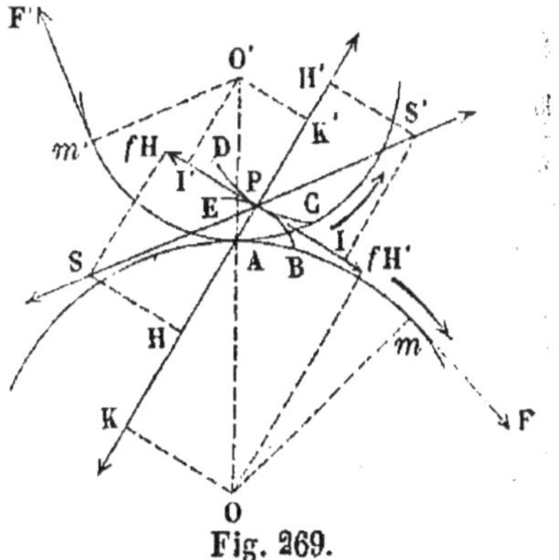

Fig. 269.

F agissant dans le sens du mouvement, et en m', tangentiellement à la circonférence O′A, une force résistante F′. Proposons-nous de chercher les conditions d'équilibre des forces F et F′, en tenant compte du frottement qui se produit en P, lorsque les deux profils sont sur le point de glisser l'un sur l'autre.

La réaction mutuelle des solides en contact au point P peut se décomposer en deux forces; l'une normale, l'autre tangentielle aux profils, et celle-ci est le frottement. Soit H la réaction normale de la roue O' sur la roue O; le frottement sera égal à fH, et sera dirigé en sens contraire du mouvement. Les forces H' et fH', respectivement égales et contraires aux forces H et fH, seront les réactions de la roue O sur la roue O'. On peut remarquer que le frottement fH' subi par la roue O' agit dans le sens du mouvement.

La roue O est donc en équilibre sous l'action des forces F, H, fH, et des réactions de l'axe O; l'équation d'équilibre s'exprimera en égalant à zéro les moments de ces forces par rapport à l'axe; on aura donc, en abaissant du point O, sur les directions de H et de fH les perpendiculaires OK, OI :

$$ F \times Om = H \times OK - fH \times OI. $$

De même en abaissant du point O' sur les directions de H' et de fH' les perpendiculaires O'K', O'I' :

$$ H' \times O'K' + fH' \times O'I' = F' \times O'm'. $$

Or H' et H sont des forces égales. Multipliant membre à membre, et supprimant le facteur commun H, il vient pour l'équation d'équilibre :

$$ F \times Om \times (O'K' + f \times O'I') = F' \times O'm' \times (OK - fOI). $$

Donc

$$ \frac{F}{F'} = \frac{OK - fOI}{Om} \times \frac{O'm'}{O'K' + f \times O'I'}. $$

Si le frottement était nul, on aurait $f = 0$, et cette relation se réduirait à

$$ \frac{F}{F'} = \frac{OK}{Om} \times \frac{O'm'}{O'K'} = 1, $$

car les triangles semblables OAK, $O'AK'$ donnent la pro-
portion $\dfrac{OK}{OA} = \dfrac{O'K'}{O'A}$, et les rayons OA, $O'A$ sont respectivement égaux à Om, $O'm'$.

On voit que le rapport $\dfrac{F}{F'}$ sera toujours un nombre fini,
assez voisin de l'unité, lorsque la *dent*, BE, de la roue me-
nante, pousse le profil du *creux*, CD, de la roue menée. En
effet, la réaction totale développée au point P, est la résultante, S, des forces H et fH pour la roue O, et la résultante S'
des forces H' et $f'H'$ pour la roue O'. La direction SS' fait avec
la normale commune HH' un angle égal à l'angle du frottement ; or la direction HH' fait généralement avec la ligne
des centres OO' un angle assez voisin de l'angle droit, $75°$
par exemple (*Ciném.*, § 137, 1°) ; il en résulte que la direction SS' est sensiblement perpendiculaire à OO' ; il est toujours possible de trouver pour une telle direction, pourvu
qu'elle passe suffisamment près du point A, la valeur des
forces S qui font équilibre aux forces données F et F'.

258. Il en serait autrement si c'était la roue O' qui menât
la roue O, le creux CD poussant la dent BE. Dans ce cas, les
frottements changeraient de sens et, par suite, la réaction
totale, au lieu de se rapprocher de la direction perpendiculaire à OO', se rapprocherait de la ligne des centres, et pourrait même passer par le point O ou au delà de ce point.
Dans ce cas, la transmission ne serait plus possible et un
arc-boutement se produirait.

La figure 270 rend compte de ce cas particulier.

La force F' est mouvante, et la force F résistante. Dans le
mouvement commun des deux roues, le point de contact P
des deux profils en prise se déplace le long des arcs PB, PC,
et parcourt dans un même temps des espaces inégaux le
long de ces arcs ; il est facile de voir qu'il parcourt un plus
grand espace sur l'arc PB que sur l'arc PC ; de sorte que
le glissement mutuel tend à ralentir la roue OA qui
porte la dent, et à accélérer le mouvement de la roue $O'A$
qui porte le creux. Le frottement subi par cette seconde
roue est donc moteur, et dirigé dans le sens fH', tandis que

l'autre roue subit un frottement résistant, dirigé dans le
sens fH. Or la résultante des forces H et fH est une force PS

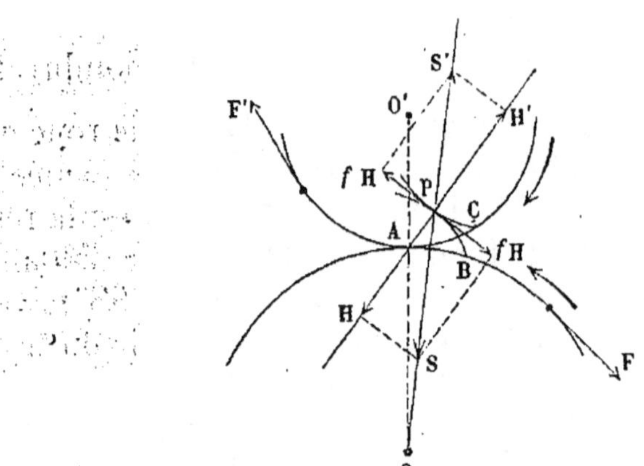

Fig. 270.

qui passe par le centre O de la roue, et qui ne peut contri-
buer à produire le mouvement de cette roue, ou à équilibrer
la force F. Dans ce cas, quelle que soit la force F', qu'on
applique à la roue O'A, elle ne pourra déterminer la rotation de la roue O, et elle aura pour unique effet de charger
l'axe de cette roue.

L'arc-boutement peut donc se produire sans qu'il y ait
de défauts dans la forme des profils, lorsque le contact
entre les profils en prise commence à une trop grande
distance en arrière de la ligne des centres. On a vu en
cinématique (§ 134) comment on évite ce danger par
l'échanfreinement des dents.

259. Cherchons l'expression du travail du frottement, en
supposant que la roue O conduise la roue O', et que le contact
entre les profils en prise commence un pas avant la ligne
des centres pour se terminer un pas après. Il y a alors sur
chaque roue deux dents en contact, et la pression se répartit
d'une manière à peu près égale entre ces deux paires de
dents. La pression mutuelle des deux paires de dents est sensiblement normale à la ligne des centres, et passe à peu de

distance du point A. Soit S la valeur commune du *pas de* l'engrenage, mesuré sur les circonférences primitives; le travail correspondant au déplacement d'un pas sera F S pour la force F, et F'S pour la force résistante, F' ; si H est la pression normale des dents en prise, Hf est le frottement, et le travail du frottement est le produit de Hf par le *glissement relatif* Σ (*Ciném.*, § 126). Or

$$\Sigma = \frac{S^2}{2}\left(\frac{1}{R} + \frac{1}{R'}\right),$$

R et R' étant les rayons des circonférences primitives ; on a donc l'équation :

$$FS = F'S + \frac{f\,H\,S^2}{2}\left(\frac{1}{R} + \frac{1}{R'}\right).$$

Appelons T_m le travail moteur, F S ; T_r le travail résistant, pris positivement, F'S ; et observons que H est sensiblement égal à F', d'où résulte que H S est égal aussi à T_r ; il viendra l'équation approximative :

$$T_m = T_r\left(1 + \frac{1}{2}\,fS\left(\frac{1}{R} + \frac{1}{R'}\right)\right),$$

et cette équation s'applique à une période quelconque du mouvement.

Soient encore m et m' les nombres de dents des deux roues, on aura :

$$mS = 2\pi R,$$
$$m'S = 2\pi R'.$$

Donc

$$S\left(\frac{1}{R} + \frac{1}{R'}\right) = 2\pi\left(\frac{1}{m} + \frac{1}{m'}\right)$$

et par suite l'équation du travail prend la forme :

$$T_m = T_r \left(1 + f\pi \left(\frac{1}{m} + \frac{1}{m'} \right) \right).$$

Le frottement absorbe donc une fraction du travail moteur égal à

$$f\pi \times \left(\frac{1}{m} + \frac{1}{m'} \right);$$

cette fraction est d'autant plus petite que les nombres de dents, m et m', sont plus grands.

Nous avons supposé que l'engrenage était cylindrique. S'il était conique, la formule

$$T_m = T_r \left(1 + \frac{1}{2} fS \left(\frac{1}{R} + \frac{1}{R'} \right) \right)$$

serait encore approximativement vraie, en prenant pour R et R′ les rayons des circonférences primitives que l'on obtient en transformant l'engrenage conique en engrenage plan par la méthode de Tredgold. (*Ciném.*, § 140).

ROIDEUR DES CORDES

260. Nous avons toujours considéré les cordes comme des fils entièrement dépourvus de roideur, et pouvant être infléchis sans effort. Les cordes que l'on emploie dans les machines sont loin de posséder cette propriété, et lorsqu'on doit leur communiquer une courbure prononcée, on éprouve une résistance du même genre que celle qui s'oppose à la flexion d'une tige solide. Il en résulte qu'en réalité, la courbure d'une corde ne varie pas d'une manière brusque comme on le suppose dans la solution élémentaire des problèmes dont nous nous sommes occupés. Supposons par exemple qu'une corde MN passe sur une poulie O, et que le mouvement soit établi

dans le sens de la flèche f. Le brin MA, rectiligne sur sa plus
grande étendue, ne s'appliquera pas nette-
ment au point A sur la poulie, et la roideur de
la corde l'écartera du centre O pour répartir
sur une certaine longueur la variation de
la courbure ; par la même raison le brin
BN ne perd pas au point B la courbure
qu'il a prise sur la poulie, et la roideur le
rapproche du centre O ; il résulte de là que
l'équilibre de la puissance P et de la résistance Q entraîne l'inégalité $P > Q$; on a déterminé par expérience la différence P—Q, et

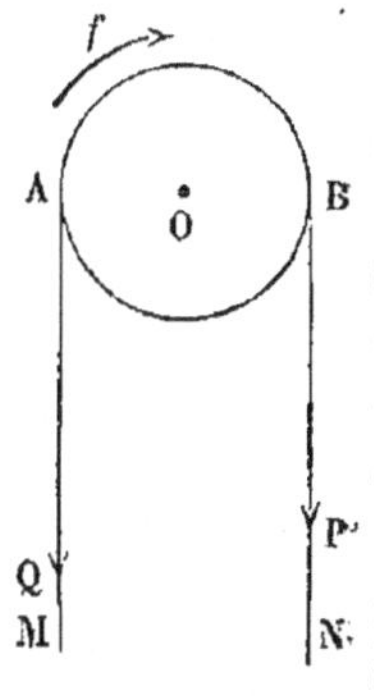

Fig. 271.

on a trouvé qu'elle était inversement proportionnelle au diamètre D de la poulie, et qu'elle croissait avec la résistance Q.
Ces lois ne sont pas encore parfaitement connues.

PROBLÈMES A RÉSOUDRE

1. Démontrer que lorsque des forces se font équilibre autour
d'un même point, ce point est le centre de gravité d'un système
de points également pesants, placés aux extrémités des droites
représentatives de ces forces. (Cf. § 23.)

2. Lorsque différentes forces sont appliquées en un même
point M, la résultante de ces forces passe par le centre de gravité G d'un système de points également pesants placés aux extrémités des droites représentatives de ces forces, et elle est égale
au produit de la distance MG par le nombre des forces données.

— Déduire de ce théorème la démonstration de la proposition
du § 136.

3. Démontrer qu'un tétraèdre est en équilibre quand il est
soumis à l'action de quatre forces normales à ses faces, appliquées en leurs centres de gravité, et proportionnelles à leurs
aires respectives.

— Étendre cette propriété à un polyèdre quelconque ; — à un
corps solide quelconque.

4. Démontrer par des considérations de statique que, quand
une figure plane invariable reçoit dans son plan un déplacement
infiniment petit, les normales aux chemins élémentaires décrits
par ses différents points, concourent en un même point.

5. Trouver sur une droite L un point M, tel qu'en joignant ce

point à deux points fixes A et B, la somme $MA \times a + MB \times b$, des produits des droites de jonction par deux nombres donnés, a et b; soit un minimum. Démontrer qu'au point cherché, deux forces respectivement proportionnelles aux nombres a et b, appliquées en ce point dans les directions MA, MB, ont une résultante normale à la droite L.

— Même question, en remplaçant la droite par un plan.

— Étendre les conclusions à un nombre quelconque de droites ou de plans, séparant les deux points donnés.

6. Sachant : 1º que toutes les paraboles sont semblables, 2º que lorsqu'on augmente, dans un même rapport, les ordonnées d'une courbe, sans changer les abscisses correspondantes, le centre de gravité de l'aire de la courbe ainsi transformée conserve son abscisse, et que son ordonnée est augmentée dans le même rapport (Cf. § 167), déterminer le centre de gravité d'un segment de parabole.

7. Trouver sur une ligne donnée un point tel que la somme des carrés des distances de ce point à m points donnés, soit à à la somme des carrés des distances du même point à n autres points donnés dans un rapport donné.

8. Trois tiges droites, pesantes, de longueurs données, sont articulées bout à bout. Les extrémités du polygone ainsi formé sont articulées en des points fixes. Trouver la position d'équilibre.

— Même problème pour quatre tiges, — pour n tiges.

9. Étudier, au point de vue statique, la *transmission par courroie* (*Ciném.*, § 118); calculer les tensions des deux brins, en admettant que la moyenne de ces deux tensions soit égale à la tension de la courroie à l'état de repos. Chercher la moindre tension moyenne qui empêche le glissement de la courroie à la surface de l'un des tambours.

— Même problème, en tenant compte des frottements des arbres des tambours dans leurs tourillons.

10. Reprendre le problème de l'équilibre de la grue, en tenant compte des frottements de l'équipage de roues dentées.

11. Chercher les conditions d'équilibre de la vis sans fin, en tenant compte du frottement. On assimilera le glissement de la dent de la roue sur la surface hélicoïdale au glissement d'un corps solide sur un plan incliné.

TABLE DES MATIÈRES

STATIQUE

CHAPITRE PREMIER

CHAPITRE II

CHAPITRE III

CHAPITRE IV

CHAPITRE V

CHAPITRE VI

CHAPITRE VII

FIN DE LA TABLE.

IMPRIMERIE L. TOINON ET Cᶜ, A SAINT-GERMAIN.